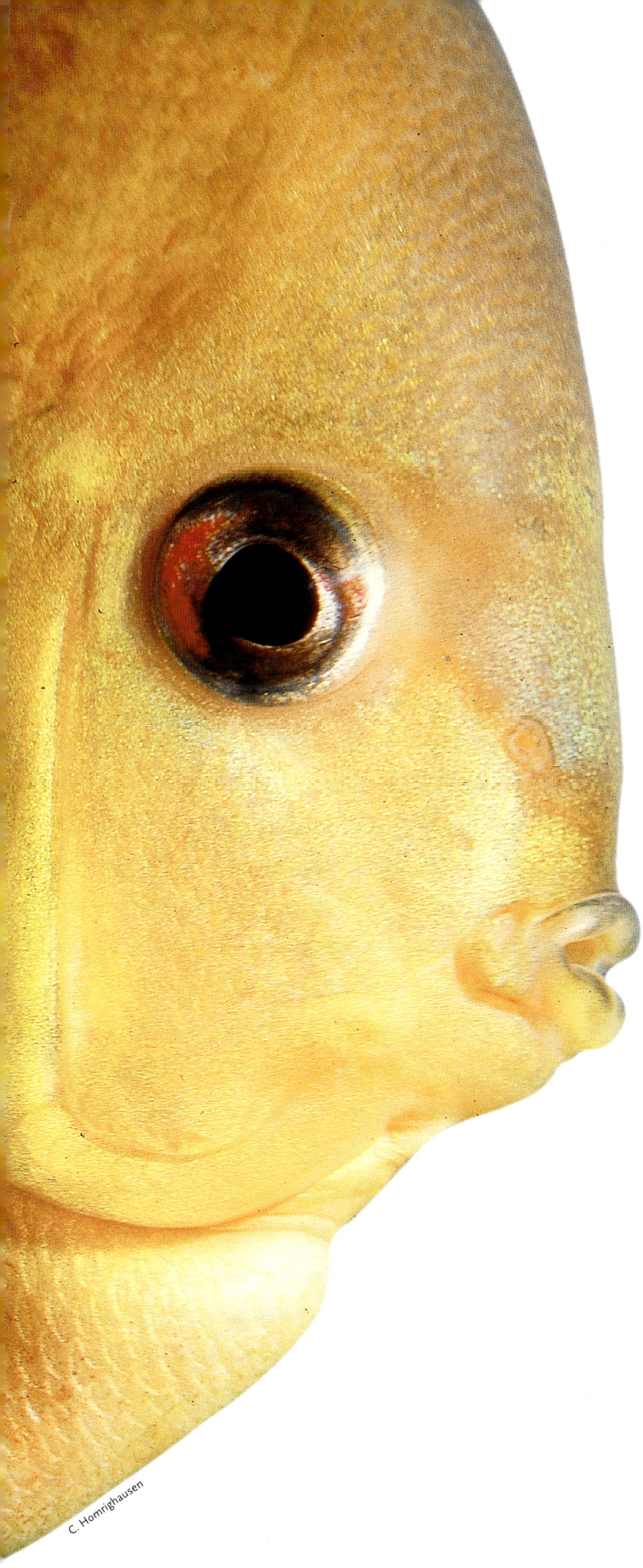

Bernd Degen

Das große Diskusbuch

Titelfoto: Bernd Degen
Alle Fotos im Innenteil bede-Verlag, außer wenn anders aufgeführt.

Bibliografische Information der Deutschen Nationalbibliothek
Die Deutsche Nationalbibliothek verzeichnet diese Publikation in der Deutschen Nationalbibliografie; detaillierte bibliografische Daten sind im Internet über http://dnb.d-nb.de abrufbar.

Das Werk einschließlich aller seiner Teile ist urheberrechtlich geschützt. Jede Verwertung außerhalb der engen Grenzen des Urheberrechtsgesetzes ist ohne Zustimmung des Verlages unzulässig und strafbar. Das gilt insbesondere für Vervielfältigungen, Übersetzungen, Mikroverfilmungen und die Einspeicherung und Verarbeitung in elektronischen Systemen.

© 2008, 2010 Eugen Ulmer KG
Wollgrasweg 41, 70599 Stuttgart (Hohenheim)
E-Mail: info@ulmer.de
Internet: www.ulmer.de
Umschlagentwurf: Atelier Reichert, Stuttgart
Druck und Bindung: Egedsa, Sabadell, Spanien
Printed in Spain

ISBN 978-3-8001-6971-9

Inhaltsverzeichnis

Vorwort 004
Autorenvorstellung 005

Geschichte
Die Entdeckung der Diskusfische 006

Klassifizierung der Diskusfische 008

Fanggebiete
Wassertypen in Amazonien 028
Der Japura Diskus –
kein gewöhnlicher Grüner Diskus 030

Diskusfang in Amazonien
Diskusfang mit kleinem Kescher 036
Diskusfang mit einem großen Zugnetz 038
Naturgesetze in Brasilien 040

Vom Fang bis zum Exporteur
Fangen und Hälterung in Plastikwannen im Kanu 042
Das Friagem Phänomen 048
Standorte der Fische in den Viveiros 050
Transport vom Fischerhafen bis zum Exporteur 052

Importvorbereitungen
von Wildfängen und Zuchtfischen
Diskusfische auf dem Weg nach Europa 056
Vorbereitung auf den Weg zum Flughafen 058
In Empfang nehmen am Flughafen 062
Umgewöhnung und Quarantäne 064
Diskusfische aus dem Aquarium fangen 066
Probleme mit Neuimporten 068
Ankunft im Fachgeschäft 072

Vorbeugende Behandlung – Quarantäne
Das Quarantäneaquarium 074

Wichtige Hinweise beim Kauf von Diskusfischen
Das Kampfverhalten der Diskusfische 078
Jungfische oder größere Diskus kaufen? 082
Verhältnis Auge - Körpergröße 084
Löcher in der Kopfpartie und Beschädigungen 085
Auf eingefallene Kopfpartie achten 087
Kot, ein Erkennungsmerkmal 088
Sich scheuern 088
Atmung 088
Kiemen- und Streifenfehler 089
Ausgezogene Rückenflossen 091
Flossenbehandlung 095
Wie alt können Diskusfische werden? 101

Pflege im Aquarium
Stressfaktoren vermeiden 104
Geeignete Mitbewohner 106
Welche L-Welse passen zum Diskus? 116

Einrichtung eines Wohnzimmerschauaquariums
Warum ein Schauaquarium? 122
Was ist zu beachten? 124
Richtiger Standort 126
Geeignete Einrichtung 132
Die richtigen Pflanzen 136
Welche Filterung bevorzugen? 142
Kohlendioxiddüngung 144
Licht im Schauaquarium 146
Probleme im Alltagsbetrieb 150
Doch lieber ein Naturaquarium 152

Professionelle Hälterungsanlage
Die Zucht in Südostasien 154
Eine Großanlage in Europa 160
Eine Großanlage in Südostasien 182
Die größte Zuchtanlage Europas 196

Wasser – Lebenselement für Diskusfische 212

Das richtige Diskusfutter
Optimale Fütterung 222
Industriefutter • Lebendfutter 226
Frostfutter • Selbst hergestelltes Futter 228

Erfolgreiche Zucht
Auswahl der Elterntiere 230
Wasserwerte 234
Erfolgreiche Zucht 236
Probleme bei der Zucht 254
Künstliche Aufzucht 262

Gesunde Diskusfische
Die Erkennung und Behandlung von Krankheiten 280
Diskusbehandlung nach Degen 312

Klassische Diskusfarben und ihre heutige Bedeutung 314

Moderne Diskusfarben und ihre heutige Bedeutung 320

Der Diskus in der Zukunft 326

Der Diskus bei Championaten 328

Der Diskus im Internet 334

Vorwort

Als ich vor 25 Jahren mein erstes Diskusbuch geschrieben hatte, konnte ich nicht erwarten, dass dieser Fisch mein Leben derart beeinflussen wird. Inzwischen sind Dutzende meiner Bücher in zehn Weltsprachen erschienen. Seit über zwanzig Jahren gibt es inzwischen meine Diskusjahrbücher und bereits seit sieben Jahren erscheint das Magazin *Discus live* – das zeigt, dass die Diskusszene lebt.
Dieses Buch sollte ein ganz besonderes Diskusbuch werden, das um die ganze Diskuswelt gehen soll. Ein Grund, weshalb ich Diskusspezialisten aufforderte mitzumachen. Dafür möchte ich meinen Co-Autoren auch ganz herzlich danken. Dass *Discus live* dieses Buch mit beeinflussen würde, war klar, denn so ein aktives Diskusmagazin muss mit eingebracht werden. Sie werden also einige Parallelen erkennen. Geplant waren ursprünglich 200 Seiten und dass es jetzt fast doppelt so viele Seiten und Fotos geworden sind, zeigt, dass der Diskus auch heute noch zu Recht der Aquarienkönig ist.
Bernd Degen

Wahre Schönheit liegt im Auge des Betrachters. Diese oft zitierten Worte schrieb William Shakespeare bereits vor 420 Jahren und sie sagen viel aus über das fortwährende Bestreben des Menschen nach wahrer Schönheit zu suchen. Egal ob Gold, Edelsteine, feine Handwerkskunst oder faszinierende Tiere wie tropische Fische; alle, die wir auf der Suche nach wahrer Schönheit sind, können uns Bernd Degen und sein Leben für den König der Aquarienfische – den Diskus – als Vorbild nehmen.
Ihm ist es schon vor Jahrzehnten gelungen, den Diskus in atemberaubend schönen Farbvarianten zu züchten und für diese großartigen Leistungen wird er in aller Welt geschätzt und bewundert.
Ich möchte ihm gratulieren, zu einem aquaristischen Leben voller Höhepunkte, dessen neuester mit Sicherheit dieses wunderbare Buch ist.

Prof. Dr. Herbert R. Axelrod

Buenos Dias Bernd, mein guter, alter Freund. Dir gebührt wahrlich großer Respekt, für deinen wichtigen Beitrag, das weltweite Interesse am Diskusfisch über viele Jahrzehnte am Leben erhalten zu haben. Kein bedeutendes Diskus-Championat findet heutzutage irgendwo auf der Welt statt, bei dem du nicht als Jury- oder Organisationsmitglied deine helfenden Hände im Spiel hast.
Deine zahlreichen Diskusbücher, dein Magazin *Discus live* sowie alle Bücher aus dem bede-Verlag werden von Diskus- und Tierliebhabern in aller Welt gelesen und hoch geschätzt und ich bin überzeugt, dass dieses neue Meisterwerk die weltweite Aufmerksamkeit erhalten wird, die es wahrlich verdient.
Ich wünsche dir, mein Freund und deiner Familie alles erdenkliche Glück.

Jack Wattley

Autoren

Uwe Beye
ist den Lesern von *Discus live* seit Jahren schon als versierter Fachautor für besonders komplizierte Themen bestens bekannt. Seine Ausführungen über die künstliche Aufzucht und die Flossenbeschneidung gehören jetzt schon zu internationalen Standards in der Diskusliteratur und sind wirklich einzigartig.
Kontakt: discus@email.de

Barbara Bremer & Friedhelm Schulten
sind unser bekanntes Team der *Discus live* Hotline, das sich besonders der Pflege und Zucht des klassischen deutschen Rottürkis Diskus verschrieben hat. Keine Frage bleibt hier unbeantwortet. Wer so intensiv mit Diskusfischen arbeitet, musste einfach bei diesem Buch dabei sein.
Kontakt: www.schultendiskus.de

Harro Hieronimus
ist ein weltbekannter Fachbuchautor. Aquaristik in allen Bereichen weckt sein Interesse und so zeichnet er auch als Präsident der Internationalen Regenbogengesellschaft und der Deutschen Gesellschaft für Lebendgebärende Zahnkarpfen. Wir konnten ihn als Spezialisten für Historie und Systematik für dieses Buch gewinnen.
Kontakt: anfrage@meinaquarium.de

Christian Homrighausen
ist Diskusfreunden schon lange gut bekannt, denn er war Organisator der ersten deutschen Diskuschampionate in Duisburg. Dadurch knüpfte er viele Kontakte zu ausländischen Diskusliebhabern und Züchtern. Die Aquarienfotografie ist heute eine seiner Leidenschaften und wir verdanken ihm viele tolle Diskusfotos.
Kontakt: homrighausen@gmx.de

Hub Kleykers und Eric Hustinx
sind dem Diskuswildfang besonders verbunden. Eric fängt und sortiert in Brasilien, bringt die herrlichsten Diskus in unsere Heimaquarien und übt so eine unglaubliche Faszination für dieses Hobby aus. Hub übersetzt die Fachtexte und fotografiert für uns. Seit rund dreißig Jahren züchtet er in seiner Hobbyzucht Diskusfische.
Kontakt: www.hustinx-discus.com

Hanns-J. Krause
ist der Experte für alle Themen, die mit dem Aquarienwasser zusammenhängen. Sein Handbuch Aquarienwasser ist seit Jahrzehnten der Klassiker und in sechster Auflage erschienen. Dass wir ihn für dieses Buch gewinnen konnten, ist eine besondere Freude. Wir wünschen uns noch viele Fachartikel aus seiner Feder.
Kontakt: via bede-Verlag

Horst Linke
hat schon viele Fachbücher geschrieben und eines steht mindestens auch in Ihrem Bücherschrank. Als Spitzenfotograf für Aquaristik hat er sich schon lange einen Namen gemacht und seine Aufnahmetechnik ist einmalig und somit unerreicht. Dass er auch ein sehr guter Diskuszüchter ist, beweisen seine Fotos.
Kontakt: horst-l@t-online.de

Helge Mußtopf
ist ein Praktiker, der sich seit fünfundzwanzig Jahren diesem Hobby verschrieben hat und es dann zu seinem Beruf machen konnte. Eine schöne Ausgangsposition, um beim Diskus immer am Ball bleiben zu können. Viele seiner herrlichen Diskusfische sucht er sich bei Reisen selbst aus und da wird manche Rarität entdeckt.
Kontakt: www.diskus-markt.de

Alexander Piwowarski
züchtet Diskusfische aus Leidenschaft, und dass er es bestens kann beweist er in seinem Artikel, in welchem er seine perfektionierte Zuchtanlage vorstellt. Dass es ihm vor allem auch die schönen Rottürkis angetan haben, ist bemerkenswert und zu bewundern. Tolle Diskus in Reinstform aus engagaierter Liebhaberzucht.
Kontakt: www.diskuszucht-piwowarski.de

Dr. Jürgen Schmidt
ist als der Macher von *Aquarium live* und Mitarbeiter bei *Discus live* bekannt wie eine bunte Orchidee, die er besonders lieb gewonnen hat. Dennoch sind schwierige Themen der Aquaristik immer noch seine Lieblingsarbeiten. So musste er auch in diesem Buch Spezialthemen übernehmen, wofür wir besonders danken.
Kontak: djs@orchideenzauber.eu

Dieter Untergasser
seit vielen Jahren ein Begriff unter Diskusfreunden. Seine Bücher über Diskuskrankheiten sind inzwischen zur Legende geworden. Er zählt sicher zu den Fachautoren, die am meisten über die Behandlung unserer Diskusfische geschrieben haben. Mit Spannung warten wir auch auf sein nächstes Fachbuch zum Thema Diskus.
Kontakt: Tel. 06061-73972, Mo.-Fr. 19-20 Uhr

André Werner
ist von Jugend an schon mit Aquaristik in Berührung gekommen. Er hat sich schon immer für tolle Welse interessiert und so musste der Miniatlas L-Welse aus dem bede-Verlag ja mit ihm zusammen entstehen. Als Topspezialist empfiehlt er hier die besten L-Welse für Ihr Diskusaquarium.

Geschichte

Die Entdeckung der Diskusfische

Über die Entdeckung der Diskusfische wurde schon viel geschrieben und eigentlich ist alles bekannt. Deshalb hier nur eine kurze Zusammenfassung.
1840 ist das magische Datum der Entdeckung der Diskusfische. Der Wiener Ichthyologe Dr. Johann Jacob Heckel beschrieb ein Exemplar aus der Sammlung von Natterer als *Symphysodon discus*. Dr. Heckel zu Ehren wird ja dieser Fisch heute noch in der Sprache der Aquarianer als Heckel-Diskus bezeichnet.
Der beschriebene Fisch stammte aus dem Rio Negro-Gebiet. Es dauerte dann bis in das Jahr 1930, bis erste Diskusfische nach Deutschland und in die USA eingeführt wurden. In den USA wurden diese Heckel-Diskus als sogenannter „Pompadour discus" bezeichnet. Auch in Deutschland hatten nur wenige auserwählte Aquarianer Gelegenheit sich diese Fische zu beschaffen. Der Preis der ersten Diskusfische war enorm hoch.

Über Zuchterfolge mit Diskusfischen wurde nichts bekannt in diesen Anfangszeiten. Da die Zucht wohl nicht möglich war, erschienen Berichte, in welchen behauptet wurde, dass sich der Diskus ähnlich wie der Skalar in seiner Fortpflanzung verhalte. Dies war wohl auch ein Grund, weshalb es noch lange dauern sollte, bis Diskusfische zu erfolgreicher Nachzucht gebracht wurden, denn in den Anfängen der Diskuspflege wurden den Elterntieren die Eier weggenommen, um diese vor den Eltern zu schützen und die Larven künstlich aufzuziehen. Diese

Braune Diskuswildfänge waren für viele Jahre die absoluten Traumfische der ersten Diskusliebhaber auf der ganzen Welt.

Geschichte

In den unendlichen Weiten der Flusssysteme Amazoniens sind unsere geliebten Diskusfische zu Hause.

Technik war ja bereits durch die Zucht von Skalaren bekannt geworden. Die ersten regelmäßigen Diskusexporte nach Europa begannen etwa um das Jahr 1958. In den 1960er Jahren erschienen dann auch erste Heckel-Diskus in deutschen Aquarien und Zoogeschäften. Die Nachzucht war und ist bis heute sehr schwierig und gelingt nur vereinzelt. *Symphysodon discus* Heckel wird meist im Rio Negro-Flussgebiet und der Mündung des Rio Branco gefangen. Die Exporteure für diese Diskusart haben ihren Sitz in Manaus, dem Zentrum Amazoniens. Die unterschiedlichen Wasserverhältnisse vom Fangort bis zum Hälterungsort in Manaus bereiten, speziell den Heckel-Diskus, große Probleme, was immer wieder dazu führt, dass Diskusfische verenden. Im Rio Negro herrschen extreme Wasserverhältnisse, denn das Wasser ist sauer und besitzt dennoch nur geringe Leitwerte. Der pH-Wert liegt meist unter 4,0. Beachten die Fischtransporteure diese Wasserbedingungen nicht ausreichend, dann wird meist einfach in der Nähe von Manaus Weißwasser zum Wechseln verwendet und so erhalten die Fische ein völlig anderes Wasser angeboten mit einem höheren pH-Wert und somit kann es zu einem pH-Schock kommen.

In den 1960er Jahren wurde auch die Luftverkehrsanbindung der Fischsammelstationen im südamerikanischen Busch deutlich verbessert. So gelang es damals Fische aus Iquitos in Peru, Letitia in Kolumbien und Manaus, sowie Belem in Brasilien weltweit zu verschicken. Die Auswahl an Diskusfischen vergrößerte sich rasch und der Wildfangboom der 70er Jahre konnte beginnen. In dieser Zeit wurde der Grundstock gelegt für die Qualitätsfische, die später auf den deutschen und internationalen Markt gelangten. Unermüdliche Züchter haben in langen Jahren einen Qualitätsstandard gezüchtet, der weltweit zu den besten Standards gezählt werden muss. Von Fischgeneration zu Fischgeneration wurden die Farben stärker betont und trotzdem die typische Diskusform erhalten. Inzwischen wurden natürlich gerade in Südostasien alle Diskusfische miteinander gekreuzt und so entstanden und entstehen immer noch zahlreiche Farbvarianten, die alle vom Markt aufgenommen wurden und werden. Der Drang zu immer farbenprächtigeren und ausgefalleneren Diskusfischen hält gerade in Südostasien immer noch an und sorgt dafür, dass die Züchter viel Ehrgeiz in neue Farbkreationen legen.

Klassifizierung der Diskusfische

Klassifizierung der Diskusfische

Harro Hieronimus

Diskusfische sind Mitglieder der Familie Cichlidae. Ihre Heimat ist das Fluss-System des Amazonas mit all seinen Nebenflüssen in Südamerika. Nur in diesem Teil der Welt werden diese herrlichen Fische gefunden. Durch ihre typische runde Körperform bekamen sie den Namen Diskus. Die Klassifizierung von Diskuswildfängen ist momentan nicht unproblematisch, denn die Gelehrten streiten sich noch darüber, ob es zwei, drei, vier oder gar mehr Diskusarten gibt. Ob es sich für Aquarianer lohnt, sich an diesen Ausführungen zu orientieren, bleibt mal dahin gestellt. Jeder kann sich seine eigene Meinung dazu bilden, und wie immer werden auch einige Vorlieben und vielleicht sogar persönliche Sym- und Antipathien eine Rolle spielen. Als Aquarianer brauchen wir auch gar keine Entscheidung zu treffen. Deshalb beurteilen wir die wenigen schönen Diskuswildfänge, die wir heute noch zu sehen bekommen, einfach nach ihrem Aussehen. Ob einer dieser Diskus eine Schuppe mehr oder weniger hat als ein anderer und deshalb nicht in die entsprechende Artbeschreibung passt, darf uns nicht interessieren.

Wir haben als Aquarianer die Aufgabe und Verpflichtung, diesen Wildfängen ein optimales Aquarium anzubieten, in dem sie sich wohlfühlen und möglichst zur Nachzucht schreiten, damit dieser Diskustyp in seiner Einmaligkeit erhalten bleibt.

Wer sich trotzdem etwas näher dafür interessiert und für den Systematik vielleicht sogar ein Hobby ist (allerdings tut man sich derzeit bei den Diskusfischen sehr schwer), für den haben wir hier die wichtigsten Informationen gegenüber gestellt, damit sich der geneigte Leser selbst ein Bild davon machen kann. Die Kommentare dienen der Verdeutlichung, stellen aber die persönliche Meinung des Autors dar und sind weder verbindlich noch der Weisheit letzter Schluss – dafür sind viel zu viele Fragen noch offen.

Die ersten Diskusfische wurden in den 1930er Jahren nach Deutschland und in die USA eingeführt. Populär und in größerer Zahl gelangten sie allerdings erst

Als in Deutschland die ersten Diskusnachzuchten gelangen, handelte es sich ebenfalls um den Braunen Diskus. Diese Wildfänge waren die ersten Diskusfische, die für den Hobbyaquarianer einer sehr große Rolle spielten. Die Diskuszucht hat bis heute nichts von Ihrer Faszination verloren.

Klassifizierung der Diskusfische

nach Europa und in die USA, als die Transportzeiten durch immer mehr Flüge kürzer wurden und gleichzeitig auch die Fangmöglichkeiten sich durch neue Straßen, Verbindungen und auch mehr Motorschiffe in den Herkunftsländern verbesserten. Es war erst in den 1950er Jahren, als der deutschstämmige Indianerforscher HARALD SCHULTZ den Blauen und Grünen Diskus entdeckte. In einer 1960 erschienenen Veröffentlichung beschrieb SCHULTZ (es handelt sich dabei um den amerikanischen Ichthyologen LEONARD P. SCHULTZ, nicht etwa HARALD SCHULTZ) zwei neue Unterarten zur 1904 von PELLEGRIN aufgestellten Gattung *S. aequifasciatus* (gelegentlich falsch als *aequifasciata* bezeichnet). Diese Einteilung war gültig, als der Diskus seinen Siegeszug erlebte, und erst 2005 kam wieder Bewegung in die Angelegenheit.

Die vier klassischen Wildfangvarianten werden wie folgt eingeteilt. Und heute noch teilen Aquarianer gerne nach diesem System ein, obwohl die Übergänge fließend sind. Besonders beim Braunen und Blauen Diskus ist es manchmal schwierig, eine Einteilung nach der Farbe vorzunehmen. Kein Wunder, sie kommen auch oft zusammen vor.

1. *Symphysodon discus*, HECKEL, 1840 – Heckel-Diskus

2. *Symphysodon aequifasciatus axelrodi* SCHULTZ, 1960 – Brauner Diskus

3. *Symphysodon aequifasciatus aequifasciatus* PELLEGRIN, 1904 – Grüner Diskus

4. *Symphysodon aequifasciatus haraldi* SCHULTZ, 1960 – Blauer Diskus

5. Weniger bekannt und kaum anerkannt ist *Symphysodon discus willischwartzi* BURGESS, 1981

Im Folgenden sollen diese klassischen Varianten vorgestellt werden, bevor die Diskussion der beiden neueren Veröffentlichungen zu diesem Thema erfolgt.

In Amazonien gibt es verschiedene Wassertypen. In den kleineren Bächen finden die Diskusfische bei Hochwasser ideale Unterschlupfmöglichkeiten und viele Laichplätze.

Klassifizierung der Diskusfische

Symphysodon discus
HECKEL, 1840

Unter größten Mühen unternahm der Österreicher JOHANN NATTERER in den 1820er und 1830er Jahren in Amazonien weite Reisen, wobei er etwa 50 000 Fische gefangen und anschließend nach Österreich gebracht hat. Der damalige Kurator am Wiener Museum, JOHANN JAKOB HECKEL, bearbeitete einen größeren Teil der Sammlung, so auch den Diskus, für den er nach den zusammengewachsenen Zähnen im Kiefer den Gattungsnamen *Symphysodon* (nach Symphysis = Verwachsung und odon = Zahn) sowie den Artnamen *discus* nach der runden Körperform wählte.

Nach seinem Erstbeschreiber benannt ist dieser Diskus eigentlich der auffälligste unter den bekannten Diskuswildfängen. Der Heckel-Diskus ist sehr leicht an seinen markanten Querbinden zu erkennen. Besonders die fünfte, mittlere Querbinde ist so stark ausgeprägt und deutlich sichtbar, dass dieser Fisch sofort als Heckel-Diskus erkannt werden kann. Auch die erste Querbinde über dem Auge und die neunte Querbinde durch die Schwanzwurzel sind stärker ausgefärbt als bei anderen Diskusarten. Je nach Stimmungslage zeigen die Heckel-Diskus diese Querbinden stärker oder schwächer.

Die Aquarienhaltung des Heckel-Diskus ist anfangs sehr schwierig gewesen, da den Aquarianern zu wenig über die Heimatgewässer der Heckel-Diskus bekannt war. Der pH-Wert der meisten Schwarzwasserflüsse, in welchen Heckel-Diskus leben, liegt zwischen 3,2 und 4,5, was extrem sauer ist. Auch der Leitwert dieses Wassers ist sehr gering und bei Messungen vor Ort werden immer wieder Leitwerte um 10 Mikrosiemens/cm festgestellt. Das typische Schwarzwasser hat eine leicht bräunliche Färbung, was auf den hohen Gehalt an zersetztem pflanzlichem Material zurückzuführen ist. Bei der Pflege und Zucht der Diskusfische ist allgemein dieser Tatsache Rechnung zu tragen, und ein Ansäuern des Aquarienwassers und Zugabe von Huminsäuren begünstigen Zucht und Pflege. Das Wasser nur einfach mit Torf anzusäuern, entspricht nicht den natürlichen Gegebenheiten in Brasiliens Schwarzwasserflüssen.

Die Verbreitung der Heckel-Diskus in Amazonien ist im Laufe der letzten Jahre immer größer geworden. Dies lag sicher daran, dass heute in vielen Gegenden

Eine klassische Aufnahme eines Heckelpaares von 1968. Schon damals gelangten Heckel-Diskus aus Amazonien nach Deutschland. Doch nur wenige Liebhaber konnten oder wollten sich diese Exoten leisten. Sie so perfekt einzugewöhnen war sicher nicht einfach. Sie fühlten sich im eingerichteten Aquarium sichtlich wohl.

Klassifizierung der Diskusfische

Fische gefangen werden, in welche man vor zehn und zwanzig Jahren einfach nicht vorgedrungen war. Hauptverbreitungsgebiet war bisher immer das untere Rio Negro-Gebiet mit der Inselwelt der Anavilhanas. Heute gibt es als Spezialität Blaukopfheckel aus dem Rio Jauaperi und anderen Flüssen, die früher kaum befischt wurden. In den letzten Jahren wurden auch *S. discus* aus dem System des Rio und Lago Nhamundá nach Europa exportiert, die hier großes Aufsehen wegen ihrer schönen Zeichnung erregten. Immer mehr kommt es auch zu einer Hybridisierung bei den Diskus durch die Vermischung der Gewässer bei Hochwasser. So gelangen unterschiedlich gefärbte Diskus zueinander und der Nachwuchs zeigt dann blaue oder braune Grundfarben mit dem typischen Heckelstreifen. Solche Diskus werden gerne als Raritäten im Handel angeboten. Natürlich sind sie sehr gesucht.

Die Zucht der Heckel-Diskus ist auch heute noch sehr schwierig. Der Heckel-Diskus ist der von allen Wildfängen am schwersten nachzüchtbare Diskus und auch seine Pflegeansprüche sind wesentlich höher als die seiner Artgenossen.

Symphysodon discus willischwartzi
BURGESS, 1981

Der amerikanische Zierfischspezialist DR. BURGESS beschrieb 1981 eine Heckel-Diskus-Unterart. Diesen Diskus entdeckte DR. AXELROD im Rio Abacaxis, einem Nebenfluss des Rio Madeira. Den Beinamen erhielten diese Fische nach dem bekannten Diskuspionier und Exporteur aus Manaus, WILLI SCHWARTZ. Bei dieser Heckelvariante handelt es sich möglicherweise um eine natürliche Kreuzung zwischen *Symphysodon discus* und *Symphysodon aequifasciatus axelrodi*.
Die nur von wenigen Wissenschaftlern anerkannte Beschreibung als neue Unterart zu *Symphysodon discus* geht auf eine höhere Anzahl von Schuppenreihen zwischen Hinterkopf und Caudalbasis zurück.

Oben die klassische, einfache Heckelvariante mit dem dicken, schwarzen Mittelstrich, der stärker als der Augen- und Schwanzstrich beachtet wird. Unten ein Willischwartzi Diskus, dem man die Nähe zum Braunen Diskus in der Grundfärbung schon ansehen kann. Die schwarzen Streifen sind hier schwächer ausgebildet.

Klassifizierung der Diskusfische

Symphysodon aequifasciatus axelrodi
Schultz, 1960

Der Braune Diskus war der weitverbreitetste Diskus in unseren Liebhaberaquarien der 1960er und 1970er Jahre. Seine Körpergrundfarbe ist hell- bis dunkelbraun. Am Kopf, auf der Rückenpartie und in den Bauchflossen hat er einige wenige blaue Streifen. Die Afterflosse weist meist ein schönes Rot auf. Die senkrechten Streifen erscheinen über dem Auge und der Schwanzflosse stärker ausgeprägt.

Schultz war als intensiver Forscher in Amazonien ja ständig vor Ort, um Neuentdeckungen zu machen. Er widmete den Braunen Diskus seinem langjährigen Freund Dr. Herbert Axelrod, der ja ebenfalls seit vielen Jahren schon in Amazonien auf Expeditionen unterwegs war und unter vielen anderen Fischen auch den für die Aquaristik so bedeutenden Roten Neon fand, der dann auch nach ihm benannt wurde. Sowohl dieser Rote Neon als auch der Braune Diskus revolutionierten die Aquaristik erheblich. Es war einfach die Krone der Aquaristik, diese beiden Perlen Amazoniens zusammen in einem Aquarium zu pflegen. Leider haben wir das heute etwas vergessen, aber es ist immer noch ein einmalig schöner Anblick, diese beiden Fische in einem bepflanzten Aquarium gemeinsam zu bewundern.

Besonders die optische Abgrenzung mit dem klassischen Blauen Diskus ist sehr schwierig. So wurden noch zu Dr. Schmidt-Fockes Zeiten sogenannte Alenquer-Diskus eingeführt, bei denen die Weibchen mehr einfach rotbraun, die Männchen dagegen prächtiger mit blauen Streifen gefärbt waren. Hier gab es sicher Übergänge zwischen einfachem Rotbraun und kräftiger blauer Linierung. Immer wieder tauchten kräftig rotbraune Diskus auf, die für Aufregung unter den Wildfangfreunden sorgten. So gab es zum Beispiel die toll rotbraunen Curipera-Diskus, die sich meist zu wirklich tollen Diskusfischen mit extrem hohem Rotanteil in den Heimaquarien entwickelten. In Amazonien scheint der Übergang vom braunen zum blauen Wildfangtyp sehr fließend zu sein. So beginnt bereits zwischen Santarém und Manacapurú die deutliche Zunahme der intensiver gefärbten Blauen Diskus.

Klassifizierung der Diskusfische

Links zwei Klassiker der Braunen Wildfänge, wie sie in frühen Jahren oft eingeführt wurden. Braune Diskus hatten immer einen großen Reiz auf die Liebhaber ausgeübt, waren sie doch die ersten Diskus, die in größeren Mengen erhältlich waren. Sie konnten auch schon realtiv einfach nachgezogen werden und das machte sie schnell noch interessanter. Sie verschwanden erst aus den Aquarien, als die Türkisdiskus in Massen gezüchtet wurden. Vor kurzem erinnerte man sich aber wehmütig wieder an die schönen braunen, manchmal rotbraunen Diskus, die jetzt wieder unter allen möglichen Handelsnamen importiert werden und hohe Preise erzielen. Rechts eine Box mit frisch importierten rotbraunen Diskus, die aus dem Rio Nhamunda stammen. Teils flächig rotbraun, teils aber auch schon mit vielen blauen Linien, die in Richtung klassischem Blauem Diskus hinweisen. Vermischungen sind hier also vorgegeben. Unten ein solches Diskusweibchen beim Bewachen seines fast völlig verpilzten Geleges. Je höher die Rotanteile, desto gesuchter sind solche Diskuswildfänge.

Klassifizierung der Diskusfische

Symphysodon aequifasciatus haraldi
Schultz, 1960

Der Blaue Diskus ähnelt in der Grundfärbung eigentlich mehr dem Braunen Diskus. Oberflächlich betrachtet ist seine Körpergrundfarbe eher Braun als Blau. Doch in den Flossensäumen und vor allem im Kopfbereich mit den Kiemen haben die Blauen Diskus sehr schöne blaue Zeichnungen, die als Linien und Flecken zu sehen sind. Diese türkisblauen Farben haben diesem Diskus seinen Populärnamen Blauer Diskus gegeben. Je nach Fanggebiet variieren diese Blauen Diskus in der Zeichnung. Die meisten Blauen Diskus wurden immer im Bereich des Weißwasserflusses Rio Purus gefangen. Ebenfalls sehr gute Fanggebiete wurden um die Stadt Manacapurú im gleichnamigen Fluss ausgemacht. Dort wurden immer wieder, teils in beachtlichen Mengen, völlig durchgestreifte Blaue Diskus gefangen. Diese durchgestreiften Diskus sind den Liebhabern als sogenannte Royal Blue-Diskus angeboten worden. Sie können erkennen, dass es sehr schwierig ist, Diskusfische nur nach ihrer Färbung in irgendwelche Klassen einzuteilen. Hinzu kommen heute viele Händlerbezeichnungen, die sich nach „möglichen" Fundorten und den dortigen Flussnamen richten. Das trägt zu einer noch größeren Verwirrung bei und kann den Wissenschaftlern natürlich gar nicht gefallen.

So müsste ein klassischer Royal Blue-Diskus aussehen. In den Siebziger-Jahren waren sie die absolute Qualitätsspitze beim Diskusimport. Wurden diese Diskus früher ganz einfach als Royal Blue bezeichnet, weil sie eben eine völlig durchgehende Streifenzeichnung hatten, so wären heute ergänzende Handelsnamen gefragt. Solche Ausnahmediskus kamen meist aus dem Gebiet von Manacapurú.

Klassifizierung der Diskusfische

Frisch gefangene Diskus haben oft Flossenverletzungen, die aber bei guter Pflege schnell wieder ausheilen. Der rechte Diskus wurde in Manaus in der Exportstation gehältert und ist fast völlig in Ordnung, was die Beflossung angeht. Obwohl in der Körpermitte nicht ganz durchgezeichnet, handelt es sich doch schon um ein sehr gut gezeichnetes Exemplar, das sogar als Royal Blue-Diskus verkauft werden könnte. Typisch und markant sind hier die breiten, kräftig türkisblau gefärbten Linien, die diesen Diskus besonders interessant machen. Gerade bei der Zucht würden Spezialisten auf eine gerade, waagrecht verlaufende Linierung achten. Diese Linierung zeigt ja auch der Diskus auf der gegenüberliegenden Seite. Solche extrem gerade und waagrecht gezeichneten Wildfänge werden immer seltener. Im eingerichteten Aquarium fühlen sich die Diskus schnell wohl, denn Pflanzenverstecke und feiner Sandboden kommen ihren Lebensgewohnheiten eben sehr entgegen. Dann zeigen sie bei optimalen Wasserbedingungen auch schnell ihre schönsten Farben und es ist immer wieder verblüffend, wie sich aus farblosen Wildfängen plötzlich prächtige Schaudiskus entwickeln.

H. Hieronimus

Klassifizierung der Diskusfische

Symphysodon aequifasciatus aequifasciatus
PELLEGRIN, 1904

Der vierte Vertreter der Diskusfische ist der Grüne Diskus. Uns Aquarianern ist der Grüne Diskus besonders im Zusammenhang mit dem Namen Tefé ein fester Begriff geworden. Der Lago Tefé und der Rio Tefé sind die Heimatgewässer der schönen und interessant gefärbten Grünen Diskus.

Das Seengebiet des Lago Tefé wird vom mächtigen Rio Solimoes während der Hochwasserzeit teilweise überschwemmt. Dadurch kommt es zu starken Wasserveränderungen, was sich auch auf die Diskusfische auswirkt. Tefé-Diskus sind ja geradezu berühmt geworden für ihre kräftigen roten Punkte, die mehr oder weniger die hintere Körperhälfte überziehen. Die am stärksten gezeichneten Grünen Diskus mit roten Punkten stammen aber nicht aus diesem Seengebiet, sondern aus dem Rio Tefé, der nicht so stark in seinen Wasserwerten verändert wird. Die markanten Merkmale dieses Tefé-Diskus sind seine erste und letzte stark ausgeprägte, senkrechte Binde sowie zahlreiche rote Punkte, die über dem ganzen Körper, jedoch besonders auf der Bauchpartie verteilt sind. Vor etwa zwölf Jahren begannen die asiatischen Diskuszüchter, vermehrt diese rot gepunkteten Tefé-Diskus zu importieren und für Kreuzungen einzusetzen. Es gelang ihnen die Zucht immer stärker gepunkteter Diskus und eines Tages gab es dann endlich die mit roten Punkten überzogenen Leopard-Diskus, die heute die Spitze der Diskushochzucht darstellen.

Diese rot gepunkteten Diskuswildfänge sind sehr begehrt, jedoch nur noch schwer zu bekommen.

Die Grünen Diskus, welche besonders intensiv flächig gefärbt waren und keine roten Punkte zeigten, wurden in den 1960er Jahren zur Auswahlzucht verwendet, um flächig grünblaue Diskus heranzuziehen.

Dieses Vorhaben gelang bestens und durch konzentrierte Zuchtauswahl gelang es, die heute bekannten qualitativ hochwertigen Türkis-Diskusstämme aufzubauen. In allen Ländern, in denen Diskusfische gezüchtet werden, sind diese

Rund vierzig Jahre alt ist diese Aufnahme mit einem weiteren Klassiker, dem Grünen Diskus. Jeden einzelnen rotbraunen Punkt auf der Seite des Diskus haben die Liebhaber bewundert. Das waren tolle Erlebnisse und damals war es den Aquarianern egal, ob vielleicht hier ein Wissenschaftler einen Tarzoodiskus beschrieben hätte oder nicht.

Klassifizierung der Diskusfische

Türkisfarben heute Standard. Im Bereich des Rückens und Bauches sind diese Fische grün gestreift.

Fische, die fast völlig mit grünen oder türkisfarbenen Streifen übersät sind, werden gerne als „Royal Green"-Diskus verkauft. Sie sehen dann ähnlich aus wie die Royal Blue-Diskus, haben aber eine mehr grünliche Färbung.

Überhaupt ist die Einteilung nach einer Grundfarbe eher schwierig und oft vom Betrachtungswinkel abhängig. Deshalb ist es begrüßenswert, wenn wissenschaftlich gesehen hier endlich vereinfacht würde.

Aquarianer sehen ihre Diskusfische sowieso mit ganz anderen Augen und deshalb ist es immer am besten, wenn man sich die Diskusfische, die man kaufen will, zuerst einmal ansehen kann.

Erste Zweifel

Ob es sich bei den Braunen, Grünen und Blauen Diskus um selbstständige Arten handelt, ist umstritten. Wahrscheinlich erschien lange, dass es sich bei diesen drei Arten nur um Standortvarianten handelt. Diskusfische können im Aquarium miteinander beliebig verkreuzt werden, was auch in der Natur immer wieder vorkommt. So entstehen immer mehr Standortvarianten, die sich von den ursprünglich beschriebenen Typen etwas unterscheiden. Je mehr Diskuswildfänge exportiert werden, desto mehr Mischformen treten auf und werden bekannt. Allerdings stürzen sich auf diese Mischformen gerade die asiatischen Züchter, um diese eigenwilligen Merkmale zu stabilisieren bzw. mit anderen Zuchtlinien zu kombinieren, um neue Nachzuchtvarianten zu erhalten, die letztendlich als Besonderheit wieder gut verkäuflich sind.

Die Arbeit von Ready, FERREIRA & KULLANDER, 2006

Nach READY & KULLANDER gibt es drei Diskusarten, die sich morphologisch – *S. discus* – sowie genetisch – *S. aequifasciatus* und eine weitere Art – unterscheiden lassen. Als Problem dabei erwies sich, dass die Fische, die PELLEGRIN zur Beschreibung von *S. aequifasciatus* benutzt hat, möglicherweise von mehreren Fundorten stammten und, was heutzutage besonders bedeutend ist, zwischenzeitlich in Formalin gelagert wurden und damit nicht mehr für eine genetische Untersuchung zur Verfügung stehen.

So ändern sich die Zeiten. Aber es sind immer noch die gleichen Diskus, die importiert werden, und es macht Spaß, solche prächtige Tefé majestätisch durch ein schön eingerichtetes Aquarium schwimmen zu sehen. Diskusfische, Holz, Sand und einige Pflanzen, eine ideale Kombination! Ein Aquarianertraum.

Klassifizierung der Diskusfische

Symphysodon aequifasciatus tarzoo

READY & KULLANDER untersuchten die Diskusfische und kamen zu folgenden Ergebnissen. *Symphysodon* ssp. sind in ihrer Verbreitung auf das Stromgebiet des Amazonas sowie die Unterläufe der größeren Nebenflüsse beschränkt. Das liegt daran, dass sie zur Vermehrung die jahreszeitlich entstehenden Überschwemmungsgebiete brauchen. Die Beschreibungen der beiden Arten *Symphysodon discus* HECKEL, 1840 sowie der damaligen Unterart *S. d. aequifasciatus* PELLEGRIN, 1904 sind unstrittig und auf Unterschieden in der Zeichnung (Streifung) sowie einigen meristischen Merkmalen begründet. Danach aber wird es schwierig – E. LYONS stellte 1959 (und nicht 1960, wie gelegentlich und speziell bei BLEHER et al. fälschlich angegeben) in der Zeitschrift Tropicals einen Grünen Diskus als neue Unterart *S. discus tarzoo* vor.

SCHULTZ, der 1960 aufgrund von Dias mit zweifelhaften Fundortangaben der abgebildeten Fische zwei neue Unterarten beschrieb, *S. a. haraldi* und *S. a. axelrodi*, hielt diese Beschreibung für ungültig. SVEN KULLANDER, der auch diese Unterarten wieder einzog, konnte aber vor einigen Jahren belegen, dass diese Beschreibung sehr wohl den Bestimmungen des Internationalen Code für Zoologische Nomenklatur entsprach, hielt sie aber auch für ein Synonym.

READY, FERREIRA & KULLANDER untersuchten nun die mitochondriale DNA von Diskusfischen aus zahlreichen Fundorten in Brasilien, vom Ober- bis zum Unterlauf. Dabei stellten sie überraschend fest, dass es zwischen zahlreichen *S. aequifasciatus* und *S. discus* keine Unterschiede gab. Aber zuerst einmal überraschend war der Befund, dass sich innerhalb der „Art" *S. aequifasciatus* deutliche Unterschiede ergaben. So konnte ein Komplex aus den westlichen und einer aus den zentralen sowie östlichen Arten gebildet werden. Letztere gehören zu *S. aequifasciatus*, da die Typuslokalität nach diesen Autoren in der Nähe von Manaus und damit im zentralen Bereich des Diskusvorkommens liegt.

Es gibt nun nach Angaben der Autoren ein Unterscheidungsmerkmal, das die beiden ansonsten sehr ähnlich aussehenden Arten *S. aequifasciatus* und *S. tarzoo* relativ einfach erkennen lässt. Denn *S. tarzoo* hat auf der Afterflosse sowie auf dem Körper rot pigmentierte Flecken, während sie bei *S. aequifasciatus* fehlen (Streifen können sehr wohl vorhanden sein, nur keine Punkte). Da diese roten Flecken auf der Abbildung bei LYONS deutlich zu erkennen sind, wäre *S. tarzoo* der gültige Name für diese Art. Ein sehr bekannter Vertreter der neuen Art stammt aus der Region von Tefé.

Die Erklärung dafür, warum sich in der an sich miteinander verbundenen Amazonasebene zwei Arten bilden konnten, könnte in der geologischen Geschichte des Amazonasbeckens liegen, denn der

Links ein „tarzoo" mit Punkten auf der Afterflosse. Unten dann zwei *S. aequifasciatus*, weil sie Streifen auf der Afterflosse haben. Was ist das aber oben? Rechts ein „tarzoo" und links dann ein bisschen „tarzoo" und ein bisschen „aequifasciatus"?

Klassifizierung der Diskusfische

Tropenstrom hat mehrmals seine Laufrichtung geändert. Sind damit alle Unklarheiten beseitigt? Sicher nicht, denn die Verhältnisse scheinen sich in der Natur nicht so klar darzustellen wie im Labor. Sicher werden deshalb noch weitere Arbeiten folgen.

Die Revision von BLEHER, STÖLTING, SALZBURGER & MEYER 2007

Nicht lange nach der Beschreibung von Ready et al. erschien diese Revision. Dabei wurde ebenso wie bei READY et al. in einer relativ kleinen Untersuchung (bei 48 Exemplaren von 20 Fundorten, bei READY et al. sind es eine nicht genannte Zahl von Exemplaren von 23 Fundorten) die mitochondriale DNA untersucht. Diese Untersuchung leidet in beiden Fällen unter dem methodischen Mangel, dass die mitochondriale DNA nur vom Weibchen vererbt wird. Wie MEYER (pers. Mitt.) bestätigte, sind die Überlegungen BLEHERS, dass es eine weitere Art geben müsste, die als Naturhybrid zwischen *S. discus* und *S. haraldi* (sensu BLEHER, s.u.) zu verstehen ist, relativ weitgehend und von den Daten nur schwach gestützt. Beide Arbeiten kommen prinzipiell zu den gleichen Ergebnissen. Allerdings sind die Schlüsse verschieden.

Nach MEYER (pers. Mitt.) wurden von ihm und seinem Team nur die Arbeiten an der DNA durchgeführt, sodass die Annahmen zur Artzugehörigkeit des Holotyps sowie Auslegen der Daten alleine durch BLEHER erfolgte.

Die Problematik liegt zuerst einmal in der Arbeit von PELLEGRIN. Dieser versäumte es, einen Holotyp festzulegen. Es waren sowohl Exemplare von Santarém als auch – nach Etikettenangaben – solche von Tefé dabei. READY et al. legten die Exemplare von Santarèm als Holotyp fest. Aufgrund der bei einem Holotyp von *S. aequifasciatus* deutlich erkennbaren Streifen ist dies *S. aequifasciatus* sensu READY et al. Diese Autoren nahmen dann die Beschreibung von *S. tarzoo* (übrigens abgeleitet von Tarpon Zoo, dem Importeur der Exemplare, die nach dem bis 1961 gültigen Code zweifellos gültig beschrieben waren), als Name für die dritte Diskusart.

BLEHERS gegensätzliche Ansicht, dass nämlich der Typus von *S. aequifasciatus* von Tefé (bei BLEHER Schreibweise Teffé) stammt, fußt auf einer angeblich von BLEHER & GERÝ im Jahre 2004 in „Blehers Discus Band 1" veröffentlichten Revision, die eben ein Exemplar von Tefé als Holotyp festlegt. BLEHER selbst aber gibt für diesen Band 1 das Veröffentlichungsjahr 2006 an! Dieses Buch erschien offiziell nach der Arbeit von READY et al. und daran wird auch ein angekündigtes Erratum (BLEHER, pers. Mitt.) nichts ändern. Gemäß dem „Verzeichnis lieferbarer Bücher" wurde das Buch Dezember 2006 veröffentlicht. Die Jahreszahl 2006 befindet sich auch im Buch. Allerdings wurde das Buch bereits eher verkauft, als Erstverkaufsmonat darf daher Juni 2006 gelten. Danach wäre die Revision von BLEHER vor der von READY et al. erschienen. Nun wird aber nicht alles einfacher. GERÝ und BLEHER legen nun den angeblich von Tefé stammenden Diskus in PELLEGRINS Sammlung als Holotyp fest. Er bildet beide angeblich aus Tefé stammenden Exemplare ab. Bei einem Exemplar schreibt BLEHER, ist keine Afterflossenzeichnung zu erkennen, bei einem anderen Exemplar schreibt Bleher „...where the red dots can be seen, although the fish is preserved for more than 100 years." („... auf der die roten Flecken erkennbar sind, obwohl der Fisch seit 100 Jahren konserviert ist." Das Foto ist ausgezeichnet und ich (Autor) erkenne dort deutlich (!) neben zwei roten scheinbaren Punkten (es könnte auch ein unterbrochener Streifen sein) rote – Streifen! Diese roten Punkte, speziell als unterbrochene Streifen, tauchen aber durchaus auch bei einigen Braunen und Blauen Diskus auf. Auf dem Körper sind ebenfalls keine Streifen oder Punkte zu sehen. So führt die Festlegung des Holotyps durch GERÝ & BLEHER nicht weiter und es bleibt fraglich, ob PELLEGRIN überhaupt Exemplare des Grünen Diskus hatte. Hätten GERÝ & BLEHER Recht mit ihrer Annahme, wären die Bezeichnungen *S. haraldi* für den Braunen und Blauen Diskus sowie *S. aequifasciatus* für den Grünen Diskus (gepunktete Afterflosse, meist rote Punkte auf dem Körper) gerechtfertigt. Würde allerdings wegen dieser Unsicherheiten der Festlegung des Holotyps (ein Antrag an die Nomenklaturkommission ist in Vorbereitung) ein Lectotyp festgelegt, der den Diskus vom Typ Brauner und Blauer Diskus zum Typus macht, würden die Bezeichnungen nach READY et al. gelten. Bis dahin gilt:

Heckel-Diskus:
Symphysodon discus HECKEL, 1840 (mit dem Synonym *S. discus willischwartzi* BURGESS, 1981)

Brauner und Blauer Diskus:
Nach GERÝ & BLEHER in Bleher: *Symphysodon haraldi* SCHULTZ, 1960
Nach READY et al.: *Symphysodon aequifasciatus* PELLEGRIN, 1904

Grüner Diskus:
Nach GERÝ & BLEHER in Bleher: *Symphysodon aequifasciatus* PELLEGRIN, 1904
Nach READY et al.: *Symphysodon tarzoo* LYONS, 1959

Alle Autoren sind sich einig, dass *S. aequifasciatus axelrodi* als Synonym zu betrachten ist (allerdings bei READY et al. zu *S. aequifasciatus*, bei GERÝ & BLEHER zu *S. haraldi*) und dass es zwei Arten gibt, die früher als Unterarten von *S. aequifasciatus* angesehen wurden.

Zusätzlich führen BLEHER et al. noch eine weitere mögliche Art auf, die sich genetisch von den anderen unterscheidet und eventuell eine hybride Entstehung hat. Eine solche Interpretation geben aber alleine die mitochondrialen Daten nicht her. Untersuchungen an der nukleotiden DNA wären daher dringend erforderlich, um mehr Klarheit in die Systematik der Diskusfische zu bringen. Diese Untersuchungen sind aber aufwändig, teuer und daher auf absehbare Zeit nicht in Sicht.

Klassifizierung der Diskusfische

Heckel-Diskus

Heckelkreuzung
Zeigt nicht mehr die ganz typischen Heckelmerkmale.
Vermutlich Ergebnis aus einer Verpaarung mit Blauem Diskus.

Junger, perfekt gewachsener Heckel
Sehr schöne klare Zeichnung, zartes Heckelmittelband.
Keinerlei äußere Verletzung ersichtlich.

Klassischer Heckeltyp
Dieses Bild wurde etwa 1975 gemacht.
Dieser Heckel zeigt die typische braune Grundfärbung.

Heckelklassiker
So klar gezeichnet und gefärbt stellt man sich den typischen Heckeldiskus vor.
Sehr intensive Türkisfärbung im Kopf- und Flossensaumbereich.

Klassifizierung der Diskusfische

Heckel-Diskus

Klassischer Heckel aus dem Gebiet von Novo Olinda
Leichte Bissverletzung im Rückenflossenbereich.
Sehr intensive Basisrotfärbung.

Heckelvariante
Nicht mehr als typischer Heckel erkennbar, da starker schwarzer Mittelstreifen nicht deutlich ausgebildet ist.

Junger Heckeldiskus
Noch sehr jung und ausbaufähig.
Etwas zu großes, aber schön rotes Auge.

Junger Heckeldiskus
Ideal für Zuchtabsichten, da Bissverletzungen in den Flossensäumen noch auswachsen werden.

Klassifizierung der Diskusfische

Brauner Diskus

Mata Limpa Brauner Diskus
Aus der Nähe von Mata Limpa exportiert.
Wird im Aquarium noch intensiver rotbraun.

Alenquer Diskus
Echter Brauner Alenquer Diskus.
Gefangen bei Alenquer.

Mata Limpa Diskus
Ebenfalls aus der Gegend um Mata Limpa.
Deutliche Rotzeichnung bereits sichtbar.

Curipera Diskus
Werden braunrot als Curipera Diskus angeboten.
Kaum Unterschiede zu anderen Braunen Diskustypen.

Klassifizierung der Diskusfische

Brauner Diskus

Nhamunda Diskus
Sehr intensiv rotbraun.
Wenig türkisblaue Zeichnung, nur in den Flossen.

Brauner Diskus
Früher einfach nur als Brauner Diskus gehandelt.
Heute werden zusätzlich meist Flüsse als Herkunftsangabe genannt.

Curipera Diskus
Direkt nach dem Fang ist die rötliche Grundfarbe schon zu sehen.
Wird im Aquarium sicher ein Prachtdiskus.

Brauner Diskus
Über ein Jahr im Aquarium wurde dieser Diskus dann geschlechtsreif und zeigte eine perfekte Farbe.

Klassifizierung der Diskusfische

Grüner Diskus

Royal Green Diskus
Völlig türkisblau überzogen.
Zeigt schöne Streifung.

Tefé Diskus
Absoluter Spitzendiskus mit extrem seltener und kompletter Punktierung. Basis für ein tolles Zuchtergebnis in Richtung Leopard Diskus.

Grüner Diskus
Einige Farbfehler im hinteren Körperbereich, dennoch imposanter und schöner Wildfang mit kräftiger Türkisfärbung.

Grüner Diskus
Schöne Körperform, aber leichter Streifenfehler.
Farbe wird sicher noch intensiver werden.

Klassifizierung der Diskusfische

Grüner Diskus

Royal Green Diskus
Mehr Linierung statt Punktierung, deshalb auch die Handelsbezeichnung Royal Green Diskus.

Japura Diskus
Stammt aus dem Rio Japura und zeigt eine sehr brillante türkisgrüne Färbung, die diesen Diskus ausmacht.

Tefé Diskus
Importtier der Spitzenklasse.
Punktierung wird sicher bei guter Pflege noch intensiver rot.

Grüner Diskus
Zwar wenig Punkte, dafür aber sehr schönes flächiges Grün, das für Zuchtzwecke geradezu ideal als Basisfarbe ist.

Klassifizierung der Diskusfische

Blauer Diskus

Blauer Diskus
Historische Aufnahme eines breit gestreiften Blauen Diskus, der sicher schon als Royal Blue Diskus angeboten wurde.

Standard Diskus
Sehr viel braune Grundfärbung.
Diese Blauen Diskus waren so gezeichnet typische Standarddiskus.

Royal Blue Diskus
Frisch gefangener Diskus, der bereits mit dieser Punktierung als Royal Blue in den Handel kommt, obwohl nicht perfekt durchgezeichnet.

Royal Blue Diskus
Frisch gefangener perfekter Blauer Diskus.
Sehr gute und feine Zichnung.

Klassifizierung der Diskusfische

Blauer Diskus

Curipera Diskus
Wurde bei Curipera gefangen.
Im Handel als Royal Blue Diskus.

Rio Uatuma Diskus
Sehr schönes Rot, das diesem Diskus das Besondere gibt.
Noch sehr junger Diskus mit viel Zuchtpotenzial.

Rio Maracana Diskus
Aus diesem Flussgebiet stammt dieser interessant gezeichnete Diskus.
Natürlich auch ein Royal Blue.

Blauer Diskus
Sehr junger Diskus mit fast kompletter Linierung.
Braucht noch einige gute Monate im Aquarium.

Fanggebiete

Gewässertypen und Fanggebiete in Amazonien

Der größte Strom der Welt, der Amazonas, entspringt ganz unspektakulär in einem Gletscher hoch in den peruanischen Anden. Am Ursprung lautet sein Name noch nicht Amazonas sondern Rio Gayco. Dieser Fluss prägt später einen riesigen Subkontinent. Viel später wird im Tiefland dann aus vielen kleinen Flüssen, die sich hier vereint haben, der Rio Maranon, der sich dann mit dem großen Rio Ucayali vereinigt und dann endlich Amazonas heißt. In Brasilien wird der Amazonas dann seltsamerweise Rio Solimoes genannt. Bei Manaus vereinigt er sich endlich mit dem Rio Negro und wird wieder zum Amazonas. Die Hochzeit der Flüsse ist eine große Attraktion und wer jemals die Vermischung des dunkelbraunen Rio Negro mit dem hellen Wasser des Solimoes sehen konnte, ist sehr beeindruckt. Ein Schauspiel, das man so schnell nicht wieder vergisst. Mehr als tausend Flüsse formen das riesige Amazonasbecken, das mit sieben Millionen Quadratkilometern das gewaltigste Gewässernetz der Welt ist. Hier ist der größte tropische Regenwald der Erde. Ein unvorstellbares Ökosystem, das so wichtig für uns Menschen ist und dennoch geben wir uns wohl die größte Mühe es zu zerstören.

Oben: Die Hochzeit der Flüsse Rio Negro (links) und Rio Solimoes bei Manaus. Kilometerlang vermischen sich diese beiden Ströme zum Amazonas in Brasilien. Ein grandioses Schauspiel, das immer wieder fasziniert.
Unten: Unter und zwischen den überschwemmten Waldgebieten der Nebenflüsse finden unsere Diskusfische genügend Verstecke, ausreichend Futter und somit Gelegenheit für Nachwuchs zu sorgen.

Nach der klassichen Lehrmeinung werden drei Gewässertypen in Amazonien unterschieden.

Der erste Gewässertyp ist der Weißwasserfluss, der in Brasilien Rio de água branca genannt wird. Unter Weißwasser darf man jetzt nicht ein helles klares Wasser erwarten. Nein, Weißwasser ist lehmig, gelblich und trüb. Die Sichttiefe ist sehr gering. Höchsten einen halben Meter weit kann man untergetaucht sehen. Diskusfische sind so nicht zu entdecken.

Die bekanntesten Weißwasserflüsse sind der Amazonas, der Rio Solimoes, der Rio Branco und der Rio Madeira.
Ein weiterer Gewässertyp ist der Klarwasserfluss. Er wird Rios de água clara genannt. Hier stimmt der Name schon eher, denn die Sichttiefe beträgt etwa ein bis vier Meter. Das leicht grünliche Wasser ist mehr oder weniger transparent. Hier lassen sich Fische gut beobachten. Bekannt sind der Rio Tapajós, der Rio Tocantins und der Rio Xingú.

Fanggebiete

Der dritte Gewässertyp ist der bei Aquarianern bestens bekannte Schwarzwassertyp. Diese Rios de água preta sind so typisch, dass man sie sofort an der kaffeebraunen Färbung erkennt. Gerne wird dieses Wasser mit Cola verglichen. Es ist zwar sehr transparent, aber durch die dunkle Färbung doch nicht so gut in der Sichttiefe. Zwischen einem und zwei Metern liegt etwa die Sichttiefe. Selbst kleine Bäche sind so dunkel, dass man am Grund nichts erkennen kann. Nimmt man dann ein Glas dieses braunen Wassers heraus, stellt man überrascht fest, dass es im Glas fast wie normales Leitungswasser gefärbt ist. Erst in der Konzentration wirkt sich die dunkle Farbe so stark aus.

Die Färbung der Gewässer resultiert aus ihren Inhaltsstoffen. Je nachdem, was im Wasser gelöst oder transportiert wird, verändert sich die Farbe. Schwebstoffe, gelöste Mineralien oder Huminstoffe geben dem Wasser seine typischen Erscheinungsformen.

Vor Ort haben wir immer wieder Wassermessungen vorgenommen, die mit den Literaturangaben übereinstimmen. So können die pH-Werte der einzelnen Wassertypen in etwa so eingegrenzt werden.
Schwarzwasser pH zwischen 3,7 und 4,8
Weißwasser pH zwischen 6,0 und 7,2
Klarwasser pH zwischen 4,5 und 7,8
Aus diesen pH-Werten kann und muss der Aquarianer seine Rückschlüsse für die Pflege seiner ihm anvertrauten Fische ziehen.

Wenn Heckel Diskus aus Schwarzwasserflüssen importiert werden, dann werden sich diese wohl auch in einem Aquarium mit einem pH-Wert um 5,0 am wohlsten fühlen. Noch tiefere pH Werte lassen sich eben kaum auf einfache Art und Weise im Aquarium auf Dauer halten. Auch die in der Aquaristik so oft überbewerteten Leitwerte von Wasser überraschen bei Wasserproben in Amazonien. Da ist es nicht verwunderlich, wenn der Leitwert tatsächlich unter 10 µS/cm liegt. Solche extremen Werte sind hier normal und können im Aquarium nicht nachvollzogen werden. Aus diesen mineralarmen Gewässern stammen unsere Diskusfische, aber auch die berühmten Neonsalmler. Kein Wunder also, dass diese Fische immer extrem schwierig im Aquarium zur Nachzucht zu bewegen waren. Erst als man alle Zusammenhänge erkannte, wurde es einfacher und schnelle Zuchterfolge stellten sich ein.

Oben links: Diese Diskus wurden alle in einem Gebiet gefangen und sehen doch unterschiedlich aus. Rechts: Typische Blaukopfheckel in bester Qualität. Solche Ausnahmeheckel gehören in Spezialistenhände. Unten links: Rote Diskus aus dem Rio Jatapu. Rechts: Herrliche durchgezeichnete Tefé Royal mit kräftiger Linierung.

Fanggebiete

Der Japura Diskus, kein gewöhnlicher Grüner Diskus!

Eric Hustinx

Einer der beliebtesten Wildfangdiskusfische ist zweifellos der Grüne Diskus. Der Grüne Diskus, *Symphysodon aequifasciatus aequifasciatus* ist eine Art, die in so vielen Farbvarianten vorkommt, dass er bei den meisten Liebhabern sehr populär ist.

Die seltenen Grünen Diskus, die mit roten Punkten auf der Bauseite übersät sind oder die, welche viele türkisblaue Linien haben und als Royal Green Diskus bezeichnet werden, stehen auf den ersten Plätzen der Hitliste des echten Wildfangliebhabers. Wohlgemerkt, diese seltenen Fische sind Ausnahmediskus, die nicht in beliebiger Menge verfügbar sind.

Aus persönlichen Erfahrungen beim Aussortieren von Diskusfischen in Brasilien weiß ich, dass höchstens ein Prozent der gefangenen Diskusfische echte Royal Diskus sind. Bei hohen Wasserständen, also außerhalb der Fangsaison, wird nachts am Ufer zwischen dem Geäst gefischt. Das geschieht mit Hilfe einer Taschenlampe und eines kleinen Netzes. Sogar bei diesen Fängen werden keine Royal Tiere gefangen. Aus diesem Grund und auch weil ich der Meinung bin, dass die Natur zwischendurch durchaus ein bisschen Ruhe braucht, importieren wir keine Fische, welche bei hohen Wasserständen gefangen worden sind.

Ein grandioser Japura Diskus, der sich bestens im Aquarium eingelebt hat und seine ganze Farbenpracht zeigt. Solche Topfische sind nicht in großen Mengen verfügbar und müssen entsprechend pfleglich behandelt werden.

Fanggebiete

Ein neu hinzugekommenes Problem die besten Grünen Diskusfische zu bekommen, ist der immer strenger werdende Naturschutz in Brasilien. Für mich persönlich gehören die Grünen Diskusfische aus dem Lago Tefé oder einem der Nebenflüsse zur absoluten Spitze.

Ich habe in den vergangenen fünf Jahren feststellen müssen, dass die IBAMA-Umweltbehörde (der brasilianische Naturschutz), jedes Jahr wieder große Gebiete in Tefé als geschütztes Naturgebiet auswies. Im Jahre 2005 hat die IBAMA sogar das ganze Gebiet, das den Name Tefé trägt, als Schutzgebiet ausgewiesen. Trotz allem, was von mehreren Exporteuren behauptet wird, sind die heutzutage angebotenen Tefé Diskusfische in angrenzenden Gebieten gefangen worden. Es sind vom Typ her selbstverständlich ähnliche Fische, die aber doch einige hundert Kilometer weiter entfernt gefangen wurden!

Vor Jahren haben wir uns schon mit dieser Problematik befasst und nach Alternativen gesucht und diese auch gefunden. Nach Rücksprache mit den Fischern, mit denen wir schon geraume Zeit zusammenarbeiten, haben wir eine Fangexpedition nach Japura unternommen. Dadurch, dass sie schon zwei Generationen Diskusfische fangen, haben diese Leute

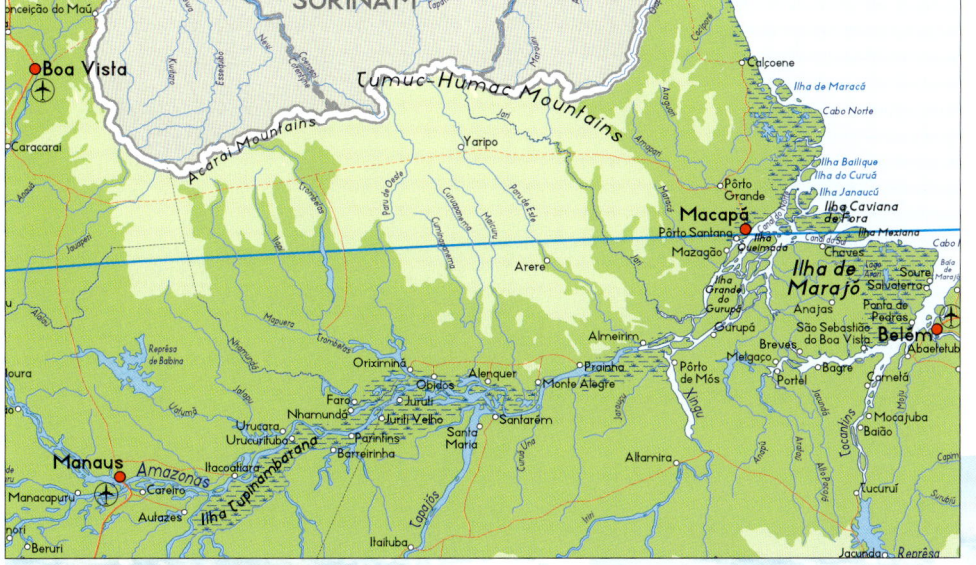

Ein Überblick über die Verbreitungsgebiete der Diskusfische. Mit solchen kleinen Booten sind die Fischer, meist mit der ganzen Familie, wochenlang unterwegs, um Diskusfische zu fangen.

Fanggebiete

In den flacheren Seitenarmen der großen Flüsse lassen sich, zwar meist sehr mühsam, noch genug Diskusfische finden, die dann auf den Booten zwischengehältert werden.

die notwendigen Kenntnisse und Kontakte, um an die besten Japura Diskusfische zu geraten. Das ideale Gebiet, wo die besten Japura Diskusfische gefangen werden, liegt am Städtchen Cujuim.
Im Januar haben wir die Expedition gestartet. Eine Gruppe von etwa fünfzehn Fischern war schon im November in Cujuim angekommen, um zu fischen und die typischen hölzernen Sammelbecken „viveiros" anzufertigen. Die Gewässer um Cujuim sind weiträumig und nicht einfach zu erreichen, alles geht übers Wasser, Straßen gibt es einfach nicht.

Unser Abflugort war Manaus, wo wir ins Flugzeug Richtung Tefé gestiegen sind. Das Flugzeug war ein Propellerflugzeug, das bedeutete zwar eine schöne Aussicht wegen der geringen Flughöhe, aber die klappernden Türen gaben uns doch ein nicht so sicheres Gefühl. Nach einigen Flugstunden sind wir in Tefé, auf einem kleinen Flugplatz mit einer kurzen Landebahn gelandet. Flugzeuge, größer als eine Boeing 737 haben hier noch nicht landen können.

Beim Verlassen des Flughafens haben wir sofort ein Taxi in die Richtung des kleinen Hafens von Tefé genommen. Der kleine Hafen, wo alles anfängt, liegt etwa 500 Meter neben der Kirche von Tefé.
Nachdem wir unser Gepäck auf unser Boot gebracht hatten, haben wir zuerst die notwendigen Einkäufe in der Stadt gemacht. Diese Einkäufe sind wie immer ziemlich einfach: Reis, Spaghetti, Gewürze, ein gutes Sortiment Obst, viel Salz (am liebsten 2 Säcke von 25 kg), tiefgefrorene Hühner, 3 Arten braune Bohnen, trockene Kekse, Kaffee und viel Mineralwasser. Einige hundert Meter weiter nach der Abfahrt wird bei der örtlichen Eisfabrik halt gemacht, um etwa 50 kg Eis zu kaufen, das in einer großen Styroporbox auf dem Boot gelagert wird. Hier werden auch die Tiefkühlhühnchen aufbewahrt, die nach drei Tagen noch immer so gut wie gefroren sind. Nach einer Fahrt von einem Kilometer auf dem Rio Solimoes werden drei 200 Liter Fässer Diesel bei der örtlichen Tankstelle vollgetankt. Diese Tankstelle schwimmt mitten auf dem Rio Solimoes. Die Fahrt von Tefé nach Cujuim dauert zwei volle Tage und eine Nacht. Dabei wird ununterbrochen gefahren. Die Fischerboote, welche ich bisher auf Ausflügen nach Manacapuru, Tefé, Nahmunda und Purus bewohnt hatte, waren ziemlich große Fischerboote, etwa 10 bis 15 Meter lang. Das Boot, womit wir jetzt abfuhren, war ein kleineres Boot, nur 8 Meter lang, mit einem geringen Tiefgang. Später stellte sich heraus, warum es so kompakt war. Bei den niedrigen Wasserständen und herunterhängenden Ästen im Dschungel von Japura hätte man mit größeren Booten nicht fahren können.

Nach einer Fahrstrecke von 30 km gab es eine Flussgabelung. Geradeaus strömt der Rio Solimoes Richtung Peru, um da in den peruanischen Rio Amazonas überzugehen. Wir fuhren jedoch in den rechten Arm und ab und hier heißt der Wasserstrom schon Rio Japura. Übrigens

Nach langen Vorbereitungen können endlich die Netze zusammen gezogen werden. Jetzt zeigt sich die Ausbeute des mühsamen Fangs. Hat es sich gelohnt oder nicht? Das weiß man vorher nie!

Fanggebiete

kein kleiner Bach! Ab der Gabelung, bis dass er in Kolumbien in den Rio Caqueta übergeht, hat der Rio Japura eine Länge von etwa 700 km. Es gibt Stellen, wie auf der Höhe der kleinen Städte Jaquiri und Maraa, wo der Wasserstrom so breit ist, dass man fast das andere Ufer nicht sieht. Trotz der Breite des Flusses war das Wasser nicht so tief. Wir sind sogar mit dem Boot auf eine Sandbank aufgelaufen, sodass alle Männer aussteigen und schieben mussten.

Es ist schon ein komisches Gefühl, mitten in einem Wasserstrom zu stehen, der mehr als 2 km breit ist und das Wasser kaum bis an die Brust reicht. Das Wasser hatte diese Woche wohl den niedrigsten Wasserstand und wir befanden uns wahrscheinlich unglücklicherweise direkt über einer Sandbank.

Nach einer Fahrzeit von einem Tag und einer Nacht erreichten wir das Städtchen Japura. Ab hier fing der Japura Fluss an, deutlich schmäler zu werden. In der Stadt Japura holten wir unseren örtlichen Führer Jesua ab, einen Freund unserer Fischer, der ab Japura bis an die kolumbianische Grenze jede Kurve und Bucht des Rio Japura kannte. Jesua ist ein örtlicher Lehrer, der im Januar offenbar frei hatte, weil die großen Ferien für die Schulen in Amazonien in die Sommermonate fallen. Das sind in Amazonien nun mal Dezember und Januar. Die Gesellschaft von Jesua gab uns aber ein gutes Gefühl während unserer letzten 200 km von Japura bis Cujuim. Ab Japura war es fast so, als wenn man mit dem Auto plötzlich von einer dreispurigen Autobahn auf einen kleinen Feldweg gerät. Sehr schmale Wasserläufe und regelmäßiges Bücken um den herabhängenden Ästen zu entkommen. Auch kamen wir regelmäßig an Kreuzungen, wo nicht zu erkennen war, ob man links oder rechts abbiegen musste. Jesua kannte sie alle! Man hat oft behauptet, dass wir, wenn wir Jesua nicht dabei gehabt hätten, jetzt noch immer auf dem Fluss herumfahren würden.

In der Mitte des Dschungels nach dem Weg zu fragen ist auch nicht so selbstver-

Ein typischer Tefé Diskus aus dem Rio Japura, der die roten Punkte auf der Seite schon sehr intensiv zeigt. Im Laufe der Zeit werden diese Punkte farblich noch verstärkt.

ständlich. In den örtlichen Indianerreservaten natürlich noch weniger, denn da sind Fremde nicht so willkommen. Der Dschungel, in den wir die letzten Kilometer hineinfuhren, war zweifellos der unberührteste und am wenigsten besiedelte, den ich in Brasilien je gesehen habe. Regelmäßig wurden wir durch das Gebrüll von Jaguaren aufgeschreckt, welche von uns einige Meter weiter, im dichten Dschungel gestört wurden. Es soll hier wirklich viele Anakondas und andere gefährliche Tiere geben, wie z.B. die schwarze Kobra.

Als wir endlich angekommen waren, war ich als „Indo branco" (weißer Indianer, wie ich von den Brasilianern genannt werde) froh, dass ich in meiner Hängematte auf dem Boot schlafen konnte und nicht im Dschungel, wie die jungen Fischer wegen Platzmangels auf den Booten. Dennoch sollte es für sie keine Gefahr geben, weil die Hängematten zwei Meter über dem Boden hingen und ein Jaguar offenbar nie in die Höhe springt, um seine Beute zu greifen. Ich empfand dies nur als einen schwachen Trost und jeden Morgen war ich erleichtert, als ich wieder die fünf jungen Fischer bei der Morgendämmerung sah. Gegen neun Uhr gingen wir schlafen, vielleicht gut so, denn um halb sechs morgens gab es schon ein reges Treiben auf dem Boot. Das Frühstück bestand aus einigen Salzkeksen, einer Banane und einer Apfelsine mit einer kleinen Tasse, starkem Kaffee. Um sechs Uhr morgens standen wir schon im Wasser, um Diskusfische zu fangen.

In Japura Diskusfische zu fangen ist Schwerstarbeit! In anderen Gebieten stellen die Fänger einige Wochen vorher Unterschlüpfe (galhados) auf, worin die Diskusfische sich verstecken, ehe sie von einem Netz eingekreist und herausgefangen werden. Hier in Cujuim werden Bäume, welche vom Ufer ins Wasser gefallen sind, als Fanghilfe benutzt. Dieser Baum wird von einem Zugnetz bis ans Ufer eingekreist, sodass kein Fisch mehr entwischen kann. Dann werden die Äste abgesägt und ans Ufer geworfen.

Fanggebiete

Der Baumstamm wird danach in tragbare Stücke gesägt, damit man sie leichter ans Ufer befördern kann. Hierzu benutzt man moderne Werkzeuge, wie schwere Motor- und Baumsägen. Wenn alle Hindernisse innerhalb des Netzes entfernt worden sind, wird dieses langsam ans Ufer geschleppt. Je enger das Netz zusammen gezogen wird, desto wilder schlagen die Diskusfische und andere Fische herum, in der Hoffnung ein kleines Loch im Netz zu entdecken. Wenn der Durchmesser auf etwa anderthalb Meter verringert ist, wird mit dem Herausfischen der Fische angefangen. Große Cichliden, wie *Crenicichla*, *Uaru* und vor allem *Crenicichla temensis* werden unten ins Kanu fürs Abendessen geworfen. Die Diskusfische werden sorgfältig zu etwa zehn Stück in einen Behälter gesetzt. Alle Diskusfische mit Flossenfehlern, Bisswunden und zu langer Körperform oder deformierte Diskusfische werden bedenkenlos ins Wasser zurückgeworfen.

Pro gutem Fangzug werden etwa 100 bis 130 Diskusfische gefangen. Manchmal kann es auch vorkommen, dass nur etwa zehn Diskus im Netz schwimmen. Dies kann durch den Fangort bedingt sein oder beim Schließen des Netzes wurden Fehler gemacht. In anderen Gebieten, wo die angelegten Galhados abgefischt werden, kann man zwei bis drei Diskusfänge pro Tag durchziehen. Dies heißt, etwa 200 bis 600 Diskusfische täglich bei einer Fanggruppe von acht Fischern. Hier in Cujuim kann man nur einen Unterschlupf am Tag abfischen und die maximale Ausbeute sind bis zu 150 Diskusfische pro Tag. Dennoch wird in den Nebenflüssen des Japura viel gefischt, weil diese Gegend schon Vorteile hat. Jedes Jahr wieder ist Japura eines der Fanggebiete, wo der Wasserstand zuerst derartig gefallen ist, dass man schon früh mit dem Fischen anfangen kann. Man unterscheidet sogar eine Zwischen- und Nachsaison. Eigentlich kann man fast fünf Monate ununterbrochen fischen. Ein zusätzlicher Vorteil ist, dass durch die schwierige Zugänglichkeit nicht jeder Fischer Lust hat solche Abenteuer zu erleben, sowohl wegen der Anstrengung, als wegen der hohen Kosten, welche damit verbunden sind.

Durch die guten und festen Freundschaftsbande, die wir im Laufe der Zeit mit unseren Fischern aufgebaut haben, genießen wir enorme Vorteile. So können die Fischer zur Zeit stolz eine moderne Exportstation für tropische Fische ihr Eigen nennen. Dieses Exportzentrum, am Rande von Manaus gelegen, haben wir vor einigen Jahren finanziert. Für die Rückzahlung waren drei Jahre vereinbart worden. Und die Zusatzvereinbarung war ganz klar die, dass wir zuerst die besten Diksusfische bekamen, die gefangen wurden.

Mit diesem „Druckmittel" war es für uns auch eine Art Versicherung, dass unsere Spitzendiskusfische, welche wir meis-

34

Fanggebiete

tens selber am Fangort aussortierten, bis zu uns nach Europa kamen. Wenn eine Fangexpedition nach Japura unternommen wird, kostet es die Fischer, die von Manaus aus operieren, eine Menge Geld. Dadurch, dass wir unseren Fischern trauen können, ist es für uns immer wieder möglich, die Expeditionen vorweg zu finanzieren, damit wir die Spitzentiere wirklich bekommen können.

In der Gegend von Cujuim, wo unsere Fangexpedition stattfand, waren die Fischer sehr wachsam, damit wir nicht das Opfer von Drogenpiraten wurden. Noch nicht mal hundert Kilometer von der kolumbianischen Grenze entfernt ist Cujuim eine Gegend, wo Drogenpiraten die Grenze überschreiten. Wir hatten selbstverständlich keine Lust, Opfer dieser Burschen zu werden. Noch nie habe ich so viele Macheten in der Kombüse herumliegen sehen wie auf unserer Fahrt. Auffällig war, dass oben auf dem Deck ein langer Enterhaken lag mit einer sehr scharfen Spitze. Es stellte sich aber heraus, dass dieser zur Jagd auf Krokodile diente. Diese Tierchen, welche in Cujuim eine Länge von drei bis vier Metern erreichen, waren stark vertreten. Ein lustiges Schauspiel abends auf dem Boot ist es, mit einer Taschenlampe ans Ufer zu leuchten. Man glaubt nicht, wie viele aufleuchtende Krokodilaugen dort zu sehen sind. Vor allem die Tiere, deren Augen weit auseinanderstehen, sind große Exemplare, denen man am besten aus dem Wege geht.

Auf unserem Fischerboot befand sich keine Toilette. Das Bedürfnis hinter einem Strauch am Ufer zu tun, wenn es stockfinster ist, war jedes Mal eine lustige High Speed-Vorführung, die die ganze Mannschaft auf dem Fischerboot zum Lachen brachte.

Bei Abenddämmerung fuhren regelmäßig örtliche Fischerboote mit Konsumfischen in ihren Kanus an unserem Boot vorbei. Für einige Reals kauften wir dann

Ein ganz seltener Fang aus dem Rio Japura. Dieser Diskus zeigt die typische Snake Skin Schuppenform. Immer wieder werden vereinzelt solche Ausnahmediskus gefangen, die dann nach Südostasien verkauft werden.

Tefé Royal Diskus der Spitzenklasse in einer Box vorsortiert, bevor sie verpackt und nach Europa verschickt werden.

einige Fische. Es gab sogar Fischer, die ein Sortiment anboten: an einer Schnur aufgefädelte Piranhas, Tucanares und Plecostomus. Unser Freund Jesua, der sich als ein ausgezeichneter Koch erwies, machte unser Abendessen fertig. Meistens als Fischsuppe, auf einem Gasfeuer gekocht oder, falls möglich, über einem Lagerfeuer am Ufer gegrillt. Vom Geschmack dieser Fische konnte man nicht genug bekommen, vor allem nicht, wenn sie vorher mit dem bekannten „pigmento vermelho" gewürzt worden waren. Dies ist ein rotes Puder, dessen Herkunft unbekannt ist, aber das wie Paprikapuder aussieht. Der Geschmack war für mich völlig neu und sehr lecker bei Fisch und Huhngerichten.

Früher in unserer Diskuszüchterei hatten wir in den meisten Aquarien Plecostomus Arten, die für Sauberkeit in den Aquarien sorgen sollten. Hier auf dem Boot wurden große Exemplare in gesalzenem Wasser gekocht bis sie gar waren. Der Geschmack dieser Fische lässt sich mit unseren einheimischen Welsen vergleichen.

In den abgelegenen Gebieten wie Cujuim wurde von den örtlichen Fischern auch auf den unter Schutz stehenden Arapaima Jagd gemacht. Diese Fische, im Durchschnitt etwa zwei bis drei Meter groß, waren „zufällig" in ihre Fischerboote gesprungen. Ich kann Ihnen versichern, dass sie einfach eine Delikatesse für den größten Feinschmecker sind. Die Schuppen dieser Fische werden getrocknet und können dann als Nagelfeilen verwendet werden, ein Brauch, den man von den örtlichen Indianerstämmen gelernt hat.

Die Diskusfische von Japura sind für uns die schönsten Grünen Diskus gewesen, die wir je gesehen haben. Wollen wir hoffen, dass wir noch lange die Gelegenheit haben solche schönen Diskusfische zu bekommen, um mit Ihnen zu Hause gute Nachzuchten zu ermöglichen, damit die Natur auch entsprechend geschont werden kann. Wobei allerdings nicht vergessen werden darf, dass der beste Naturschutz in Brasilien immer noch der private Fischfang ist, denn diese Fischer schützen auch ihre Natur, denn das haben sie inzwischen gelernt.

Diskusfang in Amazonien

Fangtechniken

Eric Hustinx und Hub Kleykers

Ehe die Wildfangdiskusfische in unseren Aquarien schwimmen, müssen sie selbstverständlich zuerst gefangen werden. Im Amazonasgebiet, wo man seit Jahrhunderten größtenteils vom Fischfang abhängig ist, hat man mehrere Fangtechniken entwickelt, welche manchmal ziemlich primitiv erscheinen, aber dennoch ihre Effizienz bewiesen haben. Die Fangtechniken, welche zum Fangen von Konsumfischen verwendet werden, werden wir in diesem Buch natürlich nicht erörtern. Wissenswert sind die davon hergeleiteten Fangtechniken, welche zum Fangen von Diskusfischen angewandt werden.

Die zwei Techniken, welche wir besprechen, werden von den örtlichen Diskusfischern angewandt. Im Amazonas gibt es eine Anzahl von Hauptströmen, die alle für sich ihre eigene Diskusart beherbergen. Aber in diesen Hauptflüssen schwimmen fast keine Diskusfische, weil die Unterströmungen zu stark sind und es zu wenig Unterschlupfmöglichkeiten gibt. Diskusfische findet man nur in den Seitenarmen des Hauptflusses, Igarapé genannt. Während einer Bootsfahrt in diesen schmalen Flüssen kann ein erfahrener Fischer ziemlich schnell bestimmen, wo es viele Diskusfische gibt.

Während der Fangsaison kann der Wasserpegel derartig gesunken sein, dass die Fischerboote in den seichten Gewässern auflaufen. Um dies zu vermeiden, werden manchmal senkrecht Äste ins Wasser gestellt, sodass man die Fahrrinne besser bestimmen kann.

Diskusfang mit einem kleinen Fangnetz

In unwirtlichen Gebieten, und wenn der Wasserstand zum Fischen mit einem großen Netz zu hoch ist, wird mit einem kleinen Kescher gefischt. Dieser Kescher wird meistens von den Fischern selber zusammengebastelt. An einem Holzstiel von circa 30 cm Länge wird ein Metallring mit einem Durchmesser von etwa 25 cm montiert. Hieran wird ein Fischnetz mit einer Maschenweite von etwa 2 cm befestigt. Durch die große Maschenweite hat dieses Netz wenig Widerstand unter Wasser, wodurch man schnell fischen kann. Weil der Stiel aus Holz ist, wird der Kescher treiben, wenn er mal ins Wasser fällt. Außerdem dient der Stiel dazu, um gefährliche Fische wie z.B. Piranhas, welche sich manchmal in diese Netze verfangen, auszuschalten.

Der Fang mit einem kleinen Kescher geschieht immer nachts und hierzu haben die Fischer geschickt eine Taschenlampe zusammengebastelt. Diese umgebaute Lampe, aus einer durchgesägten Taschenlampe hergestellt, wird mit einem langen Zuleitungskabel mit einer Autobatterie, welche im Kanu steht, verbunden. Am Ende dieser durchgesägten Lampe wird ein Holzstiel befestigt, der an der Spitze ganz abgeplattet ist. Auf diese Weise kann man während der Arbeit die Lampe in den Mund stecken, sodass man beide Hände frei zum Paddeln und Fischen hat.

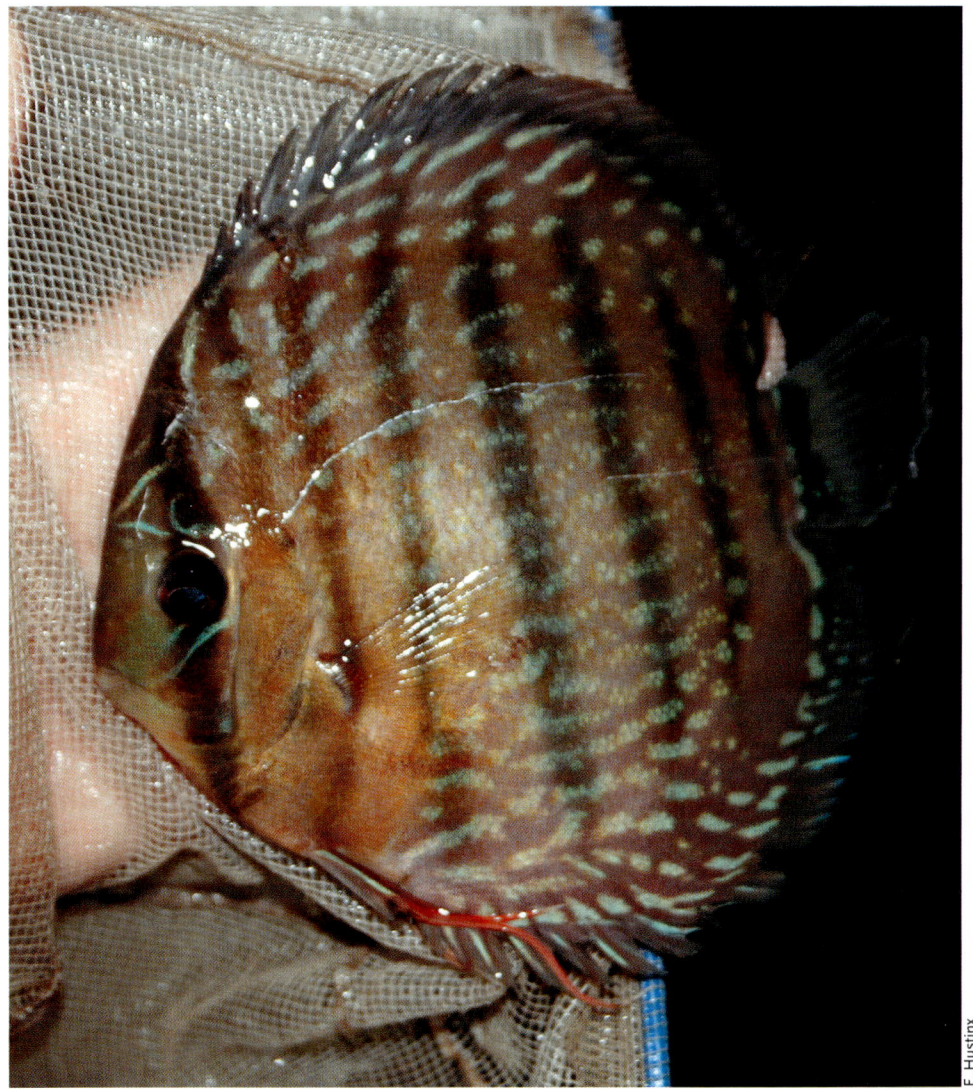

Nachts mit dem kleinen Netz können solche Einzelstücke in Ufernähe gefangen werden. Diese individuelle Fangmethode verhindert auch größere Flossenverletzungen. Dieser Diskus wurde bei Curipera gefangen.

Diskusfang in Amazonien

Mit einer voll geladenen Autobatterie können zwei Fischer eine ganze Nacht fischen. Die Gewässer Amazoniens haben einen Leitwert, der so niedrig ist, dass es keinen Kurzschluss gibt, wenn die Lampe unter Wasser gehalten wird.

Um einen Diskus fangen zu können, fährt man das Kanu ruhig am Ufer entlang, ohne sie zu erschrecken. Wenn man Diskusfische zwischen den Baumwurzeln oder Ästen bemerkt, lässt der Fischer das Kanu still bis in ihre Nähe gleiten und hält den kleinen Kescher hinter den Diskus. Dann steckt er die Lampe ganz ruhig unter den Wasserspiegel bis in die Nähe des Diskus. Er macht eine angreifende Bewegung mit der Lampe, wodurch der Fisch erschrickt, geblendet wird und rückwärts direkt ins Netz schwimmt.

Mit dieser Fangmethode kann man nur wenige Fische pro Nacht fangen, durchschnittlich pro Fischer 10 bis 20 Fische und nur Diskusfische, welche nicht beweglich oder schnell genug sind. Es hat sich herausgestellt, dass die am schönsten gefärbten Fische, die für uns natürlich am interessantesten sind, meistens nicht gefangen werden. Der Grund hierfür ist eine natürliche Vorauswahl. Weil ein farbiger Diskus unter Wasser viel stärker als seine weniger farbigen Artgenossen auffällt, wird er schneller von Piranhas und anderen Raubfischen gesehen. Die farbigen Fische, welche dennoch all diesen Räubern entwischt sind, sind also sehr schnelle, gesunde und bewegliche Fische, sonst wären sie schon längst den Raubfischen zum Opfer gefallen.

Diskusfische, welche eine kräftige Farbe haben oder völlig durchgestreift sind, von uns „Royals" genannt, sind meiner Meinung nach Leittiere. Durch ihre kräftige Farbe fallen diese Fische unter Wasser mehr auf. Wenn diese Fische nicht über eine gute Kondition verfügten und immer schnell wären, würden sie zuerst eine Beute von Raubfischen sein. Also, könnte man sagen, dass Fische mit solchen Qualitäten sich auf diese Weise nicht leicht überraschen und fangen lassen werden.

Der Kescherfang ist mühsam, hat aber Vorteile. Ist dieser Wildfang nicht beeindruckend in seinem Farbmuster. Eine typische Kreation der Natur, wo sich durch Kreuzung ein Perlmuster gebildet hat.

Eine Taschenlampe, die an die Autobatterie angeschlossen wurde, um so die ganze Nacht in Ufernähe Fische fangen zu können. Eine einfache, aber perfekt funktionierende Lösung.

Diskusfang in Amazonien

Diskusfang mit dem großen Zugnetz

Eric Hustinx und Hub Kleykers

Die Fangmethode mit dem großen Zugnetz ist die am meisten gebrauchte Fangmethode. Diese Art zu fischen kann nur angewandt werden, wenn der Wasserpegel genügend gesunken ist. In der Trockenzeit, zwischen August und Februar, steht das Wasser niedrig genug, um mit dem großen Fangnetz fangen zu können. Die günstigste Wasserhöhe liegt etwa bei anderthalb Metern. Bei dieser Wasserhöhe können die Fischer am besten arbeiten und die Natur ist mehr oder weniger auf den Fischfang vorbereitet.

In der Regensaison gelangen durch die schweren Regengüsse viele Millionen Liter Wasser in den Amazonas. Der Wasserpegel wird dann an den meisten Stellen mehrere Meter steigen. Hierdurch werden ganze Gebiete überschwemmt, sogar ein Teil des Waldes. Diese überschwemmten Gebiete werden dort Igapós genannt.

All dieses Frischwasser und die Anreicherung mit Huminsäuren durch die Überschwemmungen sorgen für ein ideales Zuchtwasser für Diskusfische.

Äste und Bäume sind auch ideale Verstecke und Substrate fürs Ablaichen. Erfahrene Diskuszüchter nehmen hierauf unbewusst oder bewusst Rücksicht: Starke Wasserwechsel, mit als Folge etwas abgekühltes und sauberes Wasser bringen die meisten Zuchtpaare zum Ablaichen. Durch das kühlere Wasser sind die Samenzellen viel aktiver und dadurch werden die Eier auch besser befruchtet. Monate später, wenn der Wasserpegel wieder stark gesunken ist, sind die meisten Diskusfische der letzten Gelege schon mindestens halbwüchsig. Im Monat November kann man normalerweise an den meisten Stellen Diskusfische fangen. Durch die großen Entfernungen zwischen den Fanggebieten werden diese abwechselnd befischt. Es wird

Diskusfang in Amazonien

fast nie in großen offenen Gewässern gefischt, nur die Seitenarme, „Igarapés" genannt, sind am besten geeignet.

Wenn der Wasserstand eine günstige Höhe erreicht hat, hängen die Fischer einige Wochen vor dem Fang „Galhados" ins Wasser. Diese „Galhados" sind von den Fischern geschaffene Verstecke, welche den Diskusfischen einen sicheren Unterschlupf gewähren. Man verankert vier lange Stöcke senkrecht im Wasser, gut tief im Boden. Zwischen diese Stöcke werden große Äste gelegt, samt den Blättern. Die Diskusfische werden sich wochenlang zwischen diesen Ästen versteckt halten. Bei der geringsten Gefahr wissen sie, dass sie zwischen diesen Ästen Schutz suchen können.

Etwa drei Wochen nach dem Platzieren der Galhados fahren die Fischer in ihrem Holzkanu bis an den Unterschlupf. Im Kanu liegt ein großes Treibnetz, das an der Unterseite mit Blei beschwert worden ist, damit es gleich bis zum Boden sinken kann. Man fährt in einem Kreis um das Versteck und lässt das Netz inzwischen ins Wasser sinken bis das Versteck ganz vom Netz umkreist ist. Dann tritt man die Unterseite des Netzes mit den Füßen in den sumpfigen Untergrund um zu vermeiden, dass die Fische hier unten durchschwimmen würden. Wenn das Fangnetz überall gut geschlossen ist, werden alle Äste und Stöcke aus dem Fangplatz entfernt. Danach wird die Unterseite des Netzes zusammengezogen und ins Kanu gezogen. Der Rest des Netzes wird eingezogen und der Kreis wird immer kleiner. Wenn das Netz einen Durchmesser von etwa einem Meter hat, werden die Fische einer nach dem anderen mit einem kleinen Kescher herausgefischt. Diskusfische, welche zu alt sind oder sich verletzt haben, werden zurück in den Amazonas geworfen. Sie sind unverkäuflich und können trotzdem noch für Nachwuchs sorgen. Die „guten" Diskusfische werden in Plastikbehältern im Kanu gehältert und zum Sammelplatz gebracht. Dort kommen dann von Zeit zu Zeit Aufkäufer vorbei, die diese Diskusfische mitnehmen.

Diskusfang in Amazonien

Naturgesetze in Brasilien

Eric Hustinx

In Brasilien muss man als Besucher der Amazonasregion die strengen Naturgesetze berücksichtigen, welche im Allgemeinen ziemlich strikt kontrolliert werden. Die wichtigste Kontrollinstitution ist die IBAMA „Instituto Brasileiro do Meio Ambiente e dos Recursos Naturais Renováveis", buchstäblich übersetzt „Das brasilianische Institut für Umwelt und erneuerbare natürliche Resourcen".
Wie die meisten öffentlichen Einrichtungen erntet diese Institution viel Kritik. Mein persönlicher Eindruck ist, dass diese Einrichtung funktioniert und den Umweltschutz ziemlich gut unter Kontrolle hat. All diese Gesetze und Kontrollen sind für uns Europäer nicht immer so gut zu verstehen. Weil ich mich persönlich nicht mehr traute auf den brasilianischen Gewässern herumzufahren und Fische zu fangen, habe ich mich damals in die Bestimmungen vertieft, damit klar war, was nicht oder doch gestattet war.
Für die Leser dieses Buches werde ich dies kurz zusammenfassen.
Die einzigen Personen, die tropische Fische fangen dürfen, sind diejenigen Personen, die eine Genehmigung beantragt und von der IBAMA auch bekommen haben. Jeder Fischer braucht eine spezifische Genehmigung, welche nur für ein vorher bestimmtes Gebiet gültig ist. Der Fischer soll dieses Gebiet kennen und auch die Art und Weise des Fischfangs beherrschen. Eigentlich gibt es doch die gleichen Regeln auch bei uns, wenn man einen Fischereischein beantragen will. Ein Fischer kann eine Genehmigung für mehrere Gebiete haben. Der registrierte Fischer hat hierfür einen Registrierungsausweis mit einem Passbild. Regelmäßig werden fliegende Kontrollen von der IBAMA und der „Policia militar" abgehalten, die sich auf dem Amazonasgewässern mit schnellen Booten und vorgehaltenem Gewehr fortbewegen. Falls die Fischer keine gültigen Genehmigung vorlegen können, werden alle gefangenen Fische zurück ins Wasser gesetzt. Und das können nach einigen Wochen Fangtätigkeit schnell mal mehrere tausend Fische sein, die in die Flüsse zurückkommen. Dabei kommt es dann auch zu Veränderungen der Standorte für die Fische. Bei unseren Diskusfischen kann dies bedeuten, dass diese Diskus die hier in einen Fluss eingesetzt werden vielleicht hundert Kilometer weit entfernt in einem ganz anderen Fluss gefangen wurden. So kann es dann auch zu neuen Standortvarianten und Farbvermischungen kommen.
Jeder Fischer wird verhaftet und zum Verhör mitgenommen.

Die Nachzucht der schönen Diskuswildfänge und die Erhaltung der reinen Wildfangstämme muss eine Aufgabe ernsthafter Diskusliebhaber bleiben. So wird die Entnahme aus der Natur reduziert.

Diskusfang in Amazonien

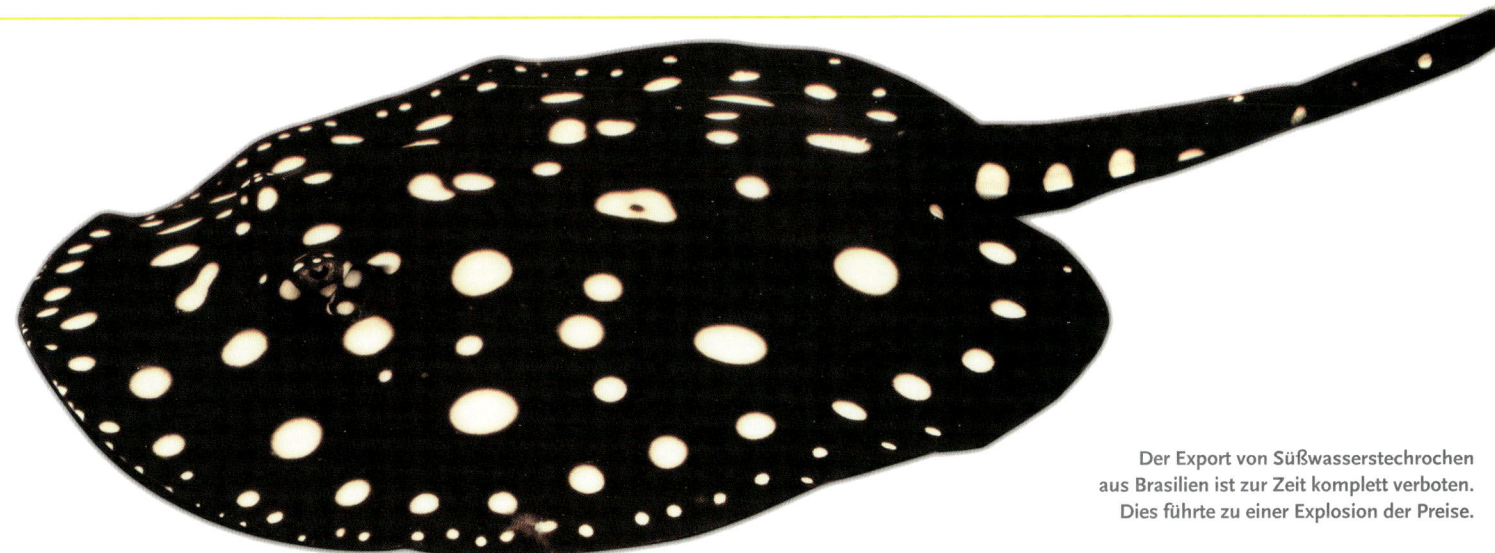

Der Export von Süßwasserstechrochen aus Brasilien ist zur Zeit komplett verboten. Dies führte zu einer Explosion der Preise.

Als Ausländer kann man nur befristete Genehmigungen für Sportfischerei bekommen und dies nur in Zusammenarbeit mit anerkannten Institutionen, welche sich speziell mit der Sportfischerei befassen. Der Grund hierfür ist, dass diese Personen sich auskennen auf welche Arten und in welchen Gebieten gefischt werden darf.

Der beliebteste Fisch, auf den gefischt wird, ist *Cichlasoma ocelaris*, „The peacock bass", der weltweit bei den Sportfischern wegen seines spektakulären Verhaltens während des Fangens, bekannt ist. Die Brasilianer nennen ihn „Tucunare" und er schmeckt gegrillt am besten!

Während eines Besuches der IBAMA in Manaus habe ich selber feststellen können, dass für die Registrierung einiges an Informationen in den zentralen Computern gespeichert wird. Sogar die Fischerboote mit ihrem Bild und den zusammenarbeitenden Fischern werden mit erwähnt. Die Lizenzen müssen auch jährlich erneuert werden.

Als Ausländer vorschriftsmäßig tropische Fische zu fangen, ist nur möglich, wenn man Mitarbeiter bei einer von der IBAMA anerkannten Organisation ist, wie z.B. dem Projekt „Piaba". Also, es läuft darauf hinaus, dass man als Ausländer keine Fische fangen oder transportieren darf. Die IBAMA Strategie heißt zurzeit, dass die „Bio-Piraterie" dem Ökotourismus weichen soll.

Eigentlich ist es bedauerlich, dass der echte Naturliebhaber nicht mal mit einem kleinen Kescher einige *Apistogramma*-Arten in einer kleinen Wasserpfütze entdecken und fangen darf, aber wenn man eine Gruppe reicher Amerikaner in schnellen Rennbooten mit Höchstgeschwindigkeiten auf *Arapaima gigas* Jagd machen sieht, dann versteht man schon, dass man nicht streng genug sein kann, um diese unberührte Natur zu erhalten.

Wenn ein brasilianischer Exporteur tropische Fische verschicken will, muss er vorher die Liste mit den Fischen und den Zahlen und wissenschaftlichen Namen beim „Ministerio do agriculture" einreichen und sie erteilen in Zusammenarbeit mit der IBAMA die Genehmigung für den Export oder verweigern sie.

So werden auch jährlich Listen aufgestellt, eine Art Positivlisten, welche auch den Exporteuren überreicht werden, damit diese wissen, was exportiert werden darf oder nicht. So ist z.B. der Export von Süßwasserrochen verboten, weil dies Konsumfische für die brasilianische Bevölkerung sind. Wenn mal ein Exporteur bei einem Verstoß erwischt wird, wird sofort die Presse alarmiert und schwere Bußgelder auferlegt.

Nach und nach gelangen immer wieder einmal interessante Aquarienlieblinge auf die Liste der nicht mehr zu exportierenden Spezies.

Vom Fang bis zum Exporteur

Fangen und Hälterung in Plastikwannen im Kanu

Die Fänger in Amazonien leben vom Fischfang und das ist gut so. Menschen, die ein Auskommen durch den Verkauf der Fische haben, müssen keine Bananenplantagen anlegen für die sie durch Brandrodung erst einmal Platz schaffen müssten. Fischfang ist also eine umweltschonende Tätigkeit und das darf nicht unterschätzt werden. Die Fischer sind mit ihren Familien monatelang unterwegs und leben auf kleinen Hausbooten. Von dort aus fahren sie die Flüsse und Seengebiete ab und fischen. Die Fische, die gefangen werden, müssen zwischengehältert werden. Von Zeit zu Zeit kommen dann Aufkäufer vorbei, die die Fischer natürlich kennen, und übernehmen die Ausbeute von Wochen. Andererseits kann es auch sein, dass die Fischer ihren Fang auch nach dem Zwischenhältern in die nächste größere Stadt zu Exporteuren bringen. Andere Fischer sind auch unter Vertrag bei Exporteuren und fangen nur für diese.

Mit solchen Netzen werden überwiegend kleinere Schwarmfische gefangen. Es ist aber auch möglich Diskusjungfische damit zu fangen. Einfacher ist der Fang mit dem Stellnetz.

Ist es dann soweit, dass die Fische und zwar speziell die Diskus gefangen wurden, werden sie zum großen Boot gebracht. So wird dann der Fang einer Nacht oder eines Tages für die Zwischenhälterung in Plastikwannen untergebracht.
Die Behälter mit den gefangenen Diskusfischen werden nach dem Fang auf das Fischerboot gebracht. Die Fische bekommen aber vorher eine gründliche Reinigung oder besser gesagt eine Art Desinfektion. Diese Reinigung besteht eigentlich aus einem kurzen Salzbad. Das brasilianische Salz ist wenig raffiniert, es sieht leicht beige aus und ist ausgezeichnet dazu geeignet, Fischen ein Salzbad zu geben. Bei uns in der Quarantäne verwenden wir auch regelmäßig Salz, das wenig raffiniert ist, z.B. Regenerationssalz.

Ein gerade gefangener Diskus sieht eigentlich nicht schön aus, die dicke Schleimhaut ist voller Verunreinigungen und meistens gibt es zahlreiche Ektoparasiten auf der Haut oder den Kiemen. Durch das kurze Salzbad löst sich die alte Schleimhaut ab und der größte Teil der Ektoparasiten wird getötet oder diese lassen sich vom Fisch hinunterfallen.
Die brasilianischen Fischer lösen hierzu circa 50 g Salz in etwa 12 Liter sauberem Wasser. Wenn das Salz sich gelöst hat, werden die frisch gefangenen Fische, etwa vier bis maximal fünf erwachsene Diskus hinein gesetzt. Das Bad dauert gut dreißig Minuten. Das Wasser wird weggeschüttet bis die Diskusfische gerade noch in einigen Zentimetern Wasser liegen und dann wird die Box wieder mit sauberem Frischwasser aufgefüllt.

Der Fänger, der mit seinem Boot unterwegs ist, hält die Fische, hier sehr große Diskusfische, in Eimern mit wenig Wasser. Allerdings erzeugt dies auch etliche Flossen- und Schleimhautverletzungen.

Vom Fang bis zum Exporteur

Nach dieser Behandlung, welche von jedem seriösen Diskusfänger angewendet wird, sehen die Diskusfische viel strahlender aus. Die Farben und Verletzungen sind in diesem Stadium auch deutlich zu sehen. Die Fische werden nach einigen Stunden Aufenthalt in Pastikwannen in die hölzernen „Viveiros" freigelassen.

Ein Viveiros ist ein treibender Hälterungsbehälter von etwa drei Metern Länge, zwei Metern Breite und zwei Metern Höhe. Dieses Holzfloß ist ganz aus Holzbrettern gemacht. Die einzelnen Bretter haben einen Abstand von etwa einem Zentimeter zueinander. Die Zwischenräume, welche so entstehen, sorgen dafür, dass frisches Wasser sowie auch lebende Nahrung hindurch fließen können.

In diese Viveiros setzt man bis zu tausend Diskusfische. Die Viveiros werden meistens als Hälterungsbehälter für die Diskusfische gebraucht, bis die gefangenen Fische zu den Exporteuren verschifft werden, oder diese zum Ankauf kommen. Einige Viveiros werden manchmal mehrere hundert Kilometer weit in einem sehr niedrigen Tempo durchs Wasser geschleppt. Meistens werden dann etwa acht bis zehn Viveiros mit einander verbunden. Treibbalken werden dazwischen gehängt, damit die Viveiros nicht zu tief im Wasser absinken. Mit einem dicken Seil werden diese Holzflöße an Fischerbooten befestigt, welche sie in niedrigem Tempo bis in die Nähe der Häfen ziehen.

Dies kann man nicht mit Fischen machen, welche aus verschiedenen Gewässertypen kommen. Grüne Diskusfische, die in einem Wasser mit einem pH-Wert von etwa 7 aufgewachsen sind, können nicht mit einem Viveiros zu Gewässern mit einem pH-Wert von 4 geschleppt werden. Das würde selbstverständlich eine Katastrophe auslösen, denn solche pH-Wert Unterschiede können für Diskusfische tödlich sein.

Diskusfische, die in Aniori oder Purus gefangen worden sind, werden von Purus bis Manacapuru in den Viveiros transportiert. Wohl mit einer permanenten Geschwindigkeit von etwa 10 bis 15 km/h. Berücksichtigend, dass man flussabwärts fährt, legt man dann doch circa 200 bis 250 km pro Tag zurück, denn es wird ja auch die ganze Nacht durch gefahren.

In den Seitenarmen des Solimoes, auf der Höhe von Manacapuru werden oft

Werden größere Mengen von Diskusfischen in Plastikwannen gehältert, so muss Sauerstoff über Ausströmer zugefügt werden, da sonst die Gefahr einer Sauerstoffarmut zu groß ist und schnell alle Diskus verenden könnten. Überhaupt ist hier stets auf die Wasserqualität zu achten.

Vom Fang bis zum Exporteur

Viveiros an ein altes Fischerboot gekoppelt. Auf diesem Boot bleibt ein Wächter während der Nacht, damit die Diskusfische nicht gestohlen werden. Diese Anlegestellen sind eine Basis für den Verkauf von Diskusfischen. Wenn an verschiedene Exporteure verkauft wird, werden die verschiedenen Lieferungen daraus herausgefangen und die restlichen Diskusfische bleiben in den Viveiros zurück.

Der Transport der Diskusfische in die Exportstationen geschieht mit kleinen Booten oder mit Lastwagen. Die Diskusfische sind meist mit sechs oder acht Stück in einer Plastikwanne.

Diskusfische, welche weiter entfernt gefangen worden sind, werden meistens direkt in Plastikwannen mit dem Passagiersboot geliefert. Für jeden gefangenen Diskus muss eine Steuer gezahlt werden. Dies sowohl am Fangort, als auch im Hafen der Ankunft. Meist ist dies der Hafen von Manaus dem wichtigsten Umschlagplatz. Der Betrag pro Diskus beträgt, je nach Fanggebiet, zwischen 80 Cent und einem Euro pro erwachsenem Diskus.

In einem kurzen Salzbad werden die Diskusfische schon mal von Parasiten gereinigt. Das Wasser wird durch die große Salzmenge schnell trüb, da die Diskusfische leicht abschleimen. Mit dem Schleim werden dann auch Hautparasiten abgestreift. Hier sind doch ganz beachtliche Diskusqualitäten in die Boxen gelangt. Sehr schöne Diskus mit Perlmuster, wie sie nur sehr selten gefangen werden können.

Vom Fang bis zum Exporteur

Vom Hafen werden die Diskusfische zu den Exporteuren transportiert. Bei den Exporteuren bekommen sie zuerst einen halben Teilwasserwechsel mit Wasser der Farm. Nach einer Umgewöhnung von einer Stunde bekommen sie wieder ein kurzes Salzbad, ehe sie in die großen Hälterungsbecken kommen. Diese Becken sind aus Backsteinen gemauert oder betoniert und glatt gekachelt. Die Abmessungen sind etwa 2 x 2 x 0,8 Meter und hier setzt man 50 bis 100 Diskusfische hinein. In diesen Becken bleiben die Diskusfische bis sie fit genug sind, um einen langen Flug zurückzulegen.

In Brasilien ist es sehr schwierig an Medikamente zu kommen, wenn sie für Fische bestimmt sind. Das einzige Antibiotikum, das nur vereinzelt zu bekommen ist, ist Tetracyclin, ein altbekanntes

Das Eingewöhnen der Diskusfische auf der Exportfarm geschieht sehr vorsichtig. Man hat aus den Fehlern der Vergangenheit gelernt. Die Diskusfische sind ja auch viel zu kostbar, um sie durch falsches Handeln zu verlieren. Hier werden die im Salz- oder Antibiotikabad gereinigten Diskus wieder umgesetzt.

Vom Fang bis zum Exporteur

Diese größere Sammelstation, oder vielleicht schon besser diese Dschungelfarm, befindet sich in der Nähe eines Flusses, sodass die Aufkäufer die Fische, die sie irgendwo im Dschungel von den Fängern gekauft haben, schnell abliefern können. Von hier aus gehen die sortierten Fiche dann nach Manaus oder Belem.

Produkt, wogegen die Erreger bei uns meist schon resistent geworden sind. Wildfangdiskusfische sind allerdings sehr gut damit zu behandeln, vorausgesetzt, dass sie noch nie hiermit behandelt worden sind. Bei schlimmen Fällen kombiniert man es mit etwas Salz und in den schlimmsten Fällen gibt man noch etwas Acriflavin hinzu.

Jede Fischfarm muss nach bestimmten Normen gebaut werden, ehe man die Genehmigung der IBAMA bekommt. Eine dieser Vorschriften beinhaltet, dass jede Farm mindestens ein „Verdunstbecken" hat. Die Abwässer mit Resten von Medikamenten sollen in diese Becken kommen. Dieses Wasser lässt man verdunsten, was bei der dortigen Hitze nicht schwierig ist. Nach dem Verdunsten kann man das kristallisierte Puder der Medikamente einfach mit einer Bürste entfernen und entsorgen. Wenn man in Manaus hinter einer Fischfarm kleine Schwimmbäder mit einem Schutzdach darüber sieht, sind es wahrscheinlich solche „Verdunstbecken". Auf diese Weise versucht man zu vermeiden, dass Medikamente ins Amazonaswasser gelangen. Falls man kein solches Becken aufstellen kann, wird ein Sammelbecken benutzt, das regelmäßig von einer Spezialfirma geleert wird. Auf diese Weise versucht man zu vermeiden, dass Arzneimittel ins Amazonaswasser oder in die Kanalisation gelangen.

Die meisten Exporteure in Brasilien sind mit einer guten Transportwasser-Einrichtung ausgerüstet. Das Wasser des Igarapé, dessen Wasser an den meisten Farmen vorbeifließt, ist bei starkem Regenfall derartig trübe, dass es für alles andere als für Transportwasser geeignet ist. Deshalb haben die meisten Exportstationen einen Wasserbrunnen und ein großes Sammelbecken, das zum Lagern von Wasser für den Export geeignet ist.
Die Exporteure sind nämlich für die Qualität der Fische und des Exports solange verantwortlich, bis die Fische bei den Importeuren in den Aquarien schwimmen. Bei Ankunft wird vom Importeur eine DOH (Death on Arrival) Liste auf-

Vom Fang bis zum Exporteur

gestellt mit all den toten Fischen bei der Ankunft. Diese Fische werden einfach ohne weiteres vom Rechnungsbetrag abgezogen.

Transportkosten sind die Kosten, welche immer vom Importeur getragen werden. Auf diese Weise bleiben die Exporteure immer am Ball, um die Qualität der Exporte zu verbessern und gesunde Fische zu verschicken.

Bei kleinen tropischen Fischen liegen die Transportkosten oft höher als der Einzelpreis der Fische. Bei selektierten Fischen ist dies selbstverständlich anders.

Die Diskusfische bekommen zwei Tage vor dem Export nichts mehr zu fressen, sodass sie keinen Kot ins Transportwasser mehr abgeben. Sie werden in einem zwei- oder dreifachen Plastikbeutel, der etwa 5 cm breiter als die Gesamtlänge des Fisches ist, transportiert. Um den inneren Beutel wird Zeitungspapier gefaltet und hierüber wird noch ein Plastikbeutel gezogen. Das Zeitungspapier dazwischen dient dazu, um das Durchstechen zu vermeiden und sorgt außerdem für extra Wärmeisolation und einen gewissen Sichtschutz.

Wenn man einen erwachsenen Diskus einpackt nimmt man einen doppelten Plastikbeutel mit Zeitungspapier dazwischen, füllt eineinhalb bis zwei Liter sauberes Transportwasser hinein und darüber etwa zwei bis drei Liter reinen Sauerstoff. Die Transportbeutel werden mit einigen Gummiringen verschlossen. Dieses Zubinden geschieht nicht zu fest, damit der Beutel noch etwas anschwellen kann, wenn die Fische in einer Höhe von zehn Kilometern fliegen. Durch den großen Druckunterschied schwellen die Beutel an. (Schauen Sie sich mal den Deckel eines Joghurt- oder Milchbechers an, wenn Sie fliegen). Wenn in dieser Höhe die Beutel zu fest gebunden sind, können sich die Gummiringe lösen. Die Beutel mit Fischen werden in Zeitungspapier eingepackt und in isolierte Boxen von etwa 43 x 43 x 27 cm getan. Je nach Größe der Fische kommen sechs bis zehn erwachsene Diskusfische in eine Transportbox.

Ganz einfach und rustikal geht es hier zu. Die Aquarien sind meist nur einfache Bretterkisten, die mit Folie ausgelegt sind. Es gibt auch Glasaquarien für die exklusiveren Fische. Alle Aquarien werden mit Sauerstoff über Ausströmer versorgt. In den Plastikboxen werden auch Fische gehältert.

Vom Fang bis zum Exporteur

Auch Diskusfische entkommen nicht dem „Friagem"-Phänomen

In Brasilien überwiegt ein tropisches Seeklima. Das ganze Jahr hindurch herrschen schöne, tropische Temperaturen und ab und zu regnet es mal kräftig.
Im Süden gibt es ein subtropisches Klima und hier kann man vier Jahreszeiten unterscheiden, genauso wie in Europa. In diesem Teil Brasiliens finden wir auch die größten Temperaturunterschiede. An der Küste entlang herrscht ein mildes Klima mit Wintertemperaturen, welche sogar bis 5 und 10 °C zurückgehen können. Im Inland und den höheren Regionen gibt es noch niedrigere Temperaturen. Im äußersten Süden ist sogar Schneefall möglich.
Der Regen ist über das ganze Jahr verteilt. Im Süden kann es auf einmal ziemlich schnell abkühlen (Friagem) bis Temperaturen von gerade über den Gefrierpunkt. Dies tritt auf, wenn Südpolluft nach Norden strömt. Das Friagem-Phänomen geht oft mit sehr viel Niederschlag einher, weil die feuchtewarme tropische oder äquatoriale Luft durch die nordwärts strömende kalte polare Luft aufgehoben wird, wodurch Kondensation stattfindet. Die Friagem-Regen im Amazonasgebiet dauern oft drei bis fünf Tage und es regnet dann in einem fort. Die Temperatur kann dann in einer Nacht von 35 °C bis runter auf 10 °C sinken und dies kann so tagelang andauern.
Durch dieses Phänomen wird Sauerstoff im huminreichen Wasser in Stickstoff umgewandelt, wodurch die Fische in Atemnot geraten und an die Oberfläche kommen, um nach Luft zu schnappen. Wenn dies einige Stunden anhält, ist der Sauerstoff auch in den oberen Wasserschichten verschwunden und die Fische werden anfangen zu sterben. Dies bedeutet eine große Katastrophe für die Leute, die von Konsumfischen abhängig sind, aber auch für uns, wenn gerade in diesen Gewässern unsere Viveiros voll mit

Immer wieder tauchen in Brasiliens Wälder diese Plastikboxen auf, die ideal sind, um Fische kurzzeitig zu hältern und zu transportieren.

Vom Fang bis zum Exporteur

selektierten Fischen treiben oder weggeschleppt werden. Wir haben beispielsweise schon mal miterlebt, dass unsere Fischer, als sie dabei waren mehr als tausend selektierte Fische aus Japura wegzuschleppen, durch die Entstehung des Friagems alles verloren haben.

Die gefährlichste Periode für das Phänomen Friagem ist zwischen Februar und Mai, gerade am Ende der Diskussaison. Von solchen Umständen wurde noch nie bei uns wirklich berichtet und diese Hintergrundinformation erklärt, warum es manchmal Engpässe bei Diskuswildfängen geben kann.

Vor dieser Fangstation befinden sich Dutzende von Viveiros im Wasser. Dort werden die Diskusfische gehältert. Diese Viveiros werden Tag und Nacht bewacht. Hier können dann die Diskusfische nach Wunsch der Aufkäufer aussortiert und umgepackt werden. Hier ruht das Kapital der Fischer.

Vom Fang bis zum Exporteur

Diskusfische in den Viveiros

Diskusfische werden ja meist von Fischern irgendwo im weiten Dschungelgebiet gefangen, dann auf dem Begleitboot gehältert und irgendwann zurück ins Dorf gebracht. Dort im Dorf können die Diskusfische nicht gleich an die Aufkäufer weiter verkauft werden. Es ist für die einfachen Fischer auch nicht möglich die Diskusfische in die Exporthäfen zu bringen. Also ist eine Zwischenlagerung zwingend notwendig.

Die einfachste Art der Zwischenhälterung ist dabei die Hälterung in den sogenannten Viveiros. Im Bereich der Ufer von Flüssen oder Seen, in der Nähe der Häuser, wird eine Art Gehege in das Wasser gebaut. Stangen werden fest in den Bodengrund gerammt und dazwi-

Vom Fang bis zum Exporteur

Schon die Kinder bauen sich eigene Viveiros. Die Fischer waten in den Fluss, um jetzt die Diskusfische herauszufangen, die verkauft werden sollen. Sie sehen wie lehmig dieses Flusswasser ist. Entsprechend schwierig ist auch die Selektion. In der Plastikbox ist es dann schon einfacher eine Auswahl zu treffen und bestimmte Qualitäten herauszusuchen.

schen Netze gespannt. So entstehen stabile Gehege, in welchen die Diskusfische etliche Wochen problemlos gehältert werden können, ohne dass sie Schaden nehmen. Sind diese Gehege groß genug, können die Fische auch genug Futter finden. Positiv ist dabei auch, dass sie im ähnlichen Wasser schwimmen, in welchem sie auch gefangen wurden. Dies ist auch eine Art von Stressvermeidung. So haben die Fänger eine Art von Vorratskammer für Diskusfische vor der Haustüre angelegt.

Kommt jetzt ein Aufkäufer, der nur ein Dutzend Diskusfische möchte, können die Fänger ganz einfach zu den Viveiros gehen und direkt aus dem Wasser auf unkomplizierte Art und Weise etliche Diskus herausfangen. So könnte auch der Aufkäufer eine Selektion vornehmen und ganz bestimmte Diskus aussuchen, die er dann aber auch etwas teurer bezahlen muss, wenn er die freie Auswahl hat. Durch diese einfache, aber effektive Art der Hälterung können auch Zeiten mit schlechten Fangergebnissen leichter überbrückt werden. In jedem Falle sind diese Viveiros eine geschickte Sache.

Vom Fang bis zum Exporteur

Transport vom Fischerhafen bis zum Exporteur

Die meisten Diskusfische finden ihren Weg bis zu den Exporteuren in Manaus über einen der örtlichen Fischerhäfen. In Manaus gibt es drei wichtige Häfen. Der schönste ist der touristische Hafen, wo die großen Passagiersboote und Kreuzfahrtschiffe anlegen. Die meisten dieser Schiffe sind internationale Seeschiffe.
Ein zweiter Hafen ist der Frachthafen. Hier werden die großen Frachtschiffe, vor allem Containerschiffe, be- und entladen. Der am weitesten östliche Hafen ist der Fischerhafen. Er liegt direkt am legendären Fischmarkt. In diesem Hafen werden die Holzfischerboote angelegt, einer neben dem anderen. Etwas mehr nach rechts, direkt vor dem Frachthafen befinden sich die Landungsbrücken für die Passagiersboote.

Manaus zeigt seine ganze Größe schon vom Fluss aus. Eine gewaltige Dschungelstadt mit rund 1,7 Millionen Einwohnern. Einer der wichtigsten Binnenhäfen von Brasilien. Auch Überseedampfer können hier anlegen.

Die weltbekannte Oper von Manaus, die sich die Gummibarone mitten in den Dschungel bauen ließen. Ein Prachtbau, in dem immer noch Aufführungen stattfinden.

Vom Fang bis zum Exporteur

In Betonbecken werden die Diskusfische auf den Exportstationen gehältert. Da dies Wochen und Monate dauern kann, müssen sie auch gefüttert werden. Durch die braune Folie erscheint hier das Wasser so seltsam gefärbt. Die Wasserqualität ist bestens, denn die Exporteure wissen, dass hier viel Kapital in den Becken schwimmt.

Die meisten Diskusfische werden mit diesen Booten bis Manaus gefahren. Die Plastikbehälter werden immer am Rande des Mitteldecks aufeinander gestapelt. Sie werden dorthin gestellt, weil sie dann fest an der Seite der Lehne stehen und so am wenigsten zwischen den Hängematten die Passagieren hindern.
Diese Hängematten hängen direkt neben einander, von vorne bis hinten. Wenn es mehr Hängematten als Platz gibt, wer-

Vom Fang bis zum Exporteur

den manchmal zwei Schichten Hängematten übereinander gehängt. Die Person, die die Fischbehälter begleitet, muss immer wachsam sein, dass die Kinder kein „Essen" in Form von Spaghetti, Reis oder Maismehl in die Behälter werfen. Dieses Essen wird von den Fischen nicht gefressen werden, aber bestimmt zu faulen anfangen und das Transportwasser verschlechtern.

Wenn das Passagiersboot endlich festgemacht hat, gehen zuerst die normalen Reisenden an Land. Danach wird es Zeit, um die Fischbehälter auszuladen. Hierzu benutzen wir dankbar die Dienste der „Portadors", dies sind erfahrene Träger, die spontan auf die Boote kommen, um gegen Bezahlung unsere Fracht vom Boot bis in unser Fahrzeug zu tragen.

In den Hallen sind die Exportwannen vorbereitet. Hier werden die Fische, die in den Versand gehen vorbereitet, gezählt und sortiert. In den Freilandbecken, die hier einfach in den Boden gebaut wurden, werden meist die „billigeren" Fischsorten aufbewahrt. Teure Fische schwimmen in Becken in den überdachten Hallen.

Vom Fang bis zum Exporteur

Da die Versorgung mit einwandfreiem Wasser für die Hälterung der Exportfische sehr wichtig ist, wird Wasser aus nahe gelegenen Bächen umgeleitet und in großen Becken auf einem Gerüst gelagert. Dort erwärmt sich das Wasser schnell und kann täglich zum Wasserwechsel auf der Exportstation eingesetzt werden.

Wenn man vom Boot herunter will, muss man über einen schmalen hölzernen Laufsteg von etwa zwanzig bis dreißig Zentimetern Breite und sechs bis sieben Metern Länge. Diese Bretter biegen derartig stark durch, dass man ein halber Akrobat sein muss, um nicht ins Wasser zu fallen. Die erfahrenen Portadors haben ein gewaltiges Gleichgewichtsgefühl und nehmen die Behälter meistens zu zweit auf ihre Schultern. Für nur 30 bis 59 Reale (11 bis 19 Euro) sollte man kein Risiko eingehen. Außerdem macht man einer hungrigen Familie zusätzllich eine Freude damit.

Die Behälter werden dann mit VW-Bussen bis zur Farm gefahren. Die meisten Exporteure haben ihren eigenen Transport, aber manchmal benutzt man auch örtliche „Kuriere". Die VW-Busse, der Vorgänger eines Lasters, werden in Brasilien wegen ihres großen Erfolges immer noch hergestellt. Sie werden wirklich für alles benutzt, für den Transport von Personal bis zum Transport von Fischen.

Es gibt auch noch das Ende des Fischerhafens, ganz im Osten, gerade am Chaminé Theater vorbei. Dies ist ein Hafen, wo kleine Fischer anlegen, manchmal Fischer in einem Holzkanu mit 20 cm Wasser drin. Hierin schwimmen Süßwasserrochen, welche auf diese Weise leicht transportiert werden können. In diesem Hafen ist es für Ausländer nicht empfehlenswert herumzuspazieren. Ich bin da öfters mit befreundeten Exporteuren gewesen, habe es aber nie gewagt, ein Bild zu machen. Die Armut um diesen Hafen herum ist zu groß, aber das Angebot an Fischen und die Art und Weise wie sie transportiert und gehältert werden, ist immer einen Besuch wert.

In den großen Exportstationen werden die Diskusfische in mächtigen Betonbecken oder Plastikpools gehältert. Soweit es sich um gut ausgerüstete Exportstationen handelt, werden die Fische auch fachgerecht betreut und teilweise gegen Krankheiten behandelt. In der größten Exportstation von Manaus, dem Turkys-Aquarium, werden die Diskusfische sogar gefüttert. Für diese Zwecke werden *Artemia*-Krebse gezüchtet und sobald sie eine entsprechende Größe erreicht haben, an die Diskus verfüttert. Diese lebenden *Artemia*-Krebschen werden auch von den Wildfängen gut akzeptiert und gierig gefressen. Weniger beliebt ist bei den Diskuswildfängen das angebotene kleingeschnittene Rinderherz. Natürlich ist eine optimale Futterversorgung während der Hälterungszeit nicht möglich und deshalb magern die Fische teilweise auch stark ab. Im Großen und Ganzen ist jedoch der Qualitätsstandard in großen Zuchtfarmen beachtlich gut.

Die großen Betonbecken haben ein Fassungsvermögen von mehreren tausend Litern Wasser und durchschnittlich werden bis zu 500 ausgewachsene Diskusfische in etwa 2000 Litern Wasser gehältert. Allerdings ist anzumerken, dass diese Hälterung mit Fließwasser durchgeführt wird. Dies bedeutet, dass ununterbrochen ein kleiner Strom von Frischwasser aus einer Leitung in das Hälterungsbecken fließt. So wird täglich das gesamte Wasser im Hälterungsbecken mindestens einmal ausgetauscht. Aus diesem Grund ist eine Filterung unnötig und entbehrlich. Diese großen Frischwassermengen, die meist aus einem nahegelegenen Bach abgepumpt werden, garantieren gute Hälterungsbedingungen, was sich dadurch bemerkbar macht, dass der Infektionsdruck in den Hälterungsbecken sehr gering ist. Zusätzlich werden die Diskusfische auch mit Malachitgrün gegen parasitäre Erkrankungen behandelt.

Importvorbereitungen

Diskusfische auf dem Weg nach Europa

Eigentlich ist Europa die Wiege der modernen Diskuszucht, denn von hier aus gingen die berühmten „German Redturquoise" in die ganze Welt und besonders nach Südostasien. Deshalb werden in Europa schon immer große Mengen von Diskusfischen gezüchtet und verkauft, dennoch reicht die hier gezüchtete Menge nicht aus, um die Ansprüche der Liebhaber zu befriedigen. Viele Aquarianer haben inwischen festgestellt, dass Diskusfische sehr robust und bei entsprechender Pflege unproblematische Aquarienbewohner sind. Dies sorgt für einen größeren Bedarf in den Liebhaberaquarien. Die zahlreichen Bücher haben auch dazu beigetragen, dass die Furcht vor der Diskuspflege viel geringer geworden ist. Auch dieses Buch wird hoffentlich wieder dazu beitragen, dass noch mehr Diskusliebhaber zum Kreis dieser Aquarianer stoßen. Größere Mengen von Diskusnachzuchten werden aus den südostasiatischen Diskusexportländern wie Singapur, Thailand, Taiwan, Vietnam oder Malaysia geliefert. In diesen Ländern werden in großer Zahl Diskusnachzuchten produziert, von wo aus sie in die ganze Welt verschickt werden. Zu deren Export kommen wir später in diesem Buch. Die Qualität der südostasiatischen Diskusnachzuchten ist zum Großteil sehr gut und die Pflege solcher Fische kann durchaus empfohlen werden. Natürlich sind, wie bei allen Fischen, entsprechende Quarantänemaßnahmen einzuhalten.

Auch Diskuswildfänge kommen noch immer reichlich nach Europa. Zwar scheint die Blütezeit der Wildfangimporte seit einiger Zeit vorbei zu sein, doch bahnt sich jetzt wieder eine Verstärkung des Imports von Wildfängen an. Gutgefärbte Diskuswildfänge lassen sich ohne Probleme an die Liebhaber verkaufen, doch hatte in den letzten Jahren die Qualität der eingeführten Wildfänge aus Brasilien deutlich nachgelassen. Dies lag sicherlich auch daran, dass die Exporteure ihre gut bezahlenden Kunden in Südostasien bevorzugten. Einfache Braune und Grüne Wildfänge sind leichter zu bekommen, als gute Tefé oder Royal Blue Diskusfische.

Noch gibt es regelmäßige Importe von Wildfang Diskusfischen nach Deutschland. Zum Einkreuzen sind solche Wildfänge schon sehr wichtig, wobei immer mehr Nachzuchten angeboten werden, sodass der Bedarf an Wildfängen weiter zurückgehen wird.

Importvorbereitungen

Zucht- und Hälterungsfarmen im Freien sehen weltweit fast gleich aus. Da ist es schwer zu sagen, ob die Farm in Südamerika oder Südostasien steht. Indoor-Farmen gibt es nur in Südostasien und dort werden die Diskusfische in herkömmlichen Glasaquarien gezüchtet. Solche Farmen können schnell hunderte von Zuchtaquarien besitzen und dann tausende von Jungfischen pro Monat produzieren. Die Nachzucht von Wildfischen ist bis jetzt noch nicht die Regel in den Herkunftsländern, wie Brasilien oder Kolumbien.

In den brasilianischen Städten Manaus und Belem sind die bedeutendsten Exportstationen für Diskuswildfänge. Hier werden die gefangenen Diskusfische gesammelt und für den Export gehältert. Die örtlichen Fänger sind wochenlang mit ihren Fangbooten unterwegs. Die gefangenen Diskusfische werden in Plastikwannen gehältert und täglich wird ein- bis zweimal das Wasser ausgewechselt. Kommen die Zierfischfänger dann nach Wochen nach Manaus zurück, liefern sie an ihren Großhändler und Exporteur die Fische ab. Eine Lieferung von ein- bis zweitausend Diskuswildfängen pro Fahrt ist durchaus üblich. Die Hauptfangzeit für Diskusfische reicht von Oktober bis in den März. Gesetzlich vorgegebene Fangzeiten werden streng eingehalten. Die Zeiten haben sich gerade in Amazonien schon geändert.

Wollen wir als Aquarianer hoffen, dass wir weiterhin die Möglichkeit haben werden, schöne Wildfänge zu erwerben und in unseren Aquarien zu pflegen.

Importvorbereitungen

Vorbereitung auf dem Weg zum Flughafen

Die großen Exportstationen in Amazonien hältern immer große Vorräte von gesuchten Aquarienfischen. Da gehören ja unsere Diskusfische auch dazu. Als Könige Amazoniens kommt ihnen sowieso eine besondere Bedeutung zu. Während der Fangsaison werden die Hälterungsbecken in den Farmen mit Fischen voll gesetzt, damit auch noch Bestellungen außerhalb der Fangsaisoin durchgeführt werden können. Die teilweise sehr langen Hälterungszeiträume erfordern auch eine große Pflegesorgfalt und natürlich eine gute Fütterung. Früher wurde diese vernachlässigt. Dann erhielten die Diskusfische monatelang kein Futter und es kam zu Schäden am Verdauungssystem, die nicht zu reparieren waren. Die Probleme tauchten dann im Heimaquarium auf, wenn die Diskus nicht mehr ans Futter zu bringen waren und langsam an Auszehrung und Darmparasiten starben. Die Hälterung hat sich aber sehr verbessert und jetzt werden sogar in der kühleren Jahreszeit die großen Betonbecken beheizt, um die Wassertemperatur für Diskusfische mindestens auf 28 °C zu halten.

Sobald Diskusfische bestellt werden, werden sie am Vortag aus den Hälterungsbecken herausgefangen und in Plastikwannen vorsortiert. In diesen Plastikwannen bleiben sie dann über Nacht stehen und können somit am nächsten Tag sofort in die entsprechenden Plastikbeutel verpackt werden. Leider ist teilweise die Verpackung noch nicht optimiert, was meist aus Sparsamkeitsgründen resultiert. So verzichten viele Exportbetriebe auf die dritte Plastiktüte für große Diskusfische und so kommt es immer wieder vor, dass die Fische ihre Plastiktüten durchstechen und an Wassermangel zu Grunde gehen. Hier müssen die Importeure unbedingt noch stärker auf die Exporteure einwirken, damit die Verpackungsmethoden ständig verbessert werden.

Leider werden auch zu viele Fische pro Karton verpackt und durch dieses enge Setzen können ebenfalls Verluste entstehen.

Diese Hälterungsanlagen stehen in Brasilien und zwar in der Nähe von Manaus, wo sich ja etliche Exportfarmen niedergelassen haben. Zum althergebrachten System gehören die Betonhälterungsbecken, die einfach mit Wasser zu versorgen sind. So lässt sich auch ein schneller Wasserwechsel durchführen.

Importvorbereitungen

In den gefliesten Betonbecken verbleiben die Diskusfische bis sie exportiert werden. Da dies lange dauern kann, muss gefüttert und das Wasser beheizt werden. Sie sehen hier die Heizschlangen im Becken, die für Temperaturen um dreißig Grad sorgen.

Über den Flughafen von Manaus treten die Diskusfische dann ihre mehrstündige Reise in die Empfängerländer an. Diese Reise kann schnell mal 30 Stunden dauern. Deshalb ist es wichtig, dass sehr gut in die dickwandigen Styroporkartons verpackt wird. Die Airlines, welche Fische transportieren, sind eigentlich darauf eingerichtet und haben auch spezielle klimatisierte Frachträume, sodass eine zu starke Abkühlung der Boxen vermieden wird. Dies ist sehr wichtig.

Ist gut eingepackt worden, überstehen die Diskusfische die weite Reise recht gut. Bei der Ankunft ist es wichtig, dass die Fische optimale Wasserbedingungen vorfinden, damit sie die Transportschäden schnell auskurieren können.

Importvorbereitungen

Vor 18 Jahren wurden die Diskusfische während der Hälterung noch nicht gefüttert. Vielleicht waren die Standzeiten in den Becken geringer, wobei dies wohl eher nicht so war. Die Diskusfische litten Hunger und man konnte es ihnen ansehen. Diese ungute Situation wurde dann in Manaus verbessert.

Bernd Degen zeigt hier zu dieser Zeit schon, dass es doch ganz einfach ist, wenn man eine Reibe nimmt und etwas gefrorenes Rinderherz darauf fein abreibt und direkt ins Wasser gibt. So wurde das Füttern bald zum Standard. Links stehen bereits Unmengen von Boxen bereit, in welche die zu verschickenden Diskus eingesetzt und gezählt werden. Rechts oben füllt ein Arbeiter die ersten Plastikversandbeutel mit Wasser. Es wird für den Versand das original Hälterungswasser verwendet. Nach dem Herausfangen der Fische und dem Eintüten werden die Tüten mit Sauerstoff gefüllt und verschlossen. Zwischen den Tüten befindet sich eine Lage Zeitungspapier, damit die Fische die Beutel nicht so leicht mit den Flossenstrahlen durchstechen. In Styroporboxen verpackt geht es auf die etwa dreißigstündige Reise, die die Diskusfische eigentlich sehr gut überstehen, wenn sorgfältig gepackt wurde. Sauerstoff ist fast wichtiger als die Wassermenge und so wird pro großem Diskus etwa 1 l Wasser und 1 l Sauerstoff in die Tüte gefüllt.

Importvorbereitungen

Importvorbereitungen

In Empfang nehmen am Flughafen

Die gewerbliche Einfuhr lebender Fische ist nicht so einfach, wie dies früher einmal war. Heute gibt es zahlreiche Vorschriften zu beachten. Auf der Rechtsgrundlage für die grenztierärztliche Abfertigung gelten mittlerweile zahlreiche EU Vorschriften, die es gilt strikt einzuhalten.

Da gibt es beispielsweise:
- die Binnenmarkt Tierseuchenverordnung,
- die Tierschutzverordnung,
- die Tierschutztransportverordnung,
- sowie die IATA Richtlinien für den Transport lebender Tiere

Hinzu kommen Dokumentenkontrolle, Übereinstimmung aller begleitenden Dokumente sowie Sichtkontrolle.

Hier folgend einige Bedingungen und Auflagen im Einzelnen:

Erlaubnis nach §11 Tierschutzgesetz

- Einfuhrgenehmigung muss jährlich neu beantragt werden. Diese Bestimmung wurde jedoch im März 2007 bis auf Weiteres vorerst ausgesetzt. Jedoch sind damit verbundene Verpflichtungen des Importeurs nicht immer hinfällig.
- Tiergesundheitsbescheinigung – laut EU Vorlage Anhang IV – im Herkunftsland, ausgestellt von einem zuständigen amtlichen Tierarzt.

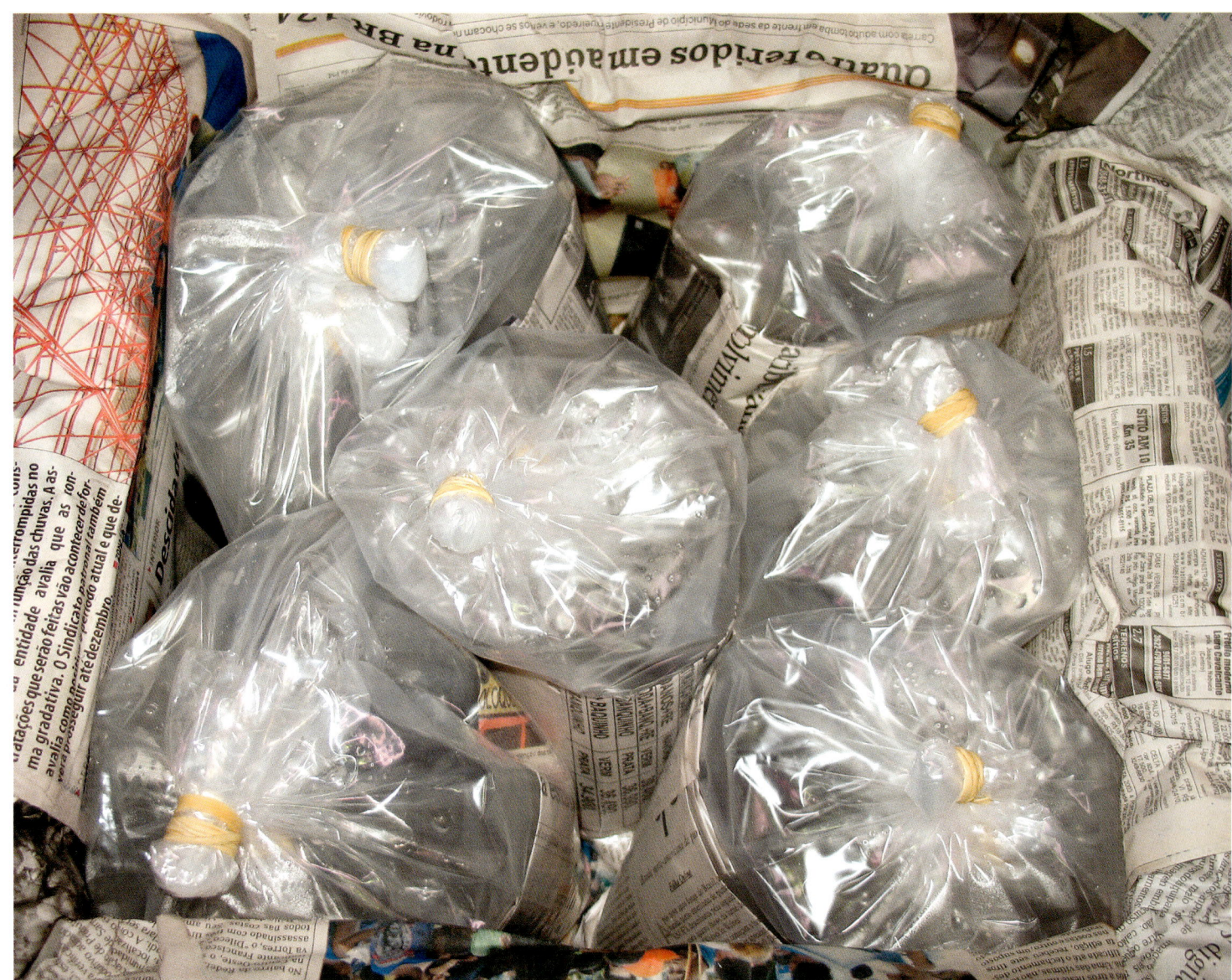

Die Beschau der Fische durch den Veterinär ist heute Standard und kann vor allem zeitliche Probleme mit sich bringen, da sich die Flugzeuge nicht unbedingt nach den Dienststunden eines Veterinärs richten und jede weitere Wartezeit für die Fische zum lebensbedrohenden Problem werden kann.

Importvorbereitungen

Bedingung, dass diese Bescheinigung in deutscher Sprache oder mit einer amtlich beglaubigten deutschen Übersetzung vorgelegt wird. Das Ausstellungsdatum darf zehn Tage nicht überschreiten.
- Sendung unterliegt der Untersuchung der Grenzkontrollstelle.
- Kennzeichnung aller Boxen
- Fahrzeuge, die zum Transport der Import- oder Exportsendung genutzt werden, unterliegen der Richtlinie des Rates Nr. 91/628 / EWG.
- Das Empfangen der Sendung ist vom Importeur unverzüglich dem zuständigen Amtstierarzt anzuzeigen.
- Die zum Transport verwendeten Boxen, Behältnisse und Gerätschaften sind unverzüglich nach Benutzung nach Anweisung des Amtstierarztes zu reinigen und zu desinfizieren.

Anfallende Flüssigkeiten dürfen nicht unmittelbar in Gewässer geleitet werden. Die Art der Beseitigung bedarf der Zustimmung des Amtstierarztes.
- Der Importeur hat über Art, Menge und Herkunft der Sendung Aufzeichnungen zu führen.
- Es darf nur die Menge importiert werden, die auch tatsächlich artgerecht untergebracht und versorgt werden kann. Quarantäne eingeschlossen und vorrausgesetzt.
- Bei Einfuhr von Zierfischen, die besonderen Verboten des Artenschutzes unterliegen ist eine artenschutzrechtliche Genehmigung erforderlich.

Gegensätzlich verläuft der Export gleichermaßen. Wobei unterschiedliche Anforderungen und Formulare bei Sendungen in die EU sowie Sendungen innerhalb der EU gestellt werden.

All diese Verordnungen sind bei ordnungsgemäßer Einfuhr mit erhöhten Kosten und Aufwendungen verbunden, und unterliegen stets den Neuerungen der EU.

Diese Ausführungen entsprechen dem Stand von 2007 in Deutschland. Änderungen werden sicherlich immer wieder vorgenommen werden, deshalb müssen sich Importeure stets aufs Neue informieren.

Für Privatleute kommt ein Import von lebenden Fischen kaum in Frage. Allerdings besteht die Möglichkeit mit einem Importeur oder einer spezialisierten Spedition zusammenzuarbeiten. Eigentlich greifen diese Bestimmung auch schon, wenn Sie nur versuchen würden, aus einem Asienurlaub ein paar Diskusfische im Handgepäck mitbringen zu wollen. Tun Sie es besser nicht!

Importvorbereitungen

Umgewöhnung und Quarantäne

Beim Importeur werden die neu angekommenen Diskusfische erst einmal in Quarantäne gesetzt. Selbst wenn keine Medikamente eingesetzt werden, ist eine räumliche Trennung vom Altbestand wichtig. Eine Erstbehandlung gegen Verletzungen mit Desinfektionsmitteln ist aber in jedem Falle üblich. Kommt man in einen solchen Quarantäneraum, strahlen einem schon die Aquarien mit grünlich-blauem Wasser entgegen. Oder das Wasser ist gelblich oder manchmal auch rötlich, je nach eingesetzten Medikamenten.

Frisch importierte Diskus sollten immer einige Wochen in Quarantäne gesetzt werden.
Unten eine Box mit frisch angekommenen Rio Maracana Diskus, die aus den Tüten genommen und dann einzeln ins Aquarium umgesetzt wurden.

Importvorbereitungen

Beim Auspacken der frisch importierten Diskusfische kann es immer wieder positive und negative Überraschungen geben. Positiv, wenn da die schönsten Diskus dazwischen sind und negativ, wenn ein Fisch den Transport nicht überstanden hat (oben). Das ist meist der Fall, wenn schlecht verpackt wurde, der Sauerstoff entweichen konnte oder die Beutel doch durchstochen wurden und das Wasser auslief. Die Diskusfische brauchen jetzt unbedingt sauerstoffreiches Wasser.

Der Importeur versucht gleich, die Diskusfische ans Futter zu bringen. Ist die Erstbehandlung mit Medikamenten abgeschlossen, wird sicher gestellt, dass die Diskus gut ans Futter gehen. Erst dann geht der Weiterverkauf los. Vom Importeur gelangen die Diskus in den Fachhandel und von dort zum Aquarianer.

Der Aquarianer, der die Diskuswildfänge anschließend erwirbt, muss selbstverständlich die neuerworbenen Diskusfische in Quarantäne halten, um sicher zu gehen, dass diese keine Krankheiten auf seinen Aquarienbesatz übertragen können. Sehr schnell werden die Diskuswildfänge sich allerdings im Aquarium eingewöhnen und auch schon bald gierig jede Art von Futter fressen. Hier muss der Pfleger sich einfach etwas Zeit lassen und den Diskusfischen die neuen Futtersorten entsprechend oft anbieten.

Tag für Tag werden die Wildfänge schöner und werden ihre Farben noch besser zeigen. Gut gepflegte Diskuswildfänge gehören zu den schönsten und interessantesten Aquarienfischen dieser Welt.

Bei der Quarantäne muss man wirklich Geduld haben, das gilt auch für Nachzuchtdiskus, die aus irgendeiner Hobbyzucht oder aus Südostasien stammen. Vorsicht ist immer angeraten. Dabei geht es nicht um wenige Tage, sondern schon um Wochen, die als Quarantänezeit eingeplant werden sollten.

Ist es dann endlich soweit, dass die neuen Diskus zum Altbestand gesetzt werden können, bleibt immer noch ein kleines Restrisiko, denn völlig gesund erscheinende Diskus können noch Krankheiten übertragen. Auch ein Grund, weshalb sehr vorsichte Diskusliebhaber anders vorgehen. Sie drehen den Spieß einfach um und setzen am Ende der Quarantäne einen Diskus des Altbestandes in die Quarantäneaquarien. Bleibt dieser gesund, ist alles in Ordnung. Dieser Diskus ist praktisch ein Testdiskus. Besonders bei der so genannten Diskusseuche hat sich dieses Verfahren bewährt, denn die neu hinzugekauften Diskus können den Altbestand sofort infizieren, obwohl sie selbst keine Krankheitsanzeichen mehr zeigen.

Importvorbereitungen

Diskusfische aus dem Aquarium fangen

Große Diskusfische werden in der Regel ja selten aus einem Aquarium herausgefangen. Diskusfische zu fangen ist eigentlich gar nicht schwer, denn diese Prachtburschen sind ja sehr groß und somit in einem Aquarium kaum zu übersehen. Die meisten Diskus werden ja auch in uneingerichteten Aquarien gehalten – und dann ist es sowieso nicht schwierig. Ruhe ist angesagt, denn werden die Diskus zu arg herumgejagt, drehen sie schon einmal durch und schießen wie wild durch das Aquarium. Dann kommt es zu unnötigen Verletzungen. Gerade auf die Augen muss aufgepasst werden, denn Augenverletzungen heilen schlecht, entzünden sich und enden im unschönen Verlust des Auges. Solche Fische sind dann fast wertlos geworden. Ein beliebter Trick ist es, die Fische am frühen Morgen zu fangen, beziehungsweise wenn das Licht gerade wieder eingeschaltet wurde. Die Fische schlafen ja regelrecht und sind dann leicht zu fangen, aber es muss schnell und dennoch ruhig geschehen, sonst erschrecken sie zu sehr. In großen oder eingerichteten Aquarien mit vielen Verstecken ist das Fangen schwierig. Da können Sie auch mal nachts im Dunkeln mit einer Taschenlampe ans Aquarium herantreten, um die ausgesuchten Fische zu fangen. Dann schlafen die Fische wirklich und sind wie betäubt. Mit ruhigem Kescher und etwas Gefühl kommen Sie schnell zum Erfolg. Die Netze dürfen nicht zu grobmaschig sein, da sonst die Schleimhäute und Augen gescheuert werden. Feine Netze sind viel besser und hierin verhaken sich die Flossenstrahlen auch nicht. Nehmen Sie ruhig die Hand als Unterstützung zu Hilfe, denn die gefangenen Fische bleiben dann ganz ruhig. Übrigens ist beim Herausfangen im Netz die ganze Pracht des Fischs zu sehen. Unter einer guten Beleuchtung sehen Sie jetzt im Netz wirklich, was dieser Fisch an Farbe bietet. Gerade kleine, unscheinbare Diskus zeigen so ihre Farben.

Kleine Diskus sind erstaunlich schnell und flitzen nur so durchs Aquarium. Da können dann zwei Netze hilfreich sein. Wichtig ist aber auch hier eine Verwendung feinmaschiger Netze, da die Verletzungsgefahr deutlich geringer ist.

Ruhe ist das oberste Gebot beim Herausfangen von Diskusfischen. Nur so können unnötige Verletzungen vermieden werden.

Importvorbereitungen

Ganz ruhig mit einem feinmaschigen Netz durch das Aquarium fahren. Immer darauf achten, dass sich die Fische nicht unnötig verletzen. Besonders auf die Augen achten, denn Augenverletzungen enden meist tragisch mit Entzündung und Verlust des Auges. Immer die Hand zu Hilfe nehmen, denn die Diskusfische springen eigentlich nicht, wenn sie auf der Hand des Fängers liegen. Mit Hilfe der Hand in ein anderes Aquarium oder in die Transporttüte einsetzen.

Importvorbereitungen

Probleme bei Neuimporten

Die Situation bei Wildfangimporten hat sich in den letzten Jahren erheblich verbessert. Dies liegt in erster Linie daran, dass die Exporteure für Diskusfische heute einen viel höheren Preis erzielen, als dies vor zwanzig Jahren der Fall war. Jetzt passt man viel besser auf, verpackt besser und so sind einige Probleme, die es früher gab, heute nicht mehr relevant.

Am unkompliziertesten sind die Braunen, Grünen und Blauen Diskus. Das liegt daran, dass sie von Haus aus höhere pH-Werte gewöhnt sind. Anders ist dies beim Heckel Diskus. Er hat eine gewisse Sonderstellung.

Der Heckel-Diskus ist der Diskus, der immer und sofort an seinem typischen Heckel-Band erkannt werden kann. 1840 wurde *Symphysodon discus* erstmals beschrieben. Bis heute ist dieser Wildfang der speziellste Diskus geblieben und gibt uns Diskusfreunden immer noch Rätsel auf. Er ist selten im Fachhandel zu finden und Topqualitäten sind sowieso sehr rar. Dies liegt auch an der etwas schwierigeren Haltung, die anspruchsvoller ist, als dies bei anderen Wildfangdiskus und bei Nachzuchtdiskus der Fall ist. Er ist und bleibt ein spezieller Diskus für den Diskusspezialisten.

Über den Heckel-Diskus wurde schon sehr viel veröffentlicht und gerne versuchen Spezialisten die erfolgreiche Nachzucht des Heckel-Diskus auf ihre Fahne zu schreiben. Doch dieses Unterfangen muss zweifelhaft bleiben, da es nie so richtig geklappt hat oder nur Minierfolge

Bei diesem Grünen Diskus ist die Pupille beim Fang oder Transport so beschädigt worden, dass sie sich komplett verkleinerte. Nicht mehr zu behebender Schaden, der aber zum Glück nicht vererbt wird.

Importvorbereitungen

Heckel Diskus stammen aus den sogenannten Schwarzwasserflüssen und sind deshalb niedrige pH-Werte gewöhnt. Dies erschwert ihren Transport erheblich, da sie bei zu hohen pH-werten schnell Schleimhautschäden bekommen. Diese Heckel hier sind bereits sicher in einem Aquarium gelandet.

bekannt sind. Die Verpaarung mit Blauen oder Braunen Wildfängen ist in der Natur nachgewiesen und immer wieder sind sogenannte Red Marron-Diskus aufgetaucht. Diese waren braun und besaßen einen deutlichen Heckel-Streifen. Der Heckel-Diskus kommt ausschließlich in Schwarzwassergebieten Amazoniens vor. Der mittlere und untere Rio Negro mit seinen Nebenflüssen ist die typische Heimat. Rio Urubu, Rio Jatapu, Rio Trombetas, Rio Nhamundá und der Rio Abacaxis sind einige Flüsse, die mit der Herkunft der Heckel-Diskus in Verbindung gebracht werden können. Diese Schwarzwasserflüsse zeigen aus aquaristischer Sicht extreme Wasserparameter auf. Bei verschiedenen Autoren und mehreren eigenen Messungen zu verschiedenen Zeiten konnte immer wieder ein Durchschnittswert festgestellt werden: Für den pH-Wert sind Werte zwischen 4,0 und 5,0 als Mittel einzuordnen – aus aquaristischer Sicht extreme pH-Werte. Gehen wir doch bei unserem Leitungswasser von Durchschnitts-pH-Werten von 7,5 bis 8,5 aus. Das sind gewaltige Unterschiede und Diskus, die aus einem solch sauren Wasser in so hohe pH-Werte umgesetzt würden, bekämen erhebliche Schleimhautprobleme. Im Extremfall käme es sogar zum Schocktod, doch dazu später noch mehr.

Bei der elektrischen Leitfähigkeit sieht es aus aquaristischer Sicht ebenfalls dramatisch aus. Unser Leitungswasser wird meist aufgehärtet und hat dann Leitfähigkeiten von vielen hundert oder gar über tausend Mikrosiemens. Im Schwarzwasser Amazoniens liegt die Leitfähigkeit meist unter 20 µS/cm! Ein Wert, den wir im Aquarium kaum nachvollziehen können. Würden wir das Wasser so entsalzen, würde der pH-Wert derart instabil, dass wir ständig Probleme hätten, den pH-Wert einigermaßen einzustellen – ein fast aussichtsloses Unterfangen. Also brauchen wir im Aquarium eine Startleitfähigkeit von mindestens 50 µS/cm. Diese Leitfähigkeit steigt im Aquarium dann durch Futterreste und Ausscheidungen der Diskus langsam an. Wir sind glücklich, wenn wir im Wasser eine elektrische Leitfähigkeit von 100 bis 200 µS/cm

Importvorbereitungen

Oben ein Heckel Diskus mit typischen Verätzungen auf dem Auge. Solche Verätzungen stammen von Transportfehlern und falschen pH-Werten. Hier müssen schnell die Wassertwe überprüft werden und eine Behandlung der Entzündung mit Antibiotika ist zwingend erforderlich.

„normalere" Ansprüche ans Wasser stellen. Sie leben in der Natur in Gewässern mit pH-Werten zwischen 5 und knapp unter 7,0 und bei einer Leitfähigkeit zwischen 20 und 50 µS/cm, also schon ganz passablen Werten, die gut im Aquarium nachvollzogen werden können. So ist die Belastung zwischen Fang, Export und Heimaquarium deutlich geringer, als beim Heckel-Diskus. Aus eigener Erfahrung bei den Fängern und in der Exportstation kann gesagt werden, dass die Heckel-Diskus zu schnell aus dem sauren Schwarzwasser in anderes Wasser umgesetzt werden. Dann gibt es bereits viele Ausfälle. Frisch importierte Heckel-Diskus haben immer Probleme. Es ist zu wünschen, dass solche Fische in die Hände von erfahrenen Liebhabern kommen, die bereit sind, heckeltypische

Auch hier unten ist wieder der typische Fall der belegten Augen zu erkennen. Wenn Sie nicht mit Antibiotika über das Aquarienwasser behandeln wird der Diskusfisch seine Pupille verlieren und ein unschönes Auge zurückbehalten. Dies macht ihn dann unverkäuflich.

halten können. Bei diesen Werten können wir Diskusfische gut zur Nachzucht bewegen. Dabei gibt es aber eine Ausnahme – den Heckel-Diskus. Er stellt die höchsten Anforderungen an sein Wasser und ganz speziell ans Zuchtwasser. Werden Heckel-Diskus hier zum Kauf angeboten, dann sind dies ja Wildfänge. Sie haben sich schon an andere Wasserwerte gewöhnt und sehen vielleicht auch ganz gut aus. Aber irgendwie hat man als Käufer dennoch immer das Gefühl, dass etwas fehlt oder nicht ganz stimmt. Dies ist auch ein Grund, warum Heckel-Diskus nicht die Verkaufsrenner geworden sind. Leider ist es so, dass bei Heckel-Wildfängen die höchsten Verluste vom Fang bis zum Heimaquarium vorkommen. Die anderen Wildfänge haben diese Ausfälle nicht, da sie viel geringere oder

Importvorbereitungen

Aquarien einzurichten. Hier zeigen wir Beispiele von relativ neu importierten Heckel-Diskus, kurz nach dem Eintreffen und eine längere Zeit danach. Hauptprobleme sind immer die Schleimhäute und hier ganz besonders die Augenschleimhäute. Sehr schnell leiden die Heckel unter Schleimhautreizungen oder Verletzungen, die dann im Falle der Augen zu einem weißen Belag führen. Diese Infektionen heilen unter ungünstigen Wasserbedingungen nicht ab und es kommt zur Erblindung, ja sogar zum Verlust des Auges. Zuerst muss hier der pH-Wert langsam nach unten gefahren werden. Ständige Messungen sind wichtig. Erst wenn sich bei optimalen Wasserbedingungen keine baldige Besserung einstellt ist vorbeugend zu behandeln. Das Mittel unserer Wahl war hier immer Cotrim forte, wobei wir eine Kapsel auf 100 l Wasser anwendeten. Für drei Tage blieb das verschreibungspflichtige Medikament im Aquarium, dann ein Teilwasserwechsel und gute Filterung. Kontaktieren Sie für die Verschreibung Ihren Tierarzt. So waren bisher alle Heckel-Diskus wieder in Topform zu bringen. Sie danken es dann bei pH-Werten von 5,0 bis 5,5 und einer Leitfähigkeit um 100 µS/cm mit herrlichsten Farben. Wer einmal Heckel-Diskus in bestem Pflegezustand gesehen hat, wird diesen Schönheiten verfallen. Die Zucht ist dann ein anderes und schwierigeres Thema. Hier sind pH-Werte von 5,0 und leicht darunter und Leitfähigkeiten unter 50 µS/cm Bedingung, wobei die Temperatur zwischen 29 und 31 °C liegen sollte. Versuchen Sie es doch einmal mit dem Heckel-Diskus.

Viel besser sieht es bei den anderen Diskus Wildfängen aus. Sie kommen nämlich aus Gewässern mit höheren pH-Werten und sind deshalb unproblematischer. Meist bleiben diese Neuimporte ja auch einige Wochen beim Importeur sitzen, bevor sie in den Handel gelangen. Dann sind sie ebenfalls schon an unsere Wasserwerte weitgehend angepasst worden. Im absoluten Glücksfall gibt es also keine Probleme, was das Wasser angeht. Schwieriger kann es da schon mit der Fütterung werden. Hier hilft Geduld und Vielfalt beim Füttern. Bieten Sie möglichst viele Futtersorten an, um herauszufinden, welche denn akzeptiert werden. Es ist nicht immer die lebende Mückenlarve, die sofort genommen wird. Meist ist das Ergebnis hier besonders enttäuschend, da die Diskus so zuckendes Futter garnicht gewöhnt sind. Da ist es dann verblüffend, bei einem Großhändler frisch importierte Wildfänge am zweiten Tag schon Spirulina Flocken fressen zu sehen.

Einfacher ist da die Anpassung von Nachzuchten auf jeden Fall. Werden diese Diskus importiert und kommen Sie aus Südostasien, dann haben sie ebenfalls eine sehr lange Transportzeit hinter sich. Die Exporteure, die schon lange im Geschäft sind kennen sich aus mit dem Verpacken und Verschicken der Diskusfische und deshalb kommt es heute kaum noch zu Verlusten. Wichtig ist aber auch hier eine entsprechende Quarantäne.

Die kleinen Löcher im gesamten Kopfbereich müssen nicht von der Lochkrankheit stammen. Hier handelt es sich um Mangelerscheinungen, die durch Mineralzusätze im Wasser behoben werden können.

Importvorbereitungen

Ankunft im Fachgeschäft oder zu Hause

Die althergebrachte Methode Diskusfische ins Aquarium einzusetzen war doch die, Fische im Transportbeutel auf die Wasseroberfläche des Aquariums legen, damit sich die Temperatur des Transportwassers langsam an die Aquarientemperatur angleicht. Falsch! Da werden die Fische im Beutel schon das erste Mal unnötig geschockt, wenn sie auf dem Wasser treiben und dabei der Aquarienbeleuchtung direkt ausgesetzt werden. Aus dem dunklen Transportkarton oder der Zeitung direkt ins helle Licht. Das Transportwasser ist doch meist nicht so extrem abgekühlt. Ein Temperaturunterschied von 1 bis 8 °C macht nichts aus. Diskus aus dem Transportwasser mit 20 °C in ein Aquarium mit 28 °C umzusetzen ist gefahrlos. Umgekehrt wäre es schwieriger. Vernachlässigen dürfen Sie auch die Leitwerte, beim Umsetzen eigentlich unbedeutend. Spannender ist es beim pH-Wert. Doch da ist es in der Praxis ja so, dass das Aquarienwasser optimal eingestellt ist. Das Transportwasser hat gelitten und vielleicht extreme pH-Werte nach unten oder nach oben. Das bedeutet die Fische aber auch schnellstmöglichst aus dem Wasser zu befreien. Und da das Transportwasser sowieso nicht in das Aquarium gegossen werden sollte, empfehlen wir uneingeschränkt das schnelle Umsetzen. Beutel auf, Fische ins Netz oder besser in die Hand und sofort ins Aquarium. Selbst wenn die größeren Diskus mal einige Zeit am Boden liegen macht dies nichts. Den Jungfischen macht es sowieso am wenigsten aus. Wir haben beim schnellen Umsetzen noch nie einen Diskus verloren, nur beim zu langsamen Umsetzen gab es Probleme.

Ganz gefährlich ist es dagegen, die Transportbeutel zu öffnen und die Diskus eine Zeit stehen zu lassen. Selbst wenn Sie jetzt langsam, fast tropfenweise Aquarienwasser zugeben reicht dies nicht aus, um das sofort entstehende Sauerstoff-

Importvorbereitungen

Viele Diskus werden durch ein viel zu vorsichtiges Umsetzen beschädigt oder sogar getötet. Schnell tritt ein Sauerstoffdefizit auf. Deshalb ist schnelles Handeln beim Umsetzen viel wichtiger und schonender. Hier wurden Elterntiere mit Jungfischen sofort aus der Transporttüte ins Aquarium gesetzt und sie schwammen sofort problemlos herum. Keinesfalls die Fische länger im Transportbeutel mit dem alten Transportwasser lassen. Oben ein perfekt aussehender Heckel-Diskus, der sich schnell im Aquarium wohlfühlt, wenn die Wasserparameter auf ihn zugeschnitten sind. Zu hohe pH-Wert Unterschiede verträgt der Heckel von allen Diskus am schlechtesten.

defizit auszugleichen. Die Diskus können an Sauerstoffmangel eingehen. Also schnell umsetzen! Das ist eine wichtige Regel. Wenn Sie schon unbedingt das Transportwasser mit dem Aquarienwasser angleichen wollen, dann müssten Sie sicherheitshalber Luft über einen Ausströmerstein in den Transportbeutel blasen. Dann zügig innerhalb von zehn Minuten zwei drei größere Portionen Aquarienwasser zugeben und dann die Diskus ins Aquarium setzen. Das Transportwasser sollte nie ins Aquarium gegossen werden. Durch den langen Transport ist es hoch belastet.

Im Fachgeschäft werden die Diskus nach einer Sichtkontrolle möglichst in speziell für sie vorbereitete Aquarien eingesetzt. Sind die Diskus äußerlich gesund, kann der Verkauf bald beginnen.

Vorbeugende Behandlung

Das Quarantäneaquarium

Quarantäne, ja oder nein?

Eigentlich ganz klar ja, denn ein Missgeschick ist schnell passiert und dann werden alle Diskus krank, weil die Neuankömmlinge nicht kontrolliert wurden.
Selbst professionelle Diskuszüchter haben schon ganze Bestände durch Unachtsamkeit verloren und schon viele Diskus wurden von neu hinzu gekauften Diskus mit der Diskusseuche angesteckt, worauf sie dann starben.

Quarantäne ist meist aber auch Stress und der sollte vermieden werden. Stress löst nämlich auch Krankheiten aus. Quarantäneaquarien dürfen keine kleinen Aquarien ohne Einrichtungsgegenstände sein. Nein, ganz im Gegenteil, sie müssen so eingerichtet werden, dass Diskusfische genug Platz und vor allem auch Versteckmöglichkeiten haben.

Das Schlimmste, was in so einem Quarantäneaquarium passieren könnte, wäre, dass es zu Revierkämpfen käme und die unterdrückten Diskus unendlich viel Stress hätten, der letztlich wieder zu Krankheiten führen würde. Da in Quarantäneaquarien meist Medikamente eingesetzt werden, und sei es nur zur Vorbeugung, ist der Einsatz von Biofiltern unsinnig, da diese beeinträchtigt würden. Besser ist es sogenannte Schnellfilter zu verwenden, deren Filtermassen schnell gereinigt oder ausgetauscht werden können. Gerade der Einsatz von Aktivkohle als Filtermedium ist wichtig, da die Kohle Medikamente wieder herausfiltert. Dies ist dann zu tun, wenn ein weiteres Medikament eingesetzt werden soll. Keinesfalls darf es im Aquarium zu einem Medikamentencocktail kommen. Auch bei jedem Wasserwechsel ist es inzwischen ratsam, das Leitungswasser zuerst über Aktivkohle laufen zu lassen. Fressen die Diskus im Quarantäneaquarium, dann ist dies ein sehr gutes Zeichen. Futterreste sind konsequent abends abzusaugen. Beobachten Sie unbedingt die Kotfarbe. Schwarzer, dunkler Kot ist ein gutes Zeichen. Heller, weißer oder glasiger Kot deutet auf erheblichen Darmparasitenbefall hin. Tritt dieser auf, oder verweigern die Diskus längere Zeit die Nahrungsaufnahme, dann ist eine Be-

Nach der ausreichenden Quarantäne können die Wildfänge in den Verkauf gelangen. Verantwortungsvolle Händler sparen nicht an der Quarantäne. Diesen Diskus sieht man an, dass sie schon einige Zeit beim Händler versorgt wurden.

Vorbeugende Behandlung

Rechts sehen Sie eine perfekte Quarantänestation wo Wildfänge beobachtet, bei Bedarf behandelt und futterfest gemacht werden. Oben ein Blick auf so eine Gruppe von schönen Grünen Diskus. Die ersten Tage in der Quarantänestation sind die wichtigsten. Sind diese überstanden, gibt es kaum noch Probleme.

handlung mit Metronidazol nötig. Sprechen Sie mit Ihrem Tierarzt. Er kann Ihnen dieses Medikament verschreiben. 250 mg reines Metronidazol wird auf 50 l Aquarienwasser aufgelöst und vier bis fünf Tage im Aquarium belassen, dann wird ein Teilwasserwechsel vorgenommen und das restliche Medikament mit Aktivkohle heraus gefiltert. Bei Kiemenwürmern, die Sie am besten durch einen Hautabstrich auf den Kiemendeckeln feststellen können, empfiehlt sich

Vorbeugende Behandlung

Oben eine Box von frisch ausgepackten Maracana Royal Diskus wie sie schöner nicht sein könnten. Das macht doch Spaß solche perfekten Diskus auszupacken. Rechts: Dieser Grüne Diskus schwimmt in einem Aquarium mit Medikamenten. Vielleicht wird er nur vorsorglich behandelt.

immer noch das Medikament Flubenol 5 %. Flubenol enthält 5 % des Wirkstoffes Flubendazol. Sie verwenden 200 Flubenol 5 %, also 10 mg Flubendazol, auf 100 Liter Aquarienwasser. Lösen Sie es einfach in etwas warmem Wasser auf und kippen Sie es ins Aquarium. Nach sieben Tagen erfolgt ein Teilwasserwechsel von 50 % Wasser und dann wird die gleiche Menge Flubenol 5 % nachdosiert. Dies wird ein drittes Mal nach weiteren sieben Tagen gemacht. Erst dann darf nach einem Teilwasserwechsel über Aktivkohle gefiltert werden. Während der Behandlungen ist immer nur über Schaumstoff oder Filterwatte zu filtern.

Vorbeugende Behandlung

Dieser Curipera Diskus zeigt ein leicht belegtes Auge. Nicht abwarten, sondern gleich behandeln, muss hier die Devise lauten. So vermeidet man Ausfälle. Am Ende der Quarantäneperiode stehen dann schöne, gesunde und ausgesuchte Diskusfische zum Verkauf, mit denen der ernsthafte Liebhaber wirklich etwas anfangen kann. So machen Wildfänge richtig Spaß.

ten begann und verherende Todesraten mit sich brachte. Es ist als sicher anzunehmen, dass Diskusfische, welche diese Krankheit überleben immer noch andere Diskus anstecken, ohne selbst wieder das Krankheitsbild zu zeigen. Es wäre also denkbar, dass man nach vier oder gar sechs Wochen Quarantäne optisch völlig gesunde Diskusfische zu den Altbeständen setzt und diese dann doch an der Diskusseuche erkranken. Was kann man tun, um dies zu verhindern? Setzen Sie ganz einfach einen Ihrer „alten" Diskus in das Quarantäneaquarium zu den neuen Diskus. Passiert in den nächsten Tagen nichts Aufregendes, dann ist alles klar und Sie können bedenkenlos alle Diskus zusammensetzen.

Oft werden auch Krankheiten durch Beifische eingeschleppt. Selbstverständlich kann ein Pärchen Schmetterlingsbuntbarsche oder eine Gruppe Panzerwelse Krankheiten in ein Aquarium einschleppen. Auch der Zukauf von Pflanzen ist nicht ganz ungefährlich. Also ruhig immer Quarantäne einplanen, um Krankheiten zu vermeiden.

Diese lange Behandlung ist notwendig, um auch die Eier der Kiemenwürmer abzutöten, beziehungsweise die immer wieder schlüpfenden Larven.

Einfache Schleimhautschäden oder Verletzungen können Sie mit im Handel erhältlichen Desinfektionsmitteln behandeln oder Sie versuchen BioLeaf, ein Granulat aus den bekannten Seemandelbaumblättern.

Haben die Diskus die Quarantäne gut überstanden, dann könnten sie in die Hälterungsaquarien umgesetzt werden. Leider gibt es aber immer noch sporadisch die sogenannte Diskusseuche, die schon vor rund zwanzig Jahren aufzutre-

Wichtige Hinweise beim Kauf von Diskusfischen

Streit unter Diskusfischen ist immer mal möglich, denn als Cichliden beherrschen auch sie das sogenannte Maulzerren.

Das Kampfverhalten der Diskusfische

Dr. Jürgen Schmidt

Die einzelnen Bestandteile dieses Verhaltens werden nach ihrer Erscheinungsart benannt; beispielsweise „Flossenklemmen", „Flossenwedeln", „Kiemendeckelspreizen", „Rütteln" und viele andere mehr. Außerdem muss zwischen „Kämpfen" unterschieden werden, die einerseits ohne körperliche Verletzungen ablaufen, da von den einzelnen beteiligten Fischen ausschließlich ein Imponiergehabe gezeigt wird, und solchen, die andererseits zu echten Verletzungen führen. Um Imponierkämpfe und Beschädigungskämpfe zu unterscheiden, werden sie auch entsprechend genannt.

Gerade bei Diskus kommt es sehr oft vor, dass etwa gleich starke Fische recht lange imponieren, ohne dass es zu einem erkennbaren Ergebnis kommt. In solchen Fällen wechseln die betroffenen Gegner schließlich vom Imponier- zum Beschädigungskampf über.

Für die Aquarianer ist die Aggression der Diskus eher eine unerwünschte Verhaltensweise und ihre Beobachtung wird deshalb häufig vernachlässigt, zumal das Fortpflanzungs- und Brutpflegeverhalten der Diskus viele Besonderheiten aufweist.

Typisches Imponierverhalten der Diskus äußert sich unter anderem durch Intensivierung der Körperfarben – manchmal ändert sich auch die Farbe der Augeniris durch Abspreizen der Flossen- und der Kiemendeckel oder durch Senken des Mundbodens, sodass der Körperumriss des Fischs vergrößert erscheint, sowie durch heftige Flossenbewegung, vor allem mit der Schwanzflosse. Die Bauchflossen werden versetzt getragen, sodass sogar dadurch der Umriss von der Seite vergrößert wirkt.

Unter heftigem Flossen- und Hinterkörperschlagen wedeln sich die imponierenden Gegner gegenseitig Wasserschwälle zu, deren Intensität oder „Kraft" sie mit Hilfe ihres Seitenlinienorgans und durch Sinnesgruben, welche die Fische vor allem am Kopf aufweisen, wahrnehmen können. Die Diskus bewegen beim Flossenwedeln ihre Brustflossen sehr schnell = „Flossentrillern", wodurch die Fische eine Gegenströmung erzeugen und – trotz heftiger Flossenbewegungen – im Wasser nahezu am gleichen Ort verharren. Einige andere Cichliden tragen auffällige Flecken oder andersartige Markierungen auf den Flossen oder auf den Kiemendeckeln, die von besonders verletzlichen Körperbereichen ablenken und in anderen Fällen den Körperumriss optisch zusätzlich vergrößern; solche Merkmale fehlen den Diskusfischen.

Wichtige Hinweise beim Kauf von Diskusfischen

Auch Maulaufreißen gehört zum Imponiergehabe. Oft wird auch das Zubeißen oder ein Rammstoß in die Flanke des Gegners angedeutet, ohne dass es wirklich dazu kommt. Sowohl diese Verhaltensäußerung als auch die Stellung der Gegner zueinander sind dabei von Bedeutung. Zum Flossenschlagen schwimmen die Diskus dabei meist Kopf an Kopf nebeneinander, was als Parallelstellung oder -imponieren bezeichnet wird. Hin und wieder wechseln sie die Position und schwimmen Kopf an Schwanz nebeneinander; dies ist das Antiparallelimponieren. Ist beim Imponieren ein Diskus mit dem Kopf in Richtung der Flanke des Gegners ausgerichtet, so ist dies die sogenannte T-Stellung.

Quasi als Ersatz für Lautäußerungen geben die Diskus – wie viele andere Fische auch – Duftstoffe ans Wasser ab, die als so genannte Pheromone ebenfalls wichtige Funktionen ausüben. Pheromone können der Findung oder Meidung von möglichen Partnern oder potentiellen Gegnern dienen. Die Pheromone werden vor allem für die langfristiger andauernde Kommunikation genutzt, die gegebenenfalls auch große Distanzen überwinden kann.

Wird von einem an der Auseinandersetzung beteiligten Diskus oder von einem, der zufällig einbezogen wird, die Unterlegenheit anerkannt, so zeigt dies der betroffene Fisch ebenfalls durch bestimmte eindeutige Verhaltenselemente. Typisches Beschwichtigungsverhalten äußert sich durch blassere Körperfarben, Anlegen und Klemmen der Flossen, Neigung des Körpers mit dem Kopf nach vorn unten.

In der Natur löst das Beschwichtigungsverhalten des schwächeren, unterlegen Fischs in der Regel eine Angriffshemmung beim Überlegenen, dominanten Diskus aus, zumal sich der unterlegene weiteren Angriffen durch Flucht entzieht. Im Aquarium steht leider manchmal nicht genug Platz für eine Flucht in genügend große Entfernung zur Verfügung und auch die Zahl der Verstecke genügt oft nicht. Dadurch kann es unter

Der unterlegene Diskus dreht meist ab und zeigt so dem anderen Diskus, dass er keinen Streit sucht. Insgesamt sind Diskusfische aber wenig streitsüchtig. Vor allem wenn sie paarweise gehalten werden gibt es kaum Stress.

79

Wichtige Hinweise beim Kauf von Diskusfischen

Oft sehen Vorbereitungen aufs Ablaichen wie Kämpfe aus. Doch keinesfalls kommt es dabei zu Verletzungen. Es sind mehr liebevolle Rammstöße oder ein Flossenschlagen, die hier zum Ritual gehören.

solchen – zu beengten – Verhältnissen zur Tötung von unterlegenen Fischen kommen, was in solcher Form in der Natur nicht geschehen würde. Daran sind dann aber nicht die „besonders bösen" Diskus schuld, die nur nach ihren angeborenen Verhaltensweisen handelten, sondern es sind die Aquarianer, die den Fischen nicht genügend Platz zur Verfügung stellten und die jene arttypischen Verhaltensweisen nicht angemessen berücksichtigten.

Nachdem sich die Diskus durch mehrere Kämpfe kennengelernt haben, ist ihnen ihre Stellung bekannt und weil die meisten Cichliden sich persönlich kennen und wiedererkennen, bilden sich Rangordnungen heraus, in denen jeder Fisch seine Position kennt und schließlich auch anerkennt. Dadurch werden in der späteren Zeit weitere und unnötige Kämpfe vermieden; eine einmal herausgebildete Rangordnung ist also relativ stabil. Eingriffe durch den Aquarianer können dann katastrophale Folgen nach sich ziehen, sodass es erneut zu heftigen Kämpfen unter den Fischen kommt. Solche Eingriffe können das Hinzusetzen oder Entfernen von Fischen sein, aber auch die Veränderung von Einrichtungsgegenständen, die beispielsweise als Reviergrenzen oder Verstecke von Bedeutung sind. Ein Wasserwechsel lässt die Aggressionen dann gegebenenfalls eskalieren, weil dann auch die Pheromone im Wasser verdünnt werden und sich dann eventuell sogar eingespielte Paare nicht mehr erkennen können.

Wichtig ist es auch zu wissen, dass sich die Positionen in den Rangordnungen der Diskus vor allem dann verändern, wenn diese Fische Eier oder Junge betreuen.

Umso schwieriger ist es für die betroffenen Fische, wenn sie während der Brutpflegezeit herausgefangen und mit den Jungen getrennt untergebracht werden und erst nach einiger Zeit ins Aquarium zurückkommen. Meist verändert solch ein Eingriff die Rangordnung dauerhaft, in vielen Fällen aber erkennen sich die Diskus auch nach längerer Zeit der Tren-

Wichtige Hinweise beim Kauf von Diskusfischen

nung individuell wieder und nehmen problemlos und ohne Kämpfe – vielleicht unter etwas Imponieren – die alte Rangposition ein. Trotzdem ist das Herausfangen immer von gewissem Risiko, da auch bei einem Wiedererkennen der Fische einzelne die veränderte Situation nutzen könnten, um zu versuchen, in der Rangordnung aufzusteigen.

Bei den substratbrütenden Diskus ist es in den meisten Fällen so, dass zuvor eher friedliche Fische jetzt, da sie ihre Eier oder Jungen verteidigen, aggressiver sind und dadurch in der Rangordnung aufsteigen.

Grundsätzlich gilt die Faustregel, dass je mehr Diskus gepflegt werden, die Rangordnung umso stabiler ist und entsprechend weniger Verletzungen bei den Fischen vorkommen. Selbstverständlich gilt diese Regel nur im Zusammenhang mit genügend zur Verfügung stehendem Raum für die entsprechend größere Zahl der Fische.

Bei Kämpfen gleich starker Diskus kommt es schließlich zu Maulkämpfen. Dabei schnappen die Gegner Maul gegen Maul. Dazu stehen die Rivalen sich frontal gegenüber – horizontal oder ein wenig kopfunter geneigt. Beim Maulkampf werden die unpaaren Flossen abgespreizt getragen und sie werden im Rhythmus der Zuschnappbewegungen auf und ab bewegt. Jetzt sind die Bauchflossen ständig angelegt.

Angegriffene Diskus nehmen meist eine 20°- bis 30°-Kopfuntenstellung ein. Die Gegenangriffe erfolgen oft aus einer solchen Stellung. Die entgegengesetzte Kopfhochstellung ist viel seltener, kann aber bei kämpfenden Diskus ebenfalls beobachtet werden. Diese 20°- bis 30°-Kopfhochstellung wird vor allem vom angegriffenen Fisch gezeigt. Die unpaaren Flossen sind jetzt angelegt. Weil der angreifende Diskus auf eine solche Stellung hin seinen bereits angefangenen Angriff meist in eine Intention umwandelt, ihn also nicht zu Ende führt, sind die Kopfunten- und Kopfobenstellungen als leichte Beschwichtigungsverhaltensweisen zu deuten. Auf eine Kopfhochstel-

Diskuspaare verteidigen natürlich ihre Gelege. Deshalb besser Rivalen aus dem Aquarium nehmen oder die Sicht zum Nachbaraquarium mit anderen Diskusfischen verkleiden.

lung folgt meist die Flucht des betreffenden Diskus.

Wenn es dennoch in Ausnahmefällen zu Verletzungen bei unterlegenen Fischen kommt, dann muss sich der Aquarianer fragen, ob bei der Einrichtung oder beim Zusammensetzen der Fische Fehler gemacht wurden? Niemals trifft die „Schuld" für solche Vorkommnisse die Fische, denn diese verhalten sich lediglich ihren angeborenen Verhaltensprogrammen gemäß.

Das Kampfverhalten bei Diskusfischen, die etwa gleich stark sind oder die einander noch unbekannt sind, ist fast allen Aquarianern bekannt. Das Kampfverhalten dominanter Diskus gegenüber unterlegenen Gegnern ist hingegen völlig anders. Die fehlende Furcht des Dominanten vor einem Rivalen äußert sich in offenen Angriffen, die direkt aus scheinbar teilnahmslosen Umherschwimmen hervorgehen können. Solche Angriffe werden direkt mit Verletzungsabsichten als Schnappen oder als Stoß ausgeführt. Hingegen ist ein reines Imponierverhalten nur wenig ausgeprägt. Maulkämpfe kommen überhaupt nicht vor, da der unterlegene Diskus die Auseinandersetzung meidet.

Wichtige Hinweise beim Kauf von Diskusfischen

Wenn Sie gleich halbwüchsige Diskus kaufen, haben Sie sicher weniger Ärger. Da können Sie auch schon die entsprechenden Merkmale, auf die es Ihnen ankommt, sehen. Wildfänge werden meist nur als erwachsene Tiere angeboten.

Jungfische oder größere Diskus kaufen?

Diskuskauf ist Vertrauenssache, ganz egal wo Sie letztendlich die Diskusfische kaufen. Wenn Sie sich zum ersten Mal dafür entschieden haben, dass Sie Diskusfische pflegen wollen, kommt automatisch die Frage auf Sie zu, ob Sie kleinere Jungfische oder größere oder sogar ausgewachsene Diskusfische kaufen sollen. Die Beantwortung dieser Frage hängt natürlich stark von Ihren Bedürfnissen ab. Wollen Sie sich beispielsweise einen Zuchtstamm aufbauen und eines Tages mit mehreren Diskuspaaren züchten, dann empfiehlt es sich schon, eine größere Anzahl von jüngeren Diskusfischen zu kaufen. Wobei es sicherlich auch von Vorteil ist, wenn Sie dann von verschiedenen Zuchtlinien Fische erwerben. Gut ist es dann aber, wenn alle neuen Diskusfische möglichst innerhalb eines kurzen Zeitraumes gekauft werden, damit eine gemeinsame Quarantäne möglich ist.

Allerdings ist zu beachten, dass die ausgewachsenen Diskusfische auch farblich zueinanderpassen sollten, denn es macht eigentlich züchterisch wenig Sinn, einen flächig blauen Diskus später mit einem flächig roten Diskus zu verpaaren.

Wenn Sie die Räumlichkeiten für mehrere größere Aquarien besitzen, können Sie also getrost zwei oder drei Schwärme mit jeweils 10 bis 20 Jungfischen erwerben und diese dann aufziehen. Das Aufziehen von Diskusfischen ist nicht so einfach wie es vielleicht im ersten Moment erscheint, denn Rückschläge oder Krankheiten wirken sich sehr schnell negativ auf die Köperform der Diskusfische aus. Jungfische, die während der Wachstumsphase einmal krank geworden sind, bleiben in der Körpergröße gerne zurück oder sie bekommen eine etwas längliche und damit unschöne Form.

Wollen Sie dagegen möglichst schnell ein schönes Wohnzimmeraquarium mit pflegeleichten Diskusfischen besitzen, dann empfiehlt sich der Kauf von größeren Diskusfischen. Gedacht ist hier an

Wichtige Hinweise beim Kauf von Diskusfischen

Wichtige Hinweise beim Kauf von Diskusfischen

Kleine Diskus brauchen mehrmals täglich viel Futter. Entsprechend hoch ist auch die Wasserbelastung durch die Verdauung. Regelmäßige Wasserwechsel sind deshalb wichtig.

Verhältnis Auge – Köpergröße

Strenge Maßstäbe sollten Sie schon anlegen beim Diskuskauf. Egal für welche Diskusgröße Sie sich beim ersten Kauf entscheiden, wichtig ist immer, dass Sie sich davon überzeugen konnten, dass Ihre auserwählten Fische einen gesunden Eindruck machen. Gesunde Diskus sind aufmerksam und aktiv. Sie zeigen eine helle, kräftige Färbung und stehen keinesfalls scheu und dunkel in der Aquarienecke. Selbstverständlich sollten Sie auch von äußeren Verletzungen frei sein und dann wenden Sie sich als Käufer dem Verhältnis der Augengröße im Verhältnis zur Körpergröße zu. Mit etwas Erfahrung können Sie schnell feststellen, ob ein Diskus gesund ist. Schauen Sie im wahrsten Sinne des Wortes Ihrem zukünftigen Diskus ganz tief in die Augen.

eine Mindestgröße von 10 cm und ein Alter ab etwa acht Monaten. Eine Gruppe von fünf, acht oder zehn solcher halbstarker Diskusfische in einem entsprechend großem Aquarium untergebracht, macht sehr viel Freude und es braucht nur noch wenige Monate guter Pflege und Fütterung bis diese Diskusfische zu wirklichen Prachtdiskus herangewachsen sind. Wenn sich dann eine Zufallszucht ergibt, spricht ja auch nichts dagegen, dies einmal auszuprobieren und das Pärchen aus dem Gesellschaftsaquarium in ein Zuchtaquarium zu überführen.

Große und ausgewachsene Diskusfische mit respektabler Größe sind für jeden Betrachter selbstverständlich sehr beeindruckend. Da solche ausgewachsenen Diskus schnell in Bezug auf Ihre Qualitäten abzuschätzen sind, erkennen Sie wirklich sofort, was Sie kaufen. Andererseits sind solche ausgewachsenen Diskus aber auch entsprechend teuer und dann beschränkt man sich meist auf zwei oder vier Exemplare. Sich darauf zu verlassen, dann ein oder zwei Pärchen zu erwerben, ist immer kritisch und sollte nicht zu euphorisch gesehen werden.

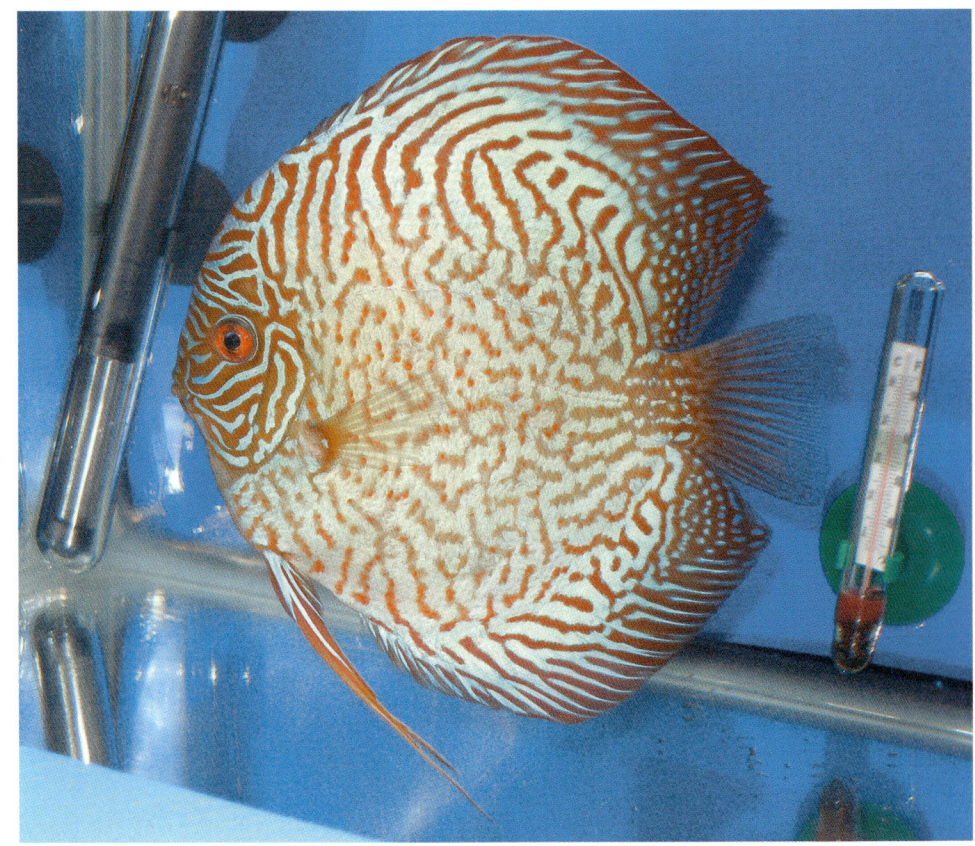

Hier stimmt die Augengröße perfekt mit der Körpergröße überein. Ein kleineres Auge zeugt auch von einem gesunden Diskus.

Wichtige Hinweise beim Kauf von Diskusfischen

Diskus dürfen keine Augenfehler haben. Ein rotes Auge ist immer sehr positiv zu bewerten. Die Pupille in der Augenmitte ist schwarz, hier beim Albino rot.

Die Augenfarbe bei Diskusfischen ist nicht einheitlich. Es gibt Diskusfische mit hellgelben, gelben, bernsteinfarbenen oder kräftig roten Augen. Ein Zuchtziel sind in der Regel kräftig rot gefärbte Augen, mit satter, schwarzer, innerer Pupille. Es sind fast alle Abstufungen möglich. Gerade bei Neuzüchtungen gibt es sehr helle, teilweise fast farblose Augen, die nicht besonders attraktiv sind. Auch bei den Wildfängen gibt es die Farbabstufungen bei den Augen und so haben die meisten Heckel-Diskus beispielsweise bernsteinfarbige Augen, während die Grünen Diskus besonders oft kräftig rote Augen besitzen. Es ist selbstverständlich auch hier immer wieder Geschmacksache, welche Augenfarbe bevorzugt wird, aber die sicherlich beliebteste, weil kontrastreichste Augenfarbe, ist Rot.

Löcher in der Kopfpartie und Beschädigungen

Löcher im Kopf eines Diskusfisches sind immer Alarmzeichen für jeden Diskusfreund. Diese Löcher können vom Befall mit Darmparasiten herstammen, aber auch ganz andere Gründe haben. Handelt es sich um ziemlich gleichmäßig geformte, kleinere Löcher in der Kopfpartie, so kann auf die gefürchtete Lochkrankheit geschlossen werden. Sind es jedoch mehr ungleiche Löcher, die auch nicht zu tief erscheinen, dann handelt es sich oft um Mangelerscheinungen. Oft treten solche Löcher vor allem dann auf, wenn die Wasserqualität nicht stimmt, die Aquarien überbesetzt sind und ein Mineralmangel im Aquarienwasser vorherrscht. Doch eine genaue Diagnose ist nicht einfach. Auf jeden Fall sind aber solche Löcher in der Kopfpartie, wenn Sie deutlich sichtbar sind, ein echtes Kaufhindernis.

Ganz kleine, feine Löcher wie Nadelstiche auf der Kopfpartie sind dagegen völlig harmlos und dürfen nicht mit der Lochkrankheit in Verbindung gebracht werden.

Seine Augen sollten hell, klar und ohne Defekt sein. Sehr dunkle, ja sogar fast schwarze Augen deuten auf Krankheiten hin. Keinesfalls sollten die Augen milchig belegt sein, denn dies ist ein Anzeichen von Infektionen. Heute gibt es auch schon viele Albinodiskus und da ist die Augenqulität von noch größerer Bedeutung, denn nur die schöne rote Pupille sorgt dafür, dass diese Albinodiskus auch gut aussehen.

Die Größe der Augen im Verhältnis zu Köpergröße spielen für den Fachmann immer eine wichtige Rolle, beim Erkennen eines gesunden und perfekten Diskusfisches. Sicher ist es im ersten Moment nicht so einfach, zu erkennen, ob das Auge jetzt für diesen Fisch eigentlich zu groß ist oder ob es passt. Doch wenn Sie sich den Fisch im gesamten ansehen, bekommen Sie schon ein Gefühl dafür, ob das Auge zu groß erscheint. Ist dies der Fall, dass der Diskus ein wirklich zu großes Auge hat, dann deutet dies entweder bei erwachsenen Fischen auf ein sehr hohes Alter hin, oder im Allgemeinen auf überstandene Krankheiten, die dazu führten, dass die Körpergröße zurückgeblieben ist. Schöne kleine Knopfaugen sind sicher der Idealfall.

Wenn kleinere oder halbwüchsige Diskusfische Missverhältnisse in Augengröße zur Körpergröße zeigen, so deutet dies auf Wachstumsschäden hin, die in der Regel nicht mehr revidiert werden können. Solche Diskusfische werden mit Sicherheit nicht mehr zu Prachtdiskus heranwachsen.

Wichtige Hinweise beim Kauf von Diskusfischen

Beschädigungen oder kleine Verletzungen gibt es vor allem beim Herausfangen von Diskusfischen und beim Transport. Diese kleineren Verletzungen sind jedoch harmlos und verheilen innerhalb kürzester Zeit ohne Rückstände. Größere Verletzungen sind dagegen jedoch schnell zu behandeln, da es sonst zu einem Pilzbefall der Wunde kommen kann, die später schlecht verheilt, oder sogar nach dem Verheilen eine deutlich sichtbare Narbe hinterlässt. Größere Verletzungen im Flossensaum hinterlassen beispielsweise bleibende optische Schäden. So gibt es besonders bei Diskuswildfängen sehr viele Fische, die in der Jugendzeit einen Biss von einem Raubfisch abbekamen und dieser ist durch Ungleichmäßigkeiten im Flossensaum immer wieder sofort zu sehen. Solche optischen Mängel wirken sich zwar nicht auf die Nachkommen, aber doch auf die Schönheit des Fisches aus.

Im Kreis sehen Sie Löcher, diese sind ein Warnsignal, denn das kann Lochkrankheit bedeuten und ist nur schwer heilbar. Erscheint der Diskus aber kräftig und lebhaft und frisst noch, können Sie die Löcher beobachten und erst bei Austritt einer weißen Masse den Diskus behandeln. Flossenfehler durch Bisswunden, die meist nur bei Wildfängen auftreten, können kaum noch beeinflusst werden. Eingeschmolzene, zurückgebliebene Flossen können auf Mangelerscheinungen hinweisen. Durch ein zusäzlich vitaminisiertes und mineralisiertes Futter und Zugabe von Mineralsalzen ins Wasser kann eine Flosseneinschmelzung beseitigt werden. Echte Flossenschäden können durch Beschneiden behoben werden. Beachten Sie hierzu unser Spezialkapitel ab Seite 95.

Wichtige Hinweise beim Kauf von Diskusfischen

Auf eingefallene Kopfpartie achten

Ein Hauptproblem bei der Pflege von Diskusfischen ist das Abmagern, was auch einen völlig eingefallenen Kopf mit sich bringt.

Diskusfische, die abzumagern beginnen, sind sehr krank und nur schwer wieder gesund zu bekommen. Damit es erst gar nicht soweit kommt, sind eine gute Wasserpflege und eine ausgeglichene Fütterung wichtig.

Meist geht ein stärkerer Flagellatenbefall mit der Abmagerung der Fische einher. Flagellaten sind sowieso meist im Fisch vorhanden, stören aber bei optimaler Pflege nicht wirklich. Ein mäßiger Befall mit Flagellaten wird von den Diskusfischen gut vertragen.

Tritt allerdings der Fall einer ungenügenden Ernährung oder starker Stress auf,

Von vorne betrachtete eingefallene Kopfpartien sind immer ein Merkmal zur Besorgnis. Der linke Diskus hat einen zu schmalen Kopf. Kranke Diskus zeigen, wie der Heckel oben, oft auch eine dunkle Farbe. Neben dem belegten Auge kommt auch noch Flossenklemmen und ein eingefallener Kopf dazu. Solche Diskus müssen schnell behandelt werden.

vermehren sich die Flagellaten meist explosionsartig und schädigen dann den Fisch. Protoopalina ist ein sehr großer Darmflagellat, der nur bei Diskusfischen auftritt. Bekämpft werden diese Darmflagellaten bevorzugt mit dem verschreibungspflichtigen Medikament Metronidazol. Sie müssen hierzu einen Tierarzt aufsuchen und das Krankheitsbild schildern. Inzwischen gibt es aber auch schon sehr gut wirksame Mittel im Zoofachhandel. Erkundigen Sie sich hierzu bei Ihrem Zoofachhändler, denn auf diesem Spezialgebiet tut sich immer etwas. Beim Einsatz von Metronidazol wird für drei Tage und nicht länger, eine Dosierung von einem Gramm auf 100 Liter Wasser angewendet. Dabei kann die Temperatur auf 33 °C angehoben werden. Diese Dosierung ist sehr hoch, hat sich in der Praxis aber als brauchbar erwiesen. Nach der Behandlung ist ein größerer Teilwasserwechsel und eine Filterung über Aktivkohle angebracht. Darmflagellaten lassen sich wirklich schwer bekämpfen und oft bleibt für den Diskusbesitzer nur der Frust. Deshalb ist nochmals anzuraten, schon im Vorfeld dafür zu sorgen, dass die Hälterung und Fütterung optimiert werden.

Gerade bei der Fütterung ist das einseitige Füttern mit einer Rinderherzmischung oft zum Problem geworden. Natürlich wachsen die Fische erst einmal stark, doch fehlen Ballaststoffe und Kohlenhydrate. Es kommt zu Verdauungsstörungen und Darmträgheit. Eine ideale Voraussetzung für Flagellaten. Die Darmwand wird durch den Nahrungsbrei ständig gereizt und kommt nicht mehr zur Ruhe. Verdaut der Diskus dagegen optimal, können sich Darmflagellaten nur schwer vermehren.

Wichtige Hinweise beim Kauf von Diskusfischen

Kot, ein Erkennungsmerkmal

Was ein Diskus gefressen hat, lässt sich meist sehr schön am Kot ablesen. Der Kot, den Diskusfische im Aquarium absetzen ist für den geübten Betrachter ein typisches Erkennungsmerkmal, ob der Diskus gesund ist. Dunkler Kot, der problemlos vom Diskus abfällt und zu Boden sinkt, ist ein Hinweis für Gesundheit. Wird sehr viel Farbfutter verfüttert, so ist es völlig normal, dass der Kot eine entsprechende rötliche Farbe bekommt. Wichtig ist aber, dass bei gesunden Diskusfischen der Kot immer eine feste Konsistenz hat und in Stücken schnell vom Fisch zu Boden fällt. Bleibt der Kotfaden jedoch längere Zeit am Fisch hängen und fällt sogar bei kräftigeren Schwimmbewegungen nicht sofort ab, so muss mit Problemen gerechnet werden.

Wenn die Fische weißen, gallertartigen Kot in längeren Fäden oft minutenlang hinter sich herziehen, wenn Sie durch das Aquarium schwimmen, ist dies ein Anzeichen von Verdauungsproblemen, hervorgerufen durch Flagellatenbefall. Dieser weiße Kot ist ein wirkliches Anzeichen dafür, dass sehr wahrscheinlich ein Befall mit Darmparasiten vorliegt. Da diese Parasiten zum einen schwer bestimmbar, zum andern auch schwer und langwierig zu bekämpfen sind, ist vom Kauf solcher Diskusfische ganz einfach abzuraten. Achten Sie also ruhig einmal darauf, welche Farbe oder Konsistenz der Kot hat, der im Aquarium herumschwimmt. Sehen Sie die weißen Kotfäden, dann ist dies ein absolutes Alarmzeichen für Sie.

Ein todkranker kleiner Diskus, der den typischen gallertartigen weißen Kotfaden nach sich zieht, der auf starken Flagellatenbefall schließen lässt. Hier ist auch die stark eingefallene Kopfpartie zu sehen.

Diskusfische scheuern sich

Wenn sich Diskusfische unwohl fühlen, oder sogar Hautparasiten haben, beginnen sie sich zu scheuern. Dies sieht dann so aus, als wenn Sie versuchen, an Einrichtungsgegenständen diese lästigen Hautparasiten wegzuscheuern. Meist ist nichts zu entdecken, nur das seltsame Verhalten des Scheuerns an Einrichtungsgegenständen fällt eben auf. Solche Diskusfische müssen nach einem Kauf in jedem Falle in Quarantäne gesetzt werden und dann auch mit einem entsprechenden Medikament gegen Hautparasiten behandelt werden.

Richtige Atmung

Gesunde Diskusfische sollten ruhig und gleichmäßig atmen. Wenn Sie jetzt vor einem Aquarium mit 100 Jungfischen in der Größe von vier Zentimetern stehen und diese alle schnell pumpend atmen, dann müssen Sie nicht gleich in Panik geraten, denn oft ist dieses schnelle, stoßartige Atmen nur auf eine starke Fütterung zurückzuführen. Schauen Sie sich doch einmal die Bäuche dieser kleinen Diskusfische an. Sind sie vollgefressen? Na dann ist es doch klar, dass diese kleinen fressgierigen Diskusfische einfach so schnell atmen müssen, weil Sie sich den Magen bis zum Platzen voll geschlagen haben. Also kein Grund zur Sorge und auch keine Angst vor irgendwelchen Kiemenwürmern, denn dieses schnelle Atmen nach einer intensiven Fütterung ist gerade bei jüngeren Diskusfischen völlig normal. Viel schwieriger wird die Situation allerdings, wenn es auffallend ist, dass viele Diskusfische in einem Aquarium nur einen Kiemendeckel bewegen und den anderen fest angepresst am Körper lassen. Dieses einseitige Atmen deutet auf ein Kiemenproblem hin. Meist ist es dann ein Befall von Kiemenwürmern, der sich so bemerkbar

Wichtige Hinweise beim Kauf von Diskusfischen

macht. Genaues ist allerdings erst nach einem Kiemenabstrich und einer Untersuchung unter dem Mikroskop zu sagen. Kiemenwürmer sind nach wie vor lästige Parasiten von Diskusfischen und sie lassen sich auch nur sehr schwer und langwierig erfolgreich bekämpfen.

Liegt keine starke Fütterung vor und die Diskusfische atmen dennoch sehr schnell und heftig, so deutet das vielleicht auf eine Überbesetzung des Aquariums und ein Sauerstoffdefizit im Wasser hin. Größere Diskusfische sollten in jedem Fall gleichmäßig ruhig atmend im Aquarium stehen und beide Kiemendeckel gleichmäßig bewegen. Bei gesunden erwachsenen Diskusfischen liegt die normale Atemfrequenz bei etwa 60 Kiemenbewegungen in der Minute. Bei Jungfischen reicht der Normalbereich bis auf 90 Kiemenbewegungen pro Minute hin. Tritt eine deutlich höhere Atemfrequenz auf und ist die Ursache davon nicht zu starke Fütterung gewesen, so kann es sich auch um einen zu niedrigen oder zu hohen PH-Wert des Wassers handeln, oder der Sauerstoffgehalt ist wirklich zu gering. Sie müssen diese beiden Wasserparameter überprüfen. Auch neigen Diskusfische logischerweise bei zu hoher Wassertemperatur zu einer stärkeren Atmung. Werden die Fische beispielsweise mit einer erhöhten Temperatur gegen Krankheiten behandelt, so muss das Wasser besser durchlüftet werden, da es sonst schnell zu einer kritischen Atemfrequenz kommen kann.

Kiemen – und Streifenfehler

Oft besitzen ganze Schwärme von Diskusjungfischen stärker ausgeprägte Kiemendeckelfehler. Es kann dann vorkommen, dass die Kiemendeckel verkürzt sind, oder es zu einer Art Aufbiegung des Kiemendeckels kommt. Diese Kiemenfehler sind nicht nur unschön, sondern sie schließen diese Diskusfische für eine Weiterzucht aus. Dabei muss es nicht

Streifenfehler sind immer häufiger zu beobachten. Selbst Diskuswildfänge werden von solchen Fehlern nicht verschont. Weshalb es bei Wildfängen dazu kommt, ist nicht geklärt.

Kiemenfehler sehen unschön aus und sind ein Hinderungsgrund beim Kauf. Manchmal sind geöffnete Kiemen auch nur Ergebnis einer Entzündung oder eines Kiemenwurmbefalls.

sein, dass die Elternfische diesen Mangel bereits zeigen. Ganze Bruten mussten so leider abgetötet werden, weil sie zu kurze, verkleinerte, verkümmerte oder gebogene Kiemendeckel besaßen. Bei sehr kleinen Diskusfischen macht sich dieser Mangel vor allem bei einer schlechten Durchlüftung des Aquariums und mangelndem Sauerstoff im Wasser bemerkbar. Gerade bei einer Überbesetzung des Aquariums und einer hohen Fütterungsrate kommt es schnell zu einer enormen Wasserbelastung und dann treten solche Defekte schnell auf.

Bakterienexplosionen führen in belasteten Wasser schnell zu einem Verzehr von Sauerstoff und dann zu einer Unterfunktion der Durchblutung der Kiemen, woraus solche Missbildungen, die auch später nicht mehr im Wachstum verschwinden können, resultieren. Solche geschädigten Diskus sind eigentlich verloren.

Wichtige Hinweise beim Kauf von Diskusfischen

Unschön oder interessant? Das ist bei diesen Streifen die Frage. Bis zu 17 Streifen sind zu zählen und das ist selten. Oft ein Zuchtziel, um einen besonderen Diskus zum Verkauf anbieten zu können.

Vereinzelte auch einseitige Kiemenfehler können immer wieder einmal auftauchen und wenn Sie einen solchen Fisch entdecken, sollten Sie ihn auch nicht kaufen, beziehungsweise nicht zur Weiterzucht verwenden.

Streifenfehler der Diskusfische sind ein uraltes Thema und bis heute ist nicht schlüssig gelöst, wie es zu solchen Streifenfehler kommen kann. Normale Diskusfische besitzen neun dunkle Senkrechtstreifen. Diese dunklen Senkrechtstreifen sind je nach Grundfärbung und befinden des Fisches entsprechend stark, schwach oder gar nicht zu erkennen. Allerdings gibt es bei den Neuzüchtungen aus Südostasien auch Farbvarianten, die dreizehn, vierzehn oder gar fünfzehn Senkrechtstreifen aufweisen. Andererseits gibt es aber auch Zuchtformen wie beispielsweise die Blue Diamond Diskus, wo die Senkrechtstreifen völlig weggezüchtet wurden. Diese Fische zeigen in keinem Falle mehr die dunklen Streifen. Die Senkrechtstreifen der Diskusfische sollten im Idealfall gleichmäßig senkrecht verlaufen. Dabei sind die Abstände zu den einzelnen Streifen gleich groß, sodass ein regelmäßiges Muster zu erkennen ist. Leider kommt es immer häufiger zu Fehlern in der Senkrechtstreifung. Dies zeigt sich so, dass dann einer oder mehrere Streifen unterbrochen sind und teilweise schräg in andere Streifen hinein verlaufen. So entsteht ein unruhigeres Muster, das vor allem dann negativ auffällt, wenn die Diskusfische die dunklen Streifen stärker zeigen. Es wird schon seit Jahren darüber spekuliert woran es liegen mag, dass Diskusfische solche Streifenfehler zeigen. Alles sind bisher jedoch nur Vermutungen geblieben, die noch immer Beweise schuldig sind. Behauptungen oder Vermutungen, dass Streifenfehler durch starke PH-Wert-Veränderungen bei Wasserwechseln oder bei ungünstigen Wasserbedingungen in Aufzuchtaquarien zustande kommen, müssen Spekulation bleiben, denn auch bei Diskuswildfängen sind immer wieder Streifenfehler festzustellen. Wenn es also in der Natur schon diese Streifenfehler gibt, kann die Bildung von Streifenfehlern nicht ausschließlich bei der Hälterung im Aquarium ausgelöst werden. Dennoch ist es denkbar, dass Veränderungen im Wasserhaushalt der großen Flüsse bei Überschwemmungen in der Regenzeit und die dadurch einhergehenden PH-Wert Veränderungen auch dort die Auslöser sind.

Wichtige Hinweise beim Kauf von Diskusfischen

Ausgezogene Flossen

Heute sind wir es eigentlich gewöhnt und betrachten es wohl als ziemlich normal, dass unsere Diskusnachzuchten in ausgewachsenem Zustand eine ziemlich gute Beflossung zeigen.
Unter guter Beflossung verstehen wir, dass die Flossensäume sehr groß sind und dem Diskus einen impossanten Ausdruck verleihen.

Vergleichen wir fairerweise ausgewachsene Nachzuchtdiskus und ausgewachsene Wildfangdiskus miteinander, so muss uns auffallen, dass die Wildfänge deutlich kürzere, bzw. gedrungenere Flossen zeigen. Besonders die Schwanzflosse ist kleiner und nicht weit gefächert, sondern fast gerade parallel verlaufend. Die Nachzuchtdiskus dagegen besitzten durch die Bank sehr prächtige Flossen. Soweit so gut. Das kann ja das Ergebnis von der Hälterung im Aquarium sein und das Ergebnis einer komplett anderen Fütterung oder auch von genetischen Anlagen, die sich im Laufe der Zeit bei unserem Nachzuchtdiskus durch die Zucht eben gefestig haben. Alles sehr plausible Erklärungen und auch weiter nicht schlimm.
Für den Fachmann ist es aus diesem Grund meist sehr einfach, einen Diskus-

Gerade in Asien ein Zuchtziel, denn hier liebt man diese Flossenfahnen. Irgendwie auch imposant, aber nicht natürlich.

Wichtige Hinweise beim Kauf von Diskusfischen

Nachzuchtdiskus, der auch spitze Flossen zeigt. Manchmal zeigen bei Cichliden die Männchen ja verlängerte Flossenspitzen. Beim Wildfangdiskus ist das aber kein typisches Zeichen.

wildfang noch fast hundertprozentig von einer Wildfangnachzucht zu unterscheiden. Denn bereits bei der Wildfangnachzucht, die dann ein Jahr in unseren Heimaquarien geschwommen ist, zeigen sich deutliche Unterschiede in der Beflossung im Verhältnis zu den Elterntieren, die noch in Amazoniens Flüssen groß geworden sind. Sehr wahrscheinlich ist eine der Hauptursachen die Fütterung. In der Natur leben die Diskusfische meist am Existenzminimum, was die Nahrung angeht. Es gibt nicht immer Überfluss und durch die verschiedenen Wasserstände sind die Futterangebote auch sehr unterschiedlich. So kann es während der Trockenzeit schon dazu kommen, dass längere Hungerperioden anstehen. Während der Hochwasserzeit ist es dann wieder besser und die Fische bekommen wieder ein gutes Angebot an Samen oder Kleingetier zum Fressen angeboten. So ist es eben in der Natur. Natürlich aufgewachsene Fische wachsen immer langsamer, entwickeln sich langsamer und sind auch in der Regel etwas kleiner und schlanker als ihre unter menschlicher Obhut aufgewachsenen Artgenossen im Diskusaquarium.

Betrachten wir doch einmal die Forelle, die im Bach lebt, sich dort von Anfluginsekten ernährt, und die Forelle die in einem Mastbetrieb schwimmt und täglich mehrere Male genau nach Futterplan gefüttert wird. Da muss es doch Unterschiede geben und zwar besonders dann, wenn im Mastbetrieb Hochleistungsfutter verfüttert wird. Wir verfüttern in unseren Aquarien ja auch Hochleistungsfutter. Schwören wir nicht auch auf die besten Futtermischungen aller Zeiten und bieten diese unseren Lieblingen an? Gehen wir nicht in die Fachgeschäfte und suchen die größten Mückenlarven, um unseren Diskusfischen Appetit zu machen? Natürlich ist dies so und allzugerne sitzen wir auch vor unserem Aquarium und schauen zu wie sich unsere Diskusfische den Bauch vollschlagen. Geht es dem Diskus gut, freut sich der Mensch.

Überall wo Futter in Hülle und Fülle vorhanden ist, bekommen die Tiere auch entsprechende Gewichtsprobleme. Heute müssen schon die ersten Hunde und Katzen zum Spezialisten für Ernährungsfragen und es gibt sogar einige Länder wie beispielsweise Japan und die USA, wo es spezielle Fitnessstudios für Hunde gibt. Zum Glück gibt es noch kein Fitnessstudios für unsere Diskusfische, aber wir brauchen uns nicht zu wundern, wenn es unseren Fischen so gut geht, dass sich die starke Fütterung auch auf das Aussehen auswirkt. So werden die Diskusfische schneller groß als in der Natur und laichen früher ab und bekommen natürlich auch stärker ausgebildete Flossensäume. Dauert es in Amazonien ungefähr zwei Jahre, bis ein Diskus ausgewachsen und geschlechtsreif geworden ist, so kann er schon nach rund zehn Monaten in unseren Heimaquarien bei optimaler Pflege ans Ablaichen denken. Alleine dieser enorme Zeitunterschied muss uns doch schon zu denken geben. Die Pflege im Aquarium wirkt sich also stark auf die körperliche Beschaffenheit des Diskusfisches aus.

Schon seit vielen Jahren tauchen in unseren Aquarien Diskusfische mit länger ausgezogenen Rückenflossen auf. Hierbei fällt besonders auf, dass die Rückenflosse fast fahnenartig und spitz zuläuft. Diese fahnenartig ausgezogenen Rückenflossen sind so bei Diskuswildfängen nicht zu finden. Also kann man annehmen, dass es diese Art von Flossenform in der Natur nicht gibt. Jetzt erhebt sich die Frage, weshalb diese spitzen Flossen im Heimaquarium aber immer stärker auftauchen. Sogar bei Wildfängen beginnen sich die Rückenflossen nach entsprechend langer Aquariumhaltung etwas zu verändern. Gerade bei den asiatischen Diskusfischen ist diese fahnenartig ausgezogene Rückenflosse mehr oder weniger stark ausgeprägt. Dabei darf man aber nicht annehmen, dass diese Flossenform eine Zuchtvariante wäre.

Wichtige Hinweise beim Kauf von Diskusfischen

Bei vielen anderen Fischen gibt es ja Zuchtversuche, die Beflossung zu verändern. Denken wir nur einmal an Guppys wo wir ja wahnsinnig viele verschiedene Flossenformen haben. Diese Veränderungen sind dort gewollt und werden durch Zuchtauslese erreicht. Beim Diskus ist es jedoch so, dass diese Veränderungen vor allem der Rückenflosse wohl andere Gründe haben. Bei vielen Cichlidenarten neigen die Männchen dazu, schöner ausgezogene Flossenenden zu besitzen. Dies sind allerdings Geschlechtsmerkmale, die so beim Diskus nicht vorkommen. Es scheint sehr wahrscheinlich, dass die Flossenveränderungen in erster Linie durch die Fütterung entstehen.

Sicher spielen auch noch Wassereinflüsse hinein. Inzwischen wurden sogar beim Menschen Untersuchungen durchgeführt, mit dem Ergebnis, dass in unserem Leitungswasser nicht unerhebliche Mengen von Hormonen gefunden wurden, was beispielsweise durch den in den letzten Jahren erheblich gestiegenen Einsatz von Hormonpräparaten, wie bei-

Wichtige Hinweise beim Kauf von Diskusfischen

spielsweise der Antibabypille, verursacht wurde. Im Wasserkreislauf bleiben diese Hormone teilweise erhalten und werden von uns wieder aufgenommen.

Bei den Diskusfischen spielen sicherlich aber auch Verhaltenssymptome eine Rolle, denn die Dominanz der Männchen ist auch weitgehend vom Hormonhaushalt abhängig. Wenn sich in der Natur in Amazonien die Dominanz der Männchen nicht so intensiv zeigen muss, weil das Gebiet und die natürlichen Mitbewerber und Feinde wesentlich geringer sind, als in einem voll besetzten Aquarium, so resultiert auch hieraus eine verstärkte oder weniger starke Hormonproduktion. Diese Hormonproduktion wirkt sich dann aber wieder auf die Gestaltung der Merkmale von männlichen Tieren aus. Man könnte daraus also schließen, wenn in Amazonien ein Diskus wenige männliche Mitbewerber antrifft, muss er sein Aussehen nicht so sehr auf die Körpermerkmale, die auf Männlichkeit hinweisen, optimieren. In einem Aquarium wo sich auf kleinstem Raum etliche Weibchen und natürlich auch andere Männchen befinden, ist es natürlich wichtig, die männlichen Geschlechtsmerkmale stärker zu zeigen. Dies könnte also ein wesentlicher Grund dafür sein, dass die Männchen ihre Beflossung stärker ausbilden und auch ihre Farbe intensiver zeigen. Sicher wird auch die Fütterung und letztendlich ein gezielter oder auch ungewollter Hormoneinsatz im Aquarium eine Rolle spielen. Es gibt natürlich hormonbelastetes Futter und dieses Futter kann Auswirkungen zeigen. Verfüttern wir beispielsweise sehr viel Rinderherz, welches sehr stark mit Hormonen belastet ist, so kann dies zu einer körperlichen Veränderung der Fische führen.

Besonders in Südostasien werden bei der Hälterung und bei der Fütterung der Diskusfische sehr viele Hormone eingesetzt. Man will zum einen dadurch erreichen, dass Diskusfische schneller wachsen und schneller ihre Farbe zeigen, andererseits aber auch eine Geschlechtsumwandlung vornehmen. Heute wird eine Geschlechtsumwandlung wahrscheinlich nicht mehr so oft vorgenommen, aber vor zwanzig Jahren war es beispielsweise in Hongkong durchaus möglich, die Diskusfische längere Zeit in einem Wasser mit Testosteron zu hältern, um zu erreichen, dass sich alle Weibchen genetisch zum Männchen umgewandelt haben. Diese Geschlechtsumwandlung wird auch bei Nutzfischen vorgenommen, um ein schnelleres Wachstum zu erzielen.

Gerade bei sehr großen Diskusmännchen treten häufig stark ausgezogene Rückenflossen auf.

Stellen Sie sich einmal vor wie es ist, wenn man weiß, dass Mänchen schneller wachsen und vielleicht auch eine bessere Farbe zeigen. Dann liegt es doch nahe, dass man versucht, nur noch Männchen zu züchten. Durch den Einsatz von Testosteron im Aquariumwasser war es möglich, in Südostasien die Diskusfische alle zu Männchen zu machen. Nun wird man sich überlegen, wieso dies geschehen ist. Die Antwort ist eigentlich ganz einfach und auch logisch. Man muss sich vorstellen, dass bei der Neuentdeckung einer Diskusfarbe, wie beispielsweise beim Blue Diamond Diskus, diese Entdeckung eine echte Sensation war. Plötzlich gab es völlig blau überzogene Diskusfische ohne jeden störenden Streifen. Solche voll verchromten Diskusfische erzielten in der ersten Zeit astronomisch hohe Preise. Für die Züchter, die als erste solche Diskusfische anbieten konnten, war es äußerst wichtig, dass es möglichst lange dauerte bis Konkurrenzunternehmen gleiche Fische züchten konnten. Wäre nämlich der Markt mit größeren Mengen solcher Diskusfische überschwemmt worden, hätten logischerweise die Preise zu bröckeln begonnen und die Verdienstpreise zu schwinden. Das galt es also möglichst lange zu verhindern. Wenn man jetzt die Möglichkeit hatte, durch Geschlechtsumwandlung die schnelle Weiterzucht der aufgezogenen Junfische zu verhindern, konnte länger Geld verdient werden. Besorgte sich die Konkurrenz also 50 solche Jungfische, um sie schnell aufzuziehen und dann mit der Zucht zu beginnen, musste die Konkurrenz auch feststellen, dass sie vielleicht plötzlich 50 männliche Diskusfische im Aquarium schwimmen hatte. Dann war es unmöglich, Zuchterfolge zu erzielen und der Entdecker dieser Diskusfarbe hatte noch für längere Zeit die Exklusivität seiner Zuchtfarbe gerettet.

Sie sehen an diesen Ausführungen, dass es also nicht so einfach ist, zu beurteilen, weshalb Diskusfische stärker ausgezogene Flossenansätze zeigen, als dies in der Natur üblich ist. Erklärungen gibt es einige, Beweise jedoch nur sehr wenige. Hier kann die Wissenschaft vielleicht eines Tages weiterhelfen, doch bis es soweit ist, müssen wir Diskusliebhaber eben selbst entscheiden, ob uns der angebotene Diskus in dieser Form gefällt und wir ihn besitzen wollen. Sicherlich wären Versuche, die in Richtung Schleierschwanz oder Schleierflossendiskus gehen, weniger schön und abzulehnen. Doch diese Gefahr ist im Moment noch nicht in Sicht und wir wollen hoffen, dass es auch noch lange so bleibt.

Wichtige Hinweise beim Kauf von Diskusfischen

Vorbeugen ist die beste Medizin – Flossenbehandlung von Diskusfischen

Uwe Beye

Keine Angst bei Flossenschäden! Wenn Sie Ihren Lieblingsdiskus entdeckt haben und dieser zeigt einen Flossenschaden, dann müssen Sie nicht gleich verzweifeln. Es gibt einfache Möglichkeiten, diese Flossenschäden zu behandeln und zu heilen. Wir zeigen Ihnen hier, wie das ganz einfach geht.

In zahlreichen Publikationen ist die Behandlung von Krankheiten bei Aquarienfischen ein viel beschriebenes und auch unter Diskusfreunden gern diskutiertes Thema. Wenn unsere Pfleglinge erkranken, hat dies meist verschiedene Ursachen. Oft beeinflussen sich die unterschiedlichsten Faktoren gegenseitig und führen zur Erkrankung unserer Fische.

Dies sind in erster Linie sogenannte Stressfaktoren, welche durch Fehler in der Haltung hervorgerufen werden. In diesem Zusammenhang kann man eine ungenügende Wasserqualität durchaus als einen der gefährlichsten Stressfaktoren für unsere Pfleglinge bezeichnen. Häufig wird eine schlechte Qualität des Hälterungswassers durch eine Überfütterung und einen Überbesatz hervorgerufen. Weitere Gründe können in einem unzureichenden Wasseraustausch sowie einer mangelhaften oder defekten Filterung bestehen. Diese Ursachen können eine massive Vermehrung von Keimen hervorrufen und Giftstoffe im Aquarienwasser freisetzen. Das Immunsystem der Diskusfische wird dadurch beeinträchtigt und die vorhandenen Erreger können sich auf und im Körper stark vermehren und damit die Diskusfische schädigen. Auch der versierteste Zierfischliebhaber wird trotz vorbeugender Maßnahmen den Ausbruch von Krankheiten nicht ganz vermeiden können. Sind erste Symptome der Erkrankung sichtbar wird die Krankheit diagnostiziert und es erfolgt die Behandlung. Dazu stehen die verschiedensten Heilmittel zur Verfügung, ob aus dem Zoofachhandel oder der Natur.

Ohne Zweifel gehören die Flossen neben den Augen zu den ausdrucksstärksten Körperteilen der Diskusfische. Durch Flossengräten aufgespannte und gut durchblutete Häutchen bilden diese beweglichen Stabilisierungs- und Fortbewegungsorgane. Zahlreiche Erreger bevorzugen diese zum Teil sehr dünnen Flächen, um sich an ihnen festzusetzen und damit dem Diskusfisch zu schaden. Gelingt es bei einer Erkrankung nicht rechtzeitig, die Erreger erfolgreich zu eliminieren, kann es dazu führen, dass der Fisch nicht wieder vollständig hergestellt werden kann. So können durch bakterieller und parasitärer Infektion Flosseneinschmelzungen entstehen und dauerhaft den Fisch behindern. Weiterhin kann es aufgrund Mineralien- und Vitaminmangels zu Flossendeformationen kommen. Wie man einer solchen dauerhaften Beeinträchtigung entgegen kann, möchte ich an einem Praxisfall schildern.

Wichtige Hinweise beim Kauf von Diskusfischen

Schon längere Zeit ärgerte ich mich über einen meiner Diskusfische – oder besser: Ich ärgerte mich über mich selbst. Denn ich hätte schon früher reagieren müssen. Der betreffende Fisch hatte irgendwann eine Verletzung oder Erkrankung am Flossensaum, welche ich nicht bemerkte. Das Resultat ist deutlich auf Bild 1 zu erkennen.

Der Flossenrand ist nun vernarbt und nicht mehr glatt wie die Flosse eines Geschwisterfischs auf Bild 2.

An einigen Stellen sieht die Flosse aufgrund der Verwachsungen aus wie eine „wehende Fahne". Jeder von Ihnen kann sich sicher vorstellen, dass eine solche Beeinträchtigung beim Schwimmen störend wirkt. Außerdem stellt eine vernarbte Flosse eine noch größere Angriffsfläche für allerlei Störenfriede dar als eine gesunde Flosse.

Ich versuchte anfangs durch eine zehntägige Behandlung mit Seemandelbaumblättern eine Heilung zu erzielen – doch:

Bild 1 Der zu behandelnde Fisch mit vernarbter Flosse. Es handelt sich um eine Gewebeeinschmelzung, die höchstwahrscheinlich aufgrund einer bakteriellen oder parasitären Infektion hervorgerufen wurde.

Bild 2 Die gesunde Flosse eines Geschwisterfischs, zum Vergleich.

Bild 3 Hier liegt der behandelte Diskus ruhig in der Hand und wird in das Aquarium zurückgegeben.

Wichtige Hinweise beim Kauf von Diskusfischen

Bild 4   Die BIO-LEAF-Beutel im Aquarium

Bild 5   Der Fisch wird behutsam herausgefangen.

Verwachsen ist nun mal verwachsen. Das Tier war zu diesem Zeitpunkt elf Monate alt (Bild 3) und wie ich meine, ein lohnender Kandidat für eine weiterreichende Heilbehandlung.

Es handelt sich in diesem Fall im engeren Sinne nicht um eine Schönheitsoperation, obwohl das Ergebnis natürlich den Betrachter freut.

In der Fachliteratur wurde mehrmals über die Wirkung der Blätter des Seemandelbaums berichtet. Gelegentlich wird er seiner Wirkung wegen auch Wunderbaum genannt. Neben seiner aquaristischen Bedeutung im Zusammenhang mit der Behandlung verschiedenster Erkrankungen unserer Pfleglinge spielte für mich in diesem Fall insbesondere die hervorragende Wundheilungswirkung die ausschlaggebende Rolle.

Leider gab es zu diesem Zeitpunkt keine Seemandelbaumblätter in der näheren Umgebung. Doch in Magdeburg im „Tierpalast" wurde mir mit BIO-LEAF geholfen. Dieses Granulat aus Seemandelbaumblättern ermöglicht es, laut Hersteller, die Wirkstoffe schneller und dauerhafter ins Wasser zu bringen als durch normale Seemandelbaumblätter. Den Tipp, die BIO-LEAF-Beutel schon einen Tag vor der Behandlung ins Wasser zu geben, setzte ich um, also kamen erst einmal drei Beutel BIO-LEAF in das 375 l fassende Gesellschaftsaquarium (Bild 4). Das Wasser färbte sich bräunlich.

Wie ging ich nun im Einzelnen vor? Zuallererst musste ich mich entscheiden, wie viel ich von der Flosse entfernen wollte. Dazu begutachtete ich den Delinquenten ausgiebig. Es ist notwendig, den Fisch von allen Seiten zu betrachten. Besonders wichtig erschien es mir, die durch die Vernarbungen entstandenen „wehenden Fahnen" zu entfernen, außerdem befürchtete ich, eine gewellte Flosse mit einem glatten Flossensaum zu erhalten. Ich entschloss mich, circa 2 mm über der Verformung den Schnitt anzusetzen.

Die ganze Prozedur vom Herausfangen (Bild 5) bis zum Einsetzen des Fisches dauerte ungefähr 20 Sekunden. Der Fisch zuckte während der ganzen Zeit nicht einmal. Wer diese Behandlung noch nie gemacht hat, sollte sich den

Wichtige Hinweise beim Kauf von Diskusfischen

Bild 6 Der Schnitt erfolgt mit einer neuen Rasierklinge.

Bild 7 Der Fisch wird so platziert, dass nur die Flossen das Holz berühren.

Bild 8 Der Schnitt wird beherzt und zügig durchgeführt.

Wichtige Hinweise beim Kauf von Diskusfischen

Bilder 9 Einige Minuten nach dem Wiedereinsetzen – ein gelungener Schnitt, unten Detailaufnahme.

Umriss einer Flosse auf ein Blatt Papier zeichnen und den beabsichtigten Schnitt markieren. Einige Probeschnitte auf dem Papier sind sicher hilfreich. Für diesen Schnitt wählte ich eine unbenutzte Rasierklinge (Bild 6).

Durch den Griff von Daumen und Zeigefinger formt sich die Rasierklinge automatisch etwas rund. Ist der Fisch auf der Unterlage platziert, halten wir ihn natürlich mit einer Hand fest (Bild 7). Mit dem Daumen der linken Hand fixieren wir die Flosse (Bild 8). Als Unterlage diente ein mit Hälterungswasser getränktes sauberes Geschirrtuch. Das Aquarienwasser wurde also zuvor aus dem Aquarium des Diskusfisches entnommen. Dies ist zu empfehlen, denn in den seltensten Fällen besitzt das Leitungswasser die gleichen Werte wie das Aquarienwasser. Es könnte zu unbeabsichtigten Hautschädigungen auf der Liegefläche des Fisches kommen. Ursache könnten extreme pH-Wertunterschiede zwischen Leitungswasser und Hälterungswasser sein.

Die Rasierklinge setzen wir vor der Flosse auf dem Brett auf und führen den gewählten Schnitt beherzt und zügig durch. Der Schnitt hört sich an, als ob man aus Versehen über einen Rüttel- oder Rumpelstreifen auf der Autobahn fährt. Die Fachbezeichnung lautet „Profilierte Randmarkierung". Nicht erschrecken: Es rattert. Ist der Schnitt erfolgt, so wird der Fisch zurück in das Aquarium gesetzt. Da wir ja bereits schon einen Tag zuvor BIO-LEAF in unser Aquarium gegeben haben, ist eine Desinfektion der behandelten Flosse vor dem Wiedereinsetzen nicht nötig. Natürlich wird der Fisch die erste halbe Stunde oder auch länger etwas „klemmen". Bild 9 zeigt den gelungenen Schnitt in der Vergrößerung. Nach einer Woche ist die Flosse an einigen Stellen bis zu 4 mm nachgewachsen. In den ersten Tagen nach der Behandlung wird vom Fisch eine durchsichtig bis weiße Flosse gebildet. Erste Pigmente bilden sich deutlich erst nach einer Woche (Bild 10). Weitere vier Tage später sind die ersten türkisfarbenen Streifen zu erkennen (Bild 11). Nach fünf Wochen

Wichtige Hinweise beim Kauf von Diskusfischen

Bild 10 Eine Woche später ist die Flosse an einigen Stellen bis zu 4 mm nachgewachsen.

Bild 11 Elf Tage nach der Behandlung sind die ersten türkisen Streifen zu erkennen.

ist von einer erfolgten Behandlung des Fischs fast nichts mehr zu sehen (Bild 12).

Ein weiteres Beispiel für eine Flossenbehandlung sehen sie auf dem Bild 11a. Hier wurde dem Diskusfisch die Brustflosse mit einer scharfen Nagelschere gekürzt. Beachten sie den Abstand zur Flossenbasis. Diesen Abstand sollte man unbedingt einhalten. Auch in diesem Fall ist die Flosse bereits gut nachgewachsen.

Bild 11a In diesem Fall wurde die deformierte Brustflosse mit einer scharfen Nagelschere gekürzt.

Bild 12 Nach fünf Wochen kann man mit dem Ergebnis sehr zufrieden sein.

Wichtige Hinweise beim Kauf von Diskusfischen

Wie alt können Diskusfische werden?

Barbara Bremer
& Friedhelm Schulten

Eine generelle Einstellungsfrage

Ein heikles Thema in der Tierhaltung ist sicher die Einstellung und der Umgang mit dem alternden Tier. Leider, so muss man sagen, befinden sich viele Züchter und Halter mit ihren Ansichten hierzu in bester Gesellschaft mit so manchem zoologischen Garten und Wildpark.
Alte Tiere sind für den Betrachter offenbar nicht so interessant in ihrem Verhalten, tendieren öfter zum Kränkeln und sind damit letztendlich auch in der Pflege zeitintensiver, als junge, vor Vitalität und Gesundheit strotzende Tiere.
Auffällig jedenfalls ist, dass man nur sehr selten alte Tiere in privaten und kommerziellen Anlagen sieht. Meist werden diese preisgünstig verkauft, verschenkt ...oder doch „entsorgt"(?).
Generell stellt sich die Frage:
- Sollen Tiere nur Spaß machen und ästhetisch anzuschauen sein, oder gehört auch das Altern zum Anschauungsobjekt Tier und zum Verständnis vom Leben dazu?
- Besteht nicht sogar eine moralische Verpflichtung des Halters, Züchters und vor allem auch Tierparks, auch diese Tiere zu zeigen und zu pflegen, an denen man lange auch Freude, Zuchterfolge und Verdienste hatte und die durch ihre Gefangenschaft nun mal keinen natürlichen und damit selektiven Lebensablauf haben?

Wie beim alten Hund und beim Pferd auf dem Gnadenhof, sollte es auch für uns Aquarianer eine Selbstverständlichkeit sein, unsere Diskusfische im hohen Alter zu hegen und zu pflegen, solange es möglich ist und vertretbar erscheint. Sicherlich ist dabei zu beachten, wo lebenswertes Altern aufhört und quälendes Dahinvegetieren beginnt.

Sehr alte Diskusfische zeigen die üblichen Alterserscheinungen. Das sind dann auch magere und etwas eingefallene Köpfe. Überhaupt erscheint der gesamte Körper meist etwas ausgemergelt. Diese Diskus sind dann nicht krank, sondern eben nur alt. So wie wir im Alter auch Falten bekommen, geht es dem Diskusfisch. Kein Grund ihn zu töten.

Separate Unterbringung kann hilfreich sein

Um diesen Denkanstoß fortzuführen, möchten wir Ihnen – liebe Leser – hier einmal unser sogenanntes „Rentnerbecken" vorstellen. Auch in unserer Anlage gibt es Diskusfische verschiedener Altersstufen. Über die Jahre hinweg haben wir Vorteile darin erkannt, grundsätzlich und wenn die Möglichkeit besteht, Fische eines Alters zusammenzusetzen. So wie dies für junge Diskusfische gilt, trifft dies in besonderem Maße auf alte Diskus zu. Diese können sich gegen die „jungen Wilden" einfach nicht so gut durchsetzen und werden unterdrückt, dadurch dann krankheitsanfälliger und schneller alt.

Nicht jeder Diskushalter verfügt natürlich über mehrere Aquarien und damit diese Möglichkeit der Trennung nach Altersstufen. In einem einzelnen Schauaquarium kann man sich gegebenenfalls aber durch die Schaffung vieler einzelner Reviere behelfen. Fluchtmöglichkeiten und Ruhezonen für die Alten können durch Einrichtungsgegenstände wie Wurzeln und Pflanzen abgegrenzt werden. Mitunter genügt es schon, das Aquarium gezielt umzudekorieren.

Wichtige Hinweise beim Kauf von Diskusfischen

Alt, aber doch noch ganz gut beieinander ist dieser Diskus. Solange alte Diskus noch gut fressen, ist alles bestens.

Merkmale des Alterns beim Diskus

Natürlich altern auch Diskusfische unterschiedlich schnell. So gibt es in unserem Rentnerbecken Fische im Alter zwischen 5 und 12 Jahren. Die jüngeren dieser Tiere befinden sich oftmals nur deshalb in diesem Becken, weil sie einen eher devoten Charakter besitzen und damit in Aquarien mit jungen, kräftigen Zuchttieren im besten Alter hoffnungslos unterdrückt werden. So können sie im „Seniorenheim" ein ausgeglichenes und ruhiges Dasein führen, anstatt im Gemeinschaftsaquarium dem Dauerstress ausgesetzt zu sein, von kräftigeren, dominanteren Tieren von Ecke zu Ecke gescheucht zu werden.

Andererseits sind auch nicht grundsätzlich alle alten Diskusfische Kandidaten für das Rentnerbecken. Denn einzelne Tiere sind auch im hohen Alter von 12 Jahren durchaus noch in der Lage, sich gegen Jüngere zu behaupten. In Ausnahmefällen sind Diskus mit über 10 Jahren auch noch an der Nachzucht interessiert, in der Brutpflege außerordentlich ambitioniert und aufgrund ihrer langjährigen Erfahrungen auch entsprechend routiniert. Unser ältestes züchtendes Diskusmännchen hatte im Alter von 12 $1/2$ Jahren noch eine riesige Nachkommenschaft von 380 Larven! Aus der anstrengenden Brutpflege haben wir ihn allerdings dann bereits nach einer Woche in den Urlaub entlassen. Die „allein auf-/erziehende Mutter" war gerade erst blutjunge 2 Jahre alt und darum mit der Pflege dieses riesigen Wurfes – nach perfekter Einweisung durch das alte Männchen – keinesfalls überfordert.

Auffälligstes Merkmal eines alternden Diskus sind die leicht herausgetretenen Augen. Im hohen Alter können diese zudem dann ein wenig trüb werden. Außerdem werden auch Diskusfische faltig! Ihre Haut wird unregelmäßig wellig, und die Pigmentierung kann fleckig erscheinen. Was bei einem mit Farbstreifen gezeichneten Fisch wie beispielsweise einem rottürkisen Diskus kaum auffallen kann, sticht womöglich bei einem (vielleicht wesentlich jüngeren) flächentürkisen Diskus schon ins Auge. Diesbezüglich hängt es also mitunter auch vom Farbschlag ab, ob ein alternder Diskus noch attraktiv erscheint oder eher unansehnlich wirkt.

Die Pflege alter Fische und die häufigsten Probleme

Zurzeit sind unsere „Rentner" aufgrund der Größe der Gruppe in einem 600 l-Becken untergebracht, welches über zwei große Biofilter mit einem Volumen von 120 Litern gefiltert wird. Das biologische Material darin besteht zum überwiegenden Teil aus Lava. Die Vorfilterung erfolgt über feine Filterwatte und

Wichtige Hinweise beim Kauf von Diskusfischen

Schaumstoffschwämme. Dieses Becken wird im wöchentlichen Turnus zusammen mit der gesamten Zuchtanlage zu 95 % wassergewechselt. Unsere alten Diskus nehmen auch an allen Fütterungen teil, wenngleich die Menge des jeweils angebotenen Futters geringer ist. Mit ihren gemächlicheren Bewegungen und ihrem ruhigeren Verhalten ist auch ihr Nahrungsbedarf zurückgegangen.

Auffällig ist, dass ältere Diskusfische öfter einmal kränkeln.

Hauptsächlich sind dies Hautbeläge bakterieller oder ektoparasitärer Art, die schnell in den Griff zu bekommen sind. Latent im Aquarium vorhandene Parasiten und Keime können sich an geschwächten Tieren nun mal schneller ausbreiten. Auch Darmflagellaten gehören hier mit zu den erwähnenswerten Schwächeparasiten.

Da wir Gegner von prophylaktischen Behandlungen sind, beobachten wir unsere Diskus stets aufmerksam, um gegebenenfalls schon mit einer Temperaturerhöhung oder einer Salzkur helfen zu können. Wir bevorzugen, die Temperatur nur auf etwa 33 °C zu erhöhen, dies aber relativ lange beizubehalten. Zehn bis 14 Tage sind hierbei das Minimum, und die regelmäßigen Wasserwechsel sollten möglichst zwischendurch keine Temperaturschwankungen bewirken!

Auch hat es sich als sehr erfolgreich und schonend erwiesen, bakterielle Hautbeläge und kleinere Verpilzungen in den Flossen zunächst mit dem viel gelobten Seemandelbaumblatt zu behandeln. Während medikamentöse Behandlungen gerade älteren Fischen doch sehr zusetzen, und sich diese nur sehr schleichend von den Nebenwirkungen oder gar Organschädigungen erholen, genießen die Diskus das die Schleimhäute pflegende Bad mit den Wirkstoffen (Gerbstoffen) der Blätter des *Terminalia catappa* (auch Katappenbaum) absolut nebenwirkungsfrei. Wir bevorzugen die „gehäckselte" Form BIO-LEAF, weil diese durch ihre größere Oberfläche die Wirkstoffe besser und schneller freigibt, als das ganze Blatt dies leisten kann.

Ein Altersheimaquarium, in dem die altgedienten Zuchttiere ihren verdienten Lebensabend verbringen können.

Bei guter Beobachtung und zeitiger Reaktion mit diesen alternativen und restriktiven Methoden ist nur selten die Gabe eines Medikamentes unerlässlich.

Das große „Aber"

Als ein rechtfertigendes Argument gegen eine Am-Leben-Erhaltung von alten Fischen wird oftmals die Fischtuberkulose angeführt. Besonders alte Fische seien hierfür besonders empfänglich.

Hierzu können wir nur anmerken, dass wir in 25 Jahren ständiger Pflege alter Fische niemals offene, blutig-fleischige Wunden bei unseren Rentnern gesehen haben. Darum müssen wir davon ausgehen, dass diese Fälle nur bei einem gewissen Pflegenotstand auftreten!

Die Einhaltung einer guten Wasserqualität durch regelmäßige große Wasserwechsel ist uns immer der wichtigste Aspekt in der Haltung von Diskusfischen gewesen. Die üppigen Wasserwechsel zu 95 % machen vielen Krankheiten das Leben schwer. Ebenso haben wir immer die dauerhafte Anwendung von UV-Brennern abgelehnt, weil wir der Ansicht sind, dass Fische in völlig entkeimtem Wasser kein intaktes Immunsystem aufbauen können.(Ein sporadischer Einsatz kann sinnvoll sein, wurde aber von uns ebenfalls nie praktiziert!)

Jedes Aquarium kostet monatlichen Unterhalt für Wasser, Strom, Futter, Pflegemittel, technisches Zubehör, etc... Natürlich auch unser „Rentnerbecken"! Aber eine Kosten-/Nutzenrechnung halten wir in der Tierhaltung generell für unangebracht.

Wir jedenfalls haben ein sehr gutes Gefühl dabei, unseren Diskus einen wohlverdienten Lebensabend zu bescheren und darin Zeit und Geld zu investieren. Schließlich haben uns diese Tiere über Jahre hinweg viel Freude bereitet!

Pflege im Aquarium

Stressfaktoren vermeiden

Stress erzeugt Unwohlsein. Zu viel Stress macht krank. Was auf unseren Alltag zutrifft, trifft auch für unsere Diskus zu. In der Natur haben unsere Diskusfische logischerweise auch Stress, denn hier gibt es viele Fressfeinde, die im Aquarium fehlen. Futtersuche erzeugt Stress, diese fehlt auch im Aquarium, denn hier wird gut gefüttert. Wo entsteht dann der Stress im Aquarium? Das Aquarium ist zu klein! Das Aquarium ist zu stark besetzt! Im Aquarium gibt es zu wenige Versteckmöglichkeiten oder Revierabgrenzungen. Das Aquarium ist falsch beleuchtet. Das Aquarienwasser entspricht nicht den Bedürfnissen der Bewohner. Vor dem Aquarium hantieren ständig die menschlichen Bewohner. Wenn das kein Stress ist, was dann. Diese und andere Stressfaktoren sind zu vermeiden oder zumindest zu reduzieren. Betrachten Sie Ihr Aquarium und verändern Sie die Fische belastende Faktoren. Gerade die Besatzdichte ist ein allgemeines Problem. Wir Aquarianer neigen gerne dazu, zu viele Fische anzuschaffen und dann sind die Aquarien schnell zu voll. Die Diskusfische wachsen heran, bilden Reviere oder Paare und schon wird das Aquarium für die unterlegenen Diskusfische noch kleiner. Für einen ausgewachsenen Diskus müssen Sie mindestens 60 Liter Wasserinhalt rechnen. Besser wäre es noch mehr Wasserinhalt pro Diskus bereitzustellen. Was spräche dagegen, in einem Zwei-Meter-Aquarium mit 720 Litern Wasserinhalt einmal nur vier oder höchstens sechs Diskusfische zu pflegen? Rein gar nichts. Es sähe toll aus, wenn diese weni-

Diese kleinen Diskus stehen unter Stress und flüchten ständig unter die Wurzel. Hier wäre es besser, die Wurzel zu entfernen, denn ein komplett leeres Aquarium ist dann seltsamerweise weniger Stress erzeugend für aufwachsende Gruppen von Diskusjungfischen. Der Bodengrund ist positiv zu sehen.

Pflege im Aquarium

gen Diskus majestätisch durch das Aquarium schwimmen würden. Da müssen nicht zwölf oder fünfzehn Diskus das Aquarium bevölkern und sich gegenseitig stressen.

Die Beleuchtung wirkt auf Diskusfische oft sehr belastend. Nicht, dass zu viel Licht ins Aquarium käme, nein, das kann schon in Ordnung sein, besonders in bepflanzten Aquarien. Rückzugräume vor zu starkem Licht müssen durch Wurzeln oder sonstige Unterstandsmöglichkeiten geschaffen werden. Hierzu sind Pflanzen bestens geeignet. Lichtstress tritt durch plötzliches Einschalten oder Ausschalten auf. Sie kommen in einen abgedunkelten Raum mit Diskusfischen und schalten die Deckenbeleuchtung ein. Schlimm für die Diskus, die jetzt durchs Aquarium schießen. Sie schalten plötzlich das Licht im Aquarium oder Zimmer aus und es ist schlagartig dunkel. Die Diskusfische können sich nicht auf die Nacht vorbereiten. Sie irren noch umher. Diese plötzlichen Lichtveränderungen müssen unbedingt vermieden werden. Entweder Sie können das Licht dimmen oder es geht langsam mit dem Hereinbrechen der Nacht auf natürlichem Wege aus. Oder Sie schaffen ein Nachtlicht an, das ständig brennt, wenn das Hauptlicht ausgeschaltet wird. Gerade bei Aquarien in Wohnräumen ist es wichtig diese Übergänge einzuhalten. Wenn Diskusfische ablaichen oder Junge führen, muss immer ein Nachtlicht brennen, damit sich die Eltern auch nachts problemlos um ihr Gelege oder die Jungen kümmern können.

Dies alles ist wichtige Stressvermeidung und trägt zum Wohlbefinden der Diskusfische bei.

Normales Fluchtverhalten veranlasst die Diskus oft Pflanzenverstecke aufzusuchen, deshalb sollte anfangs nur wenig bepflanzt werden. So gewöhnen sich die Diskus daran, dass es keinen Grund zum Verstecken gibt. Dieses Verhalten kann antrainiert werden.

Pflege im Aquarium

Geeignete Mitbewohner

Dr. Jürgen Schmidt

Das Verhalten

Wie allgemein bekannt ist, ist die Art und Weise, wie sich die Fische in der freien Natur verhalten, oft völlig unterschiedlich zu dem, was wir aus unseren Aquarien kennen. In der freien Natur steht den Fischen nicht nur ein größerer Lebensraum zur Verfügung, sondern auch die Zusammensetzung von Wasser und Futter kann nicht dieselbe wie in den heimischen Aquarien sein.

Was wir auch nicht nachmachen können und wollen, ist die strenge Politik des Todes, der schwache oder kranke Fische mit der Hilfe der stärkeren ins Jenseits befördert.

Interessant sind Berichte von Reisenden, die beim Tauchen in den Gewässern Amazoniens beschreiben, wie kleine, silbern gefärbte, in einem Haufen schwimmende Fische alles versuchen, um den größeren zu entkommen – angefangen beim schnellen Schwimmen, der Bildung halbkreisartiger Formationen bis zum Springen über die Wasseroberfläche. Alles nur um ein Ziel zu erreichen: Den großen Räubern zu entwischen.

Es ist schwer zu sagen, welche der Arten am häufigsten gejagt wird. Ob es einer der Angehöriger der Gattung *Hemigrammus, Hyphessobrycon, Moenkhausia, Astyanax* oder *Iguanodectes* ist? Unter ihren Jägern sind aber auch größere Salmler, wie Arten der Gattungen *Acestrorhynchus* oder *Boulengerella* zu finden.

Diskusfische sind große Buntbarsche. Die, wie allgemein bekannt ist, solange sie gesund sind, manchmal sehr fressgierig sein können. Der Appetit ist auch ihr Gesundheitsindikator. Wie soll man aber Schönheit mit ihrem Appetit und ihrer Lust zu jagen verbinden? Wie soll man ein Aquarium einrichten, in dem die Zuschauer auf einer Seite die Schönheit und wunderschöne Färbung der Diskusfische bewundern sollen? Andererseits in demselben aber auch kleinere, lebendige, meistens friedliche Fische leben sollten?

Welche Fische können wir also zu den Diskusfischen empfehlen, ohne Angst haben zu müssen, dass diese Mitbewohner innerhalb kurzer Zeit in den Mägen der Diskus verschwinden?

Diskussionen

In vielen Artikeln finden Sie heftige Diskussionen darüber, welche der im Angebot stehenden Fische die besten für eine Vergesellschaftung mit Diskusfischen sein könnten. Es wurden vor allem manche der Panzerwelse der Gattung *Corydoras* angepriesen, die den unteren Bereich des Aquariums besiedeln. Eine Reihe der Harnischwelse bietet viele Vorteile, vor allem sowohl in den Zucht- als auch im Hinblick auf Gesellschaftsaquarien. In dieser Hinsicht ist vor allem *Glyptoperichthys gibbiceps* ein unersetzlicher „Putzteufel" und „Wächter der Sauberkeit".

Bis vor kurzer Zeit galten Salmler nicht als typischen Mitbewohner von Diskusfischen. Eine solche Zusammensetzung der Aquarienfische wurde aber überwie-

Pflege im Aquarium

gend dem Zuschauer bei verschiedenen Ausstellungen geboten, zu deren Anlass Diskusfische nur für kurze Zeit mit Roten Neon in einem Aquarium zusammengeführt wurden.

Erst Ende der 90er Jahren fingen Aquarianer an, sich Gedanken darüber zu machen, ob es möglich wäre, Diskusfische und Salmler ohne größere Probleme zusammenzuhalten. Was befindet sich also im Angebot der heutigen Aquaristik?

Beilbauchsalmler

Für die oberen Wasserschichten scheinen am besten manche der Beilbauchfische, die mit ihrem Körperbau mit gerader Rückenlinie, zur Oberfläche gerichtetem Maul und auch mit hoch angesetzten Augen, mit denen sie das Leben außerhalb vom Wasser beobachten, schon fast zum Leben in dieser Wasserschicht vorherbestimmt erscheinen. Sie haben mächtig entwickelte Brustflossen mit perfektem Muskelbau, der ihnen in freier Natur nicht nur ein sehr schnelles Schwimmen, sondern auch weite Sprünge von 3 bis 5 m über die Wasseroberfläche ermöglicht, sofern sie sich gefährdet fühlen. Sie stammen aus Gewässern mit weiter Oberfläche und wenn Sie so etwas Ähnliches für sie in Ihrem Aquarium schaffen können, dann fühlen sie sich wie im Paradies. Nicht zu vergessen sind bei diesen Fischen aber auch die Pflanzen am Rande des Aquariums, die ihnen gute Versteckmöglichkeiten bieten.

Was das Fressen betrifft, so stehen in ihrem Menüplan vor allem verschiedene Insektenarten sowie ihre Larven, die sie an der Oberfläche, selten dann auch in unteren Wasserschichten fangen.

Für ihre Zucht haben sich Aquarien als das Beste erwiesen, die mindestens 1 m lang sind, mit leicht saurem pH-Wert, Wassertemperatur 25 bis 30 °C, bei einer Härte von bis zu 10 °dGH. Wie Sie sehen können, sind dies auch Wasserparameter, die für Diskusfische ausreichend sind.

Aus der Familie Gasteropelecidae sind drei Gattungen für die Aquarianer interessant, die Vertreter der größeren Gattungen *Thoracocharax* und *Gasteropelecus*, kleinere sind dann Angehörige der Gattung *Carnegiella*. Es handelt sich um Schwarmfische. Die Mindestzahl, bei der wir sie halten, sollten zehn Fische der gleichen Art oder auch mehr sein. Nicht zu vergessen ist, zu erwähnen, dass diese Fische nicht nur hoch dekorativ, sondern auch sehr friedlich sind.

Kirschflecksalmler

Für die mittleren und unteren Schichten des Aquariums sind die Vertreter der Kirschflecksalmler empfehlenswert, deren drei Arten zurzeit bekannt sind: Fahnen-Kirschflecksalmler *Hyphessobrycon erythrostigma*, Socolofs Kirschflecksalmler *H. socolofi* und Rotrücken- Kirschflecksalmler *H. pyrrhonotus*. Es handelt sich meistens um Fische, die etwa sechs Zentimeter lang werden (das Weibchen ist immer kleiner), typische Allesfresser, die aber nie zum Fleisch nein sagen und auch verschieden Mückenlarven, Rote- oder Weiße, gut annehmen.

Was bisher leider noch nicht gelungen ist, ist ihre Zucht. Nur in Deutschland

Pflege im Aquarium

kam es vereinzelt zum Erfolg. In Böhmen wurden bisher nur Fische aus Importen gesehen, die einige Wochen akklimatisiert und dann als eigene Zucht angeboten wurden. Wir versuchten ihre Zucht auch mit Hilfe von Hormonen, der Erfolg bestand aber nur aus Eiern, die nicht befruchtet waren. Es handelt sich wiederum um Schwarmfische, die wir in der Zahl von acht bis zehn Stück halten sollen. Für die Pflege empfiehlt sich weiches bis mittelhartes Wasser bei einer Temperatur um 24 bis 28 °C, also auch Wasser, das sich für die Diskusfische eignet. Denn wenn wir auch etwas wärmeres Wasser benutzen, vertragen es diese Fische problemlos. Gut zu verwenden sind auch eine dichte Bepflanzung sowie ein dunkler Boden, der dann die Farben der Fische gut zur Geltung kommen lässt.

Scheibensalmler

Die nächste Gruppe größerer Salmler ist die der sogenannten Pflanzen fressenden Piranhas. Der größte Nachteil dieser Fische ist die Tatsache, dass keine Pflanze vor ihnen sicher ist. In einem öffentlichen Schauaquarium war ein wunderschönes Aquarium mit diesen Fischen, Diskus und Skalaren zu sehen, das etwa 1 600 l Wasserinhalt aufwies. Die Pflanzen wurden durch Wurzeln ersetzt – und man konnte leicht den Eindruck gewinnen, man sei am Rio Negro.

Schrägschwimmer und Verwandte

Wenn wir die Diskusfische in größeren Aquarien halten und dafür sorgen, dass sich dort genügend Versteckmöglichkeiten befinden, können wir zusammen mit ihnen auch Vertreter der Salmlergattungen *Anostomus* und *Leporinus* halten. Typisch für diese Fische sind aber häufige Raufereien, die dann auf die Diskusfische störend wirken können. Deshalb ist es nötig, für die schwächeren Fische ausreichend Versteckmöglichkeiten – wie es Steine oder Wurzeln sind – vorzubereiten. Das Gute daran ist, dass man

Sehr gut kommen die Diskus mit den Neonsalmlern zurecht. Laichen die Diskus im Aquarium ab, würden die Salmler die Eier der Diskus schon als willkommenes Zusatzfutter ansehen.

sie aber dann besser in dem Aquarium sehen kann, weil sie keine Angst gegenüber der Größe ausgewachsener Diskusfische zeigen. Manchmal greifen sie die Diskusfische sogar selber leicht an. Es wurde auch immer wieder berichtet, dass Schrägschwimmer aber auch Salmler, selbst kleine Rote Neon Diskusgelege aufgefressen haben. Und das trotz verteidigender Diskuseltern.

Kleine Salmler

Bei guter Fütterung können wir es uns leisten, auch kleinere Arten der Salmler zusammen mit den Diskus zu halten, wie es vor allem die oft diskutierten Roten Neon, *Paracheirodon axelrodi*, oder Rotkopfsalmler, *Hemigrammus bleheri*, sind. Diese gemeinsame Pflege ist dann wirklich ein farbiges Paradies für die Augen der Betrachter. Sie sollten am besten in einem Schwarm leben und weitgehend erwachsen sein, damit sie nicht mehr ins Maul der Diskusfische passen.

Wenn diese Bedingungen erfüllt sind, werden diese Salmler dennoch Respekt vor den Diskus zeigen – und sie würden, wenn es möglich wäre, auch ihre Gegenwart meiden. Sie werden nie die Sicherheit besitzen, dass sie sich nicht im Handumdrehen in Futter verwandeln könnten. Wobei gerade bei den Diskusfischen die Gefahr geringer ist als es bei den *Pterophyllum altum* oder *P. scalare* der Fall wäre, weil diese Fische nicht nur größere Mäuler haben, sondern auch geschicktere Jäger sind.

Fazit

Von den vielen Möglichkeiten, die uns als Mitbewohner für die Diskusfische zur Auswahl stehen, werden wir mit großer Wahrscheinlichkeit friedliche Salmler auswählen. Dabei müssen Sie aber darauf achten, dass Sie Salmler auswählen, die höhere Temperaturen gut aushalten. Einfache Neonsalmler sind zum Beispiel für Temperaturen über 25 °C nicht auf Dauer geeignet. Da muss es dann schon der Rote Neon sein, der das aushält.

Als selbstverständlich gilt auch die Tatsache, dass – so bald wir die Mitbewohner für die Diskusfische ausgewählt haben – wir sie einer ausreichenden Quarantäne unterziehen müssen. Je nach dem Ursprung der Fische für vier bis acht Wochen. Bei den Importen beträgt das nötige Minimum sechs bis acht Wochen.

Pflege im Aquarium

Dicrossus filamentosus (LADIGES, 1958) – **Männchen**
(*Crenicara filamentosa*)   pH-Wert 5-6,8, 0-10 °dH, 25-30 °C,
6 cm Körperlänge, 100 cm Aquarienmindestlänge, Allesfresser

Heros efasciatus (HECKEL, 1840) – **Männchen, Weibchen**
pH-Wert 5,5-7, 1-15 °dH, 24-29 °C,
20 cm Körperlänge, 120 cm Aquarienmindestlänge, Allesfresser

Pterophyllum altum PELLEGRIN, 1903
pH-Wert 5-6,8, 0-12 °dH, 26-30 °C,
18 cm Körperlänge, 150 cm Aquarienmindestlänge, Allesfresser

Pterophyllum scalare (LICHTENSTEIN, 1823)
pH-Wert 6-7,8, 1-18 °dH, 23-28 °C,
15 cm Körperlänge, 120 cm Aquarienmindestlänge, Allesfresser

Pflege im Aquarium

Betta splendens REGAN, 1910 – **Männchen**
pH-Wert 6-7,5, 4-18 °dH, 20-28 °C, 8 cm Körperlänge,
60 cm Aquarienmindestlänge, Allesfresser

Melanotaenia lacustris MUNRO, 1964 – Lake Kutubu, PNG – **Männchen**
pH-Wert 7-8, 4-15 °dH, 20-26 °C, 10 cm Körperlänge,
100 cm Aquarienmindestlänge, Allesfresser

Nanochromis transvestitus STEWART & ROBERTS, 1984 – **Weibchen**
W-Africa, Congo, pH-Wert 5,5-7, 2-18 °dH, 23-27 °C,
7 cm Körperlänge, 100 cm Aquarienmindestlänge, Allesfresser

Pelvicachromis sacrimontis PAULO, 1977 – W-Africa – **Weibchen**
pH-Wert 6,5-7,8, 2-18 °dH, 22-26 °C,
10 cm Körperlänge, 100 cm Aquarienmindestlänge, Allesfresser

Apistogramma agassizii (STEINDACHNER, 1875) – **Männchen**
pH-Wert 5,5-6,8, 1-16 °dH, 23-27 °C,
6 cm Körperlänge, 60 cm Aquarienmindestlänge, Allesfresser

Apistogramma panduro RÖMER, 1997 – **Männchen**
pH-Wert 5,5-7, 1-18 °dH, 23-28 °C,
9 cm Körperlänge, 120 cm Aquarienmindestlänge, Allesfresser

Pflege im Aquarium

Barbus titteya (DERANIYAGALA, 1929) – **Männchen**
pH-Wert 5-7, 2-12 °dH, 20-25 °C,
4,5 cm Körperlänge, 80 cm Aquarienmindestlänge, Allesfresser

Danio rerio (HAMILTON, 1822) – **Weibchen**
(*Brachydanio rerio*)   pH-Wert 6-7,5, 2-20 °dH, 18-25 °C,
6 cm Körperlänge, 80 cm Aquarienmindestlänge, Allesfresser

Rasbora kalochroma (BLEEKER, 1850) – **Männchen**
pH-Wert 5-6,5, 1-12 °dH, 23-28 °C,
10 cm Körperlänge, 100 cm Aquarienlänge, Allesfresser

Trigonostigma heteromorpha (DUNCKER, 1904) – **Männchen, Weibchen**
(*Rasbora h.*)   pH-Wert 5,5-7,5, 1-18 °dH, 23-28 °C,
4 cm Körperlänge, 60 cm Aquarienmindestlänge, Allesfresser

Aphyosemion australe (RACHOW, 1921) – **Männchen**
pH-Wert 5,5-7,5, 1-18 °dH, 20-24 °C,
5 cm Körperlänge, 60 cm Aquarienlänge, Allesfresser

Xiphophorus maculatus (GÜNTHER, 1866) – **Weibchen, Männchen**
– Brushtail   pH-Wert 6,5-7,8, 4-25 °dH, 22-27 °C,
6 cm Körperlänge, 60 cm Aquarienlänge, Allesfresser

Pflege im Aquarium

Aspidoras sp.
(C35)   pH-Wert 5-6,8, 1-15 °dH, 24-27 °C,
4 cm Körperlänge, 60 cm Aquarienmindestlänge, Allesfresser

Brochis splendens (CASTELNAU, 1855)
(*B. coeruleus*)   pH-Wert 5,5-7,5, 1-20 °dH, 22-28 °C,
9 cm Körperlänge, 80 cm Aquarienmindestlänge, Allesfresser

Corydoras adolfoi BURGESS, 1982
   pH-Wert 4,5-6,5, 1-15 °dH, 24-28 °C,
6 cm Körperlänge, 80 cm Aquarienmindestlänge, Allesfresser

Corydoras cf. *axelrodi* RÖSSEL, 1962
   pH-Wert 5,5-7, 1-15 °dH, 24-28 °C,
5 cm Körperlänge, 80 cm Aquarienmindestlänge, Allesfresser

Corydoras sterbai KNAACK, 1962
   pH-Wert 5,5-7,2, 1-18 °dH, 24-28 °C,
6 cm Körperlänge, 80 cm Aquarienmindestlänge, Allesfresser

Scleromystax barbatus (QUOY & GAIMARD, 1824) – **Männchen**
   pH-Wert 5,5-7, 1-15 °dH, 18-24 °C,
12 cm Körperlänge, 100 cm Aquarienmindestlänge, Allesfresser

Pflege im Aquarium

Corydoras aeneus (GILL, 1858)
pH-Wert 5,5-7,5, 1-25 °dH, 22-28 °C,
6 cm Körperlänge, 80 cm Aquarienmindestlänge, Allesfresser

Corydoras elegans STEINDACHNER, 1876
pH-Wert 5-7,5, 2-25 °dH, 24-28 °C,
5 cm Körperlänge, 80 cm Aquarienmindestlänge, Allesfresser

Corydoras evelynae RÖSSEL, 1963
pH-Wert 5-5,7, 1-15 °dH, 24-28 °C,
5 cm Körperlänge, 80 cm Aquarienmindestlänge, Allesfresser

Ancistrus sp. – Albino
pH-Wert 5,5-7,2, 1-16 °dH, 23-27 °C,
14 cm Körperlänge, 100 cm Aquarienmindestlänge, Allesfresser

Otocinclus cf. *vestitus* COPE, 1872
pH-Wert 5,5-7,2, 1-16 °dH, 23-27 °C, 4 cm Körperlänge,
60 cm Aquarienmindestlänge, Allesfresser

Sturisoma festivum Myers, 1942 – **Männchen**
(*Loricaria aureum*)
pH-Wert 5,5-7,2, 1-16 °dH, 23-27 °C,
30 cm Körperlänge, 120 cm Aquarienmindestlänge, Allesfresser

Pflege im Aquarium

Aphyocharax rathbuni EIGENMANN, 1907 – **Männchen**
pH-Wert 5,5-7, 1-20 °dH, 22-26 °C,
4 cm Körperlänge, 60 cm Aquarienmindestlänge, Allesfresser

Astyanax leopoldi GÉRY, PLANQUETTE & LE BAIL, 1988 – **Männchen**
pH-Wert 4,5-6,8, 2-10 °dH, 23-29 °C,
6 cm Körperlänge, 100 cm Aquarienmindestlänge, Allesfresser

Gymnocorymbus ternetzi (BOULENGER, 1895) – **Männchen**
pH-Wert 5,5-8, 1-30 °dH, 20-28 °C,
6 cm Körperlänge, 80 cm Aquarienmindestlänge, Allesfresser

Hasemania nana (REINHARDT in LÜTKEN, 1875
pH-Wert 5,5-7,5, 1-20 °dH, 22-28 °C,
6 cm Körperlänge, 80 cm Aquarienmindestlänge, Allesfresser

Hemigrammus bleheri GÉRY & MAHNERT, 1986
pH-Wert 5,5-7,5, 1-15 °dH, 22-28 °C,
5 cm Körperlänge, 80 cm Aquarienmindestlänge, Allesfresser

Hemigrammus erythrozonus DURBIN, 1909 – **Männchen**
pH-Wert 5,5-7,5, 1-18 °dH, 24-28 °C,
4 cm Körperlänge, 60 cm Aquarienmindestlänge, Allesfresser

Pflege im Aquarium

Hyphessobrycon erythrostigma (FOWLER, 1943) – **Männchen**
pH-Wert 5-7,5, 0-15 °dH, 22-28 °C,
8 cm Körperlänge, 80 cm Aquarienmindestlänge, Allesfresser

Hyphessobrycon rosaceus (DURBIN, 1909) – **Männchen**
(*Hyphessobrycon ornatus*) pH-Wert 5-7,5, 0-18 °dH, 22-28 °C,
4 cm Körperlänge, 60 cm Aquarienmindestlänge, Allesfresser

Metynnis altidorsalis AHL, 1924
pH-Wert 5-7, 0-12 °dH, 24-28 °C,
14 cm Körperlänge, 120 cm Aquarienmindestlänge, Allesfresser

Paracheirodon axelrodi (SCHULTZ, 1956) – **Männchen**
pH-Wert 4,5-6,8, 0-15 °dH, 22-28 °C,
4 cm Körperlänge, 60 cm Aquarienmindestlänge, Allesfresser

Paracheirodon innesi (MYERS, 1936) – **Männchen**
pH-Wert 4,5-6,8, 0-15 °dH, 22-28 °C,
4 cm Körperlänge, 60 cm Aquarienmindestlänge, Allesfresser

Chilodus punctatus MÜLLER & TROSCHEL, 1844
pH-Wert 5,5-7, 0-10 °dH, 22-28 °C,
10 cm Körperlänge, 120 cm Aquarienmindestlänge, Allesfresser

Welche L-Welse passen zum Diskus?

Welche L-Welse passen zum Diskus?

André Werner

L-Welse im Diskusaquarium

Die südamerikanischen Heimatgewässer der Diskusbuntbarsche werden natürlich auch von einer Großzahl weiterer Fischarten aus den verschiedensten Familien bewohnt, wie zum Beispiel von den zahlreichen Harnischwelsen. Die Vertreter dieser fachsprachlich Loricariidae genannten Fischfamilie aus der Ordnung der Welsartigen sind über den gesamten neotropischen Raum weit verbreitet und mit über 700 beschriebenen sowie mehreren hundert wissenschaftlich noch nicht bestimmten und mit L-Nummern versehenen Arten zählen die Harnischwelse zu den größten Fischfamilien überhaupt. Durch viele wunderschön gezeichnete und skurril geformte Arten, welche in den letzten Jahrzehnten für die Aquaristik neu importiert und, da wissenschaftlich noch nicht bekannt oder nicht bestimmbar, seit 1988 von der Zeitschrift DATZ mit einer sogenannten L-Nummer („L" steht für Loricariidae) versehen worden sind, haben die L-Welse mittlerweile enorme Popularität erreicht und zählen zu den beliebtesten Aquarienfischen.

So ist der Wunsch vieler Aquarianer, mit ihren Diskus auch L-Welse als Beifische in ihren Südamerikabecken zu pflegen, nicht verwunderlich; L-Welse zur Belebung der Bodenregion und Diskusbuntbarsche für den Freiwasserbereich, das klingt nach einer optimalen Kombination.

Grundsätzlich ist dagegen nichts einzuwenden, wenn man die richtigen Arten auswählt – denn bei Weitem nicht alle Harnischwelse leben in derart warmen Gewässern wie die Diskusbuntbarsche. Aber ein großer Teil der am attraktivsten gezeichneten und deshalb besonders beliebten L-Welse stammt glücklicherweise aus sehr warmen Flüssen und Strömen des Amazonas- und Orinokosystems, in denen Temperaturen zwischen 28 und knapp über 30 °C herrschen und die deshalb durchaus mit Diskus zu vergesellschaften sind. Einen für Aquarianer großen Vorteil stellt der Umstand dar, dass die allermeisten Harnischwelse in ihren Ansprüchen bezüglich Wasserchemismus sehr tolerant sind und zur Pflege im Aquarium nicht unbedingt die teilweise extremen Werte der Klar-, Schwarz- oder Weißwässer, aus denen sie ursprünglich stammen, benötigen. Sie sind bei schwach sauren bis leicht alkalischen pH-Werten in weichen bis mittelharten Wässern meist problemlos zu halten. Die meisten L-Welse kommen allerdings in der Natur in stark strömenden Bereichen ihrer Heimatflüsse vor. Dort halten sie sich aber den Großteil des Tages im Strömungsschatten von Felsen, Steinen oder Hölzern auf, und deshalb ist es auch bei der Aquarienhaltung nicht unbedingt nötig, diese Strömungsverhältnisse nachzuahmen. Was wir aber Harnischwelsen im Aquarium unbedingt bieten müssen, sind die hohen Sauerstoffgehalte, die in ihren Heimatgewässern herrschen. Ein Großteil der L-Welse ist sehr sauerstoffbe-

Bei Niedrigwasser sind diese rätselhaften Löcher in den lehmigen Uferrändern zu sehen. Es handelt sich hierbei um Laichhöhlen von Welsen. Während des Hochwassers laichen hier die Welse ab und pflegen ihre Jungfische. Eine sehr gelungene, seltene Aufnahme.

Welche L-Welse passen zum Diskus?

dürftig und gehört bei Sauerstoffmangel zu den ersten Fischen im Aquarium, die darunter leiden. Nur wenige Arten aus einigen spezialisierten Gattungen, die aus den großen Tieflandströmen stammen und in den Hochwasserzeiten auch die Überschwemmungsbereiche dieser Gebiete besiedeln, sind wirklich zur Darmatmung fähig und deshalb unempfindlich gegenüber geringen Sauerstoffkonzentrationen im Wasser; diese Arten werden aber kaum im Aquarium gepflegt. Wir sollten im Becken deshalb unbedingt für eine starke Sauerstoffsättigung sorgen; dazu reichen, gerade bei den häufig hohen Temperaturen in einem Diskusbecken, Filterströmung und Pflanzenwuchs alleine meist nicht aus. Zusätzlicher Sauerstoffeintrag durch Belüftung mittels Sprudelstein oder Diffusor oder der Einsatz eines Oxydators sind vor allem nachts angebracht. Nebenbei sei hier wieder einmal angemerkt, dass unnatürlich hohe Kohlendioxydkonzentrationen im Wasser, wie sie bei CO_2-Düngung oft entstehen, die Fische, und ganz besonders natürlich sehr sauerstoffbedürftige Arten wie viele L-Welse, beim Atmen behindern – CO_2 stellt ein Fischgift dar.

L-Welse sind meist eher dämmerungs- und nachtaktiv und verbringen den Großteil des Tages in Verstecken. Damit sie sich wohlfühlen, müssen wir ihnen solche Unterschlupfmöglichkeiten auch bei der Pflege im Aquarium bieten und das Becken entsprechend dekorieren. Moorkien-, Mangroven- und Steinhölzer aus dem Aquarienhandel sind hierfür sehr gut geeignet und passen auch stilmäßig perfekt in ein Diskusaquarium. Natürlich sind auch aquarientaugliche Steine als Unterschlupfmöglichkeiten verwendbar und vielen L-Welsen sollte man auch Röhren als Versteck- und Brutplätze bieten. Diese Röhren aus Ton sind inzwischen ebenfalls im Aquarienhandel erhältlich, auch selbst geschnittene Rohre aus unbehandeltem Bambus sind geeignet. Zu beachten ist hierbei, dass L-Welse Röhren mit nur einer Eingangsöffnung bevorzugen.

In den großen Exportstationen werden sehr viele Welse zwischengehältert. Vor dem Versand kommen sie nochmals in Kunststoffboxen, wo etwas Methylenblau zur Desinfektion zugefügt wird.

Viele Harnischwelse werden von unwissenden Aquarianern auch als „Algenpolizei" im Becken gehalten. Dabei ist aber zu bedenken, dass es sich bei den wenigsten Arten wirklich um Algenfresser handelt und auch diese wenigen Arten normal nicht dazu imstande sind, Algenprobleme in einem Aquarium zu lösen. Unter den L-Welsen gibt es neben zahlreichen Alles- und Aufwuchsfressern auch auf fleischliche Nahrung angepasste Arten und sogar spezialisierte Holzfresser. Diese Holzfresser aus den Gattungen Panaque, Panaqolus und Cochliodon sind an ihrem spezialisierten Gebiss aus wenigen, löffelförmigen Zähnen erkennbar und durch die Hilfe symbiontischer Darmbakterien in der Lage, Lignin aufzuspalten. Sie brauchen für ein gesundes Wachstum unbedingt Holz als Nahrung, welches man ihnen durch weiches Moorkien- und Mangrovenholz als Dekoration im Becken oder spezielle Futtertabletten mit Holzanteil bieten kann. Werden Diskus mit Rinderherz gefüttert, sollte man auf die gemeinsame Haltung mit Holzfressern (Panaque. Panaqolus, etc.) verzichten. Besonders jugendliche Panaque Arten werden zwar dick und rund, stagnieren aber im Wachstum.

Welche L-Welse passen zum Diskus?

Hunderte, ja Tausende von schönen L-Welsen verlassen jeden Monat die Exportstationen, wie hier in Manaus. Die Welse werden vor dem Versand sehr gut gepflegt und ein regelmäßiger Wasserwechsel und eine Sauerstoffversorgung sind selbstverständlich. So vorbereitet kommen sie meist sehr gut beim Empfänger an.

Man sollte bei der Ernährung der Harnischwelse jedenfalls auf deren speziellen Bedürfnisse eingehen und sie nicht nur als Resteverwerter ansehen, die das, was die Diskusfische übrig lassen, abbekommen. Dies ist nicht schwer, da Harnischwelse Futter vom Bodengrund aufnehmen und man ihnen diese Nahrung mittels Tablettenfutter und, je nach Art, auch Gemüse leicht bieten kann; natürlich soll diese Fütterung abends erfolgen.

Da L-Welse, vor allem ausgewachsene Männchen, meist territorial sind und Reviere besetzen, deren Zentrum eine Höhle oder ein anderer Unterschlupf darstellt, muss man dies bei der Beckengestaltung berücksichtigen. Aus diesem Grund ist es bei vielen, vor allem größer werdenden Arten oft auch schwierig, mehrere ausgewachsene Tiere der gleichen Art oder auch nur der gleichen Gattung in einem zu kleinen Becken zu halten. Man sollte sich vor dem Kauf eines L-Welses über die diesbezüglichen Ansprüche der jeweiligen Art informieren, um derartige Probleme von vornherein auszuschließen. Beim Kauf von L-Welsen sollte man selbstverständlich auch nur gesunde und kräftige Tiere auswählen, welche keine Haut- und Flossenschäden zeigen, klare Augen haben und auch einen ausgeprägten Fluchttrieb zeigen. Lethargisch im Verkaufsbecken liegende Harnischwelse sind häufig krank und vor allem eingefallene Bäuche sind bei ihnen ein Zeichen für Unterernährung während der Hälterung bei den südamerikanischen Fängern und Händlern oder auch für Befall mit Darmparasiten; solche Tiere sind leider meist Todeskandidaten und sollten nicht erworben werden. Die Eingewöhnung von Harnischwelsen in neue Aquarien gelingt meist problemlos. Wenn im Becken bereits andere Welse leben, sollte man darauf achten, dass für den oder die Neuankömmlinge auch genügend freie Plätze vorhanden sind und gegebenenfalls vor dem Einsetzen einige neue Verstecke schaffen, was den Neuen den Einstieg erleichtert und unnötigen Stress erspart. Anderen Fischarten gegenüber verhalten sich Harnischwelse meist friedlich und teilnahmslos, außer, wenn diese ihnen ihre Verstecke streitig machen wollen. Auch mit Diskusfischen, die ja eher den Freiwasserbereich bewohnen, gibt es nur selten Probleme. Allerdings sollte man bedenken, dass Harnischwelse durchaus wehrhaft und durch ihren Panzer aus Knochenplatten den Angriffen anderer Fische gegenüber gut geschützt sind. Laich bzw. Eier stellen für die vielen Fische, so auch für die meisten Harnischwelse, eine unwiderstehliche Delikatesse dar. Ein großer Harnischwels wird sich von einem sein Gelege verteidigendes Diskuspärchen auch durch wütende Angriffe nicht davon abbringen lassen, das Gelege zu fressen und ist bei dieser Gelegenheit imstande, die Diskus mit seinen Flossenstacheln und Odontoden durchaus ernsthaft zu verletzen. Der Aquarianer muss bei solchen Vorkommen eingreifen, um ernste Probleme zu verhindern.

Ansonsten steht der Vergesellschaftung von Diskusfischen mit vielen Arten von Harnisch- oder L-Welsen nichts im Wege. Zwar stammt der Großteil der L-Welse nicht direkt aus den Biotopen der Diskus, trotzdem sind sie eine gute Möglichkeit für Aquarianer, ihr Diskus- oder Südamerikabecken im Bodenbereich zu beleben – auch wenn sich dieses Leben dann meist erst abends oder nachts wirklich bemerkbar macht.

Welche L-Welse passen zum Diskus?

L 1 - *Glyptoperichtys joselimainaus*, WEBER 1991
L 1 kommt aus dem Rio Tocantins und der Ilha Marajó. Wird um die 50 cm groß. Im Handel trifft man oft auf juvenile Exemplare, die in Asien in Teichen nachgezogen werden.

L 23 - *Liposarcus* sp.
Ist im Rio Araguaia bei Aruaná beheimatet. Dieser Allesfresser kann eine Länge über 40 cm erreichen. Im Zoofachhandel kann man günstige Nachzuchten aus Asien erwerben.

L 29 - *Leporacanthicus galaxias*, ISBRÜCKER & NIJSSEN 1989
Dieser über 25 cm groß werdende Harnischwels benötigt unbedingt tierische Nahrung. Die Herkunft von *Leporacanthicus galaxias* ist der Tocantins bei Maraba.

L 37 - *Hypostomus* sp.
Eine ausgesprochene attraktive Art, die sehr auffällig ist wegen ihrem Netzmuster. L 37 ist weit verbreitet im Rio Tocantins und Araguaia Einzug und wird über 30 cm groß.

L 46 - *Hypancistrus zebra*, ISBRÜCKER & NIJSSEN 1991
L 46 ist wohl die bekannteste Harnischwels-Art und der Auslöser des L-Wels Booms. Seit Dezember 2004 darf *Hypancistrus zebra* nicht mehr gefangen und aus Brasilien ausgeführt werden.

L 59 - *Ancistrus* cf. *hoplogenys*
Eventuell handelt es sich bei diesem Antennenwels aus dem Rio Puraquequara um den echten *Ancistrus hoplogenys*. L 59 wird 15 cm groß und ist wie fast jede Ancistrus-Art ein Allesfresser.

Welche L-Welse passen zum Diskus?

L 72 - *Peckoltia* sp.
Aus dem Rio Tocantins bei Cameta kommt diese bis zu 12 cm groß werdende *Peckoltia*-Art. Ein Allesfresser, der sowohl tierische Nahrung als auch planzliche Kost benötigt.

L 75 - *Ancistomus* sp.
L 75 ist eine mittelgroß werdende Harnischwels-Art, die eine Länge bis zu 25 cm erreichen kann. Sie ist in Amazonien (Rio Xingu, Rio Tocantins, Rio Tapajos, Rio do Para) weit verbreitet.

L 81 - *Baryancistrus* sp.
Diese attraktive Art kommt aus dem Rio Xingu und erreicht eine Größe von ca. 20 cm. L 81 ist ein Aufwuchsfresser und benötigt zum größten Teil pflanzliche Nahrung. Jungtiere sind teilweise schwer einzugewöhnen.

L 131 - *Squaliforma* sp.
Eine Länge von über 40 cm kann dieser Allesfresser erreichen. Nahe verwandt mit der Gattung *Hypostomus*, unterscheidet sich aber durch den schlankeren Schwanzstiel, welches die Tiere eleganter wirken lässt.

L 133 - *Scobinancistrus* sp.
Dieser Loricariidae benötigt hauptsächlich tierische Kost, wie Garnelen oder Muschelfleisch. L 133 wird etwa 35 cm groß und ist im Rio Cupari und auch im Rio Tapajos beheimatet.

L 134 - *Peckoltia* sp.
Kleinbleibende (10-12 cm) *Peckoltia*-Art aus dem Rio Tapajos und Rio Jamanxim. Ist farblich ausgesprochen attraktiv und sehr variabel im Zeichnungsmuster.

Welche L-Welse passen zum Diskus?

L 146 - *Sophiancstrus* cf. *ucayalensis*
Allesfressender Wels, der bis zu 15 cm groß werden kann. Ein sehr robuster und anspruchsloser Pflegling. Wird des Öfteren aus Peru und auch Kolumbien importiert.

L 170 - *Peckoltia* sp.
L 170 kommt aus dem Rio Abacaxis. Allesfressende *Peckoltia*-Art, die bis zu 15 cm groß wird. Ist leider nicht so oft im Handel erhältlich.

L 184 - *Ancistrus* sp.
L 184 ist im mittleren Rio Negro Einzug beheimatet und kann bis zu 18 cm groß werden. Wie fast jede andere *Ancistrus* Art ist auch L 184 ein Allesfresser. Die Vermehrung im Aquarium ist bereits gelungen.

L 327 - *Ancistrus* sp.
Hübsche, kleinbleibende (12 cm) Antennenwels-Art aus dem Rio Jari. Benötigt pflanzliche wie auch tierische Nahrung.

L 343 - *Pseudacanthicus* sp.
L 343 ist eine groß werdende Art, welche die 40 cm Marke überschreiten kann. Stark revierbildend. Benötigt Nahrung tierischen Ursprungs. Kommt aus dem Rio Jari.

L 356 - *Hypostomus* sp.
Hypostomus Arten sind im Allgemeinen sehr robuste Pfleglinge, die man für wenig Geld im Zoofachhandel erstehen kann. Ideale Allesfresser, die auch sehr gerne Algen fressen.

Einrichtung eines Wohnzimmerschauaquariums

Warum ein Schauaquarium?

Weil ein bepflanztes und eingerichtetes Aquarium einfach schöner aussieht! Diskusfische werden fast immer nur in Kellerräumen gehältert und das ist doch schade. Lassen Sie sich doch zu einem Versuch mit einem schönen Pflanzenaquarium überreden.

Die typischen Diskusglasaquarien ohne Bodengrund und ohne tolle Einrichtungsgegenstände haben sicher ihre Berechtigung, wenn es um erfolgreiche Aufzucht, Zuchtauswahl, Quarantäne oder einfache Hälterung geht. Für ein Schauaquarium spricht aber, dass es einfach einen Wohnraum aufwertet und interessanter macht. Es ist doch ein faszinierender Anblick in ein Zimmer zu kommen, in welchem ein Aquarium steht. Sofort wird man hier hineinschauen und zu schwärmen beginnen. Da entsteht dann schnell der Wunsch auch so ein Aquarium zu besitzen. Der Gedanke daran scheitert aber meist an der Vorstellung, dass ein Aquarium schwierig zu versorgen ist und sehr viel Arbeit macht. Da müsste es ja eigentlich bei unseren Diskusaquarien noch viel mehr Probleme geben, denn Diskusfische zählen ja doch zu den etwas anspruchsvolleren Pfleglingen. Dass dies aber nicht so ist, werden Sie selbst bald feststellen, wenn Sie die wichtigsten Regeln beachten.

Einrichtung eines Wohnzimmerschauaquariums

Wenn Sie aber Diskusfische besitzen, sollten Sie auch eines Tages den Entschluss fassen, zumindest ein Schauaquarium im Wohnraum aufzustellen. Im Keller ist dann vielleicht die Hälterungsanlage und im Wohnzimmer schwimmen die herrlichsten Diskusfische. Werden einige Ratschläge befolgt, ist es nicht schwierig, diesen Schritt zu wagen.

Was gibt es für einen Aquarianer Schöneres als ein tolles Diskusschauaquarium im Wohnzimmer? Diese Beispiele beweisen doch, dass es gut funktionieren kann. Die Industrie bietet heute so viele interessante Hilfsmittel an, die die Arbeit am Aquarium erleichtern. Tolle Filtersysteme, Aquariencomputer und perfekt funktionierende Kohlendioxidsysteme – alles kein Problem.

Einrichtung eines Wohnzimmerschauaquariums

Was ist zu beachten?

Als wichtigste Regel gilt, dass die Diskusfische, die eingesetzt werden sollen, nicht zu klein sind. Es ist ein Fehler, in ein solches Schauaquarium kleine, wenige Zentimeter große Diskus einzusetzen und diese dann groß ziehen zu wollen. Das funktioniert nicht. Kleine Diskus müssen oft und gründlich gefüttert werden, damit sie wachsen. Sie brauchen regelmäßige Teilwasserwechsel, damit der Nitragehalt des Wassers sehr gering bleibt. Nitrat im Wasser ist ein Wachstumshemmer. Dies würde bedeuten, dass viel zu oft am Schauaquarium mit Wasser hantiert werden müsste. Das bringt Unruhe, die Pflanzen wachsen schlecht, da sich die Wasserparameter ständig verändern und andere faktoren spielen auch noch hinein. Also größere Diskus kaufen! Mindestens zwölf Zenti-

Einrichtung eines Wohnzimmerschauaquariums

meter große Diskus anschaffen. Wenn es noch etwas größer geht, ist dies noch besser. Ideal wären so etwa einjährige Diskus mit 14 bis 16 Zentimetern Körpergröße. Diese sind problemloser, verzeihen Fütterungsfehler und werden dennoch einen oder zwei Zentimeter an Größe zulegen. Es ist in jedem Falle günstiger in so ein Schaaquarium nur zwei oder vier große Diskus einzusetzen, anstatt sich mit einem Dutzend kleiner oder halbwüchsiger Diskus herumzuplagen, von denen sicher einige auf der Strecke bleiben wüden. Dazu später noch etwas mehr Information.

Ein weiterer wichtiger Ratschlag ist der, auf echte Naturwurzeln völlig zu verzichten. Klar sieht ein Aquarium mit Wurzeln irgendwie schöner aus. Doch das Risiko ist für den Anfang zu groß. Wurzeln geben so viele Stoffe an das Wasser ab, dass einfach davon abgeraten werden muss. Argumente, wie Steinholz, Hartholzwurzeln oder Moorkienwurzeln stechen alle nicht wirklich. Verzichten Sie! Zumindest so lange, bis Sie das Aquarium längere Zeit im Griff haben und versuchen Sie dann die erste kleine Wurzel, die wirklich hart, schwer und sauber ist. Legen Sie diese einige Tage in einen Eimer mit Wasser, stellen Sie diesen Eimer in den Keller und riechen Sie dann mal an der herausgenommenen Wurzel und auch am Wasser. Wenn nichts torfig oder modrig riecht, dann können Sie die Wurzel in das Aquarium einbauen.

Dies waren jetzt die beiden wichtigsten Regeln und nun können Sie anfangen mit Ihrem Schauaquarium.

Damit sich Ihre Diskus lange Zeit im Aquarium wohlfühlen, müssen Sie einige Ratschläge bei der Einrichtung beachten. Ganz wichtig ist der vorsichtige Einsatz von Naturwurzeln. Bedenken Sie bei der Einrichtung auch, dass Sie vielleicht einmal einen Fisch herausfangen wollen. Dann müssen Sie alles umbauen, um überhaupt eine Chance zu haben, den Fisch zu fangen. Kleine Diskus sind in stark eingerichteten Aquarien schlechter zu kontrollieren. So kann es vorkommen, dass ein Kümmerling schnell übersehen wird und dann ist es schon bald zu spät, um zu reagieren.

Einrichtung eines Wohnzimmerschauaquariums

Richtiger Standort

Ein Aquarium in Wohnräumen braucht den richtigen Standort. Gibt es zu viel Lichteinfall, gibt es sofort Algenprobleme. Steht das Aquarium neben einer Türe, können die Fische leichter erschrecken. Viele Kleinigkeiten, die beachtet werden müssen.

Jetzt haben Sie sich für ein eingerichtetes Aquarium entschieden! Lange genug haben Sie den Freund um sein wunderschönes Aquarium beneidet und ebenso lange wollten Sie selbst eins haben. Dass es ein Aquarium mit Diskusfischen werden muss, ist klar. Beifische sollen aber auch hineien und deshalb gibt es ein eigenes Kapitel mit geeigneten Mitbewohnern. Sind Sie sich aber auch völlig sicher darüber, wo das Aquarium seinen endgültigen Platz finden soll, und ist der ins Auge gefasste Standort wirklich optimal? Beachten Sie also unsere Ratschläge.

Zu Beginn steht die Auswahl des zukünftigen Standorts und des passenden Aquariums. Informieren Sie sich in einem Fachgeschäft, welche geeignete Aquarien auf dem Markt sind. Es gibt eine Vielzahl von Kombinationen mit und ohne Unterschrank. Spezialhersteller bieten selbstverständlich auch Aquarien nach Maß an. Glas ist nun einmal zerbrechlich und verträgt es nicht, schlecht behandelt zu werden. Bei einem Versand müssen Sie sofort nach Erhalt das Aquarium kontrollieren. Die Hersteller von Aquarien treffen zwar Vorkehrungen in Form von gepolsterten Verpackungen, um Risiken soweit wie möglich auszuschließen, jedoch ist eine Überprüfung des Zustands vor Ort allemal besser als langwierige Diskussionen zu einem späteren Zeitpunkt – selbst wenn das Material und die Verarbeitung garantiert sind.

Der richtige Standort für ein Aquarium will wohl überlegt sein, denn direkte Sonneneinstrahlung ist ungünstig. Bei der Gestaltung kann das Aquarium leicht in das Wohnambiente eingegliedert werden, denn es gibt heute für jeden Wohngeschmack und jeden Dekor das passende Aquarienmöbel.

Einrichtung eines Wohnzimmerschauaquariums

Die Größe eines Aquariums muss auf die Größe der Fische abgestimmt sein, die es später beherbergen soll. So steht es außer Frage, dass beispielsweise sechs große Diskusfische nicht in einem Behälter von weniger als 100 Litern Aquarieninhalt untergebracht werden können. Als Minimum können in diesem Fall 300 Liter angesehen werden.

Außerdem muss das Aquarium in seinen Abmessungen dem vorgesehenen Standort exakt entsprechen. Weicht es auch nur einen Millimeter ab, dann passt es eben einfach nicht mehr! Dieser belächelnswerte Irrtum kommt im Übrigen häufiger vor, als Sie gemeinhin glauben mögen.

Soll das Aquarium über Eck oder eingebaut stehen, so ist weiterhin zu berücksichtigen, dass genügend Platz bleibt, um die anfallenden Instandhaltungsarbeiten durchzuführen, ohne dabei über Hindernisse hinwegklettern zu müssen. Dieser Gesichtspunkt gewinnt auch durch den Umstand Bedeutung, dass in regelmäßigen Abständen Wasserwechsel fällig werden, die nach Möglichkeit nicht zu Überschwemmungen des daneben stehenden Mobiliars und vor allem des Teppichs führen dürfen. Glückliche Aquarianer haben die Möglichkeit einen Zu- oder Ablauf in der Nähe des Aquariums zu haben. Doch das wäre wirklich Glück, oder bei einem Neubau zu berücksichtigen. Falls Sie also im eigenen Haus beabsichtigen, ein größeres Aquarium in den Wohnbereich zu stellen, dann planen Sie so etwas bitte ein, denn das erleichtert später enorm die Pflege des Aquariums.

Der Unterbau muss aus offensichtlichen Gründen stabil genug sein, um das Gewicht des Aquariums, seiner Einrichtung und zuzüglich das des Wassers mühelos zu tragen. Die Masse eines betriebsfertigen Aquariums ist erheblich größer als es seine äußeren Abmessungen vielleicht vermuten lassen. 1 l Wasser wiegt immerhin 1 kg, hinzu kommt das Gewicht von Glas, Sand, Steinen, Wurzeln und der technischen Hilfsmittel. Um auf der sicheren Seite zu sein, sollten Sie die Tragfähigkeit des Unterbaus um 50 % höher als das des tatsächlich zu tragende Gewichts ansetzen.

Die vom Fachhandel speziell für diesen Zweck vertriebenen Unterbauten sind im Allgemeinen sehr verlässlich. Obwohl sie eine zusätzliche Ausgabe bedeuten, bürgen sie für Qualität und Sicherheit. Achten Sie hierbei aber auch auf Qualität, denn Holzunterbauten müssen besonders stabil sein, da unweigerlich Wasser an das Holz kommen wird und dieses eventuell aufweicht. Auch ist das Angebot so groß, dass man etwas zur bestehenden Einrichtung des Zimmers finden wird. Die Produzenten von Unterbauten für Aquarien haben gerade in den letzten Jahren ein hohes Maß an Einfallsreichtum gezeigt. So steht heute ein großes Angebot an verschiedenen Stilrichtungen, Materialien und Farben zur Auswahl, und jeder Hersteller hat etwas anderes zu bieten. Meist sind diese Aquarienschränke aber etwas zu niedrig konzipiert – als würde Aquaristik nur von Kindern betrieben! Das ist beim Einkauf des richtigen Schranks zu beachten. Meist sitzt man vor dem Aquarium und dann darf es nicht zu tief stehen. Augenhöhe in etwa Mitte der Aquarienscheibenhöhe. Testen Sie das mal aus!

Entscheiden Sie sich dennoch für einen normalen Tisch oder ein anderes Möbelstück, so sollten Sie unbedingt sicherstellen, dass dieses auch tragfähig genug ist. Hierzu sind die Oberfläche, vor allem aber die Beine zu überprüfen. In der Mehrzahl der Fälle sind es Letztere, die dann schließlich doch nachgeben. Tische sind bereits durch ein leichtes Dagegenstoßen in Schwingung zu versetzen, was bereits zeigt, dass die Beine im Laufe der Zeit nach außen gedrückt und voraussichtlich früher oder später brechen werden. Diesem Problem müssen Sie gleich durch das Einziehen von diagonalen Verstrebungen aus Metallrohren begegnen. Auch eine Art Untermauerung mit Ytongsteinen ist hilfreich. Vor allem dann, wenn diese sowieso noch verkleidet werden. Aus diesen Kalksandsteinen lassen sich ideale Unterbauten für sehr große Aquarien machen, die auch leicht wieder zu entfernen sind, wenn das Aquarium eines Tages wieder aufgelöst werden soll.

Die Tragfähigkeit des Untergrunds ist nicht das einzige Kriterium für den Standort eines Aquariums. Es sind auch noch andere Faktoren im Spiel. Ein Aquarium sollte niemals in der Nähe eines Fensters aufgestellt werden, schon gar nicht, wenn dieses nach Süden zeigt. Das Licht der Sonne spiegelt sich nämlich auf der Frontscheibe und dämpft dadurch das vom Aquarium ausgestrahlte Licht. Auf diese Weise geht die optische Tiefenwirkung verloren, und die Einrichtung wirkt beinahe zweidimensional. Im besten Fall sieht das dann einfach nur fade aus oder der Einblick wird durch das einfallende Licht erschwert. Wird das Aquarium direkt vom Sonnenlicht getroffen, so verwandelt es sich in einen gleißenden Spiegel, der das ihn umgebende Zimmer wiedergibt. Unter dem intensiven Tageslicht treten dar-

Etwas Sonne darf einfallen, jedoch nicht den ganzen Tag, sonst veralgt das Aquarium doch zu schnell. Andererseits erzeugt Sonnenlicht auch sehr schöne Lichtreflexe im Aquarium. Die Natur hat eben doch das perfekte Licht.

Einrichtung eines Wohnzimmerschauaquariums

überhinaus jeder Fingerabdruck, jeder Kratzer und alle im Wasser treibenden Schwebstoffe in aller Deutlichkeit zu Tage. Letztendlich wachsen auch sämtliche Pflanzen dem Tageslicht, damit dem betreffenden Fenster und nicht gerade der über dem Aquarium installierten künstlichen Beleuchtung, entgegen.

Auch wenn diese Lichtverhältnisse schon genug Grund zum Ärgern sind, so haben Sie zudem noch eine weitere, unausweichlich einsetzende Konsequenz mit katastrophalen Folgen: Das Übermaß an Licht führt zur Entwicklung und explosionsartigen Vermehrung von Fadenalgen. Zwar ist es möglich, diese mit natürlichen oder chemischen Mitteln zu bekämpfen, jedoch können die Algen in einem Maße zunehmen, dass Sie ihrer nicht mehr Herr werden und den Kampf letztendlich verlieren.

Ein weiterer Nachteil, den ein Standort nahe eines Fensters mit sich bringen kann, sind die Temperaturschwankungen, denen das Aquarium und seine Bewohner ausgesetzt werden. Kaltluft im Winter und Hitzewellen im Sommer können auf diese Weise Einfluss auf die Fische nehmen, die hierdurch unter Stress geraten. Aus dem gleichen Grund sollten Sie auch einen Standort in der Nähe eines Heizkörpers vermeiden.

So ein schönes Aquarium wertet Ihren Wohnraum auf. Ihre Besucher werden begeistert sein und sofort in das Aquarium hineinsehen wollen. Achten Sie aber auch darauf, dass Arbeiten am und im Aquarium leicht durchführbar bleiben.

Die Verwendung eines Aquariums als Raumteiler hat den vordergründigen Vorteil, dass Sie es von beiden Seiten einsehen können. Von Nachteil ist jedoch auf den zweiten Blick, dass der Betrachter – aufgrund der nicht vorhandenen Rückwand – von den Fischen aufgrund der Aktivitäten, die in dem jeweils dahinterliegenden Raum vor sich gehen, unweigerlich abgelenkt wird. Desweiteren stört das von hinten einfallende Licht, das sich mit dem der Aquarienbeleuchtung „beißt", und fördert sämtliche Schwebstoffe im Wasser sowie selbst die kleinsten Kratzer im Glas überdeutlich zu Tage. In einer solchen Situation werden auch die Fische durch die nun von mehr als nur einer Seite auf sie einwirkenden Aktivitäten beunruhigt. Ohne die Möglichkeit, sich wenigstens zeitweise in eine ungestörte Umgebung zurückziehen zu können, stehen sie unausgesetzt unter Stress und werden dadurch für Erkrankungen anfällig. Für Diskusfische sind solche Raumteiler wirklich nicht geeignet.

Ein Aquarium mit Durchsicht ist immer etwas problematisch, da man Schwebeteilchen und Schmutz leichter erkennen kann.

Einrichtung eines Wohnzimmerschauaquariums

Ist ein Aquarium erst einmal aufgestellt und mit Wasser gefüllt, dann lässt sich daran nichts mehr ändern – schon wegen des Gewichts. Eine maßstabsgerechte Zeichnung ist bisweilen sehr nützlich, um einen Eindruck vom späteren Gesamtbild zu bekommen und mögliche Störfaktoren rechtzeitig zu erkennen.

Die Höhe, in der ein Aquarium aufgestellt wird, ist ein nicht zu vernachlässigender Faktor. So sollte es von jedem einsehbar sein, ob nun groß oder klein. Die im Fachhandel angebotenen Unterbauten gehen davon aus, dass das Aquarium von stehenden Kindern und sitzenden Erwachsenen betrachtet wird und in dieser Höhe einen maximalen Einblick erlaubt. Bei Eigenbauten können andererseits besondere räumliche Gegebenheiten an einem bestimmten Standort berücksichtigt werden. Deshalb muss ein in einem Durchgangszimmer oder Flur aufgestelltes Aquarium höher stehen, da es gewöhnlich stehend betrachtet wird. In einem Wohnzimmer sollte es hingegen so niedrig angelegt sein, dass es unbehindert einzusehen ist, während die Betrachter bequem zum Beispiel auf dem Sofa oder in einem Sessel sitzen.

Während die Abmessungen eines Aquariums einerseits ein größtmögliches Gesichtsfeld gewährleisten sollen, muss die Höhe andererseits so gehalten werden, dass bei den regelmäßigen Wartungsarbeiten mühelos bis auf den Boden gelangt werden kann. Kaum etwas ist in der Aquaristik gefährlicher, als auf einer Leiter oder einem Stuhl stehend sein Gleichgewicht über das Aquarium verlagern zu müssen, um mit der Hand auf den Grund zu gelangen. Aquarien sind aus Glas und somit sehr empfindlich. Ein winziges Stück Quarz kann einen gewaltigen Schaden anrichten, wenn es versehentlich zwischen die Bodenplatte und die Unterlage gerät. Der Grund dafür ist die Tatsache, dass dieses Bröckchen nicht etwa vom Gewicht des mit Wasser gefüllten Aquariums pulverisiert wird, sondern dass es stattdessen auf das Glas des Aquarienbodens einen Druck ausübt, dem dieses einfach nicht gewachsen ist. Dieser

Die Technikteile, wie Filter oder Kohlendioxiddüngung lassen sich immer gut im Unterschrank eines Aquariums verbergen. Von vorne kommt man auch leicht an diese Technik heran.

Tatsache können Sie jedoch einfach entgehen, indem Sie eine etwa 25 mm starke Styroporplatte zwischen Aquarienboden und Unterlage legen, die für eine ebene Standfläche sorgt. Jede Unebenheit wird somit ausgeglichen. Ist das als Unterbau gedachte Möbelstück kleiner als das daraufzustellende Aquarium, so müssen Sie unbedingt in eine unterzulegende Platte investieren, die den Maßen des Aquariums entspricht. Hierzu eignen sich nur Materialien, die wasserfest sind, zum Beispiel eine wasserfeste Sperrholzplatte. Diese Platte sorgt für eine gleichmäßige Verteilung des Gewichts, da das Aquarium nun nicht mehr überhängt.

Selbst als erfahrener Handwerker müssen Sie sich die Frage stellen, ob ein selbst hergestellter Unterbau ökonomisch günstiger als einer der im Fachhandel angebotenen ist. Dessen Preis ist nicht nur gegen das in ersterem Fall erforderliche Material, sondern vor allem auch gegen den Arbeitsaufwand in Form von Materialbeschaffung, Zusammenschweißen der Metallträger, Auftragen des Rostschutzes, Anbringen der Holzverkleidung und so weiter aufzurechnen. Wahrscheinlich können lediglich ganz fanatische Bastler mit dem erforderlichen Werkzeug und die Besitzer von Aquarien mit Sondermaßen die für die Konzeption und Konstruktion erforderliche Zeit und den Kostenaufwand wirklich rechtfertigen.

Die Art und Weise des Untergrunds ist ebenfalls ein wichtiger Gesichtspunkt. In Neubauten kann man in der Regel davon ausgehen, dass die Tragfähigkeit des Betonfußbodens bei 250 kg/m² liegt. Dies ist für ein 400 l fassendes Aquarium ausreichend. Bei älteren Gebäuden ist die Sache nicht so einfach. Ein versiegelter Parkettfußboden auf Holzbalken in der vierten Etage verkraftet eine derartige Belastung weitaus schlechter. In diesem Fall müssen Sie Ihre Ambitionen gemäß der gegebenen Möglichkeiten einschränken, um an dem Projekt dauerhaft Freude zu haben. Der beste Standplatz ist natürlich direkt auf einem der Trägerbalken, wobei sich naturgemäß das Problem ergibt, einen solchen zu finden.

In jedem vorstellbaren Fall ist es von Vorteil, das Gewicht des Aquariums an einer

Einrichtung eines Wohnzimmerschauaquariums

tragenden Wand abzufangen, sodass die Gesamtlast besser verteilt wird. Ebenso wenig wünschenswert ist die Vorstellung, dass ein Aquarium nicht gerade steht, denn ist es erst einmal mit Wasser gefüllt, ist es zu spät, diesen Fehler einfach wieder zu beheben. Auch wenn ein Boden völlig gerade aussieht, dann muss er deswegen nicht auch gerade sein. Besonders in Altbauten wird dies der Fall sein. Durch das eingefüllte Wasser vergrößert sich der Fehler noch, denn die Wasserlinie verläuft dann nicht mehr parallel zur Oberkante der Frontscheibe. Demzufolge empfiehlt es sich, das Aquarium noch in leerem Zustand mit Hilfe einer Wasserwaage exakt auszurichten. Hierzu bedienen Sie sich Unterlegscheiben, die unter die Tragbeine des Unterbaus geschoben werden. Obwohl hierbei etwas Zeitaufwand nicht zu vermeiden ist, ist dieser immer noch geringer, als wenn Sie den Aufwand für ein erneutes Entleeren des Aquariums hinzurechnen müssen.

Grundsätzlich müssen das Aquarium und sein Unterbau zu der bestehenden Einrichtung passen und dürfen nicht mit dieser kontrastieren. Ein schwarz angestrichenes Metallgestell in einem Wohnzimmer mit Stilmöbeln verleiht dem Aquarium einen Ausdruck von Zweitrangigkeit und die ihm entgegengebrachte Aufmerksamkeit entspricht jener, mit der Sie ansonsten einer Geschmacksverirrung begegnen. Andererseits darf es unaufdringlich sein und sich nicht in auf die Spitze getriebenen Künsteleien verlieren. Hierzu gehören auch die zahlreichen Versuche, das Aquarium mit aufwendigen Steinaufbauten oder Grünpflanzenarrangements zu umgeben, die letztendlich nur von der Unterwasserwelt des Aquariums ablenken.

Ein Aquarium ist nicht einfach nur ein weiteres Möbelstück und Teil einer Einrichtung, dem irgendein Platz zugewiesen werden kann. Es stellt vielmehr einen Anziehungspunkt dar, der ein ununterbrochen ablaufendes Schauspiel zu bieten vermag. Dementsprechend sollte es an einer Stelle stehen, an der es mit keinem anderen Anziehungspunkt konkurrieren muss und wo von ihm abgelenkt wird – vor allem nicht neben dem Fernseher.

Nun möchten Sie vielleicht so schnell wie möglich in den Genuss des so lange ersehnten neuen Schmuckstücks kommen und denken darüber hinaus nicht an Details, die Ihnen das spätere Leben erleichtern können. So mögen Sie vielleicht einige Zentimeter gewinnen, indem Sie das Aquarium dicht an die Wand rücken, jedoch stellen Sie dann später fest, dass die mit Scharnieren ausgestattete Abdeckung nun nicht mehr von selbst offen bleibt, wenn Sie Wartungsarbeiten durchführen wollen. Abgesehen davon, dass ein selbständiges Zuschlagen derselben erheblichen Schaden verursachen kann, berauben Sie sich selbst der Annehmlichkeiten, die eine solche Konstruktion eigentlich bieten soll. Folglich sollte zwischen dem Aquarium und der Wand ein ausreichend großer Abstand bleiben. Dieser dient dann auch dazu, weniger dekorativ aussehende technische Objekte – zum Beispiel einen Futterautomaten – zu verbergen.

Ein mächtiger Stilschrank, der den Wohnraum natürlich schnell dominiert. Das dunkle Holz passt für eine klassische Stilrichtung mit schweren Möbeln. Seitlich links ist eine Filterkammer untergebracht.

Obwohl ein Schrank am häufigsten als Standort für ein Aquarium dient, gibt es noch unzählige andere Möglichkeiten, unter anderem die Wände. Warum nicht einmal ein an einer Wand angebrachtes Aquarium? Natürlich erfordert diese ungewöhnliche Lösung einige bauliche Maßnahmen. Angesichts des Gewichts reichen gewöhnliche Dübel offensichtlich nicht aus; sie würden einfach aus der Wand gerissen werden. Um eine rechtwinklige gerade Standfläche zu erhalten, bieten sich Stahlträger an, die durch die ganze Wand bis auf die andere Seite reichen. Lässt sich dies nicht verwirklichen, weil es sich zum Beispiel um eine Brandmauer handelt oder eine Dehnungsfuge im Weg ist, so müssen die Träger stumpf eingemauert werden.

Das Aquarium kann auch derart in die Wand eingelassen werden, dass nur noch die Vorderseite sichtbar ist. Angesichts der Tatsache, dass wohl nur die wenigsten Aquarianer in Häusern wohnen, deren Mauern einen halben Meter dick sind, bringt diese Lösung einige Maurerarbeiten mit sich. Hierbei wird zunächst durch Verbreiterung eine ausreichende

Schönes klar konstruiertes Aquarium, das sich gut in den Wohnraum einfügen kann. Durch Holz und Klinker als Deko mehr für die rustikale Einrichtung gedacht.

Einrichtung eines Wohnzimmerschauaquariums

Standfläche geschaffen. Für die Wartungsarbeiten muss das Aquarium von hinten über einen anderen Raum oder eine spezielle Kammer zugänglich sein. Bevor Sie ans Aufstellen eines Aquariums gehen, sollten Sie sichergestellt haben, dass sich in unmittelbarer Nähe eine separat abschaltbare Steckdose befindet. Ein Wasserhahn und ein Abfluss in der Nähe erleichtern die Instandhaltungsmaßnahmen ungemein, denn das Hin- und Herschleppen von Eimern für einen Wasserwechsel kann schnell zu einer ermüdenden und ungeliebten Tätigkeit werden. Auf den Teppichen aus übervollen Eimern verschüttetes Wasser kann auch durchaus zu Unfrieden im Familienleben führen. Weitaus besser ist das Zuleiten von Wasser über einen Schlauch, der im Badezimmer oder in der Küche angeschlossen werden kann, und das Ableiten über einen solchen – beispielsweise durch das Fenster in den Garten. Aber auch wenn die Nähe zu einem Wasserhahn und einem Abfluss die Wartungsarbeiten erheblich vereinfacht, so sind sie doch nicht von fundamentaler Bedeutung für den Standort eines Aquariums. Stehen sie nicht zur Verfügung, müssen Sie sich eben mit etwas mehr Arbeitsaufwand abfinden.

Die für den Betrieb eines Aquariums erforderlichen technischen Hilfsmittel müssen ebenfalls von vornherein in die Planung einbezogen werden. Der Unterbau stellt naturgemäß eine gute Unterbringungsmöglichkeit für allerlei Gerätschaften dar. Leider ist dieser Ort trotz seiner Praktikabilität nicht besonders gut für die elektrischen Geräte geeignet, da stets das Risiko besteht, dass diese mit Wasser in Kontakt kommen. Lässt sich trotzdem kein sicherer Ort finden, dann dürfen Sie nur solche Geräte verwenden, die wasserdicht isoliert sind und den gesetzlichen Anforderungen für einen Betrieb in einer solchen Umgebung entsprechen. Hier sollten Sie eher dem Erfahrungsreichtum der Erfinder solcher Geräte vertrauen als sich auf ein Abenteuer einzulassen, von dem der Betroffene nur allzu leicht nicht wiederkehren

Weiß war in, dann wieder out und kommt jetzt wieder. Dekoroberflächen in allen Farben und Holzmustern sind für Aquarienbauer überhaupt kein Problem. Suchen Sie sich Ihre Lieblingsfarbe einfach aus.

kann. So ist es zum Beispiel nicht besonders schwierig, eine Beleuchtungsanlage mit einer oder mehreren Leuchtstoffröhren selbst zu bauen, deren Vorschaltgeräte unter dem Aquarium im Unterschrank verborgen werden. Sind Sie dabei jedoch sicherheitsbewusst, dann verwenden Sie ausschließlich solche Modelle, die vom Hersteller extra für einen solchen Einsatz entwickelt und getestet wurden und denen Wasserspritzer nichts ausmachen. Dieser Punkt wird umso wichtiger, wenn sich kleine Kinder im Haushalt befinden. Grundsätzlich haften Sie im Falle durch Selbstbauten verursachte Unfällen.

Dieser Absatz für Sicherheit ist die geeignete Stelle, um auch kurz auf Versicherungen zu sprechen zu kommen. Bevor Sie ein Aquarium in Betrieb nehmen, sollten Sie Ihren Versicherer vom Vorhandensein eines Aquariums in den Wohnräumen in Kenntnis setzen und darauf bestehen, dass dieses im Rahmen der Haftpflichtversicherung mitversichert wird. Diese Formalität darf unter normalen Umständen nicht zu einer Erhöhung der Prämien führen. Falls doch und falls dafür kein guter Grund vorliegt, sollten Sie die Versicherung wechseln.

Ohne diese Vorsorgemaßnahme kann es ansonsten dazu kommen, dass Sie von einem anderen Versicherer hören – nämlich dem Ihres Nachbarn, der einen Schaden gemeldet hat, der durch den nicht richtig befestigten Schlauch bei Ihrem letzten Wasserwechsel entstanden ist.

Sie sollten sich darüber bewusst sein, dass Sie mit einem Aquarium auch Verantwortung übernehmen. Wenn jedoch die zur Instandhaltung notwendigen Maßnahmen durch den Standort des Aquariums kompliziert oder erschwert werden oder das Ergebnis der Arbeiten nicht ständig sichtbar ist, so verliert man daran im Laufe der Zeit immer mehr das Interesse. Schließlich landet das Aquarium dann irgendwann im Keller oder in der Garage. Auch wenn immer wieder empfohlen wird, ein Aquarium an einem von Natur aus dunklen Ort aufzustellen, ist damit nicht ein Flur oder der Hohlraum unter der Treppe gemeint. Ein Aquarium besitzt kaum Attraktivität, wenn der von ihm ausgestrahlten Anziehungskraft nicht regelmäßig nachgegeben wird. Ein Aquarium mit Ihren herrlichen Diskusfischen wird Ihnen aber sicher viel Freude bereiten.

Einrichtung eines Wohnzimmerschauaquariums

Geeignete Einrichtung

Sie haben Ihr Aquarium ausgewählt und aufgestellt. Jetzt können Sie schon langsam mit der Einrichtung beginnen. Damit ein Aquarium auch gut aussieht, muss es eine entsprechend schön gestaltete Rückwand besitzen. Im Fachhandel gibt es fantastische Rückwände, die so natürlich aussehen, dass sie dem Aquarium ein herrliches Ambiente verleihen. Wenn Ihnen diese Rückwände zu teuer sind, können Sie auch einfachere farbige Rückwände anbringen oder beispielsweise die Rückwand von außen mit einer farbigen Kunststofffolie bekleben. Wählen Sie allerdings hierfür keine zu dunkle Farbe, denn die dunklen Rückwände schlucken sehr viel Licht. Bewährt hat sich hier ein mittleres Blau oder ein helles Grün sowie ein helleres Braun. Im Fachhandel gibt es auch Pflanzenbilder, die dann von der Rolle in der entsprechenden Länge gekauft und mit Klebefilm an der Rückwand befestigt werden können. In puncto Rückwände hat sich in den letzten Jahren sehr viel getan. Sie sollten einfach einmal durch ein Zoofachgeschäft schlendern und sich die entsprechenden Dekorationsmöglichkeiten anschauen.

Was den richtigen Bodengrund betrifft, so geht die Diskussion vielleicht schon los. Die Natur gibt uns hier einen feinen Sand vor: Die Flüsse Brasiliens zeigen oft riesige weiße Sandbänke mit dem feinsten Sand, den Sie sich überhaupt vorstellen können. Natürlich sind die Wasserverhältnisse in einem solchen Fluss ganz anders als in einem kleinen Aquarium. Flusssand hat allerdings den Vorteil, dass sich darin keine Futterrückstände einlagern können, wie dies bei grobem Kies der Fall ist. Wenn Sie Kies verwenden wollen, dann sollte dieser auch möglichst fein sein, denn Diskusfische mögen grobe Bodenbeläge nicht. Sie lieben es, Wasser in den Bodengrund zu blasen, ihn aufzuwirbeln und dabei etwas Fressbares zu suchen.

Ein guter Partner für einen solchen feinen Bodengrund ist eine Bodenheizung. Zunächst werden dünne Heizkabel gleich-

Feiner Aquariensand ist der Traum jeden Diskusfisches, denn so kennt er ihn von seiner biologischen Heimat Amazonien. In sehr dunklen Aquarien leuchten die Diskus bei entsprechender Beleuchtung schon sehr schön. Es entsteht ein toller Kontrast. Jedermann mag diese dunklen Aquarien aber nicht.

Einrichtung eines Wohnzimmerschauaquariums

Ein sehr helles Aquarium mit starker Bepflanzung, die nicht unbedingt diskusgerecht ist. Der braune Nährboden kann bei starker Fütterung zum Problem werden, wenn sich zuviele Futterreste darin festsetzen. Nur Pflanzen auswählen, die auch mindestens 28 Grad Celsius vertragen.

mäßig über den Boden gelegt und mit Gummisaugern befestigt. Die so auf dem Glasboden aufgeklebte Heizung sorgt für eine langsame und leichte Wasserzirkulation im Bodengrund. Auf diese Weise kommt es nicht zu Fäulnissen. Eine Bodenheizung arbeitet im übertragenen Sinne wie ein langsam arbeitender Filter. Wird eine solche Bodengrundheizung verlegt, darf die Höhe des Kies- beziehungsweise Sandbodens 6 bis 10 cm betragen. Diese Bodenheizung kann mit einem zusätzlichen Thermostat-Heizstab kombiniert werden. Für große Aquarien empfiehlt sich ohnehin ein Thermostatregler für die Heizung.

Wie könnte wohl ein modernes Diskusschauaquarium dekoriert sein? Was ist überhaupt unter modern zu verstehen? Modern wäre sicherlich die Umsetzung der natürlichen Gegebenheiten in Diskusbiotopen in den Heimatgewässern. Reizvoll sind allemal große, ja sogar sehr große Diskusschauaquarien, die hauptsächlich mit bizarren Wurzeln dekoriert werden. Gedeckte Farben sind typische Merkmale und Sie sollten unbedingt helle Kalksteine in einem Diskusaquarium vermeiden. Dunkler Granit, Schieferplatten und große Flusskiesel sind vielleicht die schönsten Steinarten, um ein Diskusaquarium zu dekorieren. Manchmal ist aber weniger mehr. Im Fachhandel gibt es zahlreiche verschiedene exotische Wurzeln, mit denen sich herrliche Unterwasserlandschaften gestalten lassen. Einige dieser Wurzeln sind aber zu leicht und treiben im Wasser nach oben. Dennoch können Sie für einen Einsatz im Aquarium bestens geeignet sein. Sie müssen sich dann etwas einfallen lassen, um die Wurzeln auf den Boden zu zwingen. Eine tagelange Wässerung hilft hier schon sehr. Zur Not müssen Sie diese Wurzeln eben mit Steinen beschweren, bis sie sich so vollgesaugt haben, so dass sie nicht mehr auftreiben. Steinholz und echte Moorkienwurzeln sind wesentlich leichter zu handhaben, denn sie treiben nicht auf und bleiben dort liegen, wo sie hingelegt wurden. Hüten Sie sich vor weichen Wurzeln, denn diese beginnen schnell zu faulen und geben gelegentlich auch gefährliche

Einrichtung eines Wohnzimmerschauaquariums

Einrichtung eines Wohnzimmerschauaquariums

Stoffe ans Wasser ab. Wenn Ihr Wasser anfangs durch die vielen Wurzeln zu braun wird, müssen Sie regelmäßig einen Teilwasserwechsel machen, um diese Huminstoffe wieder entsprechend zu entfernen. Auch der Einsatz einer guten Aktivkohle hilft sehr gut beim Herausfiltern unerwünschter gelöster Stoffe. Bedenken Sie aber bitte, dass sich die Aktivkohle schnell erschöpft.

In den letzten Jahren haben sich auch dekorative Keramikwurzeln im Zoofachhandel durchgesetzt. Schauen Sie doch einmal, was es da alles an interessanten Konstruktionen gibt, denn auch damit können Sie fantastisch gute Effekte erzielen und gleichzeitig moderne Produkte verwenden. Bei Keramikwurzeln gibt es logischerweise keine Schwierigkeiten, was Fäulnisprozesse angeht. Es gibt auch Wurzelstöcke aus Kunststoff, die teilweise verblüffend naturgetreu gearbeitet sind. Allerdings sind diese Kreationen nicht gerade billig, doch eine schöne natürliche Wurzel hat auch ihren Preis. Sie sehen, es ist nicht allzu schwierig, ein Aquarium mit Steinen und Wurzeln ganz dekorativ einzurichten. Kommen dann noch einige ausgewählte Pflanzen dazu, sieht das Aquarium schon prächtig aus. Es darf auch nicht übersehen werden, dass ein solches Aquarium mindestens zwei bis drei Monate braucht, um eine gewachsenen Struktur zu bilden.

Links sehen Sie, dass sich die Diskus auf dem feinen Sandboden sehr wohl fühlen. Oben ist der Sand zwar grober, aber doch noch diskusgerecht. Gerne blasen die Diskus in den Sand, um nach Futter zu suchen. Nicht ganz unproblematisch sind die vielen Wurzeln im unteren Aquarium. Schön ist hier der Einsatz von großen Vallisnerien, die als Pflanze im Diskusaquarium immer sehr dekorativ und natürlich wirken.

Steine werden für die Dekoration eines Aquariums auch gerne eingesetzt. Das Angebot im Fachhandel ist riesig und es gibt die tollsten Steinformationen und Farben. Nicht jeder Stein ist geeignet. Die Steine dürfen nicht kalkhaltig sein, da sie sonst das Wasser unnötig aufhärten. Fragen Sie den Verkäufer. Im Zweifelsfalle wäre der perfekte Test einige Tropfen verdünnte Salzsäure aus der Apotheke auf den Stein zu tropfen. Schäumt der Stein, enthält er Kalk. Bildet sich kein Schaum ist alles in Ordnung. Ein etwas aufwendigerer aber sicherer Test.

Einrichtung eines Wohnzimmerschauaquariums

Die richtigen Pflanzen

Kennen wir Diskusfische doch meist aus sterilen Aquarien ohne jegliche besondere Einrichtung, so werden durch lebende Pflanzen Diskusaquarien dramatisch verändert. Meist schwimmt ein Pärchen in einem sogenannten Zuchtaquarium einsam hin und her, wobei lediglich die Laichvase aus Ton den dominanten Einrichtungsgegenstand darstellt.

Wie es in der Natur, den Flüssen Amazoniens aussieht, wissen wir inzwischen. Überhaupt sehen Flusssysteme, die unsere Aquarienfische beherbergen, ganz anders aus als unsere schön dekorierten und ausgiebig bepflanzten Aquarien. In der Natur werden wir kaum eine große Anzahl verschiedenster Wasserpflanzen in einem Flussabschnitt sehen. Meist dominiert eine einzige Pflanzenart ein größeres Gebiet. Das würde im Aquarium sehr langweilig aussehen.

Die riesigen Überschwemmungsgebiete im brasilianischen Dschungel sind fast frei von typischen Wasserpflanzen und allenfalls findet man größere Ansammlungen von Schwimmpflanzendecken, die oft von *Eichhornia crassipes* gebildet werden.

Da sich unsere Diskusfische in der Natur in erster Linie in Ufernähe der Flüsse aufhalten und in den Überschwemmungsgebieten selbstverständlich zwischen den unzähligen, ins Wasser ragenden Ästen und Blättern, finden sie dort sehr viele Unterstandsmöglichkeiten. Die typische Unterwasserlandschaft besteht also aus Wurzeln, Ästen und untergetauchten Blättern. Doch daraus lässt sich auch im Heimaquarium etwas an Einrichtungsmöglichkeiten konstruieren. Gerade Wurzeln sind doch ein herrliches Dekorationsmaterial, wenn bei der Auswahl darauf geachtet wird, dass diese Wurzeln auch wirklich geeignet sind, für lange Zeit unter Wasser zu liegen. Wählen Sie aus dem Zoofachhandel schwere Moorkienholz-Wurzeln oder sogenannte Steinwurzeln aus. Wir haben mehrmals darauf hingewiesen, dass diese Wurzeln gründlich gereinigt, vielleicht sogar ausgekocht oder zumindest mit heißem Wasser übergos-

Eine Rote Tigerlotus ist sehr attraktiv aber nicht typisch, dennoch empfehlenswert. Machen Sie ruhig solche Versuche. Kritiker werden vielleicht sagen, dass diese Pflanze nicht aus der Heimat der Diskus stammt, aber Schaden nimmt der Diskus auch nicht und schön sieht sie doch aus diese Prachtpflanze.

Einrichtung eines Wohnzimmerschauaquariums

sen werden müssen. Dann können Sie diese Wurzeln problemlos in ein Aquarium geben. Wenn sich dann im Laufe der Zeit sehr viele Huminstoffe aus den Wurzeln lösen und das Wasser sehr stark braun wird, dann können Sie diesen ungewollten Effekt dadurch beseitigen, dass Sie anfangs etwas häufiger größere Wassermengen wechseln oder zur Not die Wurzeln leider wieder entfernen. Durch diese Teilwasserwechsel bekommen Sie das Problem der Braunfärbung schnell in den Griff.

Als Aquarianer möchte man aber nicht auf Pflanzen verzichten, denn das kräftige Grün der Wasserpflanzen bildet herrliche Kontraste in einem Wohnzimmeraquarium. Bei der Auswahl der geeigneten Wasserpflanzen müssen Sie berücksichtigen, dass ihr Diskusaquarium sehr warmes Wasser besitzt, was die Pflanzenauswahl etwas einschränkt. Alle *Echinodorus*-Arten sind aber beispielsweise für ein solches Diskusaquarium mit 28 bis 30 °C gut geeignet. Auch die afrikanischen Speerblätter, Anubias sp. sind problemlose Pfleglinge für ein gut funktionierendes Diskusaquarium, auch wenn sie von der Herkunft idealerweise nicht in ein solches Aquarium passen. Doch als Aquarianer muss man sich nicht immer den Zwängen unterordnen, die beispielsweise durch die Herkunft von Pflanzen oder Fischen aufgeworfen werden.

Über den Bodengrund müssen Sie sich natürlich besondere Gedanken machen, denn wird das Aquarium bepflanzt, dann muss auch ein Bodengrund vorhanden sein. Es wäre selbstverständlich möglich, den Boden des Aquariums so einzurichten, dass mit Hilfe von Terrassen, der hintere Teil des Aquariums mit Bodengrund abgedeckt wird und im vorderen Teil des Aquariums nur ganz wenig oder gar kein Bodengrund eingebracht wird. So wäre es besser möglich im Vordergrund die Futterreste abzusaugen und den Hintergrund in erster Linie für die Bepflanzung vorzusehen. Doch dies sind persönliche Entscheidungen, die man hier bei der Einrichtung vornimmt. Wird Bodengrund eingebracht, so eignet sich am besten ein feinkörniger Sand, wie er auch in den Flüssen Amazoniens normalerweise zu finden ist. Gerade der helle Sand des Rio Negro verblüfft immer wieder die Besucher dieser Diskusregion. Die Höhe des Bodengrunds ist selbstverständlich auch von der Größe des Aquariums und von der Art der Bepflanzung abhängig. Doch sechs bis acht Zentimeter Bodengrundhöhe sollten es schon sein, um die Pflanzen sicher zu verankern.

Unter den Wurzeln mit Javafarn stehen die Diskus besonders gerne, dennoch sind sie gut zu sehen und das ist für den Betrachter doch das Wichtigste. Wenn die Diskus hinter Pflanzen stehen und sich verstecken, ist das nicht befriedigend.

Einrichtung eines Wohnzimmerschauaquariums

Verkaufsanlage in einem Fachgeschäft. Hier können Sie die passenden Pflanzen aussuchen. Anfangs nicht zu viele und nicht zu viele verschiedene Pflanzen aussuchen. Informieren Sie sich gründlich über die Pflanzenansprüche. Ideal sind fast alle *Echinodorus*-Varianten.

Die Möglichkeit, eine Bodengrundheizung einzubauen, ist zumindest überlegenswert, denn gerade bei der Verwendung eines Heizkabels im Boden des Aquariums wird eine gute zusätzliche Wasserbewegung im Bodengrund garantiert. Allerdings wird es sich nicht machen lassen nur mit der Bodengrundheizung das Aquarienwasser auf 28 bis 30 °C aufzuheizen, deshalb ist eine zweite Heizquelle in Form eine Heizstabs anzuraten. Allerdings gibt es auch Filtersysteme, die eine solche Zusatzheizung besitzen.

Bei starker Bepflanzung und dem Versuch, die Aquarienpflanzen auch gut zum Wachsen zu bringen, ist der Einsatz einer Kohlendioxiddüngung fast unumgänglich. Da Diskusaquarien, die als Schauaquarien eingesetzt werden, meist auch sehr groß sind, wäre es günstig, eine solche Kohlendioxiddüngung einzuplanen. Der Ablauf einer solchen Kohlendioxiddüngung ist sehr einfach, denn es wird lediglich Kohlendioxid aus einer Druckflasche über ein Druckminderventil in das Aquarium geblasen. Das Kohlendioxidgas gelangt über einen dünnen Schlauch direkt in ein Kontaktrohr oder ähnliches Gefäß, welches im Aquarium installiert wird. Dort gerät das Kohlendioxid mit dem Aquarienwasser in Kontakt und geht im Wasser in Lösung. So gelangt das an das Wasser gebundene Kohlendioxid zu den Pflanzen, die es aufnehmen können. Gut ausgestattete Kohlendioxiddüngeanlagen besitzen eine sogenannte Nachtabsenkung, mit der dann das nachts unnötige Kohlendioxid einfach abgeschaltet wird. Mit dem Kohlendioxid können Sie auch bedingt den pH-Wert Ihres Aquarienwassers steuern.

Es gibt Regelgeräte, welche die Menge des Kohlendioxids steuern und vom gewünschten pH-Wert abhängig machen. Lassen Sie sich zu diesen Kohlendioxidanlagen doch einfach einmal in einem Zoofachgeschäft beraten.

Da für den reibungslosen Betrieb eines Schauaquariums gesunde Fische die erste Voraussetzung sind, ist es wichtig, dass Sie sich bei der Einrichtung und beim Einfahren Ihres Aquariums Zeit lassen. Überstürzen Sie nichts und lassen Sie ein bepflanztes Schauaquarium ruhig erst ein-

Einrichtung eines Wohnzimmerschauaquariums

Eichhornia eignet sich gut als Schwimmpflanze für offene Aquarien. Damit lässt sich stellenweise auch das Licht gut dimmen. Die Diskus stellen sich gerne unter solche Schwimmpflanzen. Allerdings sollte das Aquarium dann auch 60 cm hoch sein.

mal bis zu vier Wochen ohne Diskusfische in Betrieb gehen, damit Sie sicher sein können, dass dieses Aquarium auch funktioniert. Lediglich das Einsetzen von einigen algenvertilgenden Beifischen ist für den Anfang ratsam, da in diesem Aquarium auch nicht zusätzlich gefüttert werden muss, denn diese algenfressenden Fische können sich in den ersten Wochen vom feinen Algenbewuchs, der oft mit dem Auge kaum erkennbar ist, bestens ernähren.

Wenn Sie in Ihrem späteren Schauaquarium neu erworbene Diskusfische mit bereits vorhandenen Diskus zusammen pflegen wollen, so empfiehlt es sich, eine längere Quarantänezeit einzuplanen. Leider wird die Quarantänezeit oder die Quarantänebehandlung überhaupt von den meisten Aquarianern völlig missachtet und als unwichtig eingestuft. Wenn Sie nur Diskusfische aus Ihrem alten Bestand in das neue Aquarium einsetzen, dann können Sie die Quarantäne sicher vergessen, denn Sie kennen diese Fische ja bereits seit längerer Zeit. Nur beim Zukauf von neuen Fischen ist es wirklich wichtig, hier vorsichtig zu sein. In bepflanzten Schauaquarien kleine Diskusfische einzusetzen, schlägt meist fehl, denn diese kleineren Diskusfische können in solchen Aquarien nicht kontrolliert aufgezogen werden. Es empfiehlt sich aus langer Erfahrung unbedingt, zumindest halbwüchsige Diskusfische im Alter von sechs Monaten oder besser noch älter einzusetzen. Natürlich wäre es optimal, bereits ausgewachsene Diskusfische, die gut ans Futter gehen, für ein solches Aquarium als Besatz auszuwählen. Ausgewachsene Diskusfische oder fast ausgewachsene Diskus benötigen nur zwei bis vielleicht drei Futtergaben täglich und somit ist deren Fütterung und Versorgung problemlos. Kleine Diskusfische, die noch unbedingt korrekt aufwachsen müssen, sollen dagegen mindestens vier bis sechs Mal täglich kontrolliert gefüttert werden. Dies bedeutet einen sehr hohen Futterdurchsatz im Aquarium damit auch die Möglichkeit, dass zahlreiche Futterreste im Aquarium bleiben und verderben. So müssten Sie ständig hinterher sein, dass auch wirklich alles Futter gefressen wird,

Einrichtung eines Wohnzimmerschauaquariums

damit das Aquarium nicht belastet wird. Es ist also in jedem Falle günstiger, in ein großes Schauaquarium nur wenige ausgewachsene Diskusfische einzusetzen als einen größeren Schwarm von Jungfischen, der sich beim Wachstum nur schlecht kontrollieren lässt. Außerdem ist ein Garant für das gute Wachstum von Jungfischen auch der regelmäßige, am besten tägliche Teilwasserwechsel im Aufzuchtaquarium. Diese aufwendigen Teilwasserwechsel lassen sich in einem eingerichteten Aquarium nur schwerlich durchführen. Wenn Sie sich beim Einrichten und Besetzen Ihres Diskusschauaquariums also entsprechend Zeit lassen und die richtigen Fische ausgewählt haben, dann kann fast nichts mehr schief gehen und schon bald werden Sie glücklicher und stolzer Besitzer eines perfekten Diskusaquariums sein. Versuchen Sie es einmal, denn es ist mit Sicherheit eine neue und schöne Erfahrung für Diskusliebhaber, die ihre Fische bisher ausschließlich in sterilen Hälterungsaquarien pflegten.

Der beliebte Javafarn

Welcher Diskusaquarianer kennt es nicht, das Javafarn, *Microsorum pteropus*? Javafarn ist so robust, dass dies wohl der Hauptgrund für seine Beliebtheit sein muss, denn wenn es Ihnen gelingen sollte, diese attraktive Pflanze aus dem Aquarium zu verdrängen, müssen Sie schon viele Fehler machen. Somit handelt es sich hier um eine Pflanze, die für die Aquaristik geradezu geschaffen sein muss, denn Javafarn kommt nicht nur mit den unterschiedlichsten Lichtbedingungen und Wasserqualitäten zurecht,

Der Javafarn ist eine harte und gut zu empfehlende Pflanze für ein Diskusaquarium. Sie wächst zwar sehr langsam, aber das macht ja nichts. Sie klammert sich an Steinen und Wurzeln gut fest und bewächst so richtig diese Gegenstände, was besonders schön und natürlich aussieht. Der Javafarn verträgt hohe Temperaturen sehr gut und bereitet somit kaum Pflegeaufwand.

Einrichtung eines Wohnzimmerschauaquariums

ganz nebenbei vergreifen sich kaum Fische oder Wasserschnecken an diesen Farnwedeln, was die Pflege noch einfacher macht. Der Javafarn gehört zu den Tüpfelfarngewächsen und ist im tropischen Asien weit verbreitet. Von seiner Heimat her, ist er also kein typisches Gewächs für unser Diskusaquarium, aber das macht wohl nichts. Schließlich suchen wir für unser Diskusaquarium harte, widerstandsfähige Pflanzen, die wenig Ansprüche an die Wasserqualität und an die Beleuchtung haben. Die Blätter wachsen aus einem kriechenden Rhizom und sind vor allem anfangs schlank und lanzettenförmig.

Die Wurzeln des Javafarns krallen sich auf vielen Einrichtungsgegenständen fest und wachsen von dort aus weiter. So ist es einfach, Wurzeln zwischen Steinplatten oder auf Dekorationswurzeln festzuklemmen und einfach abzuwarten, bis die Wurzel des Farns einen festen Halt gefunden hat. Anfangs könnte man dies unterstützen, beispielsweise durch Festbinden mit etwas Angelschnur oder auch einfach einem Gummiring. Selbstverständlich wird der Gummiring und die Schnur nach dem Festwachsen des Javafarns wieder entfernt. Ganze Rückwände lassen sich so dekorativ mit diesem Farn bedecken. Beispielsweise könnte eine Korkrückwand mit Javafarn bewachsen einen tollen Eindruck in einem Diskus-Schauaquarium hinterlassen. Der Javafarn vermehrt sich sehr leicht durch Adventivpflanzen an den Blättern. Dies bedeutet, dass sich kleine Pflänzchen mit eigenen Wurzeln bilden und wie Ableger heranwachsen. Leicht lässt sich Javafarn auch vermehren, indem einfach der Wurzelstock geteilt wird. Sollen die Pflanzen im Bodengrund eingesetzt werden, empfiehlt sich ein lockerer Bodengrund wobei die Wurzeln anfangs mit einigen Steinen zu beschweren sind, bis sie guten Halt gefunden haben.

Im Handel gibt es eine groß- und eine kleinblättrige Wuchsform. Gerne werden diese Farne auch auf Wurzeln aufgebunden und so als bewachsene Wurzel in den Handel gebracht. Dies sieht sehr attraktiv

Auch feinblätttrige Aponogetonarten sind gut geeignet. Sie brauchen zwar ab und zu eine Ruhepause, wo die Knolle dann aus dem Aquarium genommen werden soll, um feucht einige Wochen zu ruhen. Dann ins Aquarium zurückgebracht fängt die Knolle schnell wieder an, auszutreiben und eine neue kräftige Pflanze zu bilden.

aus und gestattet zahlreiche Einrichtungsmöglichkeiten. So lässt sich die dekorative Moorkienwurzel gleichzeitig mit dem dekorativen Javafarn kombinieren. Gerade für Zuchtaquarien, die meist sehr kahl eingerichtet sind, wäre es zu überlegen, einmal einen solchen Javafarn in Verbindung mit einer Moorkienwurzel als Dekorationsgegenstand einzubringen. Vielleicht laichen Ihre Diskusfische ja dann gleich an dieser Moorkienwurzel ab. Auch als Unterstand wird eine solche Wurzel gerne genommen, wenn sie mit einem Sauger im oberen Bereich des Aquariums angebracht wird. Jetzt können sich die Diskusfische direkt unter diesen Wurzelstock mit dem Javafarn stellen. Dies entspricht sehr ihrem natürlichen Verhalten. Temperaturen bis zu 30 °C werden von Javafarn problemlos ausgehalten und auch mit dem weichen Diskuswasser kommt diese Pflanze zurecht. Da die Lichtansprüche nicht so hoch sind und Diskusaquarien ja oft nicht übermäßig stark beleuchtet werden, paßt also auch das gut zusammen, und schlussendlich kann gesagt werden, dass der Javafarn eine ideale Diskus-Aquarienpflanze ist, auch wenn er nicht aus der Heimat unserer Diskusfische stammt.

Einrichtung eines Wohnzimmerschauaquariums

Welche Filterung bevorzugen?

Ein Schauaquarium zu filtern ist selbstverständlich notwendig, aber die Filterung unterscheidet sich schon deutlich von der eines stark besetzten Aufzuchtaquariums mit Diskusfischen oder einem Hälterungsaquarium, das keinerlei Einrichtungsgegenstände enthält. Eigentlich wollen wir in einem bepflanzten Schauaquarium die Natur kopieren und in der Natur wird das Wasser ständig sehr langsam gefiltert. So sickert Regenwasser sehr langsam durch die verschiedensten Erdschichten und wird auf diese Weise gefiltert. Bei diesem Sickervorgang wird Sauerstoff entzogen und das Wasser bekommt einen niedrigen pH-Wert. Auf seinem Weg durch den Boden reichert sich das Oberflächenwasser mit Kohlendioxid an und löst selbstverständlich Mineralien aus dem Boden. Bakterien wandeln Mineralsalze in Pflanzennährstoffe um, welche die Wasserpflanzen später wieder aufnehmen können.

Auch im Aquarium wird für einen guten Pflanzenwuchs ein nährstoffreiches und gesundes Wasser benötigt. Dies lässt sich sicherlich durch eine richtige Filterung erreichen. In den meist sterilen Diskuszuchtaquarien ohne Pflanzenbesatz wird durch den Filter Sauerstoff zugeführt. Der Sauerstoffeintrag durch schnelllaufende Filter mit stark einströmendem Wasserauslauf ist hier also sehr wichtig. Ist ein Aquarium dagegen bepflanzt und eingerichtet, so ist es genau umgekehrt, denn dann soll kein zusätzlicher Sauerstoff in das Aquarium gelangen. Langsam laufende Filter mit schwacher Ausströmung sind hier die beste Lösung.

Es werden oft sogenannte Biofilter, die unter dem Aquarium stehen, benutzt. In verschiedenen Filterkammern sind die unterschiedlichsten Filtermaterialien eingebracht, die eine solche langsame und schonende Filterung garantieren, wobei der Schadstoffabbau durch Bakterien vorgenommen wird. Jeder Filter soll auch Schmutz aus dem Aquarium entfernen und deshalb ist es oft sogar sinnvoll, mechanische Schnellfilter mit biologischen Langsamfiltern zu kombinieren. Dies kann also bedeuten, dass beispielsweise neben einem großen, langsam laufenden Biofilter ab und zu ein kleiner Schnellfilter eingesetzt wird, um das Wasser optisch zu reinigen.

Zur Unterstützung der Filterleistung sind regelmäßige Teilwasserwechsel von großer Bedeutung. Idealerweise wird einmal in der Woche ein größerer Teilwasserwechsel vorgenommen. Dies bedeutet, dass dann etwa 15 bis 30 % des Aquarienwassers ausgetauscht werden.

In der Natur gedeihen die meisten Wasserpflanzen in langsam fließenden oder stehenden Gewässern. Dort fühlen sich auch unsere Diskusfische am wohlsten, denn diese Wasserpflanzenbestände und die Wurzeln von Bäumen bieten ideale Unterstände beziehungsweise Brutplätze für die Diskusfische.

Im Filter reinigt nicht das vorhandene Filtersubstrat das Wasser, sondern es sind eigentlich die Bakterien, welche die Schadstoffe im Wasser abbauen. Dies ist auch ein Grund dafür, dass niemals komplette Filterreinigungen vorgenommen

Filtersysteme gibt es viele. Welches eingesetzt wird, ist abhängig vom Bedarf und Platz. Ob Innenfilter oder Biofilter, für Diskusaquarien sind fast alle geeignet. Wichtig ist leichte Pflege und möglichst lange Standzeit.

Einrichtung eines Wohnzimmerschauaquariums

Topffilter sind altbewährte Schnellfilter, während Diskusliebhaber lieber Biofilter mit langen Standzeiten bevorzugen. Rechts ein Einblick in einen solchen Biofilter mit verschiedenen Kammern und diversem Filtermaterial. Hier kann man sich austoben!

werden dürfen. Nie darf das gesamte Filtersubstrat auf einmal ausgetauscht oder gar mit kochendem Wasser überbrüht werden. Immer muss genug altes und mit Bakterien besiedeltes Filtermaterial im Filter zurückbleiben, damit sich auf dem neuen Filtermaterial schnell Bakterien ansiedeln können. Bei Neueinrichtungen ist es deshalb ideal, wenn es die Möglichkeit gibt, aus bereits eingelaufenen Filtereinheiten etwas Filtermaterial mit Bakterienbesatz zu entnehmen. Solche geimpfte, neue Filter funktionieren viel schneller und es verkürzt sich auch die Wartezeit bis die ersten Fische in das Aquarium eingesetzt werden können. Grobe Verschmutzungen können vermieden werden, indem ein Vorfilter aus Filterwatte eingesetzt wird. Die Filterwatte fängt die groben Schmutzstoffe auf und einmal wöchentlich wird dann diese Filterwatte einfach weggeworfen. Die feinen, fast unsichtbaren Schmutzpartikel gelangen durch diese Filterwatte hindurch in die unteren Schichten des Filters und werden dort von den Bakterien umgewandelt. Für ein großes Schauaquarium lassen sich sehr gut langsam laufende biologische Filter mit Überlaufschutz unter dem Aquarium anbringen. Gerade wenn Sie Ihr Aquarium in einem Schrank unterbringen, haben Sie alle Möglichkeiten, im Unterschrank einen solchen Biofilter zu platzieren. In sehr große Aquarien können auch sogenannte Mehrkammer-Innenfilter eingeklebt werden. Oft geschieht dies dann in einem Seitenteil oder in der Ecke eines Aquariums. Wird die Pumpe, die das Wasser aus dem Filter herauspumpt, nicht zu groß dimensioniert, kann hier ebenfalls langsam und schonend gefiltert werden. Ergänzung zu einem solchen langsam laufenden Filter, wäre dann der sogenannte Schnell- oder Topffilter, der immer oder bei Bedarf von außen eingesetzt werden kann.

Wollen Sie es sich mit Ihrem Diskusschauaquarium sehr einfach machen, dann verwenden Sie eben nur das vorhandene Leitungswasser. Pech, wenn Sie in einer Gegend wohnen, wo das Wasser sehr hart ist. Dann kann es schon Probleme geben. Allerdings tauchen bei mittelhartem Wasser noch keine Schwierigkeiten auf. Bis zu einer Gesamthärte des Leitungswassers von etwa 10 °dGH und einer Carbonathärte unter 8 °KH ist das Leitungswasser für ein solches Schauaquarium völlig unproblematisch. Steigen die Werte jedoch deutlich darüber an, so kann es empfehlenswert sein, eine Teilentsalzung vorzunehmen.

Die einfachste Art das Wasser zu enthärten ist sicher die Umkehrosmoseanlange, die es auch schon zu sehr günstigen Preisen gibt. Eine kleine Umkehrosmoseanlage reicht auch für ein oder zwei solcher Schauaquarien völlig aus. Nur wenn Sie die Absicht haben, mehrere Diskusaquarien einzurichten und vielleicht später auch einmal Diskusfische zu züchten, müssen Sie überlegen, ob Sie sich gleich eine entsprechend groß dimensionierte Umkehrosmoseanlage zulegen wollen. Die Umkehrosmoseanlage wird einfach an die Wasserleitung angeschlossen und funktioniert problemlos. Nur durch den Leitungswasserdruck wird das Wasser in entsalztes und aufgesalzenes Wasser unterteilt. Das entsalzte oder fast entsalzte Wasser wird dann für die Teilwasserwechsel im Aquarium verwendet. Auch reicht oft schon ein Verschneiden mit einem Teilosmosewasser, um die gewünschten Wasserwerte zu erzielen. Das dabei als Abfallwasser auftretende Restwasser kann im Haus ganz normal verwendet werden.

Die Aufgabe der Umkehrosmose ist eine deutliche Reduzierung der Wasserhärte, was mit einer Entfernung des Salzes einhergeht. Es werden dabei auch Bakterien und Pestizide zurückgehalten, was ja ebenfalls ein positiver Effekt ist. Auch das unerwünschte Nitrat wird zurückgedrängt und verringert. So ist es möglich, sich mit sehr einfachen Mitteln das entsprechende Diskuswasser zurechtzumischen, das sowohl die Fische wie auch die Pflanzen für ein optimales Wachstum brauchen.

Einrichtung eines Wohnzimmerschauaquariums

Kohlendioxiddüngung

Eigentlich kennen wir diese Düngung besser unter dem Namen Kohlensäuredüngung. Doch so stimmt das nicht ganz, da Kohlendioxid ein Gas ist, welches sich gut im Wasser löst. Wir kennen dies ja von der Mineralwasserflasche und wir wissen auch, dass dieses Gas sehr leicht wieder aus dem Wasser entweicht und sich verflüchtigt.

Aquarienpflanzen benötigen das Kohlendioxid als Nährstoff für ihr Wachstum. Über die Hälfte der Pflanzentrockenmasse besteht beispielsweise aus Kohlenstoff und diesen können Unterwasserpflanzen meist nur in Form von gelöstem Kohlendioxid aus dem Wasser aufnehmen. Ohne ausreichende Kohlenstoffversorgung ist also kein gutes Pflanzenwachstum im Aquarium möglich. In der Natur wird durch die natürlichen Abläufe immer wieder Kohlendioxid nachgeliefert. Im Aquarium ist aber in der Regel oft ein zu geringer Kohlendioxidpegel vorhanden, was eine Unterversorgung verursacht. Die Pflanzen stellen ihr Wachstum selbst bei einer zusätzlichen Flüssigdüngung ein und auch bei optimaler Beleuchtung entwickeln sie sich nicht weiter. Aus der Sicht der Aquarianer wird das Kohlendioxid von den Wasserwerken aus dem Leitungswasser entzogen, damit der pH-Wert ansteigt. Somit enthält also unser Aquarienwasser sowieso schon viel zu wenig Kohlendioxid.

Ein Schauaquarium, das mit Pflanzen bestückt ist, muss einfach prächtig aussehen, denn sonst ist das, was wir uns unter dem Begriff Schauaquarium vorstellen, schnell dahin. Die Industrie gibt dem Aquarianer zahlreiche gut funktionierende Kohlendioxidgeräte an die Hand. Damit ist es einfach, eine optimale Düngung anzubieten. Wenn Sie sich ein solches Kohlendioxidgerät anschaffen, dann kaufen Sie kein zu kleines, denn hinterher werden Sie es möglicherweise bereuen. Je größer Ihr Aquarium ist, desto höher ist auch der Bedarf an Kohlendioxid.

Ein prächtiges und großes Schauaquarium. Vernünftig besetzt macht es wenig Arbeit. Sicher sind hier eigentlich schon zu viele Diskus im Aquarium, was öftere Teilwasserwechsel erforderlich macht. Vallisnerien, große Echinodorus und Javafarn bilden ein sehr harmonisches Bepflanzungsbild. Weniger ist oftmals mehr!

Einrichtung eines Wohnzimmerschauaquariums

Abhängig ist der Kohlendioxidbedarf natürlich auch von der Aquarienpflanzenmenge. Ist Ihr Aquarium zusätzlich noch offen gestaltet und wird mit sehr viel Licht versorgt, dann benötigen Sie ebenfalls etwas mehr Kohlendioxid als üblich. Auch schnell laufende Filter und eine starke Wasseroberflächenbewegung sorgen dafür, dass mehr Kohlendioxid ausgetrieben wird. In kleineren Aquarien mit Deckscheiben, normaler Beleuchtung und weniger Pflanzen sowie einer sehr langsam laufenden Filterung benötigen Sie entsprechend weniger Kohlendioxid. Hier könnten Sie vielleicht sogar auf eine spezielle Kohlendioxiddüngung verzichten. Ein durchschnittlicher Wert für ein bepflanztes Aquarium ist ein Kohlendioxidgehalt von etwa 30 bis 40 mg/l. Für Diskusaquarien jedoch kann der Kohlendioxidgehalt auf durchschnittlich 20 mg/l abgesenkt werden. Bei diesen

Hier ist Kohlendioxid etwas übertrieben ins Aquarium eingeleitet worden, um das Prinzip sichtbar zu machen. Die Pflanzen nehmen das gelöste Kohlendioxid als Dünger auf. Fürs Wachstum sehr wichtig.

Einfache Kohlendioxiddüngung über dieses Kontaktgefäß. Deutlich sind die Kohlendioxidbläschen zu sehen, die sich mit dem Wasser verbinden.

Werten benötigen Sie am Tage ungefähr 1 g Kohlendioxid auf 100 l Wasser. Absolut günstig ist es, wenn Sie ein Kohlendioxidgerät kaufen, das sich so einstellen lässt, dass es während der Nachtzeit automatisch nicht düngt. Während der Nacht assimilieren die Pflanzen ja nicht und es ist somit unsinnig, Kohlendioxid in das Wasser einzuleiten. Wichtig ist, dass bei einer Kohlendioxiddüngung das Aquarienwasser auch etwas Karbonathärte aufweist. Mindestens 1 °KH ist anzustreben. Diese Karbonathärte sorgt für eine gewisse Stabilität des pH-Werts während der Kohlendioxiddüngung.

Kohlendioxidstahlflaschen sind im Fachhandel in den verschiedensten Größen erhältlich. Eine große Flasche mit 2 kg Kohlendioxid kann für ein Diskusschauaquarium mit 500 l Wasserinhalt rund ein Jahr ausreichen. Zusätzlich zu der Flasche benötigen Sie einen Druckminderer mit einem Nadelventil, durch welches die Kleinstmengen an Kohlendioxid in das Aquarium geleitet werden. An diesem Druckminderer sitzt ein Manometer, welches sowohl den Arbeitsdruck als auch den Flaschendruck anzeigt.

Über einen speziellen Kohlendioxidschlauch wird das Gas in einen Blasenzähler geleitet und von dort in das Kohlendioxidkontaktgerät im Aquarium geführt. Im Aquarium löst sich das Kohlendioxid im Wasser, nur ein sehr kleiner Anteil wird zur sogenannten Kohlensäure. Den Kohlendioxidgehalt im Aquarienwasser können Sie durch einfache Tests der Langzeittests kontrollieren.

Auf jeden Fall lohnt es sich mit der Kohlendioxiddüngung zu befassen.

Einrichtung eines Wohnzimmerschauaquariums

Licht im Schauaquarium

Weiter vorne haben wir bei der Platzauswahl schon festgestellt, dass das natürliche Sonnenlicht meist ungünstig auf das Aquarium wirkt. Deshalb wird das Aquarium in der Regel möglichst weit entfernt vom Fenster aufgestellt. Bei Diskusaquarien im Keller taucht das Problem von zu viel Sonnenlicht aber kaum auf. Überhaupt werden reine Haltungs- und Aufzuchtaquarien meist nur spärlich beleuchtet, um Kosten zu sparen. In Amazonien sind Diskusbiotope oft durch Blattwerk und Wurzeln sowie die geringe Sichttiefe des Wassers sehr dunkel.
Gibt es in der Natur die Sonne, fehlt diese eigentlich im Aquarium.

Es ist nicht festzustellen, ob eine fehlende Sonneneinstrahlung im Aquarium negative Auswirkungen auf Fische oder Pflanzen haben könnte. Bei der Aufzucht von Jungfischen und der Vermehrung über viele Generationen hinweg, unter Kunstlicht, treten jedenfalls keine Auffälligkeiten auf. Dennoch könnten sich einige Stunden Morgen- oder Abendsonne durchaus günstig auf Fische und Pflanzen auswirken. Sollte demnach das Aquarium solch schwacher Sonneneinstrahlungen ausgesetzt sein, so besteht kein Grund zur Sorge. Etwas Morgen- oder Abendsonne hat auch keinen Einfluss aufs Algenwachstum.
Nachts sieht es schon wieder ganz anders aus.

Obschon Fische sich in absoluter Dunkelheit dank ihres Seitenlinienorgans hervorragend orientieren können, kann Mondlicht wahre Wunder bewirken. Zum Beispiel bei den Regenbogenfischen wird deutlich sichtbar, dass sie in den Nachtstunden, unter Verwendung eines Mondlichts, weniger über die Wasseroberfläche springen, wenn sie erschrecken. Fällt ausreichend natürliches Mondlicht in einen Wohnraum, dann reicht dies aus, um natürliche Voraussetzungen zu erhalten. Sollen nachts aber die Jalousien geschlossen werden, so könnte eine

Wie zu sehen, sind zwei große Leuchtbalken nicht zu großzügig dimensioniert. Es ist eine „alte" und falsche Behauptung, dass Diskusfische kein Licht im Aquarium wollen oder brauchen.

Einrichtung eines Wohnzimmerschauaquariums

Ein Leuchtenaufsatz für ein oben offenes Aquarium. Leuchstoffröhren sind für Diskusaquarien immer noch die beste und dauerhafteste Lichtquelle. Unter den verschiedenen Lichtfarben mit den verschiedensten Aufgaben kann man sich leicht das passende Licht zusammenstellen.

blaue Leuchtstoffröhre oder eine blaue Glühbirne das Mondlicht imitieren. Im Zubehörhandel gibt es etliche spezielle Mondlichtlampen oder Kombinationen mit Blaulicht. Auch energiesparende Halogenleuchten werden zunehmend zur Imitation des Mondlichts eingesetzt, auch sie haben sich in der Praxis bewährt. Die Lampen lassen sich heutzutage auch dimmen und erlauben so einen langsamen Übergang verschiedener Lichtintensitäten. Die stufenlose Steuerung der Helligkeit ahmt einen Sonnenaufgang oder einen Sonnenuntergang nach, was besonders den dämmerungsaktiven Fischen günstige Lebensbedingungen schafft. Das Dimmen wird mittels eines Computers gesteuert, sodass regelmäßige und gleichbleibende Lichtverhältnisse garantiert sind. Für die Zucht von Diskusfischen haben sich auch kleine, schwache Nachtlampen bewährt. Hier können auch sehr gut Energiesparlam-

Selbst bei schwächerer Beleuchtung würden sich diese Diskus möglichst in der Wurzel verstecken. Ganz ohne Einrichtung wären die Fische viel ruhiger und zutraulicher. Das verblüfft zwar, ist aber so.

Einrichtung eines Wohnzimmerschauaquariums

pen eingesetzt werden. Im Diskuskeller gibt es immer wieder die gleiche ungünstige Situation, dass das Licht abends plötzlich ausgeschaltet und morgens sehr plötzlich wieder eingeschaltet wird. Das kann zu erheblichen Schockreaktionen und einem unkontrollierten Fluchtverhalten führen. Bei diesen Panikfluchten können sich die Diskus erheblich verletzen. Auch auf Elterntiere mit Jungfischen kann sich der plötzliche Lichtwechsel katastrophal auswirken. Hier ist es in jedem Falle günstig, zumindest ein Nachtlicht im Raum brennen zu lassen oder sogar eine kleine Sparlampe über dem Zuchtaquarium anzubringen. Und ähnlich sollten Sie auch beim Schauaquarium verfahren. Also keine schnellen Lichtwechsel.

Welche Lampen, beziehungsweise Lichtfarben Sie für Ihr Schauaquarium einsetzen ist auch etwas von Ihrem persönlichen Geschmack abhängig.

Es bestehen sehr unterschiedliche Meinungen, was die optimale Zusammensetzung der Lichtfarben anbelangt. Jeder Lampentyp verfügt über verschiedene Farbintensitäten. Manche Lampen haben mehr Rotanteile, wieder andere mehr Blauanteile oder sie weisen weitere wesentliche Unterschiede auf. Bei welcher Lichtfarbe die Pflanzen am besten gedeihen, ist nicht immer nachvollziehbar. Nach der gängigen Meinung sind Lampen für das Pflanzenwachstum sehr vorteilhaft, die verhältnismäßig geringe Blauanteile und nicht zu hohe Rotanteile aufweisen. Die führenden Hersteller bieten Leuchten für die speziellen Bedürfnisse an. Leuchten mit Rottönen kommen den Farben unserer Diskusfische immer entgegen, denn dadurch sehen die Fische einfach schöner aus.

Das Kombinieren verschiedener Lampentypen ist sehr beliebt. Dagegen ist auch überhaupt nichts einzuwenden. Wichtig ist jedoch, dass einmal gewählte Lichtfarben beibehalten werden. Die Pflanzen gewöhnen sich nämlich mit der Zeit an die Zusammensetzung des vorhandenen Lichts. Wer die Ursache eines unzureichenden Pflanzenwachstums bei der Auswahl des Farbspektrums der Lampen sucht, darf deshalb nichts überstürzen. Ein Verändern des Lichts kann unter Umständen mehr schaden als nützen. So lohnt es sich bei mehreren Leuchtstoffröhren, erst einmal eine Lampe auszutauschen. Vielfach wird sich aber erst nach einigen Monaten ein Resultat einstellen. Hat dieser Versuch nichts gebracht, kann vielleicht eine weitere Lampe ausgetauscht werden.

Ähnlich wie bei den Lichtfarben verhält es sich mit der Lichtintensität. Bis zu einem bestimmten Grad gewöhnen sich die Pflanzen und Diskusfische auch an die vorhandene Lichtstärke. So können selbst bei schwachem Licht noch viele Pflanzenarten hervorragend wachsen. Speerblätter, *Anubias* spp., und Wasserkelche, *Cryptocoryne* spp., sowie der Javafarn, *Microsorum pteropus*, wie auch die Wasserschrauben, *Vallisneria* spp., wären solche Pflanzen. Wieder andere Pflanzenarten benötigen viel Licht. Fehlt es ihnen, gedeihen sie nur unzureichend. Aber auch sehr lichtbedürftige Pflanzen, wie die Wasser-Haarnixe, *Cabomba aquatica*, oder andere Stengelpflanzen kön-

Je nach Lichtfarbe zeigen die Diskus auch unterschiedliche Farben. Leuchtstoffröhren mit Rottönen betonen logischerweise die roten Farben viel stärker.

Einrichtung eines Wohnzimmerschauaquariums

Würden hier zu viele Leuchtstoffröhren mit Rottönen eingesetzt, würden die blauen Diskusfische einen rosa Schimmer bekommen und nicht mehr natürlich aussehen. Deshalb ist eine Mischung wichtig. Auf ein so großes Aquarium kommen sicher drei Röhren und somit kann man gut in den Farbtönen kombinieren.

nen sogar zu viel Licht erhalten, was ihr Wachstum ebenfalls beeinträchtigen könnte. Darum reichen handelsübliche Strahler völlig aus, um die Pflanzen mit Licht zu versorgen. Deshalb kann auf einem Diskusaquarium mit wenig Pflanzen eine Leuchtstoffröhre durchaus genügen. Leuchtstoffröhren sind immer noch die gängigsten Beleuchtungskörper für Diskusschauaquarien und haben sich bestens bewährt.

Offensichtlichste Vorteile der Leuchtstoffröhren sind ein niedriger Stromverbrauch und eine geringe Wärmeabgabe. Bei Aquarien bis rund 60 cm Höhe bieten sie auch noch den lichtbedürftigen Pflanzen ausreichend Licht. Für Diskusschauaquarien kann auch eine Schwimmpflanze eine gute Ergänzung sein, weil dann an einigen Stellen die Lichtstärke durch die Schwimmpflanze reduziert wird.

Gebräuchliche Leuchtstoffröhren für Süßwasseraquarien sind Typen wie Tageslicht, Neutralweiß und Warmweiß. Bei Diskusaquarien wird aber unbedingt auch eine Leuchte mit warmen Rottönen empfohlen.

Die Quecksilberdampf-Hochdrucklampen, kurz HQL-Lampen genannt, werden normalerweise über Aquarien eingesetzt, deren Wasserstand 60 cm wesentlich überschreitet. Das Farbspektrum der HQL-Lampen entspricht etwa demjenigen der Leuchtstoffröhren. Der Rotanteil ist jedoch relativ hoch. Trotzdem geben sie ein gutes Licht für große Aquarien. Der Stromverbrauch und die Wärmeentwicklung sind höher. Letzteres bedingt auch, daß HQL-Lampen nicht zu nahe über dem Aquarium montiert werden. Sie werden seltener für Diskusaquarien verwendet.

Vom Eigenbau von Lampengehäusen ist unbedingt abzuraten, denn die Sicherheit muss an erster Stelle stehen.

Die Beleuchtungsdauer sollte zwischen zehn und zwölf Stunden betragen. Für eine längere Beleuchtung eignet sich eine Dämmerbeleuchtung. Eine längere Beleuchtungsdauer ist nicht notwendig, da in der Natur ein Zwölf-Stunden-Tag normal ist. Die eben genannte Zeitangaben für die Beleuchtungsdauer stellen nur Richtwerte dar. Um beispielsweise ein Algenproblem zu beheben, kann die Dauer der Beleuchtung plus/minus zwei Stunden variieren oder entsprechend unterbrochen werden.

Licht beeinflusst sehr stark die Betrachtung des Aquariums. Wenn das Licht nicht stimmt und beim Betrachten stört, müssen Sie etwas an der Beleuchtung ändern.

Einrichtung eines Wohnzimmerschauaquariums

Probleme im Alltagsbetrieb

Es werden immer wieder einmal kleinere oder größere Probleme auftauchen. Meist sind es Hälterungsfehler des Pflegers, die sich bemerkbar machen. Da werden einfach neue Pflanzen oder neue Fische gekauft und ohne Kontrolle oder Quarantäne ins Aquarium gesetzt. Funktioniert ein Schauaquarium, sollte möglichst nichts geändert werden. Viele kleinere Probleme lassen sich durch einen größeren Teilwasserwechsel beheben. Achtung, filtern Sie das Frischwasser einmal über Aktivkohle! So entfernen Sie Schad- und Reizstoffe sicher aus dem Leitungswasser. Man weiß heute nicht mehr was so alles in unserem Leitungswasser schwimmt.

Da wird plötzlich ein Diskus dunkel, setzt sich ab, versteckt sich und frisst nicht mehr. Dies ist meist ein Resultat von Stress. Da hat sich ein Diskuspaar zusammen gestellt und unterdrückt jetzt die anderen Mitbewohner. Es kommt zu Stress. Plötzlich wird ein Diskus unterdrückt und kommt nicht mehr gut zum Fressen. Jetzt haben die Darmparasiten, die ja doch irgendwie im Verdauungstrakt vorhanden sind, die Möglichkeit sich zu vermehren und dem Fisch Schwierigkeiten zu machen. Oder die Diskusfische werden plötzlich scheu, verstecken sich zu stark in den Pflanzen, kommen vielleicht nur noch zum Fressen nach vorne. Hier hilft ein Eingriff in die Dekoration des Aquariums. Lichten Sie die Pflanzenbestände aus. Fische neigen immer dazu, sich zu verstecken. Also weniger Pflanzen, weniger Versteckmöglichkeiten. Voraussetzung ist aber immer, dass Sie die Wasserqualität überprüfen. Nutzen Sie hierzu Wasserteststäbchen, die es von verschiedenen Firmen gibt. So lässt sich schnell und einach die Wasserqualität überprüfen.

Planen Sie ein Nachtlicht ein. Selbst das winzigste Nachtlicht ist besser als gar kein Licht. Es gibt sehr schöne kleine LED-Lämpchen, die je nach dem wo gekauft günstig oder teuer sein können. Sie sind ideal in einem Aquarienschrank

Hier ist der Kies einfach zu grob. Die Diskus können nicht im Boden nach Nahrung suchen und Futterreste verschwinden schnell in diesem Kies und beginnen zu verfaulen. So schafft man sich unnötig Ärger im eingerichteten Diskusaquarium. Also besser, feineren Sand oder ganz feinen Kies einsetzen.

Einrichtung eines Wohnzimmerschauaquariums

Der Diskus oben hat vielleicht die Diskusseuche und muss schnell behandelt werden. Solche Diskus dürfen mit gesunden Diskus nicht zusammenkommen, da sie sofort die anderen Fische anstecken würden. Bei den Heckel-Diskus muss der pH-Wert überprüft werden, da die Augen schon leicht belegt sind, was ein Beleg für falsche pH-Werte sein kann.

unterzubringen. Schauen Sie einfach mal im Internet oder bei einem Elektroversand. Da werden Sie bestimmt fündig.
Gerne werden neu eingerichtete Aquarien aber auch viel zu schnell besetzt. Der ungeduldige Besitzer will gleich seine neu gekauften Diskus einsetzen. Da wird einfach nicht lange genug abgewartet und das Aquarium ist noch nicht eingelaufen. Anfangs bildet sich noch zu viel Nitrit und werden dann die Fische zu früh eingesetzt, bekommen sie erhebliche Probleme. Wird dann noch unkontrolliert mit Medikamenten gegen vermeintliche Krankheiten gekämpft, kommen die Diskus wirklich unnötig in Schwierigkeiten. Also abwarten, die Wasserwerte kontrollieren und erst, wenn soweit alles in Ordnung ist und das Aquarium gut funktioniert, die Diskusfische einsetzen.

Einrichtung eines Wohnzimmerschauaquariums

Doch lieber ein Naturaquarium

Endlose Weiten, riesige Flusssysteme, tropischer Urwald – so müssen wir uns Amazonien vorstellen. Eigentlich ganz anders als ein Pflanzenaquarium mit Diskusfischen.

Wie sieht ein Naturaquarium für Diskusfische denn überhaupt aus? Diese Frage kann man nicht so einfach beantworten, denn dazu müsste man erst einmal genau klären, wo leben Diskusfische denn in der Natur? Sind sie im Ufergebiet der riesigen Flüsse zu finden oder vielleicht nur in den kleinen Nebenflüssen der großen Flusssysteme? Leben sie vielleicht ausschließlich in den Überschwemmungsgebieten? Doch dies geht eigentlich nicht, denn es gibt ja auch Jahreszeiten, wo die Flusslandschaft nicht überschwemmt ist. Müssten sie dann nicht während der Trockenzeit in der Mitte der Flüsse leben? Gibt es in diesen Flüssen überhaupt Wasserpflanzen? Oder sind hier vielleicht doch überwiegend Schwimmpflanzen angesiedelt? Leben Diskusfische wirklich nur zwischen Wurzelwerk oder könnte es nicht auch so sein, daß sich Diskusfische bevorzugt zwischen den Blättern, Ästen und Baumstämmen untergetauchter, überschwemmter Bäume und Gestrüpp aufhalten?

Viele Fragen – kaum Antworten. Denn wer hat sich wirklich die Mühe gemacht, ist nach Amazonien gefahren, hat dort Wochen verbracht, um Diskusfische zu suchen und dann auch noch genau festzustellen, wo und wie diese tatsächlich ihr Leben führen. Eigentlich sind es mehr Vermutungen, wenn solche Behauptungen aufgestellt werden. Sollte man nicht dem Aquarianer das Recht zugestehen, sein Heimaquarium mit Diskusfischen so zu gestalten, wie er es gerne hätte? Schadet es den Diskusfischen, wenn Sie in einem Aquarium mit Kies schwimmen, obwohl sie in der Heimat oft auf Flusssand oder über Schlickbodengrund leben? Schadet es den Diskusfischen, wenn Riesenvallisnerien im Aquarium eine wunderbare Rückwand bilden und diese Riesenvallisnerien im Heimatstandort gar nicht zu finden waren oder müssten es vielleicht vereinzelt Echninodorus Amazonas-Schwertpflanzen sein, die hier legitim im Diskusaquarium ihre Heimat gefunden haben? Ist es nicht alles etwas überspitzt gezeichnet?

Würden wir ein Naturaquarium nachbauen, wie es tatsächlich in der Natur in einem Flussabschnitt der Diskusbiotope vorkommt, so würde es sich um ein trauri-

Dieses Aquarium kommt einem Naturaquarium in Sachen Diskus schon recht nahe. Der Wald von Vallisnerien reizt vielleicht schon stark, sich darin zu verstecken, aber wenn die Diskus gesund sind, werden sie sich immer zeigen und nicht schreckhaft werden.

Einrichtung eines Wohnzimmerschauaquariums

ges Aquarium handeln, denn in der Natur kommen oft wenige Wasserpflanzen vor oder kilometerlang nur eine einzige Wasserpflanzensorte. Es ist tatsächlich nicht so wie in unseren Aquarien, dass zehn oder zwanzig verschiedene Pflanzenarten nebeneinander existieren können.

Schon vor einigen Jahren habe ich original Rio Negro Sand aus den Heimatgewässern der Heckel-Diskus mitgebracht und bei meinen Zuchtaquarien eine etwa fünf Zentimeter hohe Sandschicht eingebracht. Alle Fische haben sich auf diesem hellen Sand sichtlich wohlgefühlt und man könnte sogar behaupten, dass sich das Ablaichverhalten deutlich verbessert hat. Dies konnte auch ein großer Profizüchter feststellen, der seine Diskuspaare zum Verkauf nur noch in Aquarien mit Sandboden anbietet. Dort laichen sie auch schnellstens ab. Es wäre einen Versuch für Sie wert. Diskusfische lieben feinen Sandboden, denn sie können in diesem feinen Sandboden nach Nahrung suchen, was für sie ja typisch ist, wenn sie mit dem Maul in den Sand blasen, um kleine Krebschen, Würmer oder sonstige Nährtiere herauszublasen. Dieses Verhalten können Sie sehr schön in Ihrem Heimaquarium beobachten. Sand, Moorkienwurzeln und eine oder zwei Pflanzenarten sind die perfekte Basis für ein schönes und natürliches Diskusaquarium. Wenn Kritiker behaupten, Diskusfische müssten in pflanzenfreien Aquarien gehalten werden, so kann man diesen am einfachsten damit antworten, dass Diskusfische in der Natur in untergetauchten Bäumen leben. Dort sind diese untergetauchten Blätter, Äste und Bäume doch gleichzusetzen mit einem eingerichteten und bepflanzten Aquarium. Es spricht also gar nichts gegen einige Pflanzen im natürlichen Diskusaquarium.

Bei der Einrichtung eines Diskusaquariums ist auch zu unterscheiden, ob es ein Aquarium für Diskuswildfänge oder für Nachzuchten werden soll. Nachzuchtdiskus besitzen ganz andere Voraussetzungen, was zum Beispiel die Wasserbeschaffenheit angeht. Während Diskuswildfänge bevorzugt in Aquarien mit sehr wei-

Auch ein Naturaquarium, aber etwas langweiliger, weil keine Pflanzen und nur viel Holz zu sehen ist. Noch ein paar braune Blätter auf den Boden und schon ist das Ziel fast erreicht, ein Amazonasaquarium zu imitieren.

chem Wasser und relativ niedrigem pH-Wert gepflegt werden sollten, kann dies bei Nachzuchten meist vernachlässigt werden. Somit können Aquarien für Nachzuchtdiskus auch anders gestaltet werden, denn gerade Einrichtungsgegenstände wie Sand, Kies oder Steine geben oft Härtebildner an das Wasser ab. Übrigens ist das Wasser in eingerichteten Aquarien viel stabiler als das Wasser in sterilen Zuchtbecken.

Um ein schönes Diskusnaturaquarium einzurichten, müssen Sie sich an den Goldenen Schnitt halten. Die Idee des Goldenen Schnitts wurden von Architekten, Künstlern und Philosophen entwickelt, aufgegriffen und immer wieder in der Architektur und Kunst verwendet und weiterentwickelt. Die Grundlage ist die Erkenntnis, dass in der Natur kaum etwas völlig symmetrisch aufgebaut ist. Setzen Sie also in Ihr Naturaquarium nicht den Blickfang genau in die Mitte des Aquariums. Ein solcher Blickfang könnte zum Beispiel eine schöne große Wurzel sein. Solche Wurzeln sollten immer etwas abseits von der Aquarienmitte eingesetzt werden. Amano gibt in seinen Büchern über Naturaquarien perfekte Einsichten in den richtigen Aufbau eines Aquariums, den Goldenen Schnitt betreffend. Man sollte sich bei der Einrichtung eines Diskusaquariums auch die Freiheit nehmen, einmal Aquarienpflanzen einzusetzen, die nicht in Amazonien beheimatet sind, denn gerade in Diskusaquarien ist es wichtig, widerstandsfähige und langsam wachsende Aquarienpflanzen einzubauen. Diskusaquarien sind oft schwächer beleuchtet und somit müssen Pflanzen, die diese geringe Beleuchtungsstärke aushalten, bevorzugt eingesetzt werden. Lösen wir uns doch von der Vorstellung, dass Diskusfische immer in sterilen Becken gehalten werden müssen, um Krankheiten bei den Fischen zu verhindern. Gerade im natürlichen Aquarium mit seiner großen Biomasse werden sich Diskusfische wahrscheinlich viel gesünder halten können. Wichtig ist im Naturaquarium der regelmäßige Teilwasserwechsel und selbstverständlich eine Kontrolle der Wasserwerte. Gönnen Sie sich endlich einmal Ihr eingerichtetes natürliches Diskusaquarium und gönnen Sie es sich auch dann, wenn es nicht den tatsächlichen natürlichen Lebensbedingungen in Amazonien entspricht.

Professionelle Hälterungsanlage

Die Zucht in Südostasien

Die Diskuszucht in Südostasien hat inzwischen eine jahrelange Tradition. Heute ist ein Diskus in unseren Heimaquarien ohne die asiatischen Züchter nicht mehr denkbar. Aquarienfischzucht ist schon lange ein wichtiger Erwerbszweig für die asiatischen Aquarianer. In Ländern wie Singapur schossen schon in den sechziger Jahren große Zuchtfarmen hervor. Staatlich unterstützt wurde hier schnell eine exportorientierte Industrie aufgebaut. Andere asiatische Länder, wie Thailand oder Malaysia folgten bald. Jedoch war es anfangs so, dass sich diese Zuchtfarmen in erster Linie mit einfach zu züchtenden Fischen abgaben und diese in großen Mengen exportierten. Die Profite mussten eben durch ungeheure Stückzahlen gemacht werden, denn wenn ein Fisch nur zehn Cent Umsatz brachte, dann mussten schon mal schnell 500 solcher Fische in einer Styroporbox transportiert werden, um die Kosten im Rahmen zu halten.

Diskusfische gab es in dieser Zeit noch keine im Export. Eigentlich waren Diskusfische zu dieser Zeit in Südostasien noch kaum vorhanden. Es gab zwar einige Einzelkämpfer, die sich hobbymäßig mit dem Diskus beschäftigten, aber Zucht für den Export war kein Thema. Da sah es in Deutschland ganz anders aus. Hier hatte sich schon eine ganze Reihe von Diskusliebhabern erfolgreich um die Nachzucht der ersten Diskusfische gekümmert und es gab schöne Erfolge.

Und jetzt war eine seltsame Umschichtung im Gang. Die Asiaten begannen in Deutschland Diskusfische zu kaufen, da sie bisher nur einige Braune Wildfänge zur Nachzucht gebracht hatten. Es wurden plötzlich deutsche Nachzuchten in Südostasien aufgezogen um mit diesen weiterzuzüchten. Als entsprechende Mengen vorhanden waren begann langsam der Weg zurück. Jetzt konnten ordentlich gefärbte und auch schon ganz ordentlich geformte Jungfische nach

Die asiatischen Diskuszüchter sind echte Profis in Sachen erfolgreicher Zucht. Hier wird gerade eine ganze Brut herrlichster Roter Diskus aufgezogen. Jeder Züchter macht es etwas anders. Der eine lässt die Jungen nur kurz, der andere länger bei den Eltern.

Professionelle Hälterungsanlage

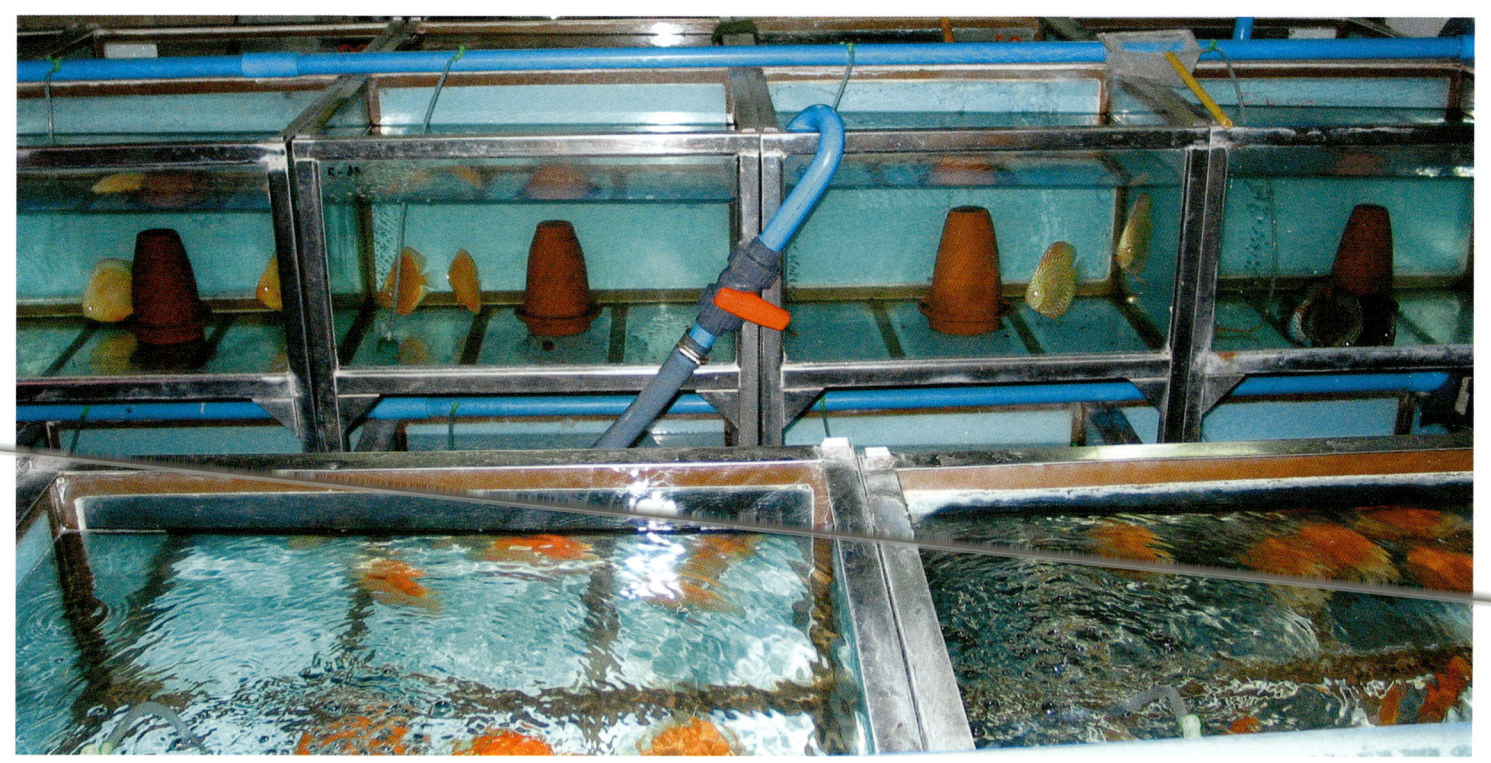

In den Zuchtfarmen wird jeder Zentimeter Platz ausgenutzt. Deshalb stehen hier auch meist viele Reihen von Diskusaquarien neben- und übereinander. Oft ein Grund dafür, dass man fast nicht fotografieren kann. Da helfen dann nur noch Weitwinkelobjektive. Alle Aquarien sind nicht eingerichtet und Filter gibt es wegen der täglichen Wasserwechsel auch keine. Nur die Luftausströmer sind typische Merkmale. Rechts eine herrliche Pigeon Blood Variante.

Europa exportiert werden. Damals war es aber schon so, dass versucht wurde, die Farben der Diskusfische zu beeinflussen. Sie müssen sich vorstellen, dass vor 30 bis 40 Jahren die Diskusfische ganz andere Farben hatten. Es gab eigentlich fast nur eine Art Rottürkis Diskus und eine Art Brillanttürkis Diskus. Wobei natürlich die Bandbreite der Farbintensität sehr weit gestreut war. Von schwach bis stark gefärbt war alles auf dem Markt. Es gab Rottürkis, die nur ein paar Streifen im Kopf- und Flossenbereich hatten, oder Brillanttürkis Diskus, die ganz blasse und verwaschene Farben hatten. Anfangs machten die Asiaten den Fehler, dass sie begannen die Diskusfische, die verkauft wurden, zu manipulieren. Dazu wurden in erster Linie Hormone verwendet. Mit

Professionelle Hälterungsanlage

diesen Hormonen, meist Testosterone, konnten die Diskus schnell gefärbt werden. Es ist ohne Weiteres möglich durch Hormonzugabe direkt ins Aquarienwasser die Fische so zu manipulieren, dass kleine, etwa acht Wochen alte Diskus praktisch über Nacht von farblos grauen Diskus zu herrlich türkis strahlenden Diskus werden. Diese Technik wurde übermäßig genutzt, denn so konnte dem Kunden schon ein kleiner Diskus mit den tollsten Farben angeboten werden. Die Diskus verblassten aber auch langsam wieder und so war die Enttäuschung beim Käufer meist sehr groß und schnell gerieten die asiatischen Diskusnachzuchten in Verruf. So dauerte es lange, bis das Vertrauen in die Qualität zurückkehrte. Überhaupt war es früher ein großes Problem unbesehen Diskusfische zu kaufen, denn die Farben waren einfach nicht so stabil wie dies heute der Fall ist. Die Asiaten lernten schnell und konnten schon bald bessere Qualitäten liefern. Dann ging es etwa die letzten zwanzig Jahre Schlag auf Schlag. Immer neue Farbvarianten wurden gezüchtet und auf den Markt geworfen. Diese neuen Farben erwiesen sich als sehr farbstabil und so kann heute gesagt werden, dass asiatische Züchter die am besten gefärbten Diskusfische hervorbringen. Schnell wurde erkannt, dass mit guten Diskusfischen auch gutes Geld zu verdienen ist. Nach und nach etablierten sich bestens funktionierende Diskusclubs in Südostasien und so manche Diskusshow wurde veranstaltet. Diese Clubs und die Teilnahme an solchen Shows führten auch zu einer deutlichen Qualitätsverbesserung. Namhafte und heute noch sehr bekannte Diskuszüchter betraten die Szene und sorgten für hohe Anerkennung durch ihre Neuzüchtungen, die jetzt in alle Welt geliefert wurden. Wirkliche Innovationen kamen fast nur noch aus Asien.

Riesige Zuchtfarmen im Freien sind in Malaysia durchaus möglich. Abgedeckt wird wegen Sonne und gegen Vögel, die sich so günstig Futter besorgen könnten.

Oft sind die Wasserstände sehr abgesenkt, um die Larven leichter die Eltern finden zu lassen.

Professionelle Hälterungsanlage

Die Unterschiede zwischen asiatischen und europäischen Züchtern ist natürlich auch enorm. Die Möglichkeiten in asiatischen Zuchtanlagen sind auch ganz anders als hier bei uns. Klimatische Unterschiede prägen die größten Unterschiede bei den Zuchtanlagen. Unser europäisches Klima setzt immer eine Hälterung im Haus und eine ständige Beheizung der Aquarien voraus. In Asien ist das ganz anders. Dort kann meist die Hälterung im Freien oder im überdachten Außenbereich stattfinden. Dies bedeutet, dass die Zuchträume nie beheizt werden. Selbst in Ländern wie Taiwan oder Hongkong, wo die Zucht meist in geschlossenen Räumen stattfindet, werden nur während der kalten Jahreszeit die Aquarien zusätzlich beheizt. Alleine die Heizkosten trennen die Europäer und die Asiaten schon in zwei völlig verschiedene Diskuswelten. Den europäischen Zuchtanlagen, seien sie privat oder gewerblich, ist immer zu eigen, dass sie auch sehr klein oder kompakt sein müssen, denn Platz spielt ja auch eine große Rolle. Wer dagegen im ländlichen Raum von Penang eine Diskuszuchtfarm betreibt, muss sich kaum Sorgen um Platz machen. Über verschiedene Lohnkosten wollen wir erst einmal nicht reden, denn da ist ja schon im Voraus klar, wer die besseren Karten hat. Platz spielt eine sehr bedeutende Rolle bei der Zuchtauswahl. Wer züchtet hat viele Jungfische. Viele Jungfische brauchen Platz, also müssen sie schnell verkauft werden. Wer schnell

Oben und links oben: Immer wieder wird etwas Neues entdeckt. Hier ist es ein neues Farbmuster, das für Aufregen sorgen könnte. Toll sehen diese Diskusfische ja wirklich aus.
Unten: Aus einer Vielzahl ausgewachsener Diskus können sich die Züchter dann das ideale Paar für eine neue Farbkreation zusammenstellen.

157

Professionelle Hälterungsanlage

Oben: Ein Golden Albino wie er natürlich noch nicht in riesigen Mengen verfügbar ist. Das sind Hochzuchtdiskus der Spitzenklasse und extrem selten.
Unten: Bei diesem Roten Diskus sind die schwarzen Flossenränder noch Anzeichen der Verwandschaft zu den ursprünglichen Pigeon Blood, die immer sehr viele Schwarzzellen hatten.

verkaufen muss, kann aber schlechter selektieren und besondere Diskusbruten aufziehen, bis neue Merkmale, besondere Farben oder sonstige Auffälligkeiten gut sichtbar sind. Das ist ein entscheidender Vorteil der asiatischen Züchter. Sie können eben mal schnell ein paar Hundert Diskusfische bis zum Alter von einem Jahr aufziehen, dann davon ganz besondere Exemplare aussuchen und zur Weiterzucht bringen. Da sind europäischen Züchtern schnell Grenzen gesetzt. Durch solche Gegebenheiten kam es eben in der Vergangenheit zu Erfolgen, wie Blue Diamond, Marlboro Red oder Pigeon Blood Diskus.

In unserem Buch „Diskusfische Asiens", das bereits 1994 erschienen ist und zahlreiche Diskusvarianten zeigt wurden die ersten Möglichkeiten gezeigt, die Asiaten bei der Diskuszucht haben. Dort tauchten die ersten Fotos von Pigeon Blood-Varianten auf. Dies war auch die Zeit als es etwa mit den ganzen Verpaarungen verschiedenster Farbschläge losging, die immer neue Farbspielarten als Resultat hatten. Bis heute hat dieses Farbenspiel angehalten und ständig kommen neue Farbvarianten in den Handel.

Innerhalb der Rangfolge der exportierenden Länder aus Südostasien haben sich aber schon Veränderungen ergeben. Vor dreißig Jahren lief ein Großteil des Zierfischexportes über Singapur. Hier wurde und wird diese Industrie massiv von staatlicher Seite gefördert. Hongkong entwickelte sich dann zum zweiten Exportland und Thailand folgte kurz darauf. Es war aber fast immer so, dass die Exporteure nicht auch die Züchter der Fische waren, sondern diese in ihrem Land aufkauften, zwischenhälterten und dann an den jeweiligen Käufer verschickten. Diese Exporteure hatten schon damals riesige Stocklisten und es las sich faszinierend, was es da an Fischen so alles zu kaufen gab. Bei den Diskusfischen war anfangs alles noch einfacher gestrickt, was die angebotenen Farben anging. Erst als die Züchter selbst anfingen zu exportieren, erkannten sie, dass es viel reizvoller ist, eigene Farbkreationen zu vermark-

Professionelle Hälterungsanlage

ten. Nach und nach kamen dann Diskuszüchter zum Direktexport und wuchsen zu Großverdienern heran. Andere Länder, als die drei bisher genannten, spielten keine Rolle bei der Diskuszucht. Erst nach und nach kamen neue asiatische Länder dazu. Malaysia entwickelte sich schnell zu einem Superstaat in Sachen Diskuszucht und schüttelte die Abhängigkeit von Exporteuren aus Singapur bald ab. Die Halbinsel Penang war und ist eine malaysische Hochburg. Thailand und Hongkong verloren in den letzten Jahren an Bedeutung, was die Diskusfische angeht. Singapur versucht seinen Standard zu halten, aber es kamen hier neue Züchter ins Spiel um die Diskusdollar. Japan war nie ein wirklicher Diskuszuchtmarkt, sondern lieber das Importland Nummer eins für besondere Diskusqualitäten. Dies ist eigentlich bis heute so geblieben. In Indonesien gibt es eigentlich nur die riesige „Inti Farm", die in großen Mengen Diskusnachzuchten exportiert, sonst spielt Indonesien für den Diskusmarkt aber keine große Rolle. Auch die Philippinen konnten sich nie wirklich im Diskussegment hervortun. In Taiwan war es dagegen ganz anders. Zuerst war Taiwan ein reines Importland für Diskus. Doch sehr schnell bauten ehrgeizige Züchter hier eine richtige Diskusindustrie auf und züchteten herrliche Diskus, die bei internationalen Shows eine große Rolle spielten. Dies ist eigentlich bis heute so geblieben. Es geht jetzt sogar soweit, dass Taiwanesen Zuchtanlagen in China aufbauen und beginnen die Fische von dort zu exportieren. Versuche von Hongkong-Chinesen in China Zuchtfarmen aufzubauen schlugen meist fehl. Die Chinesen wollen da lieber unter sich bleiben. Export von Diskusfischen aus China ist heute zwar noch die große Ausnahme, aber das wird sich schnell ändern. Ähnlich ist die Lage in Vietnam. Dort holten sich vor allem die Exporteure aus Malaysia ihre Diskus ab, aber so langsam entsteht hier ein eigener Exportmarkt.
So ist momentan in etwa die Lage in Südostasien. Nach wie vor das Ballungszentrum für Zierfischexport.

Oben: Als diese halb weiß, halb rot gezeichneten Diskus zum ersten Mal auf einer Show gezeigt wurden, war die Aufregung entsprechend groß. Ist ja auch gut zu verstehen.
Unten: Diskusshows haben in Südostasien einen sehr hohen Stellenwert. Da nehmen alle wichtigen Hobby- und Profizüchter gerne teil, denn ein Sieg bedeutet höchste Reputation.

Eine Großanlage in Europa

Eine Großanlage in Europa

Hobbyzuchtanlagen für Diskusfische gibt es zu Hunderten, ja vielleicht sogar zu Tausenden in Europa. Jeder, der sich mit Diskusfischen ernsthaft beschäftigt, versucht auch diese schönen Fische nachzuzüchten. Nicht unbedingt, um damit Geld zu verdienen. In erster Linie wohl, um sich selbst zu beweisen, dass es geht. Dann entstehen diese typischen kleinen Kellerzuchten, die so interessant und schön sind. Hier wird dem Hobby viel Zeit, Aufmerksamkeit und Liebe gewidmet. Nun wollen wir aber nicht davon ausgehen, dass dies bei einer Großanlage unbedingt anders sein muss. Hier ist auch ein eingefleischter Diskusliebhaber am Werk. Auch er ist immer noch von seinen Diskusfischen fasziniert. Doch es muss logischerweise schon der Profit bei der Zucht ins Spiel gebracht werden.

Wer es sich leistet, wie in unserem Beispiel Alexander Piwowarski, eine so technisch aufwendige Anlage zu installieren, der muss einen gehörigen Geldbetrag ausgeben, um das alles zu realisieren. Irgendwie muss das Geld ja auch wieder hereinkommen und vor allem müssen die laufenden Kosten gedeckt werden. Das alles geht auch nicht mehr ohne Gewerbeanmeldung und Finanzamt. Bei einer Mini-Hobbyzucht noch akzeptabel, geht hier nichts mehr ohne Legalität. Wenn Sie sich mit dem Gedanken einer professionellen Diskuszucht und dem Verkauf der Fische beschäftigen wollen, dann müssen Sie ein Gewerbe anmelden, was bei Ihrer Heimatgemeinde problemlos und billig möglich ist. Am besten fragen Sie einen Steuerberater um Rat. Es wird nämlich gerne übersehen, dass die vielen Aufwendungen, bis hin zu einem KFZ, bei einer solchen Gewerbeanmeldung auch steuerlich anrechenbar sind. Auch Anfangsverluste werden dabei vom Finanzamt berücksichtigt und mit anderen Einnahmen verrechnet. Da kann es sich schon lohnen, eine kleine gewerbliche Zucht anzufangen, bevor ein lieber Kunde oder „Freund" einen beim Finanzamt anschwärzt. Diesen Ärger muss man unbedingt vemeiden. Wir stellen Ihnen hier eine ganz neue Diskuszuchtanlage vor, die technisch sehr aufwendig ist. Dabei wurde vor allem auf die Wasseraufbereitung großer Wert gelegt. Lassen Sie sich begeistern von den schönen Diskusfischen, die hier großgezogen werdenund viel Freude machen.

Insgesamt 30 000 Liter Wasser befinden sich in über 90 Aquarien in Piwowarskis Wohnhaus. Bei dieser enormen Wassermenge, die noch dazu auf rund 30 °C aufgeheizt wird, ist dem Thema Bauschäden durch Feuchtigkeit große Bedeutung zugekommen. Es wurde deshalb von Anfang an ein Wärmetauscher eingeplant, der es erlaubt die Anlage permanent zu lüften, ohne zu viel Energie nach draußen zu blasen. Das schöne Kernstück der Anlage ist dieser Bereich hier, der durch die voll verkleideten Aquarien sehr wohnlich aussieht. Dieser Teil der Zuchtanlage ist auch für die Kunden sichtbar. Er umfasst ein Wasservolumen von 14 000 Litern, die durch die später genau beschriebene große Filteranlage gereinigt werden. In der Arbeitsstätte, 20 Minuten vom Wohnhaus entfernt, befindet sich eine Quarantäneanlage mit 18 Aquarien und ein 2 200 Liter fassendes Aufzuchtaquarium sowie ein Schauaquarium.

Eine Großanlage in Europa

Eine Großanlage in Europa

Die Wassermenge in den Verkaufsaquarien beträgt 14 000 Liter. Das hatten wir ja schon erfahren. Jetzt gibt es aber noch einen interessanten Trick unter den sichtbaren Aquarien. Da stehen nämlich nochmal 22 weitere Aquarien, die einen besonders praktischen Nutzen haben. Sie dienen der Wasservolumen-Erweiterung. 14 000 Liter oben und 5 000 Liter unten ergibt 19 000 Liter und somit viel mehr Wasser für die Fische und auch viel mehr Biologie, die die Pflege erleichtert. Es ist doch logisch, dass mehr Wasser im Verhältnis zur gleichen Fischmenge dafür sorgt, dass die Wasserbiologie stabiler bleibt. Wenn Sie die Anzahl von ausgewachsenen Diskusfischen hier sehen, ist schon klar, dass das Wassermanagement größte Bedeutung hat. Alle Aquarien sind miteinander verrohrt. Über Überlaufrohre, die schon am Aquarienboden ansaugen, wird aus den oberen Aquarien Wasser nach unten geleitet und direkt in den riesigen und perfekt arbeitenden Trommelfilter geführt. Nach der Filterung läuft das gereinigte Wasser zurück in die Aquarien und in die Zusatzaquarien unter den Verkaufsaquarien. Letztere arbeiten jetzt gleichzeitig als große Biofilter. In diesen unten stehenden Aquarien sind Filtermatten eingepasst durch die das Wasser laufen muss. Dieses Mattensystem ist als sogenannter Hamburger Filter den Aquarianern bekannt. Das Wasser wird gezwungen, gleichmäßig durch die Filtermatten zu fließen. Da sich die Matten im Laufe der Zeit, selbst bei gefiltertem Wasser, immer mehr mit feinsten Partikeln vollsetzen, ergibt sich eine sehr gute Filterung und gleichzeitig auch ein anaerober Bakterienbewuchs, der in der Lage ist Nitrat abzubauen. Gerade beim Wachstum ist Nitrat im Wasser ein deutlicher Wachstumshemmer und so muss der Nitratwert möglichst unter 50 mg gehalten werden.

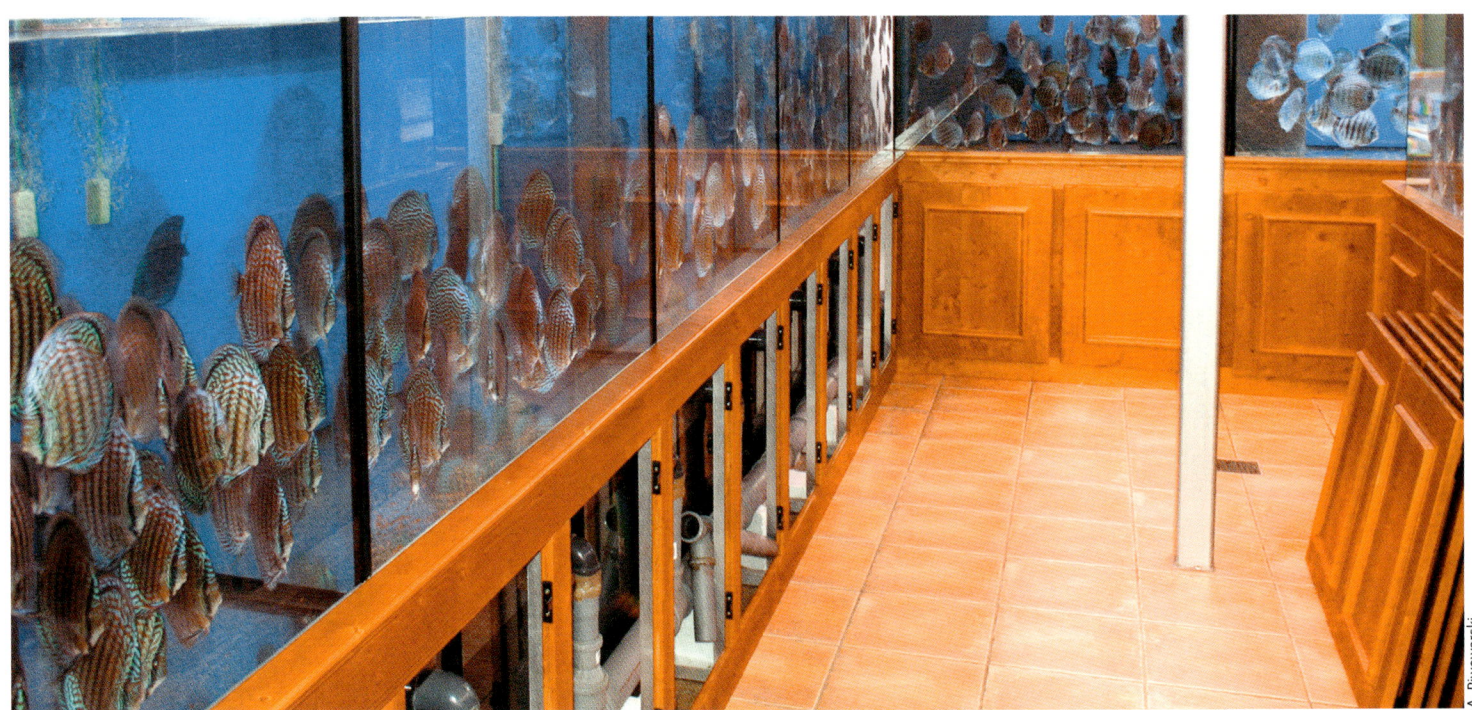

Eine Großanlage in Europa

Eine Großanlage in Europa

Auch diese links zu sehenden Aquarien unter den Hauptaquarien dienen wieder der Volumenvergrößerung des Wasserhaushaltes. Zu sehen ist, dass die Aquarien mit U-Rohren miteinander verbunden sind. Im Bild darunter ist sehr schön das graue Rohr mit dem Abfluss aus den oberen Hauptaquarien zu sehen. Von dort wird das zu filternde Wasser in den Nebenraum geleitet, wo dann der große Trommelfilter steht. Erst das dann gefilterte Wasser kommt wieder in die Hauptaquarien, beziehungsweise in die darunter stehenden Reserveaquarien. So ist der Kreislauf geschlossen und immer wieder wird perfekt gefiltertes Wasser in den Kreislauf gebracht. Hier unten sind zwei Osmoseanlagen mit je einem Vorfilter und zwei Membranen zu sehen, die eine Recyclingfunktion haben. Ein Teil des Aquarienwassers wird hier durchgeleitet. Aus einem 1 000 Liter fassenden Auffangbehälter wird das Wasser mit einer Druckpumpe mit 6 bar durch diese Osmoseanlage gepumpt. Das Permeat fließt in den Schwebbettfilter,

während das (schmutzige) Konzentrat in den Auffangbehälter zurückfließt. Das aus dem Filterbecken überlaufende Wasser fließt ebenfalls in das Auffangbecken zurück. Nur ein kleiner Teil des Konzentrates wird in die Kanalisation geleitet. Das sind circa 1 500 Liter täglich. Diese 1 500 Liter und das Spülwasser für den Trommelfilter fehlen nun im Auffangbehälter. Gesteuert durch einen Schwimmschalter wird das Filterbecken mit Leitungswasser aufgefüllt. Die Osmoseanlage produziert zurzeit etwa 8 500 Liter Reinwasser pro Tag. Also zusammen mit den 1 500 Litern

Eine Großanlage in Europa

zum Nachfüllen für das Konzentrat und 1 000 Litern Spülwasser für den Trommelfilter sind dies 11 000 Liter Wasserwechsel täglich, dafür werden aber nur 2 500 Liter Leitungswasser verbraucht. Außerdem fällt das Aufheizen der recycelten 8 500 Liter Wasser weg, was sich im Energieverbrauch der Anlage sehr stark bemerkbar macht. Diese Methode des Wasserrecycelns mit Umkehrosmose könnte auf kleinere Zuchtanlagen oder sogar auf einzelne, größere Aquarien übertragen werden. Gegenüberliegend unten links ein Blick auf die Reinsauerstoffbegasung, die in dem Kunststoffbehälter mit rotem Deckel abläuft. Hier wird etwas Wasser ständig mit reinem Sauerstoff versetzt und dann wieder in den Aquarienkreislauf eingebracht. Durch den guten Sauerstoffgehalt lassen sich auch im Verhältnis mehr Diskusfische in der Anlage problemlos pflegen, als sonst vielleicht möglich. Davor rechts noch ein UV-Entkeimer, der einen Teil des Wassers permanent entkeimt. Hier rechts ein Einblick in den Schwebbettfilter. Ein ganz raffinierter Biofilter, denn das Filtermaterial schwebt, ist also ständig in Bewegung. So kann sich kein Schmutz im Filterbett absetzen. Außerdem wird im Filterbett durch die starke Belüftung des Materials, die für die Bewegung notwendig ist, stark mit Sauerstoff angereichert. So wird schon eine Sauerstoffsättigung von 85 bis 90 % erreicht und reiner Sauerstoff nur bei Bedarf zugesetzt. Gleichzeitig wird Kohlendioxid ausgetrieben, das bei dem weichen Wasser schnell zu einem unerwünschten pH-Wert-Absinken führen würde. Aus diesem Filter fließt ein Teil des Wassers durch die UV-Entkeimung und die Sauerstoff Anreicherung.

Eine Großanlage in Europa

Der Schwebbettfilter wird mit 7 200 Litern Luft pro Stunde belüftet. Dieses Filtersystem ist in der Lage den Nitritgehalt auf 0,03 mg/l und den Ammoniumgehalt auf etwa 0,12 mg/l zu halten. Diese Werte sind dann wirklich optimal für diese Hälterungs- und Zuchtanlage. Das Nitrat steigt allerdings regelmäßig an. Dies kommt durch Fütterung und Ausscheidungen der Fische. Mit dem Osmosefilter und den entsprechenden Teilwasserwechseln mit Frischwasser kann der Nitratgehalt aber in Grenzen unter 50 mg/l gehalten werden, was wiederum für gutes Wachstum der Diskusfische wichtig ist. Die Schläuche, die hier in die Filtermassen hinabreichen, sind Luftschläuche, die permanent Luft einblasen.

Links noch ein Bild aus älteren Zeiten der Hälterungsanlage. Bevor der große Trommelfilter installiert werden konnte, der letztlich fast alles veränderte, mussten wöchentlich 15 Filterschwämme ausgewaschen und gründlich gereinigt werden. Diese Schwämme befanden sich in den Aquarien, die unter den Hälterungsaquarien stehen. Dies war immer eine unangenehme und langwierige Arbeit. Wurde die Reinigung vernachlässigt, zeigten die Diskus dies sofort durch Unwohlsein an.

Technik gepaart mit Ideenreichtum kann die Arbeit im Diskuskeller erheblich vereinfachen.

Eine Großanlage in Europa

Es hatte sehr lange gedauert, bis der große Trommelfilter endlich angeliefert wurde. Heiß ersehnt wurde er auf jeden Fall, denn mit dieser Technik, die ja im Nutzfischzuchtbereich, aber auch bei der Koizucht erfolgreich angewendet wurde, sollte vieles einfacher werden. Die Filtermatten konnten als Erstes eingespart werden und damit auch die mühsame Reinigung. Gerade abgeladen, wurde hier der Trommelfilter erst einmal in der Garage aufgestellt und ausgepackt. Sicher eine große finanzielle Investition, die bei einer, wenn auch großen, Hobbyzucht nur schwer wieder hereinzuholen ist.

Eine Großanlage in Europa

Der Trommelfilter sorgt dafür, dass feinster Schmutz ab einer Partikelgröße von 40 µm ständig aus dem Aufzuchtkreislauf entfernt wird. Das von den Aquarien kommende Schmutzwasser läuft in eine mit feinem Filtergewebe bespannte Trommel. In dieser ist eine Schmutzrinne oder Schmutzblech. Links sehen Sie es oben noch sauber, unten schon mit Schmutzteilen belegt. Das Wasser drückt sich durch das Filtergewebe und der Schmutz bleibt hängen, macht aber auch langsam das Gewebe dicht. Je weiter sich das Gewebe mit Schmutz zusetzt, desto höher steigt in der Trommel der Wasserstand. Ein Schwimmschalter löst dann den Spülprozess aus. Jetzt spülen die fünf Hochdruckdüsen mit 8 bar Druck den Schmutz aus dem Gewebe in die Auffangrinne und von dort in die Kanalisation. Das Geniale daran ist, dass so der Schmutz schon kurz nach dem Entstehen schnell aus dem Wasserkreislauf entfernt wird. Der Filter wird je nach Anfall von Schmutz alle 10 Sekunden bis zu fünf Minuten gespült. Unter diesem riesigen Vorfilter steht das Wasserbecken für die Osmoseanlage. Vom Trommelfilter gelangt das Wasser nach rechts in den Bio-Schwebbettfilter, wo eine weitere Reinigung erfolgt. Ein perfektes und bewährtes Filtersystem.

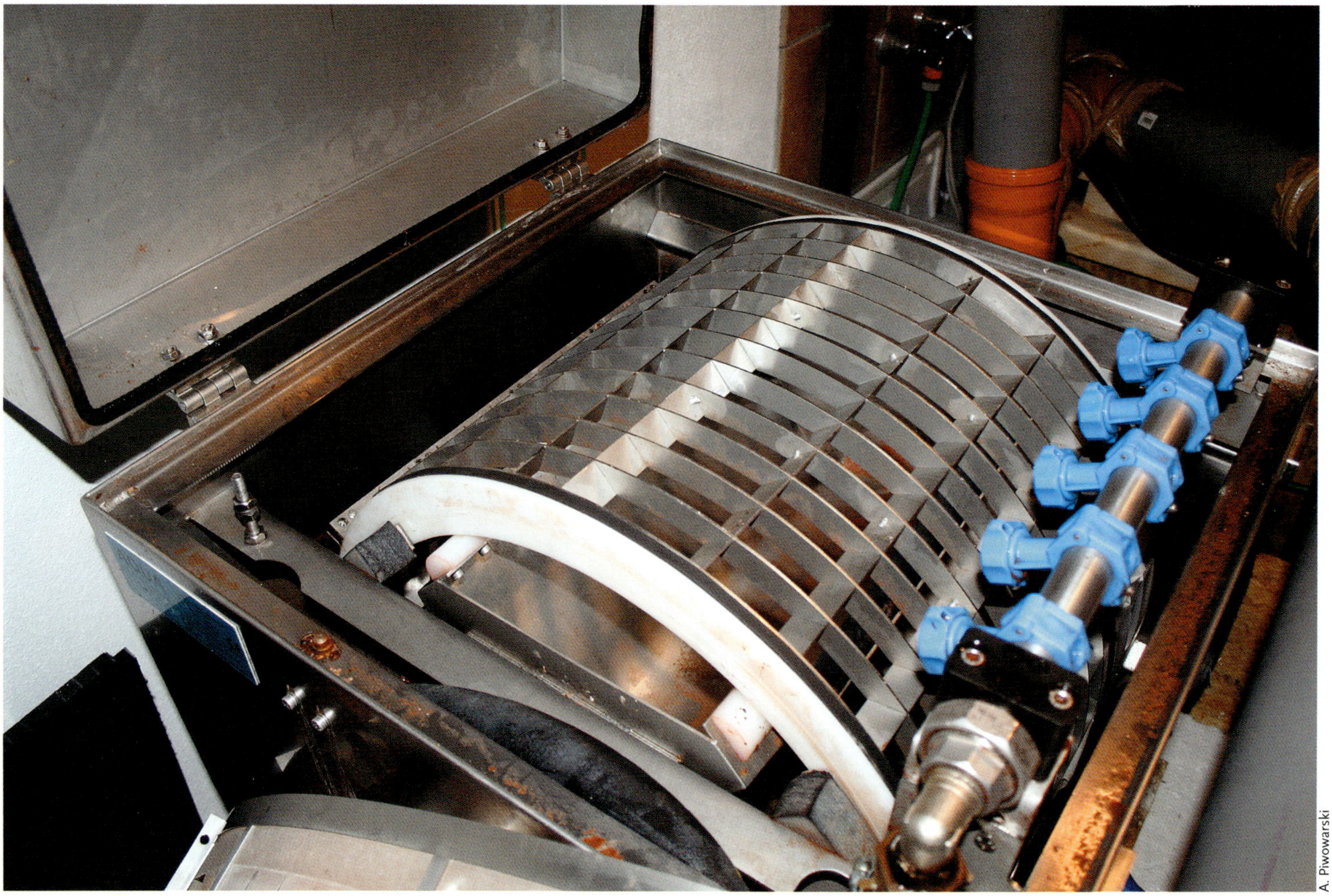

Eine Großanlage in Europa

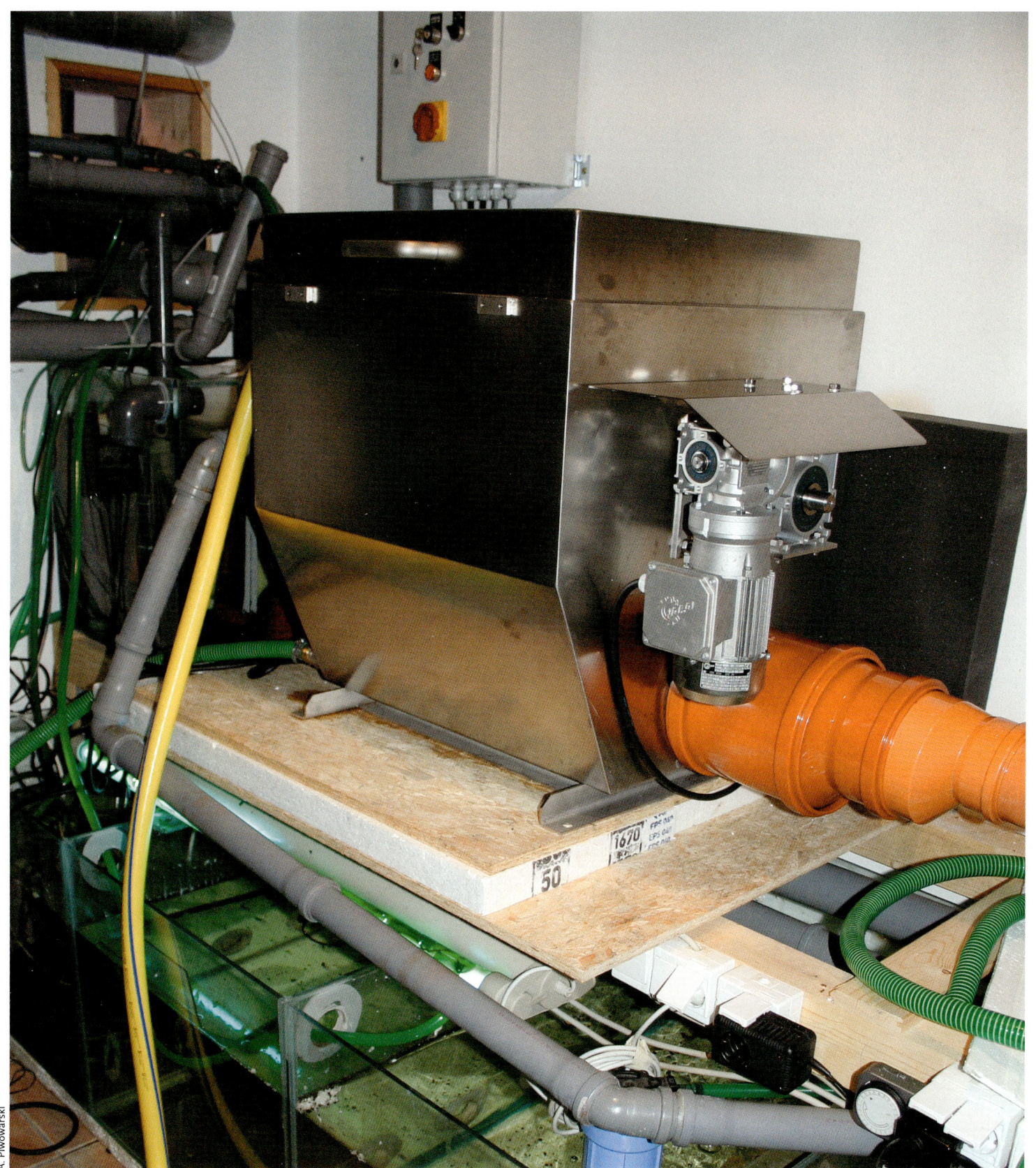

Eine Großanlage in Europa

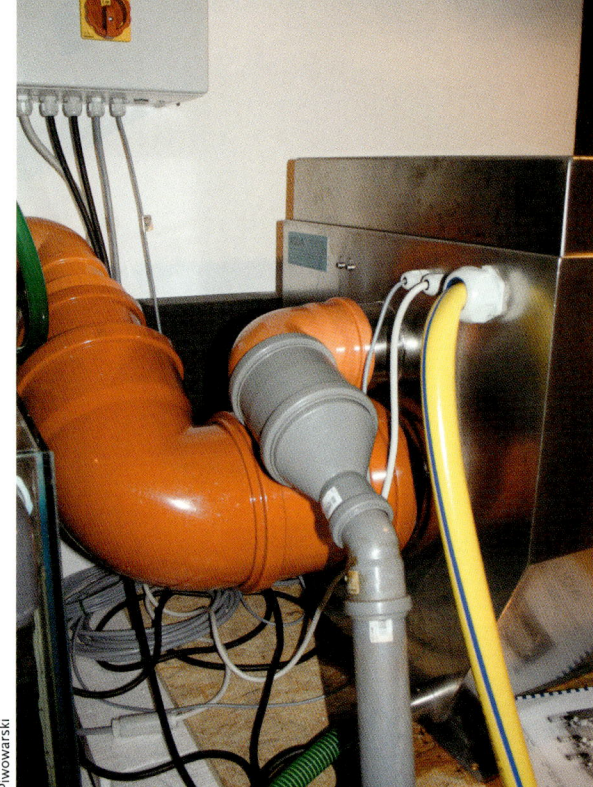

Die gesamte Trommelfilteranlage sieht schon gewaltig aus und ist für Diskusfreunde sicher ein nicht alltäglicher Anblick. In normalen und auch größeren Hobbyzuchtanlagen pflegt man sich allgemein mit kleineren Biofiltern zu begnügen. Hier wurde aus jahrelanger Erfahrung und unter Nutzung eines Neubaues die Möglichkeit genutzt, mal etwas Besonderes in Sachen Diskuszucht und Diskusaufzucht zu planen und zu verwirklichen. Das alles geht auch eine Nummer kleiner und sicher gibt es Anreize für einige Leser im Bereich Filtertechnik mehr zu investieren, um sich vor allem die Arbeit zu erleichtern. Wir müssen eben mit Technik arbeiten, da Wasser ein wertvolles und teures Produkt in Europa ist. Die asiatischen Züchter haben es da meist wesentlich einfacher. Oben der Antriebsmotor des Trommelfilters und der Auslauf zum Biofilter mit gewaltigen Rohren, die einen schnellen Durchfluss garantieren. Rechts oben der Anschluss der Hochdruckpumpe zum Spülen des Filtergewebes mit dem gelben Schlauch. Daneben im grauen Rohr der Ablauf für den Schmutz aus dem Filter. Im roten Rohr hier der Zulauf des zu reinigenden Wassers aus den Aquarien. Im Kasten rechts befindet sich die Schaltanlage des Trommelfilters.

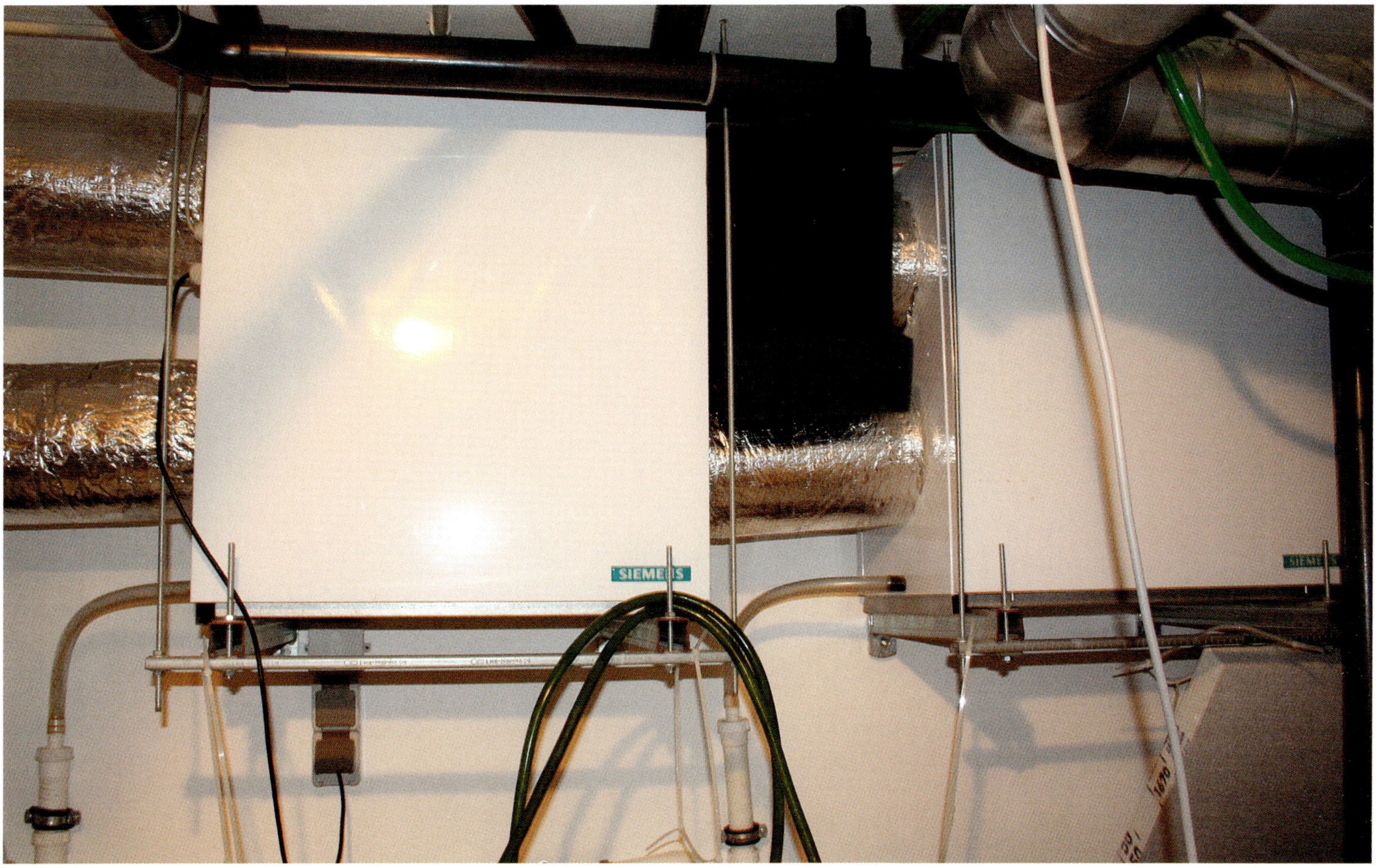

Eine Großanlage in Europa

Feuchtigkeit ist der erste Feind eines Diskusliebhabers, der seine Fische im Keller pflegt. Die hohen Wassertemperaturen und die deshalb starke Verdunstung von Wasser sorgt schnell dafür, dass es zu mehr oder weniger schweren Feuchtigkeitsschäden kommen kann. Dieser Feuchtigkeit vorzubeugen ist sehr wichtig. In Mietswohnungen oder Mietshäusern noch ein wichtigerer Faktor, denn schnell können da Schadensersatzforderungen aufkommen. Was ist also zu tun? Zuerst einmal ist für eine gute Isolierung zu sorgen. Sowohl die Räume, als auch die Aquarien sind zu isolieren. Es spricht doch nichts dagegen in Räumen, die keine gute Raumheizung haben die Aquarienseitenscheiben zu isolieren. Auch gute Abdeckungen sind wichtig. Die bessere Lösung ist die Raumtemperierung. Wird der Raum geheizt entsteht weniger Schwitzwasser. Aber dann wäre konsequenterweise auch eine Raumentlüftung notwendig. Einfache Ventilatoren können schon eine gute Zwischenlösung darstellen. Schwieriger ist es aber bei großen Aquarienanlagen nur durch einfache Entlüftung schon zufriedenstellende Ergebnisse zu erzielen. Besser ist in jedem Falle ein Wärmetauscher. Hier oben sind zwei solcher Wärmetauscher abgebildet, die bei dieser großen Anlage dafür sorgen, dass der Raumluft Feuchtigkeit entzogen wird. Dieser feuchten Luft wird dann aber auch gleich die vorhandene Wärme entzogen und trocken wieder in den Raum geleitet. Die kalte feuchte Luft wird nach draußen geleitet. Wer große Anlagen plant oder seinen Diskuskeller wirklich sinnvoll entfeuchten muss, der kann sich im örtlichen Fachhandel bei Heiz- und Klimatechnik schlau machen und vielleicht reicht ja auch ein kleiner dimensionierter, fahrbarer Raumentfeuchter erst einmal aus. Ein ganz anderes Thema ist der pH-Wert besonders in den Zuchtaquarien. Zu hohe pH-Werte sind meist das Problem bei der Diskuszucht. Klar, werden und wurden Diskus schon bei allen möglichen und unmöglichen pH-Werten erfolgreich gezüchtet, aber wer kann denn nachweisen, ob es nicht noch besser und erfolgreicher geklappt hätte, wenn der pH-Wert besser eingestellt gewesen wäre. Stark verdünnte Salzsäure und Schwefelsäure sind altbewährte, aber auch nicht ganz ungefährliche Mittelchen bei Diskuszüchtern. Hier sehen Sie einen Behälter mit Salzsäure, der oben eine kleine Dosierpumpe besitzt. Wird der gewünschte pH-Wert überschritten, so schaltet sich die Pumpe automatisch ein und pumpt kleine Mengen von Säure in den Wasserkreislauf. So wird der pH-Wert des Zuchtwassers sehr schnell wieder nach unten korrigiert. Außerdem ist eine gewisse Stabilität des pH-Wertes garantiert, was sich positiv auf die Zucht auswirkt. Bei sehr weichem Wasser muss sehr vorsichtig mit diesen scharfen Säuren hantiert werden. Die pH-Werte in weichem Wasser verändern sich immer viel schneller und dramatischer als in hartem Wasser. Es gehört viel Erfahrung zu dieser Dosierungstechnik.

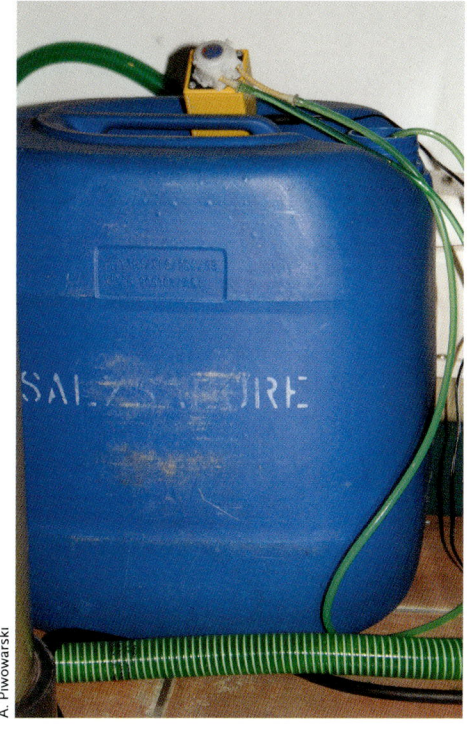

Eine Großanlage in Europa

Der zweite Teil im Haus ist die Zuchtanlage. In zehn Zuchtaquarien können Paare zur Zucht gebracht werden. Falls es notwendig wird, können weitere zehn Aquarien in diesen Kreislauf angeschlossen werden. Zehn Zuchtaquarien hört sich erst einmal nicht so groß an. Wenn aber die Zucht wirklich gut klappt, kann der Absatz der Nachzuchten schnell zum Problem werden. Dass die Zucht gut klappt, sieht man ja an den vielen halbwüchsigen oder adulten Diskusfischen in den Hälterungsaquarien. Um die weiteren Zuchtaquarien in den Kreislauf zu bringen sind nur ein paar Kugelhähne zu öffnen und schon kann die Zucht beginnen. Auch hier ist alles bestens vorbereitet und Technik steht im Vordergrund. Natürlich gibt es bei diesen Werten an Diskusfischen im Haus auch eine Notstromanlage, denn man weiß ja nie, was so alles passieren könnte. Die Zuchtaquarien sind an einen 180 Liter Zentralfilter angeschlossen. Außerdem lässt sich jedes Aquarium auch vom Kreislauf trennen und eigenständig mit einem Innenfilter betreiben. Dieser Filter ist einfach konstruiert und nur mit blauem Filterschaum bestückt. Wegen des regelmäßigen Wasserwechsels in den Zuchtaquarien fällt im Filter kaum Schmutz an. Ganz stolz ist Piwowarski auf seine schönen Rottükis Diskus, die er aus einem Alenquer Weibchen und einem Royal Blue Männchen heranzog. Links ein typisches Zuchtmännchen der F_4 Generation, die sehr groß werden können. Sie erreichen problemlos 20 Zentimeter an Körpergröße. Rechts ein F_4 Zuchtpaar, bei dem das vorne stehende Weibchen eine sehr unregelmäßige Perlzeichnung besitzt. Die gerade Linierung, aber auch die Perlzeichnung sind zwei gewollte Zuchtziele, die in dieser Anlage verfolgt werden.

Eine Großanlage in Europa

Eine Großanlage in Europa

Eine Großanlage in Europa

Linke Seite:
Auch bei diesem sehr beeindruckenden Paar handelt es sich um F_4 Nachzuchten. Es sind Geschwister, die eine verblüffende Zeichnungsähnlichkeit im Kopfbereich haben. Schauen Sie mal genau auf die Kiemendeckel und auf die Linien direkt über dem Maul. Da könnte man doch meinen, dass hier zweimal der gleiche Kopf von unserem Bildbearbeiter eingebaut wurde. Doch das sind wirkliche echte Zeichnungen. Auffallend auch die schönen Rottöne, die sehr gut mit dem Türkis und auch dem hellen Braun der Kopfpartie harmonieren. Ein wirkliches Prachtpärchen mit dem es Spaß macht zu züchten.

Rechts:
Die Jungfische bleiben im Normalfall bis zu einem Alter von 17 Tagen bei den Eltern. Diese 17 Tage haben sich mehr oder weniger zufällig ergeben und erscheinen ideal. Bis zu diesem Alter sind die Jungfische schon sehr stabil und werden auch schon selbständig. Sie belästigen oder verletzen zu diesem Zeitpunkt die Eltern noch nicht wirklich. Anschließend werden die Jungfische in Aufzuchtaquarien umgesetzt. Diese Aquarien haben ein Volumen von 140 Litern. Dort bleiben die Jungen bis zu einer Größe von etwa acht Zentimetern, was nach weiteren zwei Monaten der Fall ist. In der Regel werden etwa 80 Jungfische in ein solches Aquarium gesetzt. Danach heißt es wieder umziehen und zwar in ein größeres Aufzuchtaquarium. Diese Aquarien haben dann 700 Liter und hier wachsen die kleinen Diskus innerhalb eines Jahres auf bis zu 20 Zentimeter Größe heran. Natürlich werden immer wieder Jungfische in den unterschiedlichsten Wachstumsstadien verkauft. Ziel ist aber auch, immer einige hundert Jungfische mindestens ein Jahr zu behalten, aufzuziehen und Zuchttiere auszusuchen.

Eine Großanlage in Europa

Diskuszucht und etwas Vererbungslehre gehören schon zusammen und wenn es eine genügend große Zuchtanlage mit vielen Aufzuchtaquarien gibt, kann auch gezielter gezüchtet werden. Uns Diskusliebhaber interessiert beim Diskus in erster Linie immer die kräftige rote Farbe. Gut, es gibt Ausnahmen, wie die flächig blauen Blue Diamonds, aber die sollen dann wenigstens knallrote Augen haben. Um erfolgreich Merkmale bei Diskusfischen zu festigen, ist die beste Möglichkeit die Linienzucht. Hierbei werden zwei nicht miteinander verwandte Zuchtlinien mit gewünschten Merkmalen miteinander gekreuzt. Die kann so aussehen, dass ein Männchen der Linie A mit einem Weibchen der Linie B verpaart wird. Die ausgesuchten Jungen aus dieser Verpaarung werden dann beispielsweise wieder mit einem Toptier der Linie A oder B verpaart. So werden zum Beispiel Rottöne immer mehr stabilisiert, wenn bei der Paarzusammenstellung auf extrem starke Rottöne geachtet wird. Alleine mit dieser Linienzucht wird der aktive Züchter aber nicht zu absolut befriedigenden Ergebnissen kommen. Da setzt dann die Möglichkeit der Inzucht an. Inzucht bedeutet, dass beispielsweise eine Diskustochter mit ihrem direkten Vater neu verpaart wird. Dann könnte sogar eine Tochter also quasi eine Enkeltochter, wieder mit dem Vater verpaart werden. Solche Inzuchten ergeben oft sehr interessante und stabile Zuchtergebnisse. Während es bei der Linienzucht eigentlich kaum Rückschläge gibt, kann dies bei der Inzucht nach einer Anzahl von Rückkreuzungen allerdings schon häufiger passieren. Plötzlich verändern sich die Nachkommen und zeigen viel schwächer ausgeprägte Zuchtziele. Mit anderen Worten, auf einmal ist plötzlich die schöne Farbe weg, die vorher noch da war.

Bei der Linienzucht werden eben die nicht verwandten Zuchtlinien verpaart, wobei es logischerweise auch genetische Überlappungen gibt, die sich aber nicht so dramatisch auswirken. Wer also den Platz hat, sollte es einmal mit der Linienzucht versuchen. Da lässt sich gut ein eigenes Tier mit einem zugekauften Diskus der Wahl verpaaren, um diese Linienzucht zu starten. Dass es bei der Diskuszucht immer wieder seltsame Erscheinungen gibt, haben wir in den letzten zwanzig Jahren ja öfters festgestellt. Was da an Zufallszuchten in Südostasien entstanden ist und vor allem immer noch entsteht, ist schon gewaltig. Da stecken nicht immer gezielte Zuchtvorbereitungen hinter einem Erfolg, nein, meist waren es Zufallsergebnisse, die dann entdeckt und weiter verfolgt wurden. Sehr interessante Ergebnisse bringen immer wieder Einkreuzungen von Wildfangdiskus. Werden diese Wildfänge, die ja irgendwie reinerbig sind, jetzt mit total verkreuzten Nachzuchten verpaart, kann es tolle Überraschungen geben. Ein Feld für den erfahrenen Diskuszüchter. Das linke Diskusweibchen fiel in der Zuchtanlage durch den extremen Rotanteil auf und wurde deshalb mit verschiedenen Männchen erfolgreich verpaart, um den Rotanteil des Zuchtstammes zu erhöhen. Rechts eine Kopfstudie eines ebenfalls sehr großen und sehr roten Weibchens, das ebenfalls ein Prachtdiskus ist.

Eine Großanlage in Europa

Eine Großanlage in Europa

Eine Großanlage in Europa

Neben den Rottürkis Diskus werden in dieser Zuchtanlage auch noch Flächentürkis Diskus gezüchtet. Ihre Zucht ist viel schwieriger, als die der Rottürkis Diskus. Möglicherweise liegt dies an der jahrzehntelangen Inzucht bei den flächigen Linien, denn sie waren zu Beginn der Diskushochzucht extrem selten in perfekter Färbung zu bekommen und erzielten Höchstpreise. Diese Flächentürkis konnten durch eine Kreuzung von einem flächig blauen Weibchen mit einem Rottürkis Männchen und einer Rückkreuzung eines Sohnes mit der Mutter wieder stabilisiert werden. Flächig blaue Diskus zeigen im Gegensatz zu den Blue Diamond Diskus immer eine braunrote Linierung im Kopf- und Kiemenbereich. Das Rottürkis Weibchen oben ist bereits fünf Jahre alt und laicht hier gerade mit einem Enkelsohn ab.

Eine Großanlage in Europa

Junge Diskusfische zu erwachsenen Diskus heranzuziehen ist keine leichte Aufgabe und Sie kann nur funktionieren, wenn optimale Wasserbedingungen geschaffen werden. Bei dem starken Besatz ist ein ständiges Absaugen von Kot und Futterresten ein wichtiger Faktor, um gute Wuchsergebnisse mit wenig Nitrat zu erzielen.

Gute Filterung und große Wassermengen sind wichtige Schlüssel des Erfolges in dieser relativ großen Zuchtanlage. Für die Zucht wird ein Wasser mit folgenden Werten verwendet: Leitwert 80 µS/cm, pH-Wert 6,0 und 30 °C. Da bei diesem weichen Zuchtwasser die Gefahr des pH-Wert-Abfalles sehr groß und die Regelung über Säuren nicht risikolos ist, wurde ein zweites pH-Wert-Regelgerät in den Kreislauf geschaltet, das sofort reines Leitungswasser zufliesen lässt, wenn es zu einem pH-Wert-Sturz kommen sollte. Erst im Alter von 18 Monaten werden die Diskusfische zum ersten Mal zur Zucht angesetzt. Mit jüngeren Fischen wurde bei der Zucht meist schlechte Erfahrung gemacht. Auffallend war, dass es dann besonders viele Eierfresser gab. Auch einmal ein Punkt darüber nachzudenken. Die Jungfische werden prinzipiell natürlich aufgezogen. Das heißt, dass sie bei den Eltern bleiben.

Nach vier bis fünf Tagen erhalten sie das erste Zusatzfutter in Form von frisch geschlüpften Artemia Nauplien. Artemiakrebschen sind übrigens bis zur siebten Woche das absolute Hauptfutter für die kleinen Diskus, die so gut gefüttert, schnell heranwachsen. Zugefüttert wird noch fein zerkleinertes Rinderherz mit Zusätzen. Auch hochwertiges Trockenfutter, vor allem Futterflocken, ist Bestandteil des Speiseplanes. Schnellstes Wachstum stellt sich ein, wenn die Aquarien schwach besetzt sind. Je mehr Fische in den Aquarien schwimmen, desto langsamer wachsen die Jungfische heran. Starke Besetzung bewirkt, dass die Jungfische statt acht nun bis zu zehn Wochen benötigen, um die erste Verkaufsgröße zu erreichen. Bis zu einem Alter von acht Wochen werden die Jungfische etwa sechsmal täglich gefüttert. Die Fische, die dann nicht verkauft, sondern in größere Aufzuchtaquarien umgesetzt werden, erhalten nur noch dreimal täglich Futter. Wenn etwa 150 bis 200 Fische in einem 720 Liter fassenden Aquarium zu fast ausgewachsenen Diskusfischen herangezogen werden sollen, sollten diese Fische möglichst parasitenfrei sein.

Das mit den parasitenfreien Diskus hört sich immer spannend an, ist auch nicht ganz unumstritten. Da in dieser Anlage aber keine Zukäufe stattfinden, werden von außen auch keine Krankheiten in die Anlage eingeschleppt. Größte Vorsicht zahlt sich hier schon aus, denn wenn es bei diesen Wassermengen zu Krank-

Eine Großanlage in Europa

Das sieht doch sehr beeindruckend aus, wenn diese große Anzahl von gesunden, ausgewachsenen Diskus durch ein großes Aquarium schwimmt. Wieviel Arbeit aber dahinter steckt, um so ein optimales Ergebnis zu erzielen, erzählt dieses Bild leider nicht. Geduld, Fleiss und Erfahrung gehören auf jeden Fall dazu.

heitsausbrüchen käme, würde dies auch enorme Kosten für Medikamente verursachen. Sauerstoffarmes Wasser kann schnell Kiemendeformationen bei Diskusjungfischen hervorrufen. Deshalb ist der Wasserdurchsatz in der Aufzuchtanlage wichtig.

Zweimal stündlich läuft das gesamte Wasser einmal durch die Filteranlage. Die zusätzliche Sauerstoffbegasung ist ein wichtiges Hilfsinstrument geworden, um Ausfälle durch Sauerstoffknappheit zu vermeiden. Ganz wichtig und keinesfalls zu vernachlässigen ist das Reinigen der gesamten Aquarienscheiben. Nicht nur die Front-, sondern auch die Seitenscheiben müssen täglich innen gereinigt werden. Es bildet sich schnell ein Bakterienschleim auf den Scheiben. Es geht hier also nicht um die Sauberkeit, wegen des Durchsehens, sondern wegen der Bakterienreduzierung. Wenn Sie einmal in ein Aquarium hineinlangen und innen mit den Fingern über die Scheibe fahren, werden Sie schnell feststellen, dass hier ein richtiger Schleim auf der Scheibe sitzt.

In dieser Anlage sollen die Rottürkis Diskus die Hauptlinie bleiben. Deshalb werden auch immer große Mengen von Rottürkisdiskus groß gezogen, um die besten für die Weiterzucht herauszulesen. Die Frage nach der Rendite einer solch perfekten Großanlage wird immer wieder gestellt. Bis die Filteranlagen bezahlt sind, dauert es schon eine ganze Zeit. Überschlägt man die monatlichen Kosten realistisch, kommt man schnell auf rund 3 000 Euro Fixkosten, ohne Futter. Es wäre da ja auch eine fiktive Raummiete zu veranschlagen und die Arbeit müsste ja schließlich auch noch berechnet werden. Bei vielen Hunderten von ausgewachsenen Diskus und Tausenden von hungrigen Jungdiskus können schnell 1 000, aber auch 2 000 Euro monatlich verfüttert werden. Bei dieser Größenordnung ist sowieso eine ordentliche Buchführung und die Hilfe eines Steuerberaters notwendig. Dass solche Anlagen immer gewerbliche Anlagen und entsprechend gemeldet sein müssen, ist wohl selbstverständlich.

Auch wenn das Züchten von so vielen Diskus viel Freude macht, ist diese Art der Diskuszucht kein Hobby mehr, sondern ganz klar als Gewerbe einzuordnen. Auch wenn anfangs nichts damit verdient werden kann, aber es wird schon besser werden.

Eine Großanlage in Südostasien

Eine Großanlage in Südostasien

Was unterscheidet eine Zuchtanlage in Südostasien von einer Zuchtanlage in Europa. Einiges! Welches Land bietet sich heute an stellvertretend für Südostasien mit einer großen Fischzuchtanlage vorgestellt zu werden? Wir haben China ausgewählt, da aus China sicher in den nächsten Jahren viele Diskusfische exportiert werden. Andere Länder sind schon fast wieder zu „brav" geworden und nicht mehr so typisch für Massenzucht. Was heute in China gemacht wird, wurde vor 30 Jahren in Thailand und vor 20 Jahren in Malaysia gemacht. Riesige Zuchtfarmen mit vielen Betonbecken, in denen wie wild drauf los gezüchtet wurde. Heute geht es dort etwas zivilisierter zu und die Diskuszucht hat sich in Innenräume verlegt. Jetzt werden vielleicht noch einfache Fischarten im Freien gezüchtet, aber der Diskus ist zu wertvoll geworden, als dass man ihn in einem Schuppen oder gar im Freigelände züchten würde. Je nach Klimabedingungen muss die Diskuszucht ja in den einzelnen Ländern auch unterschiedlich ablaufen. Hier stellen wir eine riesige Zuchtanlage im Süden Chinas vor und zwar auf der Insel Hainan. Dort herrscht tropisches Klima und in den Zuchtstationen muss nicht extra geheizt werden. Anders sieht es weiter im Norden Chinas aus. Da ist Diskuszucht im Haus angesagt, weil es teilweise strenge Winter gibt und die klimatischen Unterschiede übers Jahr sehr groß sein können. Automatisch werden dann die Zuchtanlagen wieder etwas kleiner und kompakter, denn auch hier spielen die Heizkosten eine Rolle. Die altbekannten Diskusländer Südostasiens können oder müssen sich ja sowieso Diskuszuchtanlagen innerhalb von Gebäuden einrichten. Die Kunden erwarten dies auch von international aufgestellten Züchtereien. Wer heute in Hongkong, Singapur, Bangkok oder Kuala Lumpur Diskusfische einkauft, erwartet einen gewissen Standard, auch was die Darbietung der Fische angeht. Wer Diskusfische in China, Vietnam oder auf den Phillippinen sucht, wird mit einer Farm versteckt im Hinterland oder im Gewirr schmutziger Großstadtstraßen weniger Probleme haben, da er nichts anderes erwartet hat. Dass sich dies dann nach einigen Jahren des Erfolges langsam ändern wird, ist klar und bald schon werden wir vielleicht Dikusfische in einem super gestylten

Eine Großanlage in Südostasien

Um die Situation in Chinas Zuchtanlagen und Großfarmen etwas besser zu verstehen, soll ein kurzer Einblick in das tägliche Leben auf der Insel Hainan folgen. Tourismus ist schon im Entstehen und erste Ferienhotels werden entlang der Küste gebaut. Wie überall im ländlichen Gebiet Chinas geht es für westliche Verhältnisse noch etwas wild zu. Der Kampf ums tägliche Überleben ist irgendwie anders präsent als bei uns. In der Altstadt sind bunte Märkte und abenteuerliche Verkehrsverhältnisse bestimmen das Stadtbild. Aber auch ganz tolle Tiermärkte und lokale Zoogeschäfte sind hier zu finden und da sind wir dann wieder bei den Fischen. Aquarienfische stehen bei den Chinesen hoch im Kurs. Und so ist verständlich, dass in China auch sehr viele Aquarienfische für den heimischen Markt gebraucht werden. Noch ist der Export von Aquarienfischen, auch Diskus, nur ein Randthema. Doch dies beginnt sich schon zu ändern. Auf der Fahrt zur großen Fischfarm kommt man durch etliche Dörfer und völlig normal liegen dort die geernteten Reiskörner zum Trocknen vor den Häusern mitten auf der Straße und so mancher Überlandbus muss einfach darüberfahren. Doch das ist ganz normaler Alltag. Da taucht endlich die Fischfarm irgendwo im Niemansland auf.

Eine Großanlage in Südostasien

Gigantisch sind die Ausmaße in dieser Fischfarm, die in der Nähe des Meeres liegt und so auch eine große Abteilung für Meeresfische, Korallen und allerlei anderes Meeresgetier hat. Diese Spezialitäten werden meist schon exportiert und so manches öffentliche Großaquarium kauft hier wohl seine Haie ein. Durch den Besuch der Hallen, in denen die großen Meeresbewohner bis zum Verkauf gehalten werden, ist die Größe dieser Farm auch zu verdeutlichen. Nachzuchten im Bereich Meeresaquaristik gibt es hier noch nicht, da es viel einfacher ist die entsprechenden Tiere gleich aus dem benachbarten Meer zu fischen. Die Hälterung solcher Meerestiere setzt einige Technik voraus, denn selbst die Meernähe garantiert noch kein einfaches Austauschen des Wassers. Es müsste aus dem Meer in Tanks gepumpt und mit Lastwagen transportiert werden. Eine direkte Leitung ins Meer gibt es hier nicht. Deshalb auch der Einsatz von Eiweißabschäumern, die überall neben den Betonbecken stehen. Hier wird Eiweiß, das sich im Wasser konzentriert, ausgefällt und abgeschäumt. Die gleiche Technik benutzen wir ja auch im Meerwasseraquarium zu Hause. Somit liegt der Technikschwerpunkt auf der Umwälzung des Wassers, um mit Sauerstoff anzureichern und weniger auf der mechanischen Filterung. Die Wasserheizung spielt sowohl hier im Meerwasserbereich als auch im gesamten Süßwasserbereich keine Rolle, da es das ganze Jahr über warm ist. Kälteperioden sind hier unbekannt. In den Glasaquarien werden die kleineren und wertvolleren Fische und Weichtiere gehalten. Dort sind auch Korallen zu finden. Auch China muss sich beim Export an die internationalen CITES Bestimmungen halten und darf nur solche Tiere exportieren, die auch die nötigen Papiere besitzen. Übrigens sind diese Haie zumindest im Betonbecken sehr friedlich und froh, dass man ihnen nichts tut.

Eine Großanlage in Südostasien

Eine Großanlage in Südostasien

Die 35-Stunden-Woche ist hier noch nicht eingeführt worden und somit sind die Arbeiter auf dieser Farm fast immer hier anzutreffen. Sie wohnen, essen und schlafen hier. Nur ab und zu geht es einmal ein paar Tage nach Hause ins Heimatdorf. Interessant ist, dass sich heute schon viele Taiwan Chinesen wirtschaftlich in China engagieren. So wird diese Farm auch von einem Besitzer aus Taiwan geleitet, der aber auch einen chinesischen Pass benutzen muss, solange er sich in China aufhält. China lässt also schon

Eine Großanlage in Südostasien

reichlich Know-How und Geld aus Taiwan ins Land fließen. Hier werden auch Arowanas gezüchtet. Diese Fischriesen sind links als Babys mit Dottersack zu bewundern und rechts dann als große Zuchtfische. Die Zucht findet in großen, befestigten Teichen statt. Dort wird mit Netzen abgeschattet und Vogelfraß verhindert. Die kleinen Arowanas müssen natürlich die ersten Wochen in Aquarien verbringen, da eine gute Fütterung und tägliche Kontrolle für den Zuchterfolg sehr wichtig sind.

Eine Großanlage in Südostasien

Jetzt geht es hinter die Kulissen dieser Massenzucht. Doch zuerst einmal ins Büro, wo stolz Diskusfische präsentiert werden. Der Diskus hat schon einen hohen Stellenwert und hier wird mit Zeitungsausschnitten auch gleich demonstriert, dass man als Züchter schon bekannt ist. Die Diskus werden auch in China einen Standard erreichen, der sie zum Statussymbol erhebt. Unendliche Betonreihen mit Einzelaquarien sind in den Hallen aufgebaut. Dort befindet sich jeweils eine Frontscheibe eingeklebt in die Aquarien. Hier werden hauptsächlich Cichliden gezüchtet. Natürlich auch Diskus. Alle Aquarien sind in jeder Reihe miteinander vernetzt und die Wasserversorgung geschieht über die Kunststoffrohre. Dies ist ganz einfach. Von oben spritzt aus dem Hauptrohr gefiltertes Wasser aus einem Zentralfilter in die Aquarien. Über ein Überlaufrohr läuft das übrige Wasser wieder ab. So ist der Wasserstand immer so hoch, wie es eben das Überlaufrohr vorgibt. Das ablaufende Wasser wird gesammelt und läuft in den Filter zurück. Ist genug Wasser da, wird sogar auf eine Filterung verzichtet und nur Frischwasser zugeleitet. Unter solchen optimalen Wasserbedingungen wachsen Fische sehr schnell und laichen auch zügiger ab, da das Frischwasser immer wieder zum Laichen anregt. Ein ähnliches System ließe sich im Kleinen zu Hause bei Ihnen nachbauen.

Eine Großanlage in Südostasien

Diskusfische werden in der Regel heute in allen Farmen in den Innenräumen gehältert. Wobei es hier in dieser Farm auch schon einige Versuche mit Freilandhaltung in größeren Betonbecken gibt. Es ist doch durchaus denkbar, in einem Betonbecken mit etwa vier mal sechs Metern Größe und einem Wasserstand von 70 Zentimetern Diskusfische zu züchten. Dies wären rechnerisch 16 800 Liter Wasser. Dort sechs bis zehn Paare hineinsetzen und mit einigen Tontöpfen Reviere bilden, das würde sicher zum Erfolg führen. Schwieriger wäre die Überwachung und das Aussortieren der Jungfische. Vielleicht doch ein Grund erst mal Aquarien vorzuziehen. Diskusaquarien werden viel individueller behandelt.

Da gibt es dann plötzlich auch einen Filter. Hier gleich zwei solcher Filter und zwar zum einen ein üblicher Schwammfilter, wie er in ganz Asien gerne eingesetzt wird. Zum anderen aber ein Filterkasten als Aufsatzfilter. Hier steht ein Filterkasten mit Watte gefüllt auf dem Aquarium. Die Pumpe im Aquarium pumpt Wasser in ein Verteilrohr über der Watte und durch Löcher im Boden des Kastens fließt das Wasser einfach wieder ins Aquarium. Diese Art der Filterung hat man hier den Hongkong-Chinesen abgeschaut, denn dort sind solche Filtersysteme üblich. Die Qualität der Diskus war noch nicht so toll, jedoch für den lokalen Hauptmarkt gut genug. Durch Einfuhr von Zuchtdiskus aus Taiwan wird es aber sehr schnell qualitative Quantensprünge geben.

Eine Großanlage in Südostasien

Einblick in die Aufzuchtanlage. Hier werden die wertvollen Diskusfische gepflegt. Alles ist erst noch im Aufbau und jedes Jahr werden es mehr Aquarien mit Diskusfischen. Momentan hat man erst rund 120 Diskuspaare im Daueransatz. Endziel der Diskusfarm sind etwa 500 Paare mit denen man dann speziell selektieren kann. Geplant ist eine deutliche Trennung zwischenDiskuspaaren für den Heimatmarkt und Paaren, die Nachkommen für den Export liefern sollen. Das bedeutet zwar eine Art Zweiklassensystem, ist aber mit wirtschaftlichen Überlegungen gut zu begründen.

Für einen kleinen Diskus von fünf Zentimetern bekommt man vom Großhandel in China maximal umgerechnet einen Euro. Für einen kleinen Diskus, der in den Export geht und vielleicht über Hongkong oder Taiwan in den Westen oder nach Japan verkauft werden kann, sind schnell das Drei- oder Fünffache zu erzielen. Deshalb wird man sich auch immer mehr an den Farben orientieren, die auf dem Weltmarkt gängig und gefragt sind. Dass die Blue Diamond Diskus dazugehören und noch lange dazugehören werden ist klar. Deshalb gibt es hier links auch schon makellose Blue Diamond zu bewundern, die auch ein tolles rotes Auge haben. Der Schwammfilter ist wieder typisch und auch hier wird wie bei allen Aquarien auf den Filterkasten über dem Aquarium geschworen. Dieser Sauerstoffeintrag durch den Filterkasten bringt als Resultat schon gute Wachstumsergebnisse, denn Sauerstoff bedeutet Leben. Selbst wenn die Aquarien mit den Jungfischen einmal zu stark besetzt

Eine Großanlage in Südostasien

wären, käme es so nie zu einer Sauerstoffunterversorgung. Kiemendeckelschäden können beispielsweise gerade bei Sauerstoffdefiziten in der Frühphase des Wachstums verheerende Auswirkungen auf die kleinen Diskusfische haben. Mit dem Auge sind diese Mängel dann noch gar nicht zu erkennen und erst später ist man überrascht, dass alle kleinen Diskus eines Wurfes eine Kiemendeformation haben.

Die Wasserwerte in Südchina sind perfekt für die Zucht und Aufzucht der Diskusfische. Meist gibt es weiches Wasser mit den passenden, leicht sauren pH-Werten. Dies ist auch der Grund dafür, dass man in dieser Zuchtfarm keine Wasseraufbereitung sehen kann. Umkehrosmose und Teilentsalzung sind kein Thema.

Gefüttert wird viel mit Tubifex und Roten Mückenlarven. Das ist eben ein leicht zu beschaffendes Futter, das wenig kostet. In Zoogeschäften gibt es jede Menge Industriefutter zu kaufen, aber das Lebendfutter spielt noch eine große Rolle, auch wenn die Belastung durch Schwermetalle gerade in China nicht unerheblich ist. Zuchtfarmen, die von Profis aus Taiwan und Hongkong geführt werden, produzieren auch schon eigenes Futter mit Rinderherz, soweit dies verfügbar ist. Allerdings werden dann auch Garnelen, Fisch und andere Zutaten untergemischt, sodass sich nur etwa 50 % Rinderherzanteil in dieser Futtermischung befinden. Die kleinen, rötlich gefärbten Diskus rechts profitieren auch von der Fütterung mit Artemia und Garnelen. Auffallend waren in allen Aquarien die gleichmäßig gewachsenen Diskusfische.

Eine Großanlage in Südostasien

Eine Großanlage in Südostasien

Die Jungfische werden sehr früh von den Eltern getrennt und in kleineren Aufzuchtaquarien ständig mit Futter versorgt. So sind sie auch leichter zu kontrollieren. Bei der Zucht wird ab und zu auch etwas Osmosewasser beigemischt, um das Wasser noch besser zu machen, deshalb befindet sich im Zuchtraum eine Umkehrosmoseanlage mit Filterpatronen, allerdings nicht überdimensioniert, da nur wenig im Einsatz. Die Schwammfilter haben bei den sehr kleinen Diskusfischen erhebliche Vorteile. Die Jungen können nie in irgendeinen Filter hineingezogen werden und sie finden immer etwas Futter auf der Schwammoberfläche. In Deutschland haben die Diskuszüchter schon vor vierzig Jahren so einfache Schwammfilter für die einzelnen Zuchtaquarien bevorzugt.

Oben sind interessante Filtereimer zu sehen. Diese großen Eimer mit Steinmaterial gefüllt, werden über Luftheber als Filter verwendet. Einsatzgebiet sind die großen Betonbecken in denen Tausende von kleinen Zuchtfischen schwimmen. Dort blubbern diese Filter dahin, sorgen für Wasserbewegung, Futterverteilung, aber nur wenig für Filterung, denn dafür sind sie zu schwach, um einige Tausend Liter Wasser zu reinigen.

Eine Großanlage in Südostasien

Eben noch Jäger, jetzt schon Gejagter und Futter für die anderen. So kanns gehen in einer Zuchtanlage. Dieser Prachtcichlide war leider für die Zucht nicht geeignet, da er eine Maulverformung hatte, die sich hätte vererben können. In sehr großen Betonteichen, die schnell die Ausmaße eines deutschen Schwimmbades erreichen können, kann sich so ein Fisch schon mal lange unerkannt tummeln. Jetzt wurde er gefunden, schnell tiefgekühlt wie einige andere tiefgekühlte Kollegen, um dann in passende mundgerechte Stücke für große Zuchtfische gehackt zu werden und in deren Mäulern zu enden. In so einer großen Zuchtfarm muss eben alles wiederverwendet werden. Es spricht ja auch nichts dagegen, eigenes Fischfutter herzustellen, wenn genug Basismaterial da ist. Dem Chef der Zuchtfarm war es ein Vergnügen uns diese Fütterung vorzuführen. Für große Zuchtfische, die ja oft auch Räuber sind, wird gerne Fischfleisch angeboten. Doch auch rohes Hühnerfleisch ist sehr beliebt. Da sind es auch die Innereien, die sehr gute Futterlieferanten sind. Leberstücke und zerkleinerte Herzen stehen da an erster Stelle. Im Heimaquarium ist Leber zwar ein alter Futtertipp, aber auch problematisch, was die Wasserbelastung angeht.

Eine Großanlage in Südostasien

Endlich geht es auf die Reise. Für den Export werden die Fische besonders sorgfältig verpackt. Bei Diskusfischen sind drei Tüten heute schon die Norm, weil der ausgewachsene Diskus eben doch eine Tüte mit seinen Flossenstrahlen durchstechen kann. Da kommt es schnell zum unnötigen Transportschaden und Tod eines wertvollen Fisches. Die Fische werden aus den Teichen abgefischt, sortiert und dann erst für den Versand freigegeben. Bei Diskus spielt sich das Einpacken dann in den Hallen ab. Airlines haben sich auf den Aquarienfischtransport spezialisiert und es gibt spezielle Thermobehälter, in denen die Styroporboxen verpackt werden. Im Bauch eines Fliegers wird es nämlich ganz schön kalt.

Die größte Zuchtanlage Europas

Die größte Zuchtanlage Europas

Christian Homrighausen

Die größte Zuchtanlage Europas befindet sich in Warendorf in Deutschland und besteht dort schon seit rund 40 Jahren in zweiter Generation.
Zuchtanlagen in Europa unterscheiden sich erheblich von ihren Konkurrenten in Südostasien. Alles ist hier anders, ja alles muss hier anders sein. Wie in Asien auch, werden hier nur Diskusfische in Zuchtformen nachgezüchtet. Das bedeutet, dass hier keine reinen Wildfangnachzuchten produziert werden. Das liegt in erster Linie daran, dass es noch keinen wirklichen Markt für kleine Wildfangnachzuchten gibt, obwohl dies doch sehr reizvoll erscheint. Zum anderen liegt es aber sicher vor allem daran, dass Wildfänge sehr spät ausfärben. Erst mit einem halben Jahr zeigen die Jungfische etwas Farbe und so richtig schön werden sie erst mit einem Jahr oder noch später. So lassen sich beispielsweise Curipera Nachzuchten, die ja kräftig rotbraun sein sollen nicht als sechs Zentimeter große graubraune Jungfische erfolgreich vermarkten. Eine sehr große Zuchtanlage muss ganz andere Schwerpunkte setzen, um heute auf dem internationalen Markt konkurrenzfähig zu bleiben.

Die größte Zuchtanlage Europas

Bei so einer riesigen Zuchtanlage kommt es auf sauberes Arbeiten besonders an. Krankheitsausbrüche hätten ja verheerende Folgen, denn schnell könnten Tausende von Diskus infiziert werden. Die Mitarbeiter sind entsprechend sensibilisiert. Da die ganze Woche Diskusfische verschickt werden, ist ständig ein Sortieren notwendig. Fische müssen herausgefangen, umgesetzt und ein Teil für den Versand vorbereitet werden. Mitarbeiter kontrollieren beim Herausfangen immer die Größe und Qualität der Fische. Hier links sehen Sie einen Mitarbeiter bei dieser Kontrollaufgabe. Da stehen drei Aquarien bereit. So lassen sich aus dem mittleren Aquarium die Jungfische heraussortieren und je nach Kriterium ins linke oder rechte Aquarium umsetzen. Manchmal ist eine solche Größenkontrolle nötig, um ein gleichmäßiges Wachstum zu erreichen. Wenn Sie dann oben die ganze Gruppe von roten Diskus im Vergleich sehen, dann ist doch sofort festzustellen, dass alle Diskusfische in diesem Aquarium etwa gleich groß sind. Durch diese Selektion, die ständig stattfindet, ist eine gleichbleibende Qualität gewährleistet. Fische, die für Zuchtzwecke verwendet werden sollen, können bei dieser Selektion auch immer ausgesucht werden. So kommt es dann, dass solch toll gezeichnete Diskus, wie dieses Schautier, in der Zuchtanlage zurückbleiben und die Qualität verbessern.

Die größte Zuchtanlage Europas

198

Die größte Zuchtanlage Europas

Die Familie Stendker hat sehr lange Erfahrung mit der Zucht von Diskusfischen. Wer es geschafft hat, so eine in Europa konkurrenzlose, Diskuszuchtanlage dieser Größe aufzubauen, muss diese Erfahrung ja auch haben. Sieben Tage die Woche und 365 Tage im Jahr sind Kontrollgänge angesagt. Alle Aquarien müssen begutachtet werden, denn oft sieht nur der Fachmann, dass hier in einem Aquarium etwas nicht stimmt. Wer seine Anlage und seine Fische kennt, bekommt ein gutes Gefühl dafür. Auch zu Hause wird es Ihnen doch so gehen, dass Sie auch merken, wenn etwas bei Ihren Diskusfischen nicht stimmt. Technisch gesehen sind die Aquarien alle auf einfachste Versorgung hin getrimmt. Sie sehen hier, dass die Wasserversorgung von vorne gut sichtbar ist. Die Ablaufrohre sind ebenfalls vorne eingebaut. Das sieht zwar nicht schön aus, ist aber praktisch und darauf kommt es hier an. Man kann die Aquarien einfach nicht mühsam von hinten bedienen. Bei diesem starken Besatz ist es wichtig, dass ständig Wasser zirkuliert und auch frischer Sauerstoff eingebracht wird. Jedes Aquarium hat sowieso auch eine Luftversorgung über einen Ausströmer. Da aus dieser Anlage auch große Diskus, bzw. Diskus in allen Größen, ganzjährig angeboten werden, sind die Aquarien ganz schön voll. Die roten Wäscheklammern bedeuten hier, dass momentan aus diesen Aquarien nichts verkauft wird. Dies hat meist züchterische Gründe, weil vielleicht noch einige besonders auffällige Diskus für die Zuchtanlage aussortiert werden sollen. Dass nur beste Diskus verpaart werden, ist klar und nur Topfische, wie links, werden hier angesetzt.

Die größte Zuchtanlage Europas

Diskusfische unterliegen einer Farbmode. Einmal sind Diskus mit roten Punkten mehr gefragt, ein andermal sind dann flächige Diskus wieder in oder out. Momentan sind vor allem Diskusfische mit vielen roten Punkten die Renner. Dieser Farbschlag hält sich schon einige Jahre und gerade bei Wettbewerben gewinnen immer solche rotgepunkteten Diskus.

Ein wirklich tolles Zuchtpaar aus dieser Linie ist oben zu sehen. Wichtig ist hierbei, dass wirklich der ganze Körper mit diesem Muster überzogen ist. Solche Diskus sind auch wirklich erbfest und die Nachkommen sehen dann so aus wie die Eltern. Auch dies ist bei einer Zucht ja von großer Bedeutung, denn wenn die Hälfte der Jungfische nachher eine schwächere oder andere Farbe zeigt, bringt dies beim Verkauf erhebliche Probleme.

Durch das Einkreuzen von asiatischen Pigeon Blood Varianten vor etwa zehn Jahren gelang es, etliche neue Farbschläge herauszuzüchten, die heute fester Bestandteil der Preisliste sind. Im Internet können Sie die Farbschläge, die gerade aktuell sind, ansehen. Sie brauchen in einer Suchmaschine nur Diskuszucht und Stendker einzugeben. Auch klassische Rottürkis sind noch beliebt, wenn auch nicht mehr die ganz große Menge abzusetzen ist. Rechts eine Gruppe schöner blauer Pigeon Blood.

Die größte Zuchtanlage Europas

Das Geheimnis des langjährigen Erfolges liegt wohl auch darin, dass aktuelle asiatische Farben auch sofort hier nachgezogen werden. Werden aber Diskusfische zu Zuchtzwecken zugekauft, müssen sich diese einer sehr aufwendigen und langen Quarantäne unterziehen lassen. Das Risiko, irgendwelche Krankheiten in eine so große Anlage zu bekommen, muss von vornherein auf Null reduziert werden, denn im Falle eines größeren Krankheitsausbruches wäre die gesamte Anlage betroffen. Auch ein Grund, weshalb die fünf Zucht- und Aufzuchtshallen komplett voneinander getrennt sind. Es gibt über das Wasser keinerlei Verbindung zwischen den fünf Gebäuden. Sogar völlig getrennt arbeitendes Personal wird eingesetzt. Das heißt in der Praxis, dass Mitarbeiter in Halle eins nie in die Hallen zwei und drei usw. kommen. So sind auch Besucher in der Anlage nicht willkommen, aber das sind eben ganz einfache praktische Gründe, die da mitspielen. Gezüchtet wird ausschließlich für den Fachhandel. Verkauft wird in ganz Europa und vereinzelt werden auch Händler in Übersee beliefert. Der Händler kann die Diskusfische nur anhand einer Preisliste aussuchen und dann bestellen. Versand erfolgt per Paketschnelldienst oder dann per Flugzeug. Selbstabholung für Händler aus der Nähe ist zwar möglich, jedoch dürfen diese die Hallen auch nicht betreten, sondern nur ihre Fische direkt schon verpackt annehmen. So sind in den Hallen keine kranken Diskus zu entdecken.

Die Mengen an Diskusfischen, die hier in den Hallen ständig herumschwimmen sind schon gigantisch und es gibt auch in Südostasien kaum eine Zuchtanlage, die wirklich größer ist. Etwa 450 Zuchtpaare sind hier im Ansatz. Insgesamt schwimmen im Durchschnitt 200 000 Diskus in den Hallen, wovon etwa 15 000 schon ausgewachsen sind. Verkauft und angeboten wir in allen Größen. So geht es bei 5 cm los und hört bei Jumbogrößen um 20 cm auf. Um diese Quantität bei gleichzeitiger Qualität zu züchten bedarf es praktischer Arbeitsabläufe.

In jeder Halle gibt es verschiedene Wasserkreisläufe. Zum einen das Zuchtwasser für die Paare und zum anderen das Hälterungswasser mit einer Gesamthärte von 15° dH. Kleine Jungfische, die von

Die größte Zuchtanlage Europas

Als vor rund zwanzig Jahren, ja solange ist es wirklich schon wieder her, die Blue Diamond aus Hongkong nach Europa kamen, war die Aufregung groß. Endlich völlig türkisblau überzogene Diskus ohne irgendwelche Streifen, einfach toll. Diesen Blue Diamond fehlen ja vor allem die neun dunklen Senkrechtstreifen. Sie waren einfach weggezüchtet worden. Anfangs klappte die Nachzucht außerhalb Hongkongs auch nicht. Erst später wurden die Blue Diamond vereinzelt in anderen Ländern angeboten. Heute hat jede größere Zuchtfarm Blue Diamond Diskus im Angebot. Aber es gibt große Qualitätsunterschiede. Ein Problem sind die strahlend türkisen Farben, die vor allem auch auf der Körpermitte da sein müssen. Toll wäre es, wenn diese Diskus auch rote Augen hätten. Es gibt noch sehr viele mit gelben Augen und diese Diskus sehen bei Weitem nicht so attraktiv aus. Hier wird nur auf rote Augen bei Blue Diamond geachtet und die Farben sind auch sehr intensiv türkis, wie zu sehen ist. Oft bleiben Blue Diamond in der Endgröße auch etwas hinter den Erwartungen zurück, deshalb ist Zuchtauswahl sehr wichtig.

Die größte Zuchtanlage Europas

den Eltern abgesetzt werden, werden über etwa vier Wochen an das harte Wasser und den höheren pH-Wert gewöhnt. Dieses härtere Wasser und die neutralen pH-Werte haben für die zukünftigen Kunden und Besitzer sehr große Vorteile, da die Fische normales Leitungswasser gewöhnt sind.

Zur Auswahl der Zuchtpaare wurde berichtet, dass hier kein spezielles Anpaaren stattfindet. Es werden einfach zwei passende Diskus zusammengesetzt. Laichen sie ab, ist es gut, tun sie nichts, werden sie wieder getrennt. Besonders schöne Diskus bekommen dann eine zweite Chance mit einem anderen Partner. Dass es sich beim Zusammensetzen von zwei Diskusfischen immer um ein Männchen und ein Weibchen handelt, glauben die Besitzer schon erkennen zu können. Die Wahrscheinlichkeit, dass dies so ist, ist bei der Erfahrung wohl auch 99 Prozent. Durch viele Verbesserungen in der Anlage ist es in den letzten Jahren gelungen, die Zahl der Jungtiere pro Zuchtpaar fast zu verdoppeln. Den Rekord hält immer noch ein Pärchen mit 425 Larven, doch dies war wirklich eine sehr große Ausnahme.

Eine künstliche Aufzucht gibt es in dieser Anlage nicht. Die Brutpflege heikler Farbvarianten, wie beispielsweise der roten Diskus, funktioniert auch bestens. Es dürfen dann nur in den Aquarien keinerlei dunkle Gegenstände vorhanden sein, da sonst die Larven diese Gegenstände mit den Eltern verwechseln und anschwimmen. So kann es zum Totalverlust der Brut kommen. Kleine Artemia Nauplien werden übrigens schon gleich nach dem Freischwimmen zugefüttert. Damit das zahlreiche Personal, das ja auch aus Aushilfen besteht, erkennen kann, welche Paare gerade Junge pflegen und Artemia erhalten sollen, klemmt oben am Aquarium eine gelbe Wäscheklammer als Zeichen. Eine rote Wäscheklammer sagt: Stop! Scheiben nicht putzen, die Diskus haben an der Scheibe abgelaicht!

Mit ein paar Tropfen Methylenblau wird dafür gesorgt, dass die Eier nicht verpilzen. Damit das Methylenblau aber nicht im ganzen Zuchtaquarium verteilt wird, wird vorher über den Laichkegel ein Acrylglasrohr gestülpt. So sind die Eier quasi im eigenen Miniaquarium, das

Die größte Zuchtanlage Europas

Die größte Zuchtanlage Europas

Aquarium neben Aquarium. Unendliche Reihen mit Tausenden von Diskusfischen. Ist doch toll anzusehen, wie da Hunderte von kleinen Plastikbecken nebeneinander in den Regalen stehen. Durch die kleinen Aquarien ist es besonders einfach, die Diskusjungen immer gut ins Futter zu stellen. Links sehen Sie wie in jedes Aquarium von oben ein Luftschlauch und ein Wasserschlauch führt. Permanent läuft gefiltertes Wasser von oben zu und die gleiche Wassermenge läuft dann über das Überlaufrohr nach unten in den Sammelfilter ab. So entsteht ein geschlossener Filterkreislauf mit permanenter Wasserzufuhr. Eigentlich das Beste für die Aufzucht. Links unten ein Einblick in eine Zuchtabteilung, wo oben immer ein Zuchtpaar im Aquarium sitzt. Unten dann größere Aquarien mit Jungfischen zur Aufzucht. Dass immer nur eine Reihe Zuchtaquarien in Augenhöhe steht, hat den einfachen Grund, dass so eine Kontrolle der Zuchtpaare besser möglich ist. In untere Aquarien ist die Einsicht viel schlechter. Auch hier läuft von oben feinstrahlig Frischwasser zu und über den Überlauf dann über die außen verlegten Abflussrohre wieder ab. Die Zuchtaquarien werden mit speziell aufbereitetem Wasser versorgt.

Die größte Zuchtanlage Europas

Alle Diskusfische in dieser Zuchtanlage bekommen das gleiche Futter und zwar auch in der gleichen Größe. Das bedeutet, dass der selbst hergestellte Futterbrei keine Unterschiede macht zwischen roten, blauen, braunen oder vielleicht grünen Diskus. Ebenso wird nicht unterschieden, ob für zwei Wochen alte, zwei Monate alte oder zwei Jahre alte Diskus. Jeder bekommt das gleiche Futter. Basis des selbst hergestellten Futterbreies sind entsehnte Rinderherzen. Bei der Menge an Diskusfischen in dieser Anlage sind etwa 90 Rinderherzen pro Tag zu verfüttern. Das macht die Zuchtfarm zum Großabnehmer im örtlichen Schlachthof. Vor der Tiefkühlzelle befindet sich ein Futtervorbereitungsraum, wo die Rinderherzen entfettet und entsehnt werden. Dann werden sie maschinell in die gewünschte Größe zerkleinert. Das Fleisch ist schon sehr fein zerkleinert und entsprechend stark verteilt es sich auch im Aquarienwasser. Doch die Menge der Diskus, die sich dann auf den Futterbrei stürzen, erwischt doch fast alles, sodass kaum ein Fetzchen Rinderherz in den Filter wandert. Zugemischt werden Vitamine und spezielle Futterzusätze, die ein kleines Betriebsgeheimnis sind. Zusätzlich kommen noch abgekochte Cyclops dazu.

Die größte Zuchtanlage Europas

aber im großen Aquarium der Eltern steht. Dies ist eben ein Trick, der sich durch lange Praxis herausgefiltert hatte. Schön, dass uns gegenüber keine Geheimniskrämerei beim Besuch dieser Anlage gemacht wurde.

Für die Aufzucht der Jungfische gibt es ein ganz spezielles System, das so immer eingehalten wird. Die Jungen werden gleich nach dem Entfernen von den Eltern zu je 50 Stück in kleine Aquarien umgesetzt, die in Regalen stehen und zur Pflege und zum Aussortieren auf Arbeitsflächen umgesetzt werden können. Ein Wasserzulauf und eine Luftversorgung werden einfach von oben eingehängt und sind flexibel, sodass so ein Aquarium leicht weggenommen werden kann.

Jedes Aquarium hat auch einen Überlauf, der hinten eingeklebt ist. Dieser Überlauf steht nur kurz hinter dem Aquarium heraus und das Wasser läuft einfach nach unten in ein großes Filteraquarium ab. So wird das Wasser in den kleinen Aufzuchtaquarien ungefähr alle 20 Minuten einmal ausgetauscht. Dieser schnelle Wasserwechsel tut den kleinen Diskus sehr gut und sie wachsen entsprechend schnell. Überhaupt ist die Filterung ein wichtiger Faktor in diesen Hallen. Gegenüber den asiatischen Züchtern ist man hier in Deutschland erheblich im Nachteil. Erstens muss das gesamte Wasser, und das sind Mengen, immer schön warm aufgeheizt werden. Zweitens muss das Wasser möglichst lange verwendet werden. Viele asiatische Züchtereien lassen täglich einfach bis zu 90 % des Aquarienwassers beim Wechseln weglaufen und ergänzen mit Frischwasser aus der Leitung. Diesen Wasserluxus kann man sich in Europa nicht mehr leisten. In den verschiedenen Filterkreisläufen wird ausschließlich mit den blauen Filtermatten gefiltert. Verwendet werden die grobsten Gewebe mit PPI 30. In manchen Aquarien sind diese Schwämme schon seit 20 Jahren im Einsatz. Durch die grobe Porosität und das große Volumen ist sichergestellt, dass die Abbauleistungen und Standzeiten am Limit sind. Die Filterbecken sind einfache Holzbek-

Die größte Zuchtanlage Europas

Cyclops sind kleine Ruderfußkrebschen, die in unseren Gewässern leben. In Seen können sie abgefischt werden. Wie alle Krebsartigen sind auch sie ein gutes und nahrhaftes Fischfutter. Cyclops könnten Bandwurmcysten übertragen und werden deshalb vor dem Vermischen in das Fischfutter kurz abgekocht. Die Diskus werden den ganzen Tag über gefüttert. Jungfische entsprechend öfter und ältere Fische nur zwei- bis dreimal. Dabei wird der aufgetaute bzw. frische Futterbrei mit einem Löffel direkt ins Aquarium geworfen. Die Diskus stürzen sich sogleich auf die Brocken und zerpflücken sie in Sekundenschnelle. Von klein an sind die Diskus dieses Futter ja gewöhnt und kennen gar nichts anderes, deshalb kommen wohl auch große Diskus mit den teilweise winzigen Futterstückchen zurecht und suchen diese auch im Wasser. Da die Diskus, die in den Verkauf gehen, alle gute Fresser sind, haben die Käufer keine Schwierigkeiten, diese Diskus an andere Futtersorten zu bringen. Eigentlich sollten sie alles fressen, sagen die Züchter. Es ist auch tatsächlich so, dass besonders unproblematisch Flockenfutter angenommen wird. In den Zuchtaquarien ist es so, dass die Eltern während der ersten Pflegetage nichts zu fressen bekommen und später nur gezielt. Die Jungen erhalten sofort nach dem Freischwimmen die ersten lebenden Artemia. Deshalb auch die gelbe Wäscheklammer am Aquarium, die signalisiert: Achtung nur Artemia füttern! Mit Sekretbildung, auch bei schwierigen Zuchtvarianten, gibt es hier keine Probleme. Wie zu sehen ist, sind außer dem Laichtopf keinerlei Einrichtungsgegenstände im Aquarium. Vor allem bei den komplizierten Diskus wie Roten Diskus oder sehr hellen Varianten ist es wichtig, dass keine dunklen Gegenstände im Aquarium sind, die die Brut ablenken könnten.

Die größte Zuchtanlage Europas

ken, die mit einer Kautschukfolie ausgeschlagen sind. Also ähnlich wie beim Gartenteichbau. Diese einfachen Konstruktionen halten sehr lange und ersetzen bei so großen Anlagen die aufwendigen Glasfilter, die in solchen Größen durch die Dicke des Glases auch sehr teuer wären. Einige Großfilter besitzen auch noch Kunststoffbälle als Reinigungsmaterial, werden aber demnächst wohl gegen blaue Filterschwämme ausgetauscht werden. Über die Heizung ist nicht viel zu berichten, denn hier gibt es in jeder Halle in den Filterkreisläufen sogenannte Durchlauferhitzer, die das Wasser immer wieder aufheizen.

Durch das starke Füttern wird das Wasser ja immer belastet. Das ist zu Hause im Normalaquarium nicht anders als in einer Großanlage mit Zehntausenden von Diskusfischen. Deshalb muss hier gezielt gefüttert werden. Es wird mehrmals täglich nach einem Futterplan gefüttert und dabei darauf geachtet, dass die Futtermenge so berechnet ist, dass das angebotene Futter auch schnell gefressen wird. Es sollen keine Futterreste im Aquarium zurückbleiben. Bei so einem starken Besatz mit Fischen wie hier, ist das auch kaum denkbar, denn eine Gruppe von dreißig oder mehr halbwüchsigen Diskusfischen entwickelt so viel Futterneid, dass jeder kleine Futterfetzen noch schnell in einem Maul verschwinden wird.

Die Diskuszucht Stendker beliefert die ganze Welt mit Diskusfischen und hat sich einen Namen gemacht. Es ist gut, dass es in Europa noch einen Gegenpart zu den Großzüchtereien in Asien gibt. So verschwindet unsere einstige Vormachtstellung in Sachen Diskuszucht doch noch nicht ganz aus den Köpfen der Diskusliebhaber. Solange es noch Qualitätsdiskus aus Europa gibt, ist dies schön. Gemeint sind hier auch die vielen kleinen Züchter, die teils gewerblich, teils aber nur aus Leidenschaft schöne Diskus züchten und damit beweisen, dass dieses tolle Hobby mit einem der interessantesten Fische auf dieser Welt niemals aussterben wird.

Die größte Zuchtanlage Europas

Oben ein Zuchtaquarium mit genauer Beschriftung, was dieses Pärchen so alles an Nachkommen geleistet hat. Da werden die ganzen Daten erfasst. In den Versand kommen täglich Diskus, die in alle Welt gehen. Die Styroporbox ist nach wie vor das beste Versandmedium. Die Plastikbeutel werden im Büro vorbereitet und beschriftet und zwar genau nach Bestelleingang. So brauchen die Packer nur noch genau nach Beutelanweisung arbeiten. Für normale Aufträge innerhalb Deutschlands reicht der Sauerstoff für 36 Stunden. Spezialaufträge können mit Sauerstoffgarantie bis zu 72 Stunden ausgeführt werden.

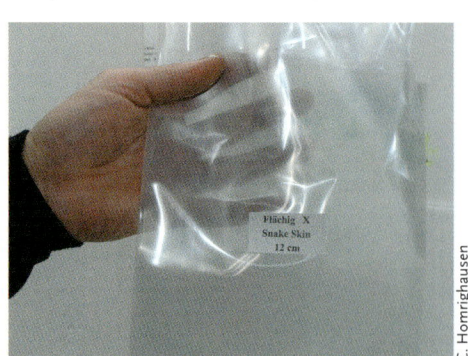

Die größte Zuchtanlage Europas

Hier ein Blick in die große Tiefkühlzelle, wo die Futtermischung eingefroren ist, die immer als eiserne Reserve da sein muss. Frostfutter hat bei einer solchen Menge an Futter, die hier täglich verbraucht wird, schon den Vorteil, dass es kostengünstiger ist. Überlegungen auf Industriefutter für Konsumfische wie Forellen oder Lachse auszuweichen, waren sicher bei jedem Großverbraucher schon mal da, doch diese speziellen Futtergranulate sind für Aquarienfische nicht geeignet, da die Zusammensetzung hier vor allem auf Fleischproduktion ausgerichtet ist. Bei diesen Mastfuttern wachsen die Fische sehr schnell, viel zu schnell, bekommen aber Leberverfettung und auch das Fortpflanzungsvermögen wird deutlich eingeschränkt. Wer also seine Diskusfische mit billigerem Mastfutter aus der Fischindustrie füttert, wird daran nicht lange Freude haben.

Am besten ist immer noch eine gewisse Abwechslung auf dem Futterplan, dann ist eine Rundumversorgung mit allen lebensnotwendigen Stoffen am besten gewährleistet. Nur mit dem Verfüttern von Rinderherz käme man in dieser Zuchtanlage auch nicht klar. Auch hier macht es erst die richtige Mischung.

Wasser – Lebenselement für Diskusfische

Wichtiges über das Wasser

Hanns-J. Krause

Reines Wasser, also chemisch reines H_2O, ist ein absolut toter Lebensraum. Es ist völlig nährstofffrei. Weder kleine Algen noch winzige Infusorien, die als Staubfutter für größere (Jung-) Tiere dienen, können in absolut reinem Wasser gedeihen. Außerdem quellen darin infolge osmotischer Wasseraufnahme alle einfachen Zellen, beispielsweise Spermazellen, maßlos auf, bis diese schließlich zerplatzen und damit absterben.

Biologisch einwandfreies Wasser muss eine Mindestmenge an gelösten Stoffen enthalten, meist sind es Salze verschiedener Art. Das gilt für unser Trinkwasser genauso wie für Aquarienwasser. Zwar soll das Wasser für unsere Diskusfische nur wenige gelöste Stoffe enthalten, aber eine Mindestmenge ist stets erforderlich. Wer Näheres wissen möchte über die Stoffe im Wasser, ihre biologische Bedeutung, analytische Messmöglichkeiten, aquaristische Grenzwerte sowie über Verfahren zum Anheben oder Absenken der Konzentrationen, dem sei Krause's „Handbuch Aquarienwasser" aus dem bede-Verlag (ISBN 978-3-927 997-00-5) empfohlen. In diesem vorliegenden Diskus-Buch liegt der Schwerpunkt auf der Wasseraufbereitung, um die der Diskusfreund nur sehr selten herumkommen kann.

Aufbereitung des Aquarienwassers

Das Folgende gilt grundsätzlich für jedes Aquarienwasser, egal ob es für Diskus- oder andere Fische benötigt wird!

Das Wasser für das Aquarium wird in fast allen Fällen aus dem öffentlichen Leitungsnetz gezapft. Es ist hygienisch einwandfrei und deshalb als Trinkwasser unbedenklich verwendbar. Als Aquarienwasser für Diskusfische aber ist es nicht immer und sofort geeignet.

Grundsätzlich soll stets von unbehandeltem Kaltwasser ausgegangen werden. Das Wasser soll nicht durch irgendwelche hauseigenen Aufbereitungsanlagen, z.B. Enthärter, gelaufen sein. Wasser aus Heißwasseranlagen ist aquaristisch bedenklich aus mehreren Gründen:

1. Die Heizschlangen bestehen meist aus Kupfer. Dieses wird von heißem Wasser besonders leicht herausgelöst. Kupfer aber wirkt schon in sehr geringen Spuren giftig auf Pflanzen und ab ungefähr 0,1 mg/l auch auf Fische.
2. Viele Heißwasseranlagen sind mit Phosphatdosierern ausgerüstet, um Korrosionsschäden im Rohrnetz vorzubeugen. Heißwasser kann also reichlich Phosphate enthalten; die Trinkwasserverordnung erlaubt bis zu 6,7 mg/l Phosphat, das ist aquaristisch höchst unerwünscht!

Wasser, das während der Nacht in der Leitung gestanden hat, lässt man ablaufen. Das Wasser könnte, insbesondere bei neuen Leitungen ohne schützende Kalkschicht, zu viele Metallspuren enthalten. Besondere Vorsicht ist bei Kupferleitungen geboten!

Im Wasserwerk wird das Wasser bei etwa 8 bis 10 °C intensiv belüftet und schließlich unter Druck ins Leitungsnetz gegeben. Sobald zu Hause das Wasser aus dem Hahn läuft, entfällt der Druck, und das Wasser hat – auch bedingt durch die höhere Temperatur – einen Luftüberschuss. Die zuvor unsichtbar gelöste Luft beginnt nun langsam auszuperlen. Der Vorgang ist ähnlich wie beim Öffnen einer Sprudelwasserflasche, aber er verläuft nicht so spontan. Man kann ihn gut beobachten, wenn man ein Glas aus dem Kaltwasserhahn füllt und einige Zeit stehen lässt: An der Wandung setzen sich feine Luftbläschen ab!

Der Luftüberschuss im Wasser kann im Aquarium sehr störend wirken. Dort bilden sich Luftbläschen, die alle Gegenstände überziehen. Dazu gehören auch die Diskusfische und ihre feinen Kie-

Ein kleiner Bach in Thailand mit herrlichen Beständen von *Cryptocoryne cordata* vom Wuchstyp *blassii*. Das Wasser hat eine Leitfähigkeit von nur 25 µS/cm. Die geringe Leitfähigkeit ist kein Muss für diese Cryptocorynen. Mitgebrachte Pflanzen wuchsen im Aquarium auch bei 600 µS/cm und etwa 18 °d GH sehr gut weiter.

Wasser – Lebenselement für Diskusfische

men. Dies führt meistens zu vorübergehenden Atmungsbeschwerden, in ernsten Fällen aber auch zu Todesfällen.
Der Luftüberschuss verliert sich von selbst, wenn das Wasser einige Zeit absteht; Umwälzen per Hand oder Pumpe beschleunigt den Prozess. Wenn es schnell gehen soll, kann man das Wasser aus der Handbrause in die Badewanne sprühen lassen – und zwar in möglichst weitem Bogen. Die feinen Wassertröpfchen haben dabei genügend Zeit, um ihren Luftüberschuss abzugeben. Riecht es beim Sprühen nach Hallenbad, dann enthält das Wasser Chlor und darf für das Aquarium nicht verwendet werden. In der BRD wird das Trinkwasser nur gechlort, wenn beispielsweise Wasser aus Talsperren (Oberflächenwasser) verwendet wird oder Wasserbehälter nach einer Reparatur desinfiziert werden müssen. Aber nur selten gelangt eine Chlorwelle bis an den häuslichen Zapfhahn. Dann wartet man am besten ein oder zwei Tage, bis wieder chlorfreies Wasser aus dem Hahn läuft. Wenn es eilt, kann das Wasser entchlort werden mit einem Aktivkohlefilter, siehe in Krause's „Handbuch Aquarientechnik".

Weitere Aufbereitung zum Diskuswasser

Diskusfische benötigen, insbesondere zur Zucht, Wasser mit vergleichsweise geringem Salzgehalt. Unter Salz wird hier nicht (nur) das bekannte Kochsalz verstanden, sondern im chemischen Sinne alle Salze, wie beispielsweise Sulfate, Chloride, Nitrate, Phosphate und natürlich auch die Bildner der Gesamt- und Karbonathärte. Einzelheiten stehen ausführlich im „Handbuch Aquarienwasser".

Das Leitungswasser und natürlich auch das nach den vorstehenden allgemeinen Grundsätzen aufbereitete Aquarienwasser hat als groben Anhalt eine Gesamthärte, die meist zwischen 12 und 25 °dGH liegt. Dies entspricht einer Leitfähigkeit von grob gesehen 400 bis 800 µS/cm. Im Aquarium werden Diskusfische häufig gehalten bei einer Leitfähigkeit von ungefähr 100 bis 200 µS/cm.

Heiko Bleher, der auf mehreren hundert Forschungs- und Sammelreisen zu den Heimatbiotopen der Diskusfische auch die Wasserwerte ermittelte, fand, abhängig von der jeweiligen Diskusart, Leitfähigkeiten durchschnittlich um 10 bis 30 µS/cm. Werte über 40 µS/cm oder höher waren die Ausnahme. (Bleher Heiko 2006: Blehers Discus, Band 1, Seite 504 ff. Aquapress Publishers, I-27010 Miradolo Terme).

Diese Angaben sollen nur eine ungefähre Vorstellung vermitteln; für die eigene Diskuszucht halte man sich unbedingt an die Angaben erfahrener Züchter!
Der einfachste und sicherste Weg um solche Wässer herzustellen besteht darin, dass man das nach allgemeinen Grundsätzen hergestellte Wasser (es sei künftig „Rohwasser" genannt) mit einem Umkehrosmosegerät oder einem Ionenaustauscher erst völlig entsalzt („entsalztes Wasser"), und dann durch Zugabe von Rohwasser wieder etwas aufsalzt. Beim Mischen helfen die nebenstehenden Tabellen.

Mitunter wird hartes Wasser mit elektrischen oder magnetischen Wasseraufbereitern behandelt. Solche Geräte ändern die Zusammensetzung des Wassers nicht, sie enthärten oder entsalzen nicht! Sie sollen erreichen, dass der Kalk beim Ausfallen eine günstigere Kristallform (Calcit anstelle Aragonit) bildet, die nicht so fest auf dem Untergrund haftet und sich leichter fortwischen lässt. Aquaristisch ist dieser Effekt jedoch völlig belanglos, weil jede Art von Kalkbildung absolut unerwünscht ist und vermieden werden muss.

Mischtabelle A — Wasserwerte in °dGH oder °dKH

100 Liter Mischwasser mit °d	\multicolumn{9}{c}{Literanteil des Rohwassers mit °d}
	4	6	8	10	12	14	16	18	20	22
2	50	33	25	20	17	14	13	11	10	9
3	75	50	38	30	25	21	19	17	15	14
4	100	67	50	40	33	29	25	22	20	18
5	-	83	63	50	42	36	31	28	25	23
6	-	100	75	60	50	43	38	33	30	27
8	-	-	100	80	67	57	50	44	40	36

Beispiel: Man benötigt 100 Liter Mischwasser mit 4 °d. Hat das Rohwasser 14 °d, so mischt man 29 Liter Rohwasser mit (100 - 29) = 71 Liter vollentsalztem Wasser.

Mischtabelle B — Wasserwerte in µS/cm

100 Liter Mischwasser mit µS/cm	Literanteil des Rohwassers mit µS/cm								
	150	200	250	300	350	400	450	500	600	700
50	33	25	20	17	14	13	11	10	8	7
70	47	35	28	23	20	18	16	14	12	10
100	67	50	40	33	29	25	22	20	17	14
150	100	75	60	50	43	38	33	30	25	21
200	-	100	80	67	57	50	44	40	33	29
250	-	-	100	83	71	63	56	50	42	36

Beispiel: Man benötigt 100 Liter Mischwasser mit 70 µS/cm. Hat das Rohwasser 400 µS/cm, so mischt man 18 Liter Rohwasser mit (100 - 18) = 82 Liter vollentsalztem Wasser.

Wasser – Lebenselement für Diskusfische

Entsalzen des Wassers

Um den Salzgehalt (die Wasserhärte) des Wassers zu senken, sind in der Aquaristik zwei Verfahren gebräuchlich: Umkehrosmose und Ionenaustausch.

Die Umkehrosmose ist besonders für höheren und ständigen Wasserbedarf geeignet. Sie bedarf einiger Aufmerksamkeit und Pflege, damit die teure Membran nicht vorzeitig verschleißt. Der Wasserverbrauch ist allerdings hoch, denn nur rund 25 % des Rohwassers werden als Reinwasser gewonnen, rund 75 % sind Abwasser.

Die Ionenaustauscher werden seit Einführung der Umkehrosmose seltener benutzt. Ionenaustausch ist zweckmäßig bei geringem und seltenem Wasserbedarf. Vollentsalzer liefern besonders salzarmes Wasser (aquaristisch unwichtig) und verschleißen im Gebrauch kein (Ab-)Wasser. Besonders praktisch, weil ohne Pflegebedarf, sind Vollentsalzer mit Regenerierservice.

Umkehrosmose

Bei Osmoseprozessen wandert das Wasser normalerweise vom verdünnten Medium durch eine halbdurchlässige Trennwand hindurch zum konzentrierten Medium. Das Wasser ist also bestrebt, das Konzentrationsgefälle auszugleichen. Bei der Umkehrosmose wird der osmotischen Druckdifferenz ein derart hoher mechanischer Druck entgegengesetzt, dass die Wanderung des Wassers gestoppt und in die umgekehrte Richtung gezwungen wird. Das Wasser diffundiert also unter dem äußeren Druck umgekehrt vom konzentrierten Medium zum dünneren. Man erhält schließlich auf der einen Seite der Membran reines Wasser und auf der anderen eine konzentrierte Salzlösung.

Vereinfacht kann man sich das Verfahren auch als ultrafeine Filtration vorstellen, bei der das salzhaltige Wasser gegen eine feinporige Membran gedrückt wird, durch die nur das reine Wasser hindurchsickern kann. Weil das Wasser wegen des osmotischen Druckgefälles gerne in umgekehrter Richtung wandern möchte, muss man einen entsprechend hohen Gegendruck aufwenden.

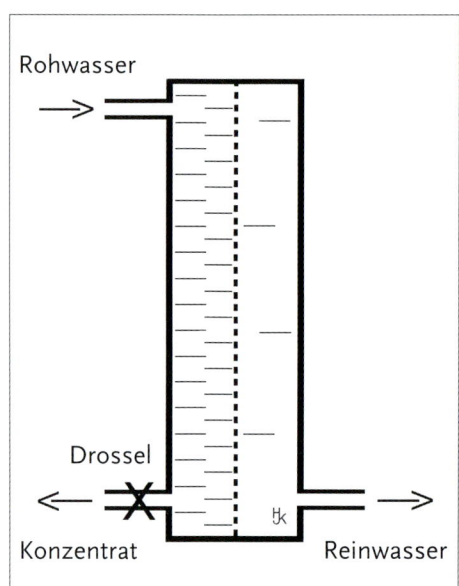

Prinzip einer Umkehrosmose. Das Rohwasser tritt oben ein und wird im Ablauf unten gestaut durch ein nur wenig geöffnetes Ventil. Der Wasserdruck der Leitung presst das Rohwasser gegen die Membrane, die jedoch nur salzarmes Reinwasser durchlässt. Das salzreiche Konzentrat verlässt das System durch das Drosselventil als Abwasser.

Der erforderliche Druck liegt bei drei bis vier bar, das bedeutet, dass die Umkehrosmose-Geräte bereits mit dem in der häuslichen Wasserleitung üblichen Druck arbeiten können. Der Wirkungsgrad liegt bei etwa 25 %, das heißt je 100 l Rohwasser werden etwa 25 l fast salzfreies Reinwasser abgegeben und 75 l Wasser laufen als salzangereichertes Abwasser in die Kanalisation. Erhöht man den Arbeitsdruck mit einer Pumpe auf sechs bar, werden Wirkungsgrad und Reinheit des Wassers deutlich gesteigert.

Die Tagesleistung der für den Aquarienbereich angebotenen Geräte liegt bei täglich 25 bis zu mehreren 100 l Reinwasser und ist abhängig vom Wasserdruck und von der -temperatur. Beim Kauf wählt man die Leistung nicht unnötig hoch, denn Umkehrosmose-Geräte sollten ohne längere Pausen möglichst im Dauerbetrieb arbeiten.

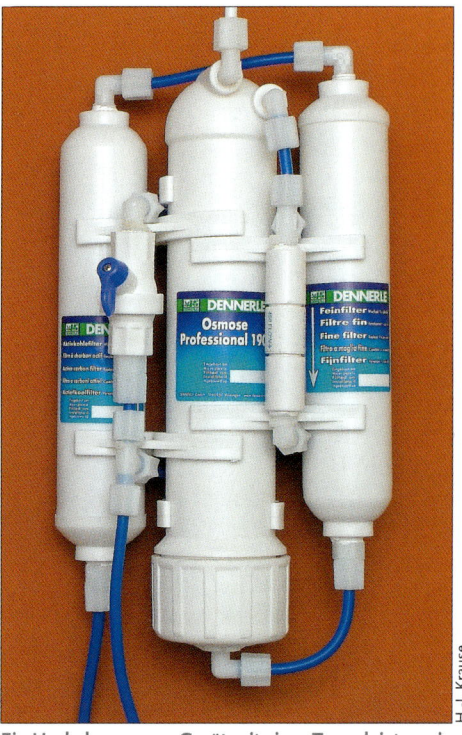

Ein Umkehrosmose-Gerät mit einer Tagesleistung je nach Wasserdruck und -temperatur von 100 bis 190 Liter Reinwasser. Das Rohwasser läuft zunächst durch einen Aktivkohlefilter (linke Patrone) und dann durch einen Feinfilter (rechte Patrone), der die Membrane vor Schmutz und damit vorzeitigem Verschleiß schützt.

Beim Kauf einer Umkehrosmose-Anlage achte man auf die Art der Membran; je nach Material hat sie unterschiedliche Eigenschaften und muss dementsprechend behandelt werden:

- Celluloseacetat: Preisgünstiges Material. Weitgehend unempfindlich gegen Chlor. Muss auch bei kurzem Nichtgebrauch gegen Bakterienfraß konserviert werden (siehe unter „Wartung").
- Polyamid-Polysulfon: Weitgehend unempfindlich gegen Bakterienfraß. Wird bereits durch Spuren von Chlor zerstört, daher muss unbedingt ein Aktivkohle-Filter vorgeschaltet werden.
- Polyvinyl: Unempfindlich gegen Bakterienfraß. Verträgt mehr Chlor (bis 1 mg/l) als in der BRD dem Trinkwasser zugesetzt werden darf (0,6 mg/l).

Bei sehr hartem Rohwasser (über 20 °dKH) und hoch eingestellter Wasserausbeute (Verhältnis von Rein- zu Abwasser) be-

Wasser – Lebenselement für Diskusfische

steht die Gefahr, dass die Membran durch ausfallendes Ca- oder Mg-Carbonat verstopft und unbrauchbar wird. Das lässt sich verhindern, indem man einen Ionenaustauscher vorschaltet; hierzu genügt ein einfacher, mit Kochsalz regenerierbarer Neutralaustauscher.

Ähnliche Probleme können auftreten bei sauerstoffarmen Wässern mit mehr als 0,1 mg/l Eisen oder Mangan. Diese Gefahr besteht bei Leitungswässern nur selten; aber wenn man einen eigenen Brunnen betreibt, sollte man den Eisen- und den Mangangehalt des Wassers messen.

Das Reinwasser, auch Permeat genannt, ist mehr oder weniger schwach sauer und enthält nur etwa 2 bis 10 % der Salze des Rohwassers. Gleichermaßen sinken Wasserhärte und elektrische Leitfähigkeit. Die Werte schwanken je nach Membrantyp, Wasserzusammensetzung, Betriebsdruck, Temperatur und so weiter. Die folgende Tabelle gibt einen Überblick.

Umkehrosmose reduziert den Gehalt an Ionen ungefähr auf:

Kationen:		Anionen:	
Calcium	3%	Chlorid	7%
Eisen	2%	Hydrogencarbonat	7%
Magnesium	3%		
Mangan	3%	Nitrat	8%
Natrium	4%	Phosphat	2%
Kalium	5%	Silicat	5%
Kupfer	2%	Sulfat	3%

Die Umkehrosmose ist ein rein mechanisches Filterprinzip, das heißt, das Rückhaltevermögen wird vom Porendurchmesser der Membran bestimmt (etwa 0,1-2,0 µm) sowie von der Größe und Beweglichkeit der Teilchen im Wasser. Deshalb werden nicht nur Ionen größeren Durchmessers zurückgehalten, sondern auch Bakterien, Huminstoffe, Pestizide (Insektengifte), Pyrogene und andere organische Verbindungen.

Gasmoleküle sind relativ klein und sehr beweglich, deshalb werden Sauerstoff, Stickstoff, Kohlendioxid und Chlor kaum ausgefiltert. Folglich kann Wasser, das zuvor im Gleichgewicht Kohlensäure-Hydrogencarbonat stand, nach der Umkehrosmose kalkaggressiv werden, denn es hat zwar Härte aber kaum CO_2 verloren.

Wartung: Eine Regenerierung ähnlich wie bei Ionenaustauschern ist nicht erforderlich. Umkehrosmose-Geräte können und sollen möglichst im Dauerbetrieb arbeiten. Nach jeweils einigen Stunden Betriebszeit sollte das Gerät kurzzeitig gespült werden durch vollständiges Öffnen des Restwasserventiles. Auf die Anweisungen des Herstellers ist ganz besonders zu achten, sonst erlischt jeder Garantieanspruch.

Verschleißteil ist die Membran. Hat das Rohwasser Trinkwasserqualität nach DIN-Norm, hält sie bei richtiger Pflege im Allgemeinen mehrere Jahre. Bei schlechter Membranqualität oder ungünstigen Betriebsbedingungen kann ein Neukauf schon nach einigen Monaten fällig werden. Die Kosten für die Ersatzmembran sind erheblich.

Acetat-Membranen müssen auch bei kurzem Stillstand gegen Bakterienfraß konserviert werden. Membranen aus Polyamid-Polysulfon sollten konserviert werden bei Ruhepausen über eine Woche, Polyvinyl-Membranen bei Pausen über einen Monat.

Zum Konservieren eignet sich beispielsweise eine wässrige Lösung mit 4 % Formalin und 10 % Methanol. Oder man benutzt eine 0,8 bis 1 %ige Lösung aus Natriumdisulfit. Alle diese Stoffe unterliegen der Gefahrenstoffverordnung und erfordern sachgemäßen Umgang.

Beurteilung: Umkehrosmose-Geräte haben die Ionenaustauscher weitgehend verdrängt. Nach druckfestem Anschluss an die Wasserleitung sind sie sehr bequem zu handhaben und müssen nicht regeneriert werden. Der Salzgehalt des Rohwassers wird allerdings nur auf etwa 2 bis 8 % reduziert, was aber für die aquaristische Praxis ohne Bedeutung ist. Das Ionenverhältnis verändert sich etwas dabei, weil nicht alle Salze in gleichem Maße zurückgehalten werden.

Die Anschaffungskosten sind hoch, die Betriebskosten sehr niedrig; sie betragen nur etwa $1/10$ der von Ionenaustauschern mit vergleichbarer Leistung. Dabei sind allerdings die erheblichen Ersatzkosten der Membran und der wesentlich höhere Wasserverbrauch nicht berücksichtigt. Das salzreiche Abwasser ist chemisch und biologisch unbedenklich, es kann auch beispielsweise im Garten verwendet werden.

Aus dem Umkehrosmose-Gerät gewonnenes Reinwasser ist salzarm. Ehe es aquaristisch verwendet wird, muss es in aller Regel den Anforderungen der Diskusfische entsprechend aufgesalzen werden.

Ionenaustauscher

Ionenaustauscher sind spezielle Kunstharze, deren Moleküle ein wasserfestes, poröses Gerüst bilden. Dieses besitzt Ankergruppen, an denen Ionen angeheftet sind, die leicht gegen andere Ionen mit gleicher Ladungsart austauschbar sind.

Es werden zwei Arten von Ionenaustauschern unterschieden: Kationenaustauscher und Anionenaustauscher. Kationenaustauscher tauschen Kationen aus, also positiv geladene Ionen, wie etwa Ca^{2+}, Na^+ und H^+. Ein Anionenaustauscher tauscht nur Anionen, also negativ geladene Ionen, zum Beispiel SO_4^{2-}, NO_3^- und OH^-.

Ein Kationenaustauscher beispielsweise verliert im Gebrauch seinen Vorrat an H^+-Ionen. Der Austauscher besitzt schließlich kaum noch H^+-Ionen, er ist stattdessen mit anderen Kationen angereichert. Der Austauscher ist mithin erschöpft, kann aber wieder regeneriert werden. Hierzu bietet man ihm sehr konzentriert H^+-Ionen an und verdrängt auf diese Weise die anderen Kationen. So wird der Austauscher wieder in den Ausgangszustand versetzt und kann von Neuem verwendet werden.

Ein Kationenaustauscher lässt sich anstelle von H^+-Ionen auch mit anderen Kationen beladen. So werden häufig Kationenaustauscher in der Natriumform benutzt; diese geben im Gebrauch dann Na^+-Ionen ab im Austausch gegen andere Kationen.

Wasser – Lebenselement für Diskusfische

In gleichartiger Weise verhalten sich Anionenaustauscher; sie können beispielsweise mit OH^-- oder Cl^--Ionen beladen werden und diese später im Betrieb gegen andere Ionen austauschen.

Die Industrie bietet über 70 verschiedene Typen von Kationen- und Anionenaustauschern an. Sie unterscheiden sich unter anderem durch ihre Selektivitätsreihe, das heißt, bei gleichem Angebot (Konzentration) bevorzugen sie das eine oder andere Kation beziehungsweise Anion. Nicht alle Typen sind für die Wasseraufbereitung geeignet.

Es gibt verschiedene Verfahren zur Wasseraufbereitung. Sie werden hier am Beispiel der Marken-Austauscherharze „Lewatit" (Fa. Bayer) beschrieben. Die Angaben können für vergleichbare Harze anderer Hersteller übernommen werden. Grundsätzliche Hinweise für den Umgang mit Ionenaustauschern:

– Alle Austauschprozesse benötigen Zeit. Wenn das Wasser oder die Regenerierlösung schneller durch einen Austauscher laufen als vom Hersteller vorgeschrieben, dann wird die volle Austauschkapazität nicht erreicht.
– Das Wasser und die Regenerierlösungen sollen mindestens Raumtemperatur haben, sonst müssen die angegebenen Durchlaufzeiten verlängert werden. Zur Beschleunigung kann man die Lösungen auf 35 °C erwärmen, also etwa handwarm. Höhere Temperaturen nur nach Rücksprache mit dem Hersteller anwenden, denn manche Ionenaustauscher sind nur bis 40 °C beständig.
– Ionenaustauscher quellen durch Wasseraufnahme auf. Sie dürfen niemals austrocknen, weil sonst das Harz reißt. Auch bei Nichtgebrauch müssen Ionenaustauscher stets feucht gehalten werden. Am besten bleiben sie stets mit einer Wasserschicht bedeckt.
– Werden Ionenaustauscher nach einer Pause von einer Woche oder länger wieder in Betrieb genommen, so enthält der erste Ablauf meist Verschmutzungen (Harzabsonderungen, Bakterien). Deshalb lässt man zunächst etwas Wasser ablaufen entsprechend ein bis zwei Volumina des Ionenaustauschers. Bei der Vollentsalzung kann man die elektrische Leitfähigkeit des ablaufenden Wassers messen. Sobald die anfänglich extrem hohen Werte wieder auf wenige µS/cm gesunken sind, lässt sich das Wasser bedenkenlos verwenden.

Teilentsalzung

Die Teilentsalzung, auch Entcarbonisierung genannt, ist nur für Rohwässer geeignet, deren Karbonathärte mindestens 80 % der Gesamthärte beträgt. Es sind zwei Verfahren in Gebrauch; sie unterscheiden sich durch den Typ des Kationenaustauschers und damit im Austauschverhalten und Wirkungsgrad.

Verfahren A: Das Rohwasser läuft durch einen stark sauren Kationenaustauscher, der mit Wasserstoff-Ionen beladen ist. Dabei werden sämtliche Kationen gegen H^+-Ionen ausgetauscht und somit sämtliche Salze in ihre entsprechenden Säuren umgewandelt. Das Ergebnis zeigt die Tabelle unten.

Das behandelte Wasser sieht auf den ersten Blick unvorteilhaft aus, zumal der pH-Wert extrem niedrig ist. Weil aber – entsprechend der Voraussetzung – der KH-Anteil im Rohwasser mindestens 80 % betrug, sind etwa 80 % der Säuren Kohlensäure, die durch Belüftung als CO_2 leicht ausgetrieben werden kann. Deshalb wird das Wasser zunächst so lange intensiv umgewälzt, bis sein pH-Wert nicht mehr steigt.

Anschließend wird Rohwasser zugesetzt. Dessen Hydrogencarbonate neutralisieren die noch verbliebenen starken Säuren; dabei entsteht erneut Kohlensäure, die wiederum durch Belüftung ausgetrieben werden muss. Bei der Salzsäure als Beispiel finden folgende Reaktionen statt:

$2HCl + Ca(HCO_3)_2 \rightarrow CaCl_2 + 2H_2CO_3$
weiterhin $2H_2CO_3 \rightarrow 2H_2O + 2CO_2$

Es muss so viel Rohwasser zugesetzt werden, bis der pH-Wert des gemischten Wassers nach Belüftung etwa 6,5 überschreitet. Außerdem soll die Karbonathärte mindestens 3 °d erreichen.

Der Austauscher ist erschöpft, sobald zur Neutralisierung wesentlich weniger Rohwasser benötigt wird als üblich. Am besten notiert man sich die durchgelaufenen Wassermengen. Vorteilhaft sind Harze mit Indikator, beispielsweise Lewatit S100G1. Mit fortschreitender Erschöpfung färbt sich der Indikator von hellbraun nach rot; so kann man bei durchsichtigen Säulen die noch verfügbare Kapazität leicht abschätzen.

Kapazität: Ein Liter des stark sauren Kationenaustauschers Lewatit S100 oder S100G1 hat bei diesem Verfahren etwa 4000 Härteliter; demnach können zum Beispiel bei einem Rohwasser mit 15 °dGH etwa 270 l Wasser behandelt werden. Die Durchlaufgeschwindigkeit soll 0,4 l/min je Liter Harz nicht übersteigen; bei schnellerem Durchlauf sinkt die Kapazität des Austauschers.

Regenerieren: Für 1 l Lewatit S100 oder S100G1 werden 2 l 10 %ige Salzsäure benötigt; man lässt sie etwa 20 min durchlaufen. Anschließend wäscht man 20 bis 30 min die Reste der Salzsäure heraus mit etwa 10 l Leitungswasser. Das Waschen ist abgeschlossen, wenn der

Calciumhydrogencarbonat	$Ca(HCO_3)_2$	→	Kohlensäure	H_2CO_3
Calciumsulfat	$CaSO_4$	→	Schwefelsäure	H_2SO_4
Magnesiumhydrogencarbonat	$Mg(HCO_3)_2$	→	Kohlensäure	H_2CO_3
Magnesiumchlorid	$MgCl_2$	→	Salzsäure	HCl
Natriumcarbonat	Na_2CO_3	→	Kohlensäure	H_2CO_3
Natriumchlorid	$NaCl$	→	Salzsäure	HCl
Natriumsulfat	Na_2SO_4	→	Schwefelsäure	H_2SO_4
Kaliumnitrat	KNO_3	→	Salpetersäure	HNO_3
Kaliumsulfat	K_2SO_4	→	Schwefelsäure	H_2SO_4

Wasser – Lebenselement für Diskusfische

Calciumhydrogencarbonat	$Ca(HCO_3)_2$	→	Kohlensäure	H_2CO_3
Calciumsulfat	$CaSO_4$	→	bleibt	
Magnesiumhydrogencarbonat	$Mg(HCO_3)_2$	→	Kohlensäure	H_2CO_3
Magnesiumchlorid	$MgCl_2$	→	bleibt	
Natriumcarbonat	Na_2CO_3	→	Kohlensäure	H_2CO_3
Natriumchlorid	$NaCl$	→	bleibt	
Natriumsulfat	Na_2SO_4	→	bleibt	
Kaliumnitrat	KNO_3	→	bleibt	
Kaliumsulfat	K_2SO_4	→	bleibt	

Chloridgehalt im ablaufenden Wasser nicht mehr höher ist als im zulaufenden.

Verfahren B: Das Rohwasser läuft durch einen schwach sauren Kationenaustauscher, der ebenfalls mit Wasserstoff-Ionen beladen ist. Der Unterschied zum Verfahren A besteht darin, dass ein schwach saurer Austauscher nicht sämtliche Salze in ihre Säuren umwandelt, sondern nur die Hydrogencarbonate und Carbonate, siehe Tabelle oben.
Das behandelte Wasser enthält keine starken Säuren, sondern nur Kohlensäure, die durch Belüftung als Kohlendioxid leicht ausgetrieben wird. Die Neutralisation mit Rohwasser kann nahezu unterbleiben, doch sollte mindestens so viel zugegeben werden, dass etwa 3 °KH gemessen werden.
Kapazität: 1 l des schwach sauren Kationenaustauschers Lewatit CNP-LF hat etwa 6500 Härteliter; demnach können zum Beispiel bei einem Rohwasser mit 15 °dGH etwa 430 l Wasser behandelt werden. Die Durchlaufgeschwindigkeit muss geringer sein als bei stark sauren Austauschern (Verfahren A). Sie darf 0,2 bis 0,3 l/min je Liter Harz nicht übersteigen, bei höherer Geschwindigkeit sinken Wasserqualität und Kapazität.
Regenerieren: Für 1 l Lewatit CNP-LF werden 2 l einer 3 %igen Salzsäure benötigt; man lässt sie langsam mindestens 30 min durchlaufen. Anschließend wäscht man die Reste der Salzsäure heraus mit etwa 10 l Leitungswasser, das nicht schneller als in 1 h durchgelaufen sein soll. Das Waschen ist abgeschlossen, wenn der Chloridgehalt im ablaufenden Wasser nicht mehr höher ist als im zulaufenden.

Schwach saure Kationenaustauscher, aber nur diese(!), lassen sich anstelle mit Salzsäure auch mit schwachen Säuren regenerieren, zum Beispiel mit Citronensäure. Die Chemikalienkosten sind zwar etwa 1,5-fach teurer, aber das Verfahren ist weniger gefahrenträchtig, denn Citronensäurespritzer sind relativ harmlos.
Für 1 l Lewatit CNP-LF werden 2 l einer 6 %igen Citronensäurelösung benötigt; man lässt sie langsam mindestens 30 min durchlaufen. Anschließend wäscht man die Reste der Säure heraus mit etwa 10 l Leitungswasser, das während 1 h durchlaufen soll.

Beurteilung: Beide Teilentsalzungs-Verfahren sind für Wässer geeignet, deren Karbonathärte (KH) mindestens 80 % der Gesamthärte (GH) beträgt; also zum Beispiel bei einem Wasser mit 20 °dGH, sofern es mindestens 16 °dKH besitzt. Der Salzgehalt des Wassers wird umso mehr reduziert, je höher die Karbonathärte ist. Das Ionenspektrum wird zwar deutlich verändert, aber von den meisten Aquarienbewohnern nicht beanstandet.
Verfahren A benutzt einen stark sauren Kationenaustauscher, dieser lässt sich auch bei einer Erweiterung der Anlage zur Vollentsalzung weiterverwenden. Verfahren B benutzt einen schwach sauren Kationenaustauscher; dieser hat eine 1,6-fach höhere Kapazität pro Liter Harz und erfordert beim Regenerieren (mit Salzsäure) nur 30 % der Chemikalienkosten. Verfahren B ist somit weitaus kostengünstiger.

Vollentsalzung

Das Rohwasser läuft zuerst durch einen stark sauren, mit Wasserstoff-Ionen beladenen Kationenaustauscher. Dieser tauscht sämtliche Kationen gegen H^+-Ionen aus und wandelt somit sämtliche Salze in ihre entsprechenden Säuren um. Beispiele siehe Tabelle ganz unten.
Dieses extrem säurehaltige Wasser wird einem stark basischen Anionenaustauscher zugeführt. Er tauscht sämtliche Anionen gegen OH^--Ionen aus. Das Ergebnis ist reines Wasser.

Beispiele zeigt die folgende Tabelle:

Kohlensäure	H_2CO_3	→	Wasser H_2O
Schwefelsäure	H_2SO_4	→	Wasser H_2O
Salpetersäure	HNO_3	→	Wasser H_2O
Salzsäure	HCl	→	Wasser H_2O

Aus Kostengründen werden in der Aquaristik nicht stark basische, sondern schwach basische Anionenaustauscher bevorzugt, wie beispielsweise das Lewatit MP62. Diese haben eine größere Kapazität und benötigen beim Regenerieren eine nur 3 %ige NaOH-Lösung. Ihr aquaristisch unbedeutender Nachteil: Sie ent-

Calciumhydrogencarbonat	$Ca(HCO_3)_2$	→	Kohlensäure	H_2CO_3
Calciumsulfat	$CaSO_4$	→	Schwefelsäure	H_2SO_4
Magnesiumhydrogencarbonat	$Mg(HCO_3)_2$	→	Kohlensäure	H_2CO_3
Magnesiumchlorid	$MgCl_2$	→	Salzsäure	HCl
Natriumcarbonat	Na_2CO_3	→	Kohlensäure	H_2CO_3
Natriumchlorid	$NaCl$	→	Salzsäure	HCl
Natriumsulfat	Na_2SO_4	→	Schwefelsäure	H_2SO_4
Kaliumnitrat	KNO_3	→	Salpetersäure	HNO_3
Kaliumsulfat	K_2SO_4	→	Schwefelsäure	H_2SO_4

Wasser – Lebenselement für Diskusfische

Am Länderdreieck Brasilien, Paraguay, Argentinien: Von links ergießt sich das Weißwasser des Rio Iguaçú in den Rio Paraná. Die verschiedenfarbigen Wassermassen mischen sich nur sehr zögernd; ihre scharfe Trennungslinie ist noch auf viele Kilometer Länge klar zu sehen.

Für 1,4 l Lewatit MP62 braucht man 3 l 3%ige Natronlauge, die langsam 20 bis 30 min durchlaufen soll. Dann wäscht man mit 15 l Wasser langsam während etwa 60 min nach.

Achtung: Das Waschwasser für den Anionenaustauscher (hier MP62) darf außer H^+-Ionen keine anderen Kationen enthalten, sonst verdirbt das Harz unrettbar! Das Waschwasser muss also entweder vollentsalzt oder vorher durch den Kationenaustauscher gelaufen sein. Aus gleichem Grund muss zum Verdünnen der Natronlauge unbedingt vollentsalztes Wasser benutzt werden. Diese Hinweise gelten unabhängig vom Hersteller des Harzes.

Mischbett-Vollentsalzer

Man kann die Harze des sauren und des basischen Austauschers miteinander vermischen und in einer gemeinsamen Säule betreiben (Mischbett). Der technische Aufwand ist dadurch geringer. Mischbett-Vollentsalzer werden betriebsfertig angeboten im Zoo- und Laborhandel. Regenerieren in Eigenregie ist nicht möglich, denn die Harze müssen zuvor voneinander getrennt werden durch Flotation. Erschöpfte Austauscher tauscht man gegen Zahlung der Regenerierkosten beim Händler um. Auch der Versandweg ist möglich.

Mischbett-Vollentsalzer mit Regenerier-Service haben folgende Vorteile:
- Das Mischbett-Wasser hat eine besonders geringe Restleitfähigkeit, also einen besonders niedrigen Restsalzgehalt. Ein Vorteil bei etlichen Anwendungen, zum Beispiel für Dampfbügeleisen. Für die Aquaristik ist der besonders niedrige Salzgehalt belanglos, er muss ohnehin durch Zusatz von Rohwasser etwas erhöht werden.
- Man erspart sich Einkauf und Schlepperei der etlichen Kilogramm Regenerierlösungen, Panscherei mit Säuren und Laugen, Bevorratung von entsalztem Wasser zum Verdünnen sowie den recht beträchtlichen Zeitaufwand für die Regenerier- und Spülgänge.

fernen die Kohlensäure nicht. Das ablaufende Wasser hat deshalb einen pH-Wert von etwa 5,5, der nach Belüftung auf etwa 7 steigt.

Vollentsalzer sind erschöpft, wenn die elekrische Leitfähigkeit des gelieferten Wassers ansteigt. Bei Verwendung eines Indikatorharzes, zum Beispiel des Lewatit S100G1, lässt sich die noch verfügbare Kapazität am fortschreitenden Farbumschlag gut erkennen.

Kapazität: 1 l des stark sauren Kationenaustauschers Lewatit S100 oder S100G1 und dazu passend 1,3 bis 1,4 l des schwach basischen Anionenaustauschers MP62 haben eine Kapazität von etwa 4000 Härteliter. Damit können also bei einem Rohwasser mit beispielsweise 15 °dGH 4000/15 = 270 l Wasser vollentsalzt werden. Die Durchlaufgeschwindigkeit soll dabei 0,4 l/min je Liter Harz nicht überschreiten.

Regenerieren: Beide Austauscher müssen einzeln jeder für sich regeneriert werden.

Für 1 l Lewatit S100 oder S100G1 braucht man 2 l 10 %ige Salzsäure, die etwa 20 min durchlaufen soll. Anschließend wäscht man die Reste der Salzsäure 20 bis 30 min heraus mit 10 l Leitungswasser.

Wasser – Lebenselement für Diskusfische

– Das Problem der sachgerechten Entsorgung von gebrauchten Regenerierlösungen sowie der ersten Spülwässer ist umweltfreundlich und bequem gelöst.

Die Vollentsalzung ist das aufwändigste Ionenaustausch-Verfahren, denn im Vergleich zur Teilentsalzung werden zwei Austauscher benötigt. Daher sind Anschaffungskosten und Wartungsaufwand etwa doppelt so hoch. Die Vollentsalzung liefert dafür aber fast salzfreies Wasser, dessen elektrische Leitfähigkeit nur 0,05 bis 5 µS/cm beträgt.

Die Vollentsalzung hat gegenüber der Teilentsalzung folgende Vorteile:
– Rohwasser jeder Zusammensetzung ist geeignet.
– Vollentsalztes Wasser wird oft auch anderweitig benötigt (Chemielabor, Dampfbügeleisen, Autobatterie ...).
– Durch Mischung mit Rohwasser sind Wässer mit beliebig niedrigem Salzgehalt (Härtegrad) herstellbar.
– Das vorherige Ionenspektrum bleibt im fertig gemischten Wasser erhalten.

Das vollentsalzte Wasser ist aus osmotischen Gründen lebensfeindlich. Um den Ansprüchen der Diskusfische zu genügen muss daher das vollentsalzte Wasser aufgesalzen werden.

Aquarienwasser sollte niemals im Kreislauf über einen Vollentsalzer gefiltert werden („indirekter Wasserwechsel"). Das Verfahren hat mehrere Nachteile. Ein Ionenaustauscher tauscht einzig allein nur Ionen aus, viele (Schad-)Stoffe im Aquarienwasser aber existieren als ladungsfreie Moleküle und verbleiben deshalb im Wasser. Außerdem enthält das Aquarienwasser manche organische Säuren und Basen, die sich in den Ionenaustauschern derart fest binden, dass sie beim Regenerieren nicht mehr entfernbar sind; folglich verlieren die Austauscher an Kapazität und verderben allmählich unrettbar.

Regenerierlösungen

Die benötigten Chemikalien sind im Laborhandel erhältlich. Salzsäure und Natronlauge kauft man entweder fertig oder stellt sie selbst her durch Verdünnen von Konzentraten mit entsalztem Wasser. Handelsüblich sind 25 %ige und 32 %ige Salzsäure sowie 33 %ige Natronlauge; die sogenannte „Technische Qualität" genügt vollauf.

Die Natronlauge kann man auch herstellen durch Auflösen von festem Natriumhydroxid (Ätznatron), das in etwa cm-großen Plätzchen im Handel ist. Um eine 3 %ige Natronlauge zu erhalten, werden 30 g Natriumhydroxid pro 1 l entsalztem Wasser gelöst. Vorsicht: Die Plätzchen in nur kleinen Portionen stets in das Wasser hineingeben, n i e m a l s umgekehrt Wasser auf die Plätzchen gießen! Gefährliche Erhitzung und ätzender Dampf wären die Folge!

Citronensäure ist als Pulver erhältlich. Zum Herstellen einer 6 %igen Citronensäurelösung werden 60 g Pulver pro 1 l Wasser gelöst.

Gefahrenhinweis: Gemäß der EG-Richtlinie 91/155/EWG muss jeder Hersteller von Chemikalien für jedes Produkt ein Sicherheitsdatenblatt für den Kunden bereithalten. Unbedingt vom Händler geben lassen!

Hier kann nur das Wichtigste in Kurzform angegeben werden: Citronensäure ist sowohl in fester wie auch in gelöster Form relativ gefahrlos. Stark ätzend sind dagegen Natriumhydroxid und die Konzentrate von Salzsäure und Natronlauge. Die Augen sind besonders gefährdet!

Folgende Sicherheitsregeln sind unbedingt zu beachten:
– Bei allen chemischen Arbeiten nicht rauchen oder essen. Es besteht Gefahr, dass Chemikalien über den Mund in den Körper gelangen.
– Nur Glas- oder chemikalienfeste Plastikgefäße verwenden. Metalle reagieren chemisch mit Säuren und Laugen.
– Hautkontakt und Spritzer vermeiden, gegebenenfalls reichlich mit Wasser abspülen. Am besten Einweg-Handschuhe benutzen. Möglichst im Freien arbeiten.
– Beim Auflösen von Natriumhydroxid und beim Hantieren mit konzentrierter Salzsäure oder Natronlauge unbedingt Schutzbrille gegen Spritzer tragen. Verätzungen an den Augen hinterlassen bleibende Sehschäden!
– Beim Verdünnen stets zuerst das Wasser in das Mischgefäß füllen und dann das Konzentrat dazugießen, nie umgekehrt! So sind eventuelle Spritzer meist verdünnte Lösung und nicht etwa Konzentrate; zudem wird eventuell entstehende Lösungswärme besser verteilt.
– Alle Chemikalienbehälter müssen deutlich beschriftet sein und für Unbefugte unzugänglich aufbewahrt werden. Besondere Vorsicht bei Kindern im Haushalt!

Entsorgung: Die gebrauchten Regenerierlösungen sind Sondermüll und dürfen n i c h t in die Kanalisation geschüttet werden! Denn die Lösungen sind aggressiv und müssen neutralisiert werden. Am besten sammelt man sie getrennt nach Art, bis mindestens 10 l beisammen sind und gibt sie zur Sondermüllstelle. In Ausnahmefällen kann man kleinere Mengen mit Leitungswasser so stark verdünnen, bis ein pH-Wert zwischen 6 und 9 erreicht ist, und dann mit reichlich Wasser in die Kanalisation geben. Trotzdem vorsichtshalber beim Abwasserwerk nachfragen. Korrosionsschäden im Abwasserkanal lassen sich sehr leicht zurückverfolgen bis zum Verursacher; Strafverfahren und vor allem Schadenersatz sind unerwartet teuer!

Beim Regenerieren von kleinen Austauscheranlagen ist oftmals eine Wasserstrahlpumpe (Laborhandel) sehr hilfreich. Sie wird am Auslauf des Austauschers angeschlossen; ein weiterer Schlauch wird vom Einlauf des Austauschers einfach in das Gefäß mit der Regenerierlösung gehängt. Die Wasserstrahlpumpe saugt die Regenerierlösung durch den Austauscher hindurch und verdünnt sie anschließend mit ihrem Betriebswasser oftmals so stark, dass die obigen Abwasserbedingungen erfüllt werden. Wenn eine Messung das bestätigt, kann man sich so das umständliche Auffangen der durchgelaufenen Regenerierlösung und anschließende Verdünnen oder Neutralisieren ersparen.

Wasser – Lebenselement für Diskusfische

Die elektrische Leitfähigkeit

Bei der Aufbereitung von Wässern für Diskusfische ist die Messung der elektrischen Leitfähigkeit des Wassers hilfreich. Damit lässt sich leicht feststellen, ob und wie weit das Wasser zum Diskuswasser weiter aufbereitet werden muss.

Ein Messgerät für die Leitfähigkeit mit Temperaturkompensation.

Die im Wasser gelösten Salze spalten sich größtenteils auf in Ionen. Diese tragen eine elektrische Ladung und sind im Wasser beweglich. Deshalb ermöglichen sie einen elektrischen Stromfluss im Wasser. Die Leitfähigkeit ist umso höher, je mehr Ionen zugegen sind, je mehr Ladung sie tragen und je besser ihre Beweglichkeit ist. Letztere hängt ab vom Durchmesser der Ionen sowie von der inneren Reibung im Wasser.

Die elektrische Leitfähigkeit ist ein Summenmerkmal. Bestimmungen von Art und Menge der Ionen oder gelösten Salze sind nicht möglich. Weil aber die Süßwässer weitgehend gleichartig zusammengesetzt sind, erlaubt die elektrische Leitfähigkeit Rückschlüsse auf den Gesamtsalzgehalt des Wassers.

Die Härtebildner stellen in aller Regel den Hauptanteil der Salze, daher ist vor allem die Gesamthärte maßgebend für die Leitfähigkeit. Als grober Richtwert gilt: Jedes °dGH bewirkt eine Leitfähigkeit von 33 µS/cm. Dieser Richtwert gilt für Wässer mit durchschnittlicher Zusammensetzung (Standard-Ionenverhältnis) und erlaubt recht gute Abschätzungen. Werden beispielsweise in einem Wasser von 10 °dGH nicht ungefähr 330 µS/cm, sondern 420 µS/cm gemessen, dann sind neben den Calcium- und Magnesiumsalzen noch wesentliche Mengen anderer Salze enthalten. Das können Natrium-, Kalium- oder andere Salze sein.

Der Gesamtsalzgehalt, dessen Höhe durch Messen der elektrischen Leitfähigkeit abschätzbar ist, hat ganz erheblichen Einfluss auf osmotische Prozesse. Unter Osmose versteht man die Wanderung von Wassermolekülen durch eine halbdurchlässige Trennwand, deren Poren zu eng sind, um Moleküle oder Ionen anderer Stoffe hindurchzulassen. Die Wanderung beginnt, sobald die an der Trennwand angrenzenden Lösungen unterschiedlich konzentriert sind; dabei versucht das Wasser, das Konzentrationsgefälle auszugleichen, es wandert also vom dünneren Medium zum konzentrierten hinüber. Wegen der damit verbundenen Volumenänderung kann ein erheblicher Druck aufgebaut werden. Der Osmose wegen trinken Süßwasserfische nicht (im Gegensatz zu Meerwasserfischen). In ihr Gewebe diffundiert ständig Wasser ein, das über die Nieren wieder ausgeschieden werden muss.

Änderungen des Salzgehalts und damit des osmotischen Drucks zwischen Umgebung und Zellinnerem lösen Schrumpfbeziehungsweise Quellprozesse aus. Ändert sich der osmotische Druck nur langsam, so können die Zellen der Tiere und Pflanzen meist schadlos reagieren und sich anpassen. Ei- und Spermazellen vermögen es oft nicht, weshalb ein Zuchtversuch vieler Fische aus Weichwasserregionen, eben auch von Diskusfischen, in hartem Wasser meist erfolglos bleibt.

Beim Umsetzen von Fischen oder Pflanzen müssen krasse Änderungen des osmotischen Drucks vermieden werden. Ob mit Osmose-Problemen gerechnet werden muss, lässt sich durch Messen der Leitfähigkeiten leicht feststellen. Fische und Pflanzen vertragen einen Wechsel von niedriger zu höherer Leitfähigkeit meist schadlos. Umgekehrt aber treten oft Schäden auf durch Aufquellen und schließlich Platzen der Zellen.

Weil die Salze der Härtebildner meist den Hauptanteil der Leitfähigkeit stellen, erhält man durch Messen der Gesamthärte (GH) eine ähnliche Aussage.

Die osmotischen Prozesse bei Tier und Pflanze zeigen, dass die Membranen lebender Zellen nicht nur Wassermoleküle passieren lassen, sondern auch kleine Ionen anderer Stoffe. Anderenfalls wäre ja kein Stoffwechsel der Zellen möglich. Die Schlupffähigkeit der Ionen hängt vor allem von ihrer Größe ab. Reiht man die verschiedenen Ionen nach ihrer Größe auf, so zeigt sich die Tendenz, dass ihre Größe zunimmt mit wachsender negativer und ihre Größe abnimmt mit wachsender positiver Ladung. Hieraus folgt eine ganz wichtige Erkenntnis: Wässer mit gleicher Leitfähigkeit können unterschiedliche osmotische Eigenschaften haben! Wenn zum Beispiel mit einem „Nitratfilter" Sulfat-Ionen entzogen werden im Austausch gegen Chlorid-Ionen, dann bleibt zwar die Leitfähigkeit praktisch gleich, aber das Wasser bekommt osmotisch andere Eigenschaften. So mancher Züchter wundert sich dann, dass die Nachkommenschaft ausbleibt.

Messung: Zwischen zwei Tauchelektroden wird eine Wechselspannung angelegt und der Stromfluss gemessen. Je höher der Stromfluss, desto höher ist die Leitfähigkeit. Die Maßeinheit lautet µS/cm; 1000 µS/cm ergeben 1 mS/cm (Milli-Siemens pro cm).

Temperatureinfluss: Die Beweglichkeit der Ionen im Wasser steigt mit der Tem-

Wasser – Lebenselement für Diskusfische

peratur. Deshalb muss bei der Messung auch die Temperatur berücksichtigt und angegeben werden, sofern von der genormten und aquaristisch allgemein üblichen Bezugstemperatur 25 °C abgewichen wird, was bei der Diskuspflege nicht selten vorkommt. Komfortable Messgeräte erfassen gleichzeitig die Temperatur und rechnen auf den Standardwert um; bei einfachen Geräten muss man mit Hilfe dieser Tabelle korrigieren.

Korrekturfaktoren für Wässer mit abweichender Temperatur nach DIN/DEV

Leitfähigkeit (25 °C) = k x Messwert

°C	k	°C	k	°C	k
16	1,226	21	1,091	26	0,980
17	1,197	22	1,067	27	0,960
18	1,169	23	1,044	28	0,940
19	1,142	24	1,022	29	0,922
20	1,116	25	1,000	30	0,904

Beispiel: Es wurden 380 µS/cm bei 20 °C gemessen. Dann lautet das Ergebnis 1,116 x 380 = 424 µS/cm.

Leitfähigkeit und pH-Wert: Die Leitfähigkeit wird bestimmt von der Art und Menge der Ionen. Die Ionen sind bekanntlich aus Molekülen entstanden infolge Dissoziation. Die Dissoziation wird beeinflusst vom pH-Wert, man denke zum Beispiel an die pH-Wert-abhängige Umwandlung Ammonium/Ammoniak. Ein anderes Phänomen ist bei der Teilentsalzung zu beobachten: Wird dem stark sauren Ablauf zum Neutralisieren Rohwasser zugesetzt, sinkt die Leitfähigkeit, obwohl durch das Rohwasser doch Ladungsträger hinzugefügt werden. Wie kommt das? Der pH-Wert ist Maß für die Konzentration an Wasserstoff-Ionen. Auch diese Ionen tragen zur Leitfähigkeit bei. Je kleiner der pH-Wert ist, desto mehr H^+-Ionen existieren und desto höher wird die Leitfähigkeit. Mit fortschreitender Neutralisation aber verschwinden H^+-Ionen (der pH-Wert steigt), folglich sinken die Anzahl der Ladungsträger und damit die Leitfähigkeit.

Prüfung: Nach DIN 38 404 Teil 8 hat eine 0,01-molare Kaliumchloridlösung (0,7456 g KCl pro Liter) bei 25 °C eine Leitfähigkeit von 1421 µS/cm. Durch Verdünnen 1:10 erhält man eine Lösung mit einer Leitfähigkeit von 147,5 µS/cm bei 25 °C. Die Leitfähigkeit ändert sich nicht proportional der Verdünnung, weil die Ionen sich in dünneren Lösungen leichter bewegen können.

Am sichersten bezieht man die Prüflösung fertig im Laborhandel.

Behelfsweise kann man auch eine Lösung mit 100 mg/l NaCl (Kochsalz) benutzen; diese hat eine Leitfähigkeit von 208,7 µS/cm bei 25 °C. Zur Herstellung nimmt man zum Beispiel genau 10,0 g Kochsalz, löst dieses in 100 ml Wasser und erhält so ein Konzentrat mit 100 g/l NaCl, das nun 1:1000 verdünnt werden muss. Dazu entnimmt man genau 1 ml und verdünnt auf 100 ml; der verdünnten Lösung entnimmt man 10 ml und verdünnt auf 100 ml. Diese Lösung hat die gewünschten 100 mg/l. Weil das übliche Kochsalz kein reines NaCl ist, sondern beispielsweise noch Gleitmittel (z.B. $CaCO_3$) und Jodsalze enthält, muss man in der Regel mit etwa 5 % Fehler rechnen.

In diesem Aquarium beträgt der O_2-Gehalt nur 5,5 mg/l (abends gemessen). Ein wesentlicher Grund für den prächtigen Pflanzenwuchs! Trotzdem fühlen sich die Diskusfische wohl und laichen darin ab.

Das richtige Diskusfutter

Optimale Fütterung

Diskusfische zu füttern kann manchmal ein ganz schön schwieriges Unterfangen werden, wenn die Diskus nicht oder nur schlecht fressen. Früher war das Füttern noch eine mühsame Arbeit, da das Futter meist selbst vorbereitet wurde. Heute ist alles viel einfacher geworden, denn es gibt perfektes Industriefutter, das qualitativ reinem Lebendfutter ebenbürtig ist, oft noch den großen Vorteil der besseren Ausgewogenheit der Nährstoffe hat.

Wie können Sie Ihre Diskusfische optimal füttern. Ganz einfach gesagt durch optimales Futter. Ob Sie heute Ihre Diskusfische überwiegend mit Fertigfutter aus der Fabrik oder mit gefrostetem Lebendfutter füttern, ist Ansichtssache des Besitzers, denn mit beiden Futterkomponenten können Sie Ihre Diskus optimal ernähren. Nur die Ausgewogenheit insgesamt muss gewährleistet werden.

Es wäre also falsch, Tag für Tag Rote Mückenlarven zu füttern oder anders herum ausschließlich Diskusgranulat. Theoretisch geht das zwar, praktisch hätte diese einseitige Fütterung aber viele Nachteile. Die Vielfalt macht es also. Wichtig für eine gute Diskusernährung sind mehrfach ungesättigte Fettsäuren, wie sie ja auch uns Menschen ständig von Ernährungswissenschaftlern empfohlen werden. Diese ungesättigten Fettsäuren sind leichter verdaulich und belasten die Organe kaum. Durch hoch gesättigte Fettsäuren, wie sie beispielsweise in Rinderherz vorkommen, kommt es zu Organverfettungen, die tödlich enden können. Neben diesen essentiellen, also lebensnotwendigen, ungesättigten Fettsäuren spielen Carotinoide in der Fütterung eine bedeutende Rolle.

Die Carotinoide sind eine große Gruppe von gelben, orangen und roten Farbpigmenten, die in der Farbpalette der Natur für manchen kräftigen Anstrich verantwortlich sind. Denken Sie beispielsweise an die roten Tomaten, die schönen oran-

Diskusfische, die in Gruppen gehalten werden, beweisen immer mehr Futterneid als Paare. Das Gruppenverhalten ist eben anders. Da lässt sich für den Pfleger auch viel leichter feststellen, ob ein Fisch zurückhängt, schlecht frisst oder sogar komplett das Futter verweigert.

Das richtige Diskusfutter

gefarbenen Karotten, Aprikosen, Paprika und auch an die leckeren roten Hummer, die wir uns schmecken lassen. Auch für Diskusfische sind alle Arten von Krebstieren ein wichtiger Nahrungsbestandteil. Deshalb enthalten hochwertige Futtersorten auch Mehle dieser Krebstiere und hochwertiges Fischmehl. Zum einen verbessern Carotinoide die Farbe der Fische, zum anderen sorgen sie aber selbstverständlich auch für eine bessere Gesundheit und Fortpflanzung. Dies wird meist vergessen, wenn es um die Farbe bei Fischen geht. Carotinoide sind sogenannte Antioxidantien, die bei einer optimal dosierten Zufuhr das Risiko von Erkrankungen deutlich senken. In der Natur gibt es mehr als 600 verschiedene Carotinoide, von denen einige in Vitamin A umgewandelt werden können. Am besten und gründlichsten ist das sogenannte Betacarotin untersucht, und es ist auch am bekanntesten.

Diskusfische besitzen von Natur aus einen erheblichen Anteil roter Farbzellen, die jedoch unterschiedlich stark sichtbar sind. Selbstverständlich besitzen unsere türkisfarbenen Diskusfische ebenfalls solche rote Farbzellen – und je nach Futterart werden diese Farbpigmente stärker oder schwächer betont. Enthält das Futter ausreichend Carotinoide, verstärken sich diese roten Farbpigmente langsam aber kontinuierlich. Dies ist deutlich sichtbar und macht sich in einem kräftigen Rot der Fische bemerkbar. So zeigen beispielsweise türkisfarbene Diskus kräftig rotgefärbte Linien oder Punkte. Bei grünen Tefé-Wildfängen treten beispielsweise die schwach gefärbten roten Bauchpunkte viel stärker hervor und diese Fische werden gleich erheblich interessanter. Die türkisen oder blauen Zeichnungen bleiben weiter klar sichtbar. Bei der Verfütterung von stark carotinoidhaltigem Futter gelingt es so auf natürliche Art und Weise, die Farbe der Diskusfische zu verstärken, ohne dass die Fische jetzt unnatürlich gefärbt aussehen, wie dies bei Hormoneinsatz der Fall ist. Bei Hormoneinsatz ist es so, dass die Fische am ganzen Körper unnatürlich

Lebende Enchyträen sind ein perfektes Futter für Diskusfische ab einer Fischgröße von etwa vier Zentimetern. Gierig stürzen sich schon die kleinsten Diskus auf dieses nahrhafte Futter.

rötlich werden und diese Rotfärbung, auch in den Schwanzflossen, ein deutliches Zeichen für Hormone ist. Solche Hormondiskus sind abzulehnen, da sie auch wieder die Farbe verlieren und dann kommt neben dem Farbverlust auch noch eine mögliche Schädigung der Organe hinzu. Solche mit Hormonen behandelte Fische neigen dazu, unfruchtbar zu werden. Bei Diskusshows werden künstlich gefärbte Diskusfische von geübten Preisrichtern schnell erkannt und disqualifiziert oder so abgewertet, dass sie keine vorderen Plätze

Das richtige Diskusfutter

belegen können. Die Verwendung von Hormonen, wie beispielsweise Testosteron bewirkt eine sehr schnelle Farbverstärkung. Diese Farbverstärkung tritt schon nach wenigen Stunden auf und die Diskusfische zeigen plötzlich viel mehr Farbe. Das Testosteron wird in der Regel dann einfach ins Aquarienwasser gegeben. Früher behaupteten die Händler, dass der Kunde so besser sehen könnte welche Farbe seine gekauften Diskus später einmal haben könnten. Aber letztendlich war es nur ein Versuch, dem Käufer mehr Farbe vorzutäuschen, damit dieser bereit war, den geforderten Preis zu zahlen. Die jungen Diskusfische, die so unnatürlich stark die Farbe zeigten, verloren diese wieder nach einigen Tagen, wenn sie in einem anderen Aquarium ohne Hormone schwammen. Jetzt fühlte sich der Käufer zurecht getäuscht und das Vertrauen war dahin, selbst wenn die Diskus im Verlauf des Wachstums wieder mehr Farbe zeigten und zu gut gefärbten Diskus heranwuchsen.

Heute sind Hormonzusätze im Futter eigentlich kein Thema mehr, da vor allem die Farbfutter so gut abgestimmt sind, dass die natürlichen Farben unserer Diskusfische auch ohne solche negativen Hilfsmittel gut zu sehen sind. Jedoch muss der Aquarianer auch bei Farbfuttersorten darauf achten, nicht ausschließlich Farbfutter zu geben, denn sonst würde eine übertriebene Farbfutterfütterung auch zu einer übertriebenen Farbigkeit der Diskusfische führen.

Der Einsatz von carotinoidhaltigen Futtersorten oder Futtermischungen mit Astaxanthinzusatz ist in jedem Falle positiv zu sehen, denn durch die Versorgung mit Carotinoiden werden die Gesundheit und ebenfalls das Laichverhalten verbessert.

Angemerkt werden muss auch, dass Carotinoide die Eibildung bei Diskusweibchen verbessern und die Balzmotivation bei Männchen erhöhen. Mit natürlichen Carotinoiden tun Sie Ihren Diskusfischen etwas Gutes, und dies sollten Sie auf dem Futterplan unbedingt berücksichtigen.

Das richtige Diskusfutter

Carotinoide sind nicht immer rot, deshalb sind Futtersorten mit Algenzusätzen, wie beispielsweise Spirulina heute aus einem modernen Fütterungsplan nicht mehr wegzudenken. Gerade diese Spirulinaalge hat sich auch bei Diskusliebhabern als Futter der ersten Wahl durchgesetzt. Moderne Industriefutter können da wirklich eine tolle Palette an ausgewogenen und fein abgestimmten Futtersorten bieten, die nichts vermissen lassen.

Lieblingsfutter

Wenn Ihre Diskus schlecht fressen, dann versuchen Sie es immer wieder mit deren Lieblingsfutter. Mit Training und Geduld können Sie Ihre Diskusfische auch dazu bringen Futter direkt aus Ihrer Hand anzunehmen.
Einfach zwischen die Finger etwas Futter nehmen und ins Wasser halten. Die Fische sind neugierig und kommen herangeschwommen. Einen praktischen Nutzen bringt das Füttern aus der Hand natürlich nicht. Aber es macht unheimlich Spaß und gibt Befriedigung bei einem schönen Hobby. Geeignet sind fast alle Futtersorten. So lassen sich Würfel von Frostfutter sehr gut zwischen die Finger nehmen und anbieten. Auch große Futterflocken sollten Sie einmal versuchen. Sogar Wildfänge können da nach einer Eingewöhnungszeit nicht mehr nein sagen und greifen kräftig zu. Der Futterneid in der Gruppe spielt hierbei eine nicht zu unterschätzende Rolle. Größere Diskusgruppen werden sich schneller um die Hand des Pflegers scharen und das Futter gierig annehmen. Einzelne Diskus sind da sicher vorsichtiger. Das Füttern aus der ruhigen Hand des Pflegers ist außerdem eine gute Möglichkeit, um auch ausgefallene Futtersorten „an den Fisch" zu bringen. Versuchen Sie es einmal, es macht Spaß. Geben Sie aber nicht gleich nach den ersten Versuchen wieder enttäuscht auf. Gesunde Diskusfische zeigen da keine Scheu und fressen bald gierig aus der Hand.

Dass Diskusfische direkt aus der Hand fressen beweisen diese drei Bilder. Mit etwas Geduld und Training lassen sich die Diskus problemlos so füttern. Den Besuchern einmal vorzuführen wie die Diskus direkt aus der Hand fressen, ist doch auch ein schönes Erlebnis und befriedigt, denn man weiß, dass alles in Ordnung ist.

Das richtige Diskusfutter

Industriefutter

Mengenmäßig steht Industriefutter beim Verbrauch in der Aquaristik an erster Stelle. Industriell hergestelltes Futter sind all die vielen Futtersorten, die in Dosen, Tüten oder sonstigen Behältnissen für den Komfort des Aquarianers angeboten werden. Fütterungskomfort ist das eine, optimale Nährstoffversorgung das andere Thema. Die Vielzahl der Standard- und Spezialfutter, die angeboten werden, ist riesig. Für Diskusfische gibt es eine ganze Reihe von speziellen Diskusfuttersorten. Flocken sind sicher ideal und gerade auch bei kleineren Diskus gerne akzeptiert. Rötliche Futter werden meist bevorzugt, allerdings fressen Diskus auch die grünen Spirulinaflocken sehr gerne. Diese sind unbedingt als Premiumfutter mit in den Speiseplan einzubauen. Futtergranulate sind für Diskus auch Standard. Es sollte wirklich immer nur so viel gefüttert werden, wie auch in wenigen Minuten verzehrt wird. Lieber einmal öfter füttern und dafür kleinere Portionen. Futtertabletten sind, an die Scheibe geklebt, ein ideales Futter für kleinere Diskus. Da lassen sich auch gut ein paar Vitamintropfen vorher auf die Tablette träufeln, was das Ganze noch nahrhafter macht. Gefriergetrocknete Mückenlarven oder Krebstiere machen Sinn, werden aber oft nicht gerne gefressen. Sie können Ihre Diskus heute sicher mit den abwechslungsreichen Fertigfuttern aufziehen und ein Diskusleben lang perfekt füttern und pflegen.

Das richtige Diskusfutter

Lebendfutter

Das Für und Wider bei Lebendfutter wird immer diskutiert werden. Die Befürworter schwören auf den Jagdinstinkt der Diskus, der dadurch erhalten bliebe. Andererseits jagt ein Diskus ja sicher auch einer nach unten schwebenden Futterflocke nach. Rote Mückenlarven sind immer wieder einmal im Zoohandel lebend erhältlich. Gut ausgespült können diese bei den Fischen beliebten Würmer verfüttert werden. Sie werden in der Literatur auch als Medikamententräger empfohlen. Dann werden lebende Mückenlarven in einer Wasser-Medikamentenlösung gebadet und sollen dort etwas Wirkstoff aufnehmen, den so die Diskus letztendlich fressen. Etwas mühsam, aber es kann funktionieren. Lebende, selbst gezüchtete Enchyträen sind eine gute Futterabwechslung und ihr Gehalt an Nährstoffen kann durch ihr Futter, das ja Sie bestimmen, gut manipuliert werden. Lebende Süßwassergarnelen wird man nur selten bekommen, dafür aber lebende größere Artemiakrebschen, die man sich mit Geduld auch selbst heranzüchten könnte. Für die Diskusjungfische sind die frisch geschlüpften Artemiakrebschen sowieso immer noch das Futter der ersten Wahl. Allerdings müssen beim Verfüttern die Schalen abgesiebt werden. Unten sehen Sie kleine Diskus, die gierig nach diesen Minikrebschen schnappen. Die Zucht der Krebschen ist ganz einfach und im Handel gibt es Zuchtansätze zu kaufen.

Das richtige Diskusfutter

Frostfutter

Das Angebot an Frostfutter ist ebenfalls riesig. Jeder Zoohändler hat eine Tiefkühltruhe im Geschäft stehen, in der sich zahlreiche Frostfuttersorten befinden. Die gängigste Frostfuttersorte ist wohl die Rote Mückenlarve. Von allen Fischarten gerne gefressen ist sie Umsatzrenner geworden. Leider gibt es gerade bei Roten Mückenlarven sehr große Qualitätsunterschiede und es kann nur empfohlen werden, auf Qualität zu achten. Mit Roten Mückenlarven minderer Qualität kann man sich schnell Probleme im Diskusaquarium schaffen. Es muss nicht sein, aber es kann sein, dass Rote Mückenlarven schadstoffbelastet sind. Da diese eben besonders gerne in schmutzigen, stinkenden Gewässern leben, sind sie eigentlich nicht das ideale Fischfutter. Weiße und Schwarze Mückenlarven sind da unbedenklicher, werden aber nicht so gerne gefressen. Süßwassercyclops ist ein sehr kleines Futter, das kleinste Jungfische schon bald fressen können. Alle krebsartigen Frostfutter sind empfehlenswert, werden aber unterschiedlich akzeptiert. Hier muss mit den Diskus erst einmal trainiert werden. Krill hat eine etwas härtere Schale und deshalb verweigern Diskus gerne dieses gutes Futter. Es wird immer wieder darauf hingewiesen, dass diese Frostfutter aufgetaut verfüttert werden sollen. Die Praxis sieht aber so aus, dass einfach ein Stück gefrorenes Futter direkt in das Aquarium geworfen wird. In einem Buch für Profis können wir auch bestätigen, dass dies so in Ordnung ist. Das Futter ist gleich aufgetaut und beim Gefressen werden kein Problem für die Diskus. Die meisten Frostfuttersorten gibt es in Großpackungen am Stück und einzeln in Würfel geblistert für die einfache Entnahme kleiner Mengen.

Es gibt auch Frostfutter auf Rinderherzoder Truthahnherzbasis mit Zusätzen als spezielle Diskusfrostfutter. Die einfache Lagerung und Verfütterung macht Frostfutter nach dem Industriefutter zur zweitwichtigsten Futtergruppe.

Artemia

Shrimps

Krill

Gammarus

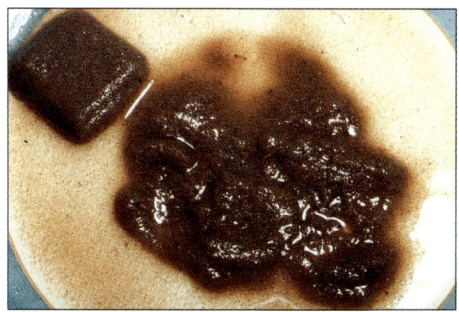
Süßwassercyclops

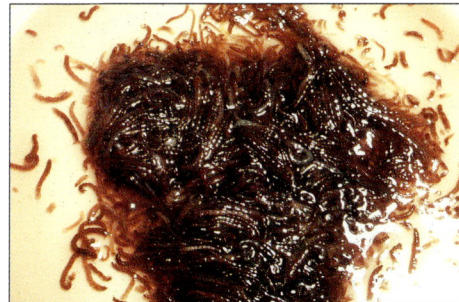
Gefrostete Rote Mückenlarven

Schwarze Mückenlarven

Das richtige Diskusfutter

Selbst hergestelltes Futter

Futter selbst herzustellen ist eine alte Tradition. Heute lohnt es sich für die meisten Aquarianer aber nicht mehr, da es ja genug Topfutter im Handel gibt. Bei Diskusliebhabern ist beim Züchten der selbst gemachte Futterbrei noch ein Thema. Obwohl es hier auch nicht mehr nötig wäre, bleibt man doch der alten Tradiotion treu. Selbst gemachtes Futter ist eigentlich immer ein Frostfutter. Basis des Futterbreies ist oft Rinderherz.

Nie ganz unumstritten, da Fleisch von Schlachttieren von Wissenschaftlern als Futter für Fische als nicht geeignet eingestuft wird. Der Verdauungstrakt des Diskus ist eigentlich nicht auf Rinderherz eingestellt, kommt aber dennoch damit zurecht. Rinderherz alleine, ohne irgendwelche Zutaten, zu verfüttern, wäre nicht in Ordnung. Die Fische würden ihre Farbe verlieren und bekämen sicher Mangelerscheinungen. Das bedeutet, dass bei einem selbst hergestellten Futterbrei noch andere Zutaten eingebaut werden müssen. Da wären beispielsweise Fischfleisch und Garnelen ideal. Fischfleisch von mageren Fischen und Garnelen können sowohl roh als auch gekocht verwendet werden. Ob man die Garnelen schält oder mit Schale verwendet hängt auch von der Größe der Garnelen und der Feinheit der Vermahlung ab. Spinat wird oft zugesetzt und da gibt es ja genug Auswahl in der Kühltruhe.

Manche Hersteller fügen noch Eier oder Eigelb zu, andere zum Abbinden etwas gelöste Gelatine. Wieder andere schwören auf Paprikapulver als Färbemittel und so weiter. Sinnvoll ist sicher ein Zusatz von Mineralpulver und einer Multivitaminlösung. Fein vermischt wird der Brei in Plastiktüten oder flachen Gefäßen eingefroren und nach Bedarf verfüttert.

Wichtig ist in jedem Falle die gute Vorbereitung des Rinderherzes. Fett ist abzuschneiden. Ebenso sind die großen Sehnen zu entfernen. Das gut gekühlte, gewürfelte Herz wird dann schnell zerkleinert und mit anderen Zutaten vermischt und gefrostet.

Im weitesten Sinne sind selbst veränderte Futtersorten ja auch selbst hergestellt worden. Hier sehen Sie Enchyträen, die mit einem Futterbrei aus Fischfutterflocken, bzw. Diskusgranulat gefüttert wurden. Durch den hohen Astaxanthingehalt des Futters färben sich die weißen Enchyträen nach rot um, da sie die Wirk- und Farbstoffe aufgenommen haben. So wurde dieses Lebendfutter effektiv verbessert.

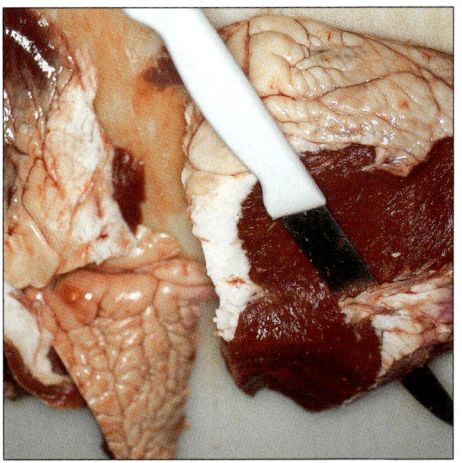
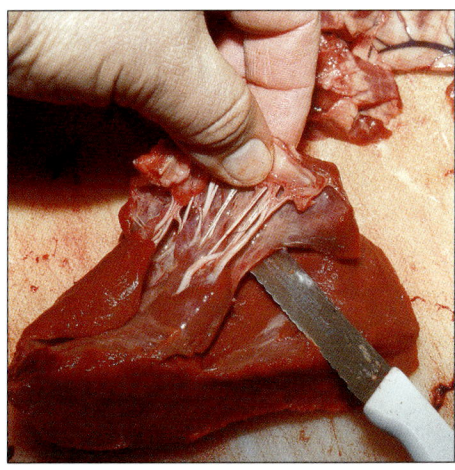

Erfolgreiche Zucht

Auswahl der Elterntiere

Die Zucht von Diskusfischen ist für jeden ernsthaften Aquarianer ein tolles Ziel. Es gibt zwei Möglichkeiten zu einem Diskuszuchtpaar zu kommen – oder vielleicht doch mehr?

Am einfachsten wäre es sicherlich, ein Diskuszuchtpaar zu kaufen, doch dieses Unterfangen birgt nicht gerade wenig Gefahren. Denn selbst wenn wir einmal nicht unterstellen wollen, dass ein Diskuszüchter nur ungern ein perfekt funktionierendes Diskuspaar abgeben würde, so kommt es zweifelsohne dazu, dass ein Paar – mit welchem wirklich erfolgreich bei seinem Vorbesitzer gezüchtet wurde – plötzlich Schwierigkeiten bereitet und vielleicht beim Käufer überhaupt nicht mehr oder kaum noch mit Erfolg ablaicht. Zu viele Faktoren können hier hineinspielen, wie beispielsweise Stress durch Fangen und Transport, Eingewöhnung in die neue Umgebung, verschiedene Wasserqualitäten und so weiter. Die zweite Möglichkeit wäre, sich selbst ein Zuchtpaar aufzuziehen. Diese Variante ist sicherlich nicht uninteressant, wenn genügend Zeit vorhanden ist. Zum Aufziehen müssen die ausgesuchten Diskusfische nicht unbedingt noch sehr klein sein. Sie können beispielsweise auch auf halbwüchsige oder sogar dreiviertelwüchsige Diskusfische zurückgreifen. Suchen Sie sich also die Farblinie aus, die Sie bevorzugen und dann macht es eigentlich nur noch die Menge aus, bis es eines Tages soweit ist, dass Sie ein Zuchtpaar haben. Dies bedeutet, dass Sie selbstverständlich nicht zwei oder drei halbwüchsige Diskusfische erwerben können, in der Hoffnung, später einmal ein Zuchtpaar zu besitzen. Nein, es müssen schon mindestens ein halbes Dutzend oder besser noch mehr Fische sein, die hier zur Auswahl bereitstehen. Diese ausgewählten jungen Diskusfische müssen optimale Hälterungsbedingungen erfahren, denn nur so können sie sich zu perfekten Zuchtfischen entwickeln. Bei der Auf-

Bei der Auswahl von Zuchtpaaren sollten Sie schon darauf achten, dass ähnliche Zuchtmerkmale bei beiden Partnern vorhanden sind. Es können zwar alle Diskus prinzipiell miteinander verpaart werden, aber ob dies auch Sinn macht, bleibt dahin gestellt.

Erfolgreiche Zucht

Dies ist ein ideales Zuchtpaar, denn beide Fische haben etwa das gleiche Aussehen und ähnliche Anlagen in Farbe, Körperbau, Beflossung und Augenfarbe. So werden die Nachkommen wohl ziemlich erbfest sein, was für den Aufbau eines Zuchtstammes wichtig ist.

zucht dieser Diskusfische sind Pflegemaßnahmen wie beispielsweise regelmäßige Teilwasserwechsel unabdingbar, denn gerade diese Teilwasserwechsel tragen dazu bei, dass der Nitratgehalt im Aquarienwasser im gut verträglichen Bereich unter 50 mg/l bleibt. In einem solchen nitratarmen Wasser wachsen die Diskusfische deutlich besser. Dass eine abwechslungsreiche Fütterung selbstverständlich ist, steht außer Frage.

Eine weitere Möglichkeit wäre es, gleich ausgewachsene Diskusfische oder sogar Brutpaare zu erwerben. Der Kauf von ausgewachsenen Diskusfischen hat sicherlich einige Vorteile – wie beispielsweise den, dass Sie sofort sehen, von welcher Qualität Ihre Neuzugänge sind. Die Körperfarbe entwickelt sich bei Diskusfischen über einen längeren Zeitraum und so können beispielsweise Diskusfische, die noch nicht voll ausgewachsen sind, farblich noch erhebliche Änderungen in ihrem Farbkleid erfahren. Sicherlich wird ein flächig blauer Diskusfisch von acht Monaten auch im Alter von 16 Monaten noch flächig blau sein, doch wird sich die Farbintensität im Verlauf des Älterwerdens deutlich verändern. Denken Sie nur einmal an rote oder rotgründige Diskusfische, die diese Rotfärbung erst wirklich konzentriert zeigen, wenn sie ausgewachsen sind und auch unter optimalen Pflegebedingungen gehalten werden. Selbstverständlich spielt auch die Fütterung bei der Farbgebung eine erhebliche Rolle. Der Reiz, große ausgewachsene Diskusfische zu kaufen, ist also erheblich, denn man spart sich ja schließlich sehr viel Zeit, bis es vielleicht zur ersten Nachzucht kommt. Auch in diesem Fall können Sie nicht einfach zwei beliebige große Diskusfische erwerben und hoffen, dass es sich hierbei um ein Pärchen handelt. Natürlich könnte das gelingen, doch ist die Wahrscheinlichkeit sehr gering.

In jedem Falle ist es günstiger, mindestens vier, besser vielleicht sechs große Diskusfische in einem größeren Aquarium zusammenzusetzen und zu hoffen,

Erfolgreiche Zucht

Der linke kleinere Diskus ist auch hier das Weibchen. Meist sind bei gleich alten Diskusfischen die Männchen aus einem Wurf etwas größer und von stabilerem Körperbau. Dies ist zwar kein „Muss", aber es ist fast schon normal. Auch die Färbung kann bei Männchen etwas ausgeprägter sein. Verlassen darf man sich auf diese Geschlechtsmerkmale jedoch nicht, sonst erlebt man schnell eine Überraschung.

dass sich ein Paar bildet. Die Chance, dass dies der Fall sein wird, ist erheblich größer, wenn Sie auch bei der Auswahl der Fische darauf achten, nicht nur die größten Diskus bei Ihrem Verkäufer zu erwerben. Betrachten Sie die hier vorgestellten Diskusfische, so lässt sich erkennen, dass die Männchen doch in der Regel wesentlich größer und im Körperbau massiver erscheinen. Allerdings ist dies keine hundertprozentig gültige Aussage, aber so um die neunzig Prozent trifft die Wahrscheinlichkeit schon zu, dass ein kräftiger großer Diskusfisch mit massiger Stirnpartie und stark ausgezogenen Flossenspitzen ein Männchen sein wird. Dagegen ist das etwas kleiner bleibende Weibchen an den runderen Flossen, an der etwas zarteren Erscheinung und später hundertprozentig an der hervorstehenden Laichpapille beim Ablaichen zu erkennen. Logischerweise gibt es aber auch jüngere Diskusmännchen, die vom Erscheinungsbild her eher dem typischen Diskusweibchen gleichen. Verlassen Sie sich also auf die 90-Prozent- Regel und erwerben Sie drei größere und drei etwas kleinere ausgewachsene Diskusfische, denn dann könnte es mit dem Zuchtpaar endlich klappen. Kaufen Sie beim gleichen Züchter oder Händler alle geplanten Zuchtfische, so ist der Vergleich noch erheblich leichter und die Geschlechtsauswahl klappt vielleicht bei guter Beobachtung. Setzen Sie sich also vor das Aquarium mit den Fischen Ihrer Wahl und beobachten Sie diese gründlich und auch über einen längeren Zeitraum. Sie glauben gar nicht, was man in 20 Minuten alles entdecken kann, wenn man es schafft, sich ruhig vor ein Aquarium zu setzen und die darin schwimmenden Diskusfische zu beobachten.

Gleich ein „richtiges" Brutpaar zu kaufen, ist eine weitere Möglichkeit, die aber wie schon am Anfang angedeutet, mit etwas Risiko verbunden ist. Keinesfalls sollten Sie den Denkfehler begehen und gleich ausrechnen, wie viele Jungfische Ihnen dieses Zuchtpaar im Verlauf eines Jahres bringen kann, und dann machen Sie den Fehler und multiplizieren die Zahl der erhofften Jungfische mit einem Geldbetrag Ihrer Vorstellung und schnell kommt eine recht interessante Summe hinten heraus. Vergessen Sie es einfach, denn schließlich soll die Diskuszucht ja eine Herausforderung bleiben und außerdem Spaß machen.

Sicherlich können Sie später die Diskuszucht unter Umständen auch als Nebenerwerb betrachten und vielleicht gelingt es Ihnen ja, eines Tages die Kosten für Ihre Aquarienanlage auf diese Art und Weise wieder hereinzubekommen. Diskusspezialgeschäfte – und davon gibt es ja inzwischen schon einige – verkaufen durchaus garantierte Zuchtpaare, die keinerlei Makel haben, zu guten Preisen. Diese Fachhändler betrachten die zusammengestellten Zuchtpaare als gute Möglichkeit, einen interessanten Verkaufspreis zu erzielen, was ja durchaus legitim ist. Wenn Sie ein solches Paar erwerben und Ihnen der Händler die Garantie gibt, dass es sich wirklich um ein Zuchtpaar handelt, dann können Sie bei guten und alt eingeführten Geschäften schon davon ausgehen, dass Sie wirklich ein Paar erworben haben.

Wenn dieses Pärchen dann nicht gleich am nächsten Tag bei Ihnen zu Hause ablaicht, ist das auch normal, und als Diskusliebhaber werden Sie das auch wissen. Etwas Geduld ist schon vonnöten. Nur wenn Sie den neuen Fischen zu Hause alle Möglichkeiten geboten haben, welche die Fische auch vorher hatten, wird es zu einer erfolgreichen Nachzucht kommen. Jeder Aquarianer – und dies gilt selbstverständlich auch für Diskusaquarianer – hat ein mehr oder weniger glückliches Händchen beim Nachziehen von Aquarienfischen. Der eine schafft es leicht, für den anderen ist es schwer und der Dritte schafft es vielleicht überhaupt nie.

Züchter mit mehreren Zuchtpaaren werden auch ab und zu ein Zuchtpaar abgeben, doch könnte es durchaus sein, dass diese Zuchtpaare ihre besten Jahre schon hinter sich haben, denn warum sollte ein

Erfolgreiche Zucht

Profizüchter ein perfekt funktionierendes Diskuspaar abgeben, denn für ihn bedeutet es schließlich bares Geld. Die Fähigkeit zur Brutpflege, aber auch die Fähigkeit, Jungtiere nachzuziehen, verringert sich im Laufe der Jahre und wenn dann noch Veränderungen der Umgebung hinzukommen, kann es schon sein, dass ein älteres Pärchen einige Monate braucht, bis es sich in der neuen Umgebung so aklimatisiert hat, dass es wieder zur Zucht schreitet. In der Natur unterliegen die Diskuspaare auch jahreszeitlichen Schwankungen, die eine Brutpflege auslösen. Diese Auslöser fehlen in einem Aquarium und lassen sich auch kaum künstlich simulieren. Selbstverständlich ist es möglich, durch Veränderungen des Aquarienwassers oder durch Veränderungen des pH-Werts nach oben oder unten bei Fischen plötzlich eine Laichphase hervorzurufen, doch ist dies nicht so einfach. Gut eingewöhnte Diskuspaare bilden meist eine Fischehe auf Dauer, und es ist sehr schwierig, nach der Trennung eines solchen Paars, die einzelnen Fische wieder mit neuen Partnern zu verpaaren und wieder Erfolg bei der Nachzucht zu haben. Voraussetzung für eine erfolgreiche Diskuszucht ist in jedem Falle ein harmonisches, gut zu pflegendes Zuchtpaar, und der Weg dorthin ist manchmal für den Diskusfreund sehr lang. Doch ist es endlich gelungen, ein solches Zuchtpaar zu besitzen, wird es richtig Spaß machen eine erfolgreiche Diskuszucht zu betreiben und eine erste Brut aufzuziehen.

Lassen Sie sich also etwas Zeit bei der Zusammenstellung und Auswahl eines möglichen Zuchtpaares.

Bei diesem bulligen Diskus muss es sich doch einfach um ein Männchen handeln. Es gibt auch Weibchen innerhalb einer Diskusgruppe, die klar die Anführerinnen sind und auch vom Körperbau und Benehmen her ganz deutlich wie Männchen auftreten. Überraschungen gibt es deshalb bei der Feststellung der Geschlechter immer wieder und so mancher Diskuszüchter hat sich da schon getäuscht.

Erfolgreiche Zucht

Wasserwerte

Diskusfische erfolgreich aufzuziehen ist eine schwierige Arbeit.

Bis aus einem so kleinen Diskusfisch ein ausgewachsener stattlicher Diskus geworden ist, vergehen mindestens zwölf Monate. Es sind zwölf Monate harter Arbeit für den Pfleger. Einen gleichmäßig gewachsenen Diskusschwarm aufzuziehen erfordert viel Disziplin und Wissen. Wasserpflege ist sicher eine der wichtigsten Voraussetzungen. Aber auch ein Auge für den Fisch muss man haben. Fühlen sich die Diskus nicht wohl, ist sofort zu reagieren, damit Abhilfe geschaffen werden kann. Diskuszucht ist relativ einfach, Diskusaufzucht dagegen relativ schwer. Wir wollen Ihnen dabei helfen, Erfolg zu haben.

Jetzt geht es um die erfolgreiche Aufzucht. Die ist nämlich wesentlich schwieriger. Wenn es Ihnen gelungen ist, einhundert kleine Diskusfische durchzubringen, und diese jetzt zwei oder drei Wochen alt sind, müssen Sie sich etwas einfallen lassen. Auf dem Bild unten schwimmen einige Dutzend junger Diskusfische, die aber schon unterschiedliche Größen aufweisen und genau da setzt die Problematik an. Die Fische wachsen ungleichmäßig. Es wird immer wieder vorkommen, dass einige Diskus zurückbleiben. Diese sind dann schon auszusortieren. Hört sich vielleicht etwas komisch an, muss aber sein, wenn das Ergebnis gut werden soll. Oft werden die kleinsten Diskus in einem Schwarm sehr unterdrückt und dann wachsen sie noch schlechter.

Da wäre dann die Teilung eines Schwarmes besser. Beeinflussen lassen sich durch Wasserwechsel beispielsweise die Schnelligkeit des Wachstums. Wasserwechsel heißt in der Regel, reduzieren von Nitratwerten. Je weniger Nitrat im Wasser ist, desto besser und schneller wachsen die Jungfische. Nach der deutschen Trinkwasserverordnung dürfen maximal 50 mg Nitrat je Liter Wasser vorhanden sein. Im Aquarium sollten Werte unter 100 mg/l unbedingt eingehalten werden. Werte unter 50 mg wären zwar ideal, aber wenn schon das Leitungswasser beispielsweise 30 mg enthält sind durch Fütterung und Ausscheidung der Fische schnell 100 mg überschritten. Teilwasserwechsel können dann die Werte wieder auf etwa 50 mg drücken. Also je öfter Wasser gewechselt wird, desto geringer der Nitratgehalt und umso schneller auch das Wachstum. Nitratfilter, die das Aquarienwasser durch Ionenaustausch nitratarm machen, haben den wesentlichen Nachteil, dass sie das Wasser stark aufsalzen. Der Nitratgehalt wird zwar gesenkt, das Wasser wird aber „salziger" und härter und somit für unsere jungen Diskus auch wieder schlechter. Ein Übel wird mit einem anderen Übel ausgetrieben. Durch Umkehrosmose gewonnenes Wasser zum Wechseln des Aquarienwassers ist fast nitratfrei und besser geeignet. Jedoch entsteht auch ein höherer Aufwand. Vielleicht lohnt es sich aber doch dieses Umkehrosmosewasser zu verwenden. Beim Einsatz von Leitungswasser zum Wasserwechsel ist es ratsam, dieses frische Leitungswasser vor der Nutzung über einen Aktivkohlefilter laufen zu lassen. Dieser Kohlefilter, von dem es auch spezielle Filterpatronen zu kaufen gibt, sorgt für eine wirksame „Entgiftung" des Wassers. Unter Entgiftung ist hier der Entzug von Schadstoffen, wie Chlor, Spuren von Schwermetallen usw. gemeint. Das Leitungswasser ist

Die richtigen Wasserwerte spielen für die Aufzucht von Diskusfischen eine große Rolle. Beispielsweise sind niedrige Nitratwerte unter 100 mg/l besonders wichtig. Durch starke Fütterung und entsprechende Verdauung gehen die Nitratwerte automatisch weiter hoch. Da helfen nur starke Wasserwechsel.

Erfolgreiche Zucht

Sind Aufzuchtaquarien entsprechend stark besetzt, helfen eigentlich nur regelmäßige und größere Teilwasserwechsel. Natürlich können entsprechend groß dimensionierte Fiilteranlagen dabei helfen die Wasserqualität stabil zu halten, aber einen richtigen Teilwasserwechsel mit viel gutem Frischwasser können sie nicht ersetzen.

nach der Trinkwasserverordnung zwar o.k., aber für Fische vielleicht doch noch zu aggressiv.

Auf jeden Fall muss bei der erfolgreichen Aufzucht immer täglich der Aquarienboden abgesaugt werden. Es ist sehr schlecht, wenn Futterreste und Kot zu lange im Aquarium bleiben. Durch die mehrmalige Fütterung und die höheren Temperaturen kommt es schnell zu einer Schadstoffkonzentration. Große Profizüchtereien setzen die Jungfische mehrmals um.

Zuerst werden nach dem Entfernen von den Eltern sehr kleine Aufzuchtaquarien genommen, da dort die kleinen Diskus besser im Futter stehen. Sie schwimmen dort richtig in der Wolke von frisch geschlüpften Artemiakrebschen. Nach etwa drei Wochen ist ein Umzug ins nächst größere Aquarium wichtig. Jetzt fressen sie schon gierig alle Futtersorten und können durch größere Aquarien und zahlreiche Wasserwechsel gleichmäßiger und schneller wachsen. Nach weiteren sechs Wochen wird spätestens wieder umgesetzt. Meist nach Größen sortiert in mehrere Aquarien. Schwammen vorher einhundert Jungfische beieinander, so sind es jetzt vielleicht nur noch dreißig pro Aquarium. Haben die Diskus zehn Zentimeter erreicht, muss ein solches Aquarium schon mindestens dreihundert Liter fassen. Wahrscheinlich wurden bis zu diesem Zeitpunkt auch schon etliche Jungfische verkauft. Die besten Diskus wurden aufgehoben und jetzt werden Gruppen von zehn bis fünfzehn fast erwachsenen Diskus in diesen großen Aquarien schwimmen. Mit einigen Laichtöpfen im Aquarium werden sich die ersten Paare zusammenstellen, die dann in Zuchtaquarien umziehen. Der Kreislauf ist geschlossen, die Aufzucht perfekt gelungen.

Erfolgreiche Zucht

Erfolgreiche Zucht

Fotos: Horst Linke

Da die Nachzucht von Diskusfischen in der Süßwasseraquaristik immer noch die absolute Krönung für Aquarianer darstellt, tritt sicherlich im Laufe einer Diskusliebhaberei der Wunsch zur Nachzucht dieser herrlichen Fische zutage. Selbst für erfahrene Diskuszüchter, die schon oft Diskusjungfische aufgezogen haben, ist der Zuchtvorgang mit einem neuen Pärchen immer wieder aufregend. Hat sich endlich ein Diskuspaar zusammengestellt und wurde es in das Zuchtaquarium überführt, so beginnt es sicher bald mit den Laichvorbereitungen. Die beiden Fische balzen sich gegenseitig an und schwimmen aufeinander zu. Dabei verneigen sie sich und teils stoßen auch die Männchen den Weibchen leicht in die Seite. Diese kleinen Gerangel sind völlig harmlos. Nur bei ernsthaften Streitigkeiten, die Tage andauern, ist es empfehlenswert, die beiden Partner zu trennen. Oft hilft hier auch das Abtrennen des Aquariums mit Hilfe einer Trennwand aus Draht oder Glas, sodass sich die

Gute Diskuspaare zusammenzustellen ist eine Kunst. Nicht jedes Pärchen harmoniert miteinander oder zieht erfolgreich Junge auf. Wer das Glück hat, so ein Prachtpaar zu finden, kann sicher auch mit Nachwuchs rechnen.

Erfolgreiche Zucht

Verträgt sich ein Paar, dann kommt es kaum zu Streitereien. Lediglich ab und zu ein freundlicher Schubs in die Seite, mehr wird nicht passieren. Dann wird ein Laichplatz gesucht, der entsprechend geputzt wird bevor das Laichen beginnt.

Fische zwar sehen aber nicht bekämpfen können. Handelt es sich um ein Pärchen, werden sich die Fische langsam aneinander gewöhnen.

In der Regel läuft das Balzspiel friedlich ab und es besteht keinerlei Gefahr für einen der beiden Fische. Auch äußerlich beginnen die Diskusfische sich jetzt zu verändern. Mit zunehmender Dauer der Laichvorbereitungen verändern sie ihre Farbe. In der Fachsprache nennt man das Dunkelwerden der Diskusfische in der hinteren Körperhälfte „Rußen". Diese typische Laichfärbung wird von einem stärkeren Hervortreten der letzten vier bis fünf Senkrechtstreifen verstärkt. Diese Anzeichen deuten auf ein baldiges Ablaichen hin. Das Diskuspaar ist auf der Suche nach einem geeigneten Platz für die Eier. Bei der Diskuszucht werden am liebsten Laichtöpfe aus Ton verwendet, die an Grabvasen erinnern. Diese spitz nach oben laufenden Tonvasen sind ein optimales Laichsubstrat. Doch eine Eiab-

Erfolgreiche Zucht

Hier ist deutlich die breitere und etwas stumpfe Laichpapille des Diskusweibchens zu sehen. Nur während des Laichvorgangs lassen sich so mit absoluter Sicherheit die Geschlechter unterscheiden.

Die Genitalpapille des Diskusmännchens ist etwas kleiner und läuft spitzer zu. Nach dem Ablegen eines Eistrangs durch das Weibchen, muss das Männchen sofort nachfolgen und diese Eier befruchten.

Erfolgreiche Zucht

Hier laicht ein Diskuspaar an einer handgefertigten Tonwurzel ab. Sie können sich natürlich so etwas selbst brennen lassen oder entsprechend vorgefertigte Wurzeln im Handel kaufen. Bei Selbstfertigung auf lebensmittelechten Ton achten.

lage ist nicht an das Vorhandensein dieses Tontopfes gebunden. Auch andere Gegenstände eignen sich als Laichsubstrate. So ist es durchaus möglich, umgestülpte Tonblumentöpfe, schräg gestellte Dachziegel, Plastikplatten, Kunststoffrohre, Ziegelsteine oder sonstiges Material zu verwenden. Wichtig ist nur, dass das verwendete Material keinerlei Schadstoffe an das Wasser abgibt. Fehlen diese Gegenstände, so laichen die Diskusfische im Notfall auch direkt an der Scheibe des Aquariums oder am Regelheizer ab. Das ausgesuchte Laichsubstrat wird jetzt von den beiden Fischen kräftig geputzt. Dabei säubern sie mit dem Maul den Ablageplatz für die Eier gründlich. Dieses Putzen zieht sich über mehrere Stunden hin.

Erfolgreiche Zucht

Harmonischer könnte so ein Laichvorgang nicht ablaufen, wie auf diesen Bildern. Das Weibchen legt gerade Eier ab und das Männchen wartet etwas abseits schon auf seinen Einsatz, um die Eier schnell zu befruchten.

Begleitet wird es von einem kräftigen Rütteln des Körpers. Das Putzen und das Rütteln sind ganz typische Anzeichen dafür, dass jetzt bald ein Laichgang bevorsteht. Meist laichen Diskusfische in den Abendstunden. Dieses Laichen in den Abendstunden trifft vor allem für Diskus in Zuchtaquarien mit einer Wassertemperatur von etwa 30 °C zu. Da die Wassertemperatur die Entwicklung der Eier sehr stark beeinflusst, benötigen diese im 30 °C warmen Wasser knapp 60 Stunden zur Entwicklung. Dies bedeutet, dass die Eier, welche in den Abendstunden gelegt wurden, in den Morgenstunden des dritten Tages soweit entwickelt sind, dass die Larven ausschlüpfen. Jetzt haben die Diskuseltern Tageslicht zur Verfügung, um die Larven weiterzubetreuen. Auch das Freischwimmen der Diskuslarven geschieht dann tagsüber, sodass ein Einsammeln der zappeligen Fischbrut für die Eltern leichter ist. Viele Diskuszüchter bieten ihren Zuchtpaaren ein Nachtlicht an. Dies bedeutet, dass eine kleine Lampe während der ganzen Nacht in der Nähe des Aquariums oder über diesem brennt.

Erfolgreiche Zucht

Reihe für Reihe hat das Weibchen die Eier abgelegt und hier befruchtet gerade das Männchen erneut eine Eikette. Dabei darf das Pärchen nicht gestört werden, denn wenn das Männchen nicht schnell genug befruchtet, kann der Samen später nicht mehr durch die Eihülle eindringen und das Ei ist unfruchtbar und verpilzt.

So haben die Diskusfische die Möglichkeit, ihr Gelege und ihre Brut besser zu betreuen. Im Fachhandel gibt es spezielle Sparlampen für diesen Zweck. Auch sogenanntes Mondlicht in Form von blauen Leuchtstoffröhren ist als Nachtlicht geeignet. Ein abruptes Ab- oder Anschalten der Beleuchtung führt bei allen Fischen dazu, dass sich diese erschrekken. Gerade bei Diskusfischen mit Gelegen oder einer Jungbrut könnte dies fatale Folgen haben. Die gestörten Fische könnten im Extremfall die Eier oder die Jungbrut auffressen.

Endlich steht die Laichabgabe unmittelbar bevor – jetzt ist das Weibchen der aktivere Teil. Das Männchen steht meist etwas vom Laichsubstrat entfernt und beobachtet das Weibchen und die Umgebung. Deshalb ist es auch wichtig, dass der Sichtkontakt zu anderen Aquarien unterbrochen wird. Es wäre ungünstig, wenn das Diskusmännchen durch Rivalen in einem Nachbaraquarium abgelenkt würde. Schließlich soll es die abgelegten Eier sofort befruchten. Da sich die Eihülle schon nach wenigen Minuten

Erfolgreiche Zucht

verändert und für den Samen undurchdringlich wird, ist dies wirklich wichtig. Das Weibchen wird immer unruhiger und beginnt den Laichplatz immer wieder anzuschwimmen, um probehalber zu laichen. Noch werden keine Eier abgelegt. Dieses Probelaichen kann auch über einen längeren Zeitraum erfolgen. Endlich schwimmt das Weibchen von unten nach oben über den Laichplatz und beginnt die erste Eischnur abzulegen. Zehn bis 20 Eier quellen aus der Legeröhre und haften fest auf der Laichunterlage. Das Weibchen schwimmt von der Laichunterlage weg und lässt das Männchen die Eier befruchten. Ideal ist es, wenn das Männchen bereit zum Befruchten schon neben dem laichenden Weibchen wartet. Die Samen des Männchens sind im Wasser des Aquariums nur etwa 30 Sekunden lang lebensfähig. Es ist also

Erfolgreiche Zucht

Links das Männchen beim Befruchten, rechts das Weibchen bei der Eiablage. Sensationelle Nahaufnahmen, die einen sehr guten Eindruck vermitteln, wie genau so ein Laichvorgang abläuft. Das ist Diskuszucht in Reinkultur. Nur wenn ein Paar so harmoniert, kann der ganze Ablauf der Diskuszucht natürlich belassen werden. Dann ist kein Laichschutzgitter oder eine künstliche Aufzucht erforderlich.

sehr bedeutend, dass das Männchen nun über den Eiern den Samen abgibt, damit die Samenfäden die Mikrophyle des Eies durchdringen können. Die Weibchen legen übrigens die Eier immer so ab, dass diese Mikrophyle nach oben zeigt. Logischerweise sollte während des Befruchtungsvorgangs im Aquarium keine starke Strömung vorherrschen, denn diese könnte den Samenfluss beeinträchtigen. Wenn Sie also die Paarung beobachten können, sollten Sie den Filterkreislauf während der Eiabgabe und Befruchtung unterbrechen.

Nach der Befruchtung der Eier schwimmt das Männchen einen Halbkreis und kommt wieder zum Weibchen zurück, welches bereits die nächste Eischnur ablegt. Je nach Alter und Zustand der Fische dauert solch eine Laichphase etwa eine Stunde. In dieser Zeit legt das Weibchen 150 bis 400 Eier ab, wobei ein durchschnittliches Gelege etwa 200 Eier enthält. Da Diskusfische im Abstand von fünf bis sieben Tagen erneut ablaichen können, hängt die Größe des Geleges stark vom körperlichen Zustand des Weibchens ab.

Fressen die Diskusfische ihre Eier nach dem Ablaichen wieder auf, dann werden sie bereits nach fünf bis sieben Tagen ein neues Gelege produzieren. Dies kann sich so oft wiederholen, dass ein Liebhaber schon verzweifeln kann. Kommt es nicht zum Ausschlüpfen der Larven, so werden die Diskusfische zehn bis fünfzehn Mal hintereinander Eier ablegen. Zieht das Pärchen seine Larven auf, und bleiben die Jungfische dann für drei bis vier Wochen bei den Eltern, so laichen diese in der Regel erst wieder nach dem Herausfangen der Jungfische erneut ab. Allerdings kann es doch vorkommen, dass das Weibchen Larven führt, die eine Woche alt sind, und dennoch erneut laicht. Geschieht dies, so werden in der Regel die Jungfische von den Eltern gefressen. Es ist dann besser, das neue Gelege zu entfernen, denn dann kümmern sich die Eltern vielleicht noch um die vorhandenen Jungfische.

Sofort nach dem Ablaichen ist die Filterung des Aquariums wieder einzuschalten. Nach dem Ablegen der Eier stehen die beiden Diskusfische im Wechsel vor ihrem Gelege und befächeln die Eier mit ihren Brustflossen. Durch dieses Befächeln soll verhindert werden, dass die Eier verpilzen. Das Befächeln versorgt das Gelege mit mehr Sauerstoff. Befindet sich ein Nachtlicht über dem Aquarium, werden die Fische animiert, sich ständig und aufopfernd um ihr Gelege zu kümmern. Das Eierfressen ist ein Phänomen, welches bis heute noch nicht enträtselt wurde. Dieses Eierfressen tritt meist erst am zweiten Tag nach der Eiablage ein. Deshalb kann angenommen werden, dass sich die Eier nicht richtig entwickelten. Aus diesem Grunde wurden sie dann aufgefressen. Können sich befruchtete Diskuseier nicht entwickeln, dann liegt dies in der Regel an ungünstigen Wasserverhältnissen. Die Diskusfische sind wohl von Natur aus so ausgerüstet, dass sie erkennen können, wann ihre Brut eine gute Chance hat zu überleben und wann nicht.

Gegen Ende des zweiten Tages nach der Eiablage sind in den Eiern deutlich dunkle Kerne zu erkennen, die auf ein befruchtetes Ei hindeuten. Diese Eier haben sich normal entwickelt und bereits nach 55 Stunden ist eine deutliche Bewegung in den Eiern zu erkennen. Bei Betrachtung mit einer Lupe ist sogar das Schlagen des Herzens und der Schwanz der Diskuslarve zu sehen. Die Larven beginnen zuerst mit dem Schwanz zu schlüpfen. Sie durchbrechen die Eihülle.

Erfolgreiche Zucht

Ein normaler Ablaichvorgang dauert ohne Vorbereitungen, wie Putzen des Laichplatzes, etwa eine Stunde. In dieser Zeit müssen die Fische Ruhe haben. Auch sollten starke Filter abgestellt werden.

Erfolgreiche Zucht

Noch weitere 60 Stunden dauert die Entwicklung bis zur schwimmfähigen Larve. Jetzt betten die Alttiere ihre Larven um. Dies bedeutet, dass sie die – wild mit dem Schwanz schlagenden – Larven aus den Eihüllen saugen und an einen anderen Platz im Aquarium deponieren. Die Larven besitzen am Kopf einen Klebefaden, mit dem sie sehr gut am Laichsubstrat haften. Das Umbetten und Heraussaugen ist zugleich auch ein desinfizierender Vorgang. Mit dem Klebefaden hängen die Larven so lange am Laichsubstrat, bis ihre Entwicklung abgeschlossen ist. Dann verkümmern diese Klebedrüsen am Kopf und die Larven können freischwimmen. Die Eltern sammeln die freischwimmenden Larven unermüdlich mit dem Maul wieder auf, kauen sie etwas durch und spucken sie dann in den Pulk zappelnder Larven zurück. Wer zum ersten Mal Diskusfische bei der Betreuung ihrer Larven beobachtet, wird dabei ganz unruhig werden und denken, dass es jetzt mit den Larven vorbei sei. Doch die Eltern fressen ihre Jungen nicht, sondern kauen diese mehrere Sekunden lang durch und spucken sie dann wieder an das Laichsubstrat. Dies ist also ein ganz normaler Teil der Brutpflege dieser Cichliden. Während der Zeit dieser intensiven Brutpflege müssen die Elterntiere nur einmal täglich gefüttert werden. Auch bei der Fütterung bleibt ein Elterntier bei der Brut und bewacht diese. Ein gut harmonierendes Diskuspaar wechselt sich also sowohl bei der Pflege als auch beim Fressen ab.

Sechs Tage nach der Eiablage sind die Larven schwimmfähig geworden. An diesem sechsten Tag beginnt ihre Motivation, vom Laichsubstrat wegzuschwimmen, immer stärker zu werden. Jetzt schwimmen so viele Larven frei, dass es die Eltern nicht mehr verhindern können.

Gut pflegende Paare befächeln die Gelege mit den Brustflossen. Durch die ständige Wasserbewegung soll ein Verpilzen verhindert werden. Die Eltern versuchen sogar, die weiß gewordenen Eier vorsichtig herauszupicken, damit der Pilz nicht über das ganze Gelege wuchert.

Erfolgreiche Zucht

Aufzucht der Jungfische

Es hat geklappt – die Diskuslarven sind freigeschwommen. Jetzt kommt es vor allem darauf an, dass sie die Eltern finden und diese anschwimmen, um ihre erste Nahrung aufzunehmen. Wie wir wissen, bilden die Eltern in dieser Zeit ein schleimiges Hautsekret, welches von den Diskuslarven dringend als Erstnahrung benötigt wird. Dieses Hautsekret enthält wichtige Bakterien, aber auch Enzyme, welche die kleinen Diskusfische als Starthilfe für ihr Verdauungssystem benötigen. Da die Bildung dieses Hautsekrets dazu führt, dass die Eltern im Normalfall viel dunkler aussehen, ist es wichtig, dass sich zu diesem Zeitpunkt keine anderen dunklen Gegenstände wie Filterschwämme im Aquarium befinden. Sonst könnte es nämlich passieren, dass die Jungfische aufgrund ihrer Motivation zur Nahrungsaufnahme diese Gegenstände anschwimmen.

Erfolgreiche Zucht

Wildfänge und Wildfangnachzuchten sind etwas schwieriger zum Laichen zu bewegen. Haben sie jedoch erst einmal erfolgreich abgelaicht, werden sie meist vorbildlich Laich und Jungfische pflegen. Die Larven haben am Kopf noch einen Klebefaden, der dafür sorgt, dass sie die ersten Tage am Laichsubstrat hängen bleiben. So gehen sie nicht im Aquarium verloren. Die Eltern bewachen beide abwechselnd die Jungbrut und spucken flüchtige Ausreiser wieder an das Laichsubstrat zurück. Die Larven werden immer aktiver und dadurch wird es immer schwieriger für die Eltern die Schar zusammenzuhalten. Dann kommt der Zeitpunkt des Freischwimmens und dann ist es wichtig, dass die Larven die Eltern mit dem Hautsekret anschwimmen.

Erfolgreiche Zucht

Ein ganz entscheidender Zeitpunkt für eine erfolgreiche Zucht ist das Anschwimmen der Eltern. Nur hier finden die Jungfische das erste Futter, nämlich das Hautsekret. Haben sie erst einmal den Kontakt zu den Eltern gefunden, reißt dieser auch nicht mehr ab. Die Eltern produzieren viel Hautsekret und sehen dann entsprechend dunkel aus. Der Hautbelag ist grau-weiß und manchmal hängen richtige Schleimfetzen an den Eltern. Dies ist ein gutes Zeichen und kein Grund zur Sorge.

Gerade sehr hell gefärbte Diskuseltern – beispielsweise Pigeon Blood-Diskus, Gelbe beziehungsweise Goldfarbene Diskusfische – bilden manchmal weniger Hautsekret. Dann kommt es vor, dass die Larven beim gezielten Anschwimmen Probleme haben. Dadurch ist schon manche Diskusbrut innerhalb weniger Stunden im Aquarium verhungert.

Im Normalfall schwimmen die Larven die Eltern an und beginnen sofort mit dem Fressen. Dieses Fressen ist sehr gut zu beobachten, denn schnell füllen sich die kleinen Bäuche der Diskusjungen. Fast unermüdlich weiden sie ihre Eltern ab. Die beiden Elterntiere wechseln sich auch beim Füttern der Jungfische ab. Gut harmonierende Paare entwickeln hierbei ein Übergabesystem, das sehr gut klappt. Durch Zucken und ruckartige Bewegungen vermitteln die Eltern ihren Jungen Befehle beziehungsweise halten diese eng am Körper beisammen. Will einer der Eltern an den Partner übergeben, so beginnt er stärker zu zucken, schwimmt dann plötzlich davon und schüttelt dabei die Jungfische regelrecht vom Körper ab. Diese schwimmen nun schnell zum nahestehenden zweiten Elterntier und fressen dort problemlos weiter. In dieser Phase ist es sehr gut möglich, die Eltern zu füttern, denn sie verstehen es gekonnt, Nahrung von Jungfischen zu unterscheiden – es kommt nicht vor, dass sie ihre Jungen fressen. Sicher wird der Pfleger die Eltern in dieser Aufzuchtphase nicht zu oft füttern. Jetzt reichen auch eine oder maximal zwei Fütterungen am Tag völlig aus.

Bereits nach fünf Tagen nach dem Freischwimmen können die kleinen Diskusfische mit frisch geschlüpften *Artemia*-Krebschen gefüttert werden. Normalerweise lässt der Aquarianer die Jungen dann noch bei den Eltern, damit sie weiterhin das Sekret fressen können. Sekret und frisch geschlüpfte *Artemia*-Krebschen bilden jetzt die Hauptnahrung. Die kleinen Krebschen müssen nach dem Schlupf im Salzwasser unbedingt noch gut mit Süßwasser abgespült werden, damit von den Jungfischen nicht zu viel

Erfolgreiche Zucht

Erfolgreiche Zucht

Die Bindung der Jungfische zu den Eltern ist während der ersten ein bis zwei Wochen sehr eng. Hier eine Jungbrut nur zwei Tage nach dem Freischwimmen. Die Kleinen fressen schon fest vom Hautsekret des Elternfisches und die kleinen Bäuche scheinen gut gefüllt zu sein.

Salz aufgenommen wird. Die kleinen Diskus verstehen es sehr schnell, den lebenden Krebschen nachzujagen und diese zu fressen. Damit das Verfüttern dieser Krebse einfacher ist, ist es gut, wenn sie in eine Pipette gesaugt und dann gezielt in den Jungfischschwarm geblasen werden. Auch ist es möglich, die *Artemia*-Krebschen mit einem Luftschlauch anzusaugen und sie dann direkt in den Jungfischschwarm zu leiten. Während dieser Zeit kann der Wasserstand etwas gesenkt werden, was die Fütterung letztendlich deutlich vereinfacht. Dieser Trick wird auch angewendet, wenn die Jungfische ihre Eltern schlecht anschwimmen. Wird das Wasser soweit im Aquarium abgelassen, dass die Eltern gerade noch aufrecht im Aquarium schwimmen können, so befindet sich logischerweise entsprechend weniger Wasser im Aquarium und die Jungen haben einen geringeren Schwimmraum, sodass die Wahrscheinlichkeit, dass sie

Erfolgreiche Zucht

Die Jungfische schwimmen schon den sechsten Tag an dem gleichen Elternfisch und sind ebenfalls gut genährt. Jetzt nehmen sie auch schon Artemia Krebschen auf und dazu entfernen sie sich dann auch schon etwas von den Eltern. Kommen beim Zucken der Eltern aber sofort zurück.

die Eltern anschwimmen müssen, viel größer ist. Auch dunkeln einige Züchter das Aquarium in den ersten Tagen nach dem Freischwimmen stark ab, um die Jungfische durch die Bewegungsreize, die von den Eltern ausgehen, an deren Körper zu bringen. Fressen die kleinen Diskusfische erst einmal kräftig *Artemia*-Krebschen, so kann bei der weiteren Aufzucht fast nichts mehr schiefgehen.

Einige Züchter schwören darauf, die Jungfische bereits nach sieben oder acht Tagen von den Eltern zu trennen und mit *Artemia*-Krebschen und *Moina* aufzuziehen. Natürlich macht dies etwas mehr Arbeit, aber es sorgt auch dafür, dass die Übertragung von Krankheiten von den Eltern auf die Jungfische geringer ist. Wenn Sie die kleinen, noch nicht einmal einen Zentimeter großen Diskusfische jetzt von den Eltern trennen wollen, müssen Sie entsprechend kleine Aquarien verwenden, damit Sie die ganze Brut schön beisammen haben und diese rich-

Erfolgreiche Zucht

Erfolgreiche Zucht

Auch nach zwölf Tagen herrscht noch eine sehr starke Bindung zu den Eltern vor. Links stehen die Jungfische ganz eng am Körper des Elternfisches, rechts sind sie schon wieder auf der Suche nach weiteren Leckerbissen im Aquarium. Rüttelt der Elternfisch, kommen sie sofort zurück. Dies ist ein tolles Schauspiel und hoffentlich haben Sie die Gelegenheit, so einen schönen Zuchtversuch selbst in Ihrem Aquarium zu erleben. Profizüchter nehmen die Jungfische schon relativ früh von den Eltern weg. Zum einen, dass sie die Jungen in kleinen Aquarien voll ins Futter stellen können, damit diese schnell wachsen. Zum anderen, damit die Elternfische möglichst bald wieder ablaichen und es wieder einen Wurf gut verkäuflicher Diskusfische gibt. Hier wurde die Aufzucht im eingerichteten Aquarium durchgeführt. Sicher die schönste Art der natürlichen Diskusaufzucht im Aquarium.

tig im Futter steht. Mindestens sechs- bis achtmal täglich ist jetzt noch zu füttern, damit die Kleinen optimal wachsen. Dieses häufige Füttern sorgt aber auch dafür, dass sich die Wasserqualität ständig verschlechtert und somit sind eigentlich tägliche Teilwasserwechsel Pflicht. Bei diesen kräftigen Teilwasserwechseln werden die Futterreste gleich mit abgesaugt. Andererseits können Sie Ihre kleinen Diskusjungfische aber auch bei den Eltern lassen. So können die Elterntiere und Jungfische noch weitere vier bis fünf Wochen zusammen verbringen. Erst wenn die kleinen Diskusfische die Haut der Eltern derart aggressiv fressen, dass es zu Verletzungen kommt, empfiehlt es sich in jedem Falle, Eltern und Junge zu trennen.

Spätestens nach vier bis sechs Wochen ist es dann so weit, dass die Jungfische eine Größe von etwa einem Eurostück erreicht haben und jetzt auch ein entsprechender Platzbedarf nötig ist. Je größer das Aufzuchtaquarium sein kann, desto besser werden die Jungfische wachsen. Natürlich muss auch die Futterqualität stimmen. Der regelmäßige Teilwasserwechsel ist ein wichtiges Instrument, um das Wachstum zu beschleunigen.

Erfolgreiche Zucht

Probleme bei der Zucht

Probleme gibt es immer wieder. Nicht nur beim Diskus, aber da interessieren uns die alltäglichen Probleme eben besonders.

Eierfressen ist so ein altes und immer wiederkehrendes Problem bei der Diskuszucht. Als Züchter könnte man verzweifeln, wenn die Diskus perfekt ablaichen und das Gelege auch gut befruchten. Irgendwann beginnen sie dann die Eier zu fressen und vorbei ist es mit dem Traum von Jungfischen. Aus Asien kam vor vielen Jahren die Idee, die Gelege mit Draht vor den Eltern zu schützen. Auch die frisch geschlüpften Larven werden dadurch noch so lange geschützt bis sie endlich freischwimmen. Bei freischwimmenden Larven scheint die Versuchung des Fressens geringer zu sein. Die meisten Profizüchter stellen diese Schutzgitter sofort nach dem Ablaichen über das Gelege. Da wird gar kein Risiko mehr eingegangen. Bei nicht geschützten Gelegen mit unbefruchteten oder verpilzten Eiern versuchen die Eltern oft diese schlechten Eier herauszupicken. Dabei kommt es zu Verlusten und oft wird dann das ganze Gelege gefressen. Eine Alternative ist dieser Eischutz allemal und heute schon fast Standard in vielen Zuchtanlagen. Für den Hobbyzüchter sicher auch eine Alternative, wenn das Eierfressen nicht von alleine aufhört. Manchmal fressen die Elternfische die Eier ja nur ein oder zweimal und dann ist das vorbei. Andererseits gibt es aber auch Fische, die nie damit aufhören. Gründe für das Eierfressen gibt es nicht wirklich zu erkennen. Es kann einfach so sein, dass die Fische anfangs noch zu unerfahren sind. Andererseits sind Umweltfaktoren oft Auslöser. Fressfeinde oder falsche Wasserbedingungen. Mögliche Gründe gibt es viele. Was dann wirklich das Eierfressen auslöst, ist noch ungewiss.

Die Wasserqualität beeinträchtigt die Ei- und die Larvenentwicklung erheblich. Probleme bei der Zucht lassen sich durch ein Verändern des Zuchtwassers oft

Hier oben frisst der Diskusmann gleich nach dem Ablaichen des Weibchens die Eier auf. Ein ganz schwieriger Fall und wenn sich dieses Verhalten nicht legt, muss das Männchen ausgetauscht werden. Rechts oben ein fast völlig verpilztes Gelege. Meist sind es unbefruchtete Eier, seltener sind die Wasserwerte schuld am Verderben eines Geleges. Laichschutzgitter helfen vor dem Eierfressen. Links ein dennoch verpilztes Gelege, rechts dagegen ein gut aussehendes Gelege. Profizüchter setzen meist kompromisslos solche Gitter ein.

Erfolgreiche Zucht

beeinflussen. Versuchen Sie es mit geringerem Leitwert und pH-Wert Veränderungen. Der falsche osmotische Wasserdruck zerstört Diskuseier. Sie müssen das Wasser im Leitwert deutlich herabsenken. Ideal sind Werte unter 100 µS/cm. Es gibt eigentlich keine absolut sicheren Wasserwerte, bei denen die Zucht auch klappt. Wenn wir die Natur kopieren wollten, müssten wir die Leitwerte noch weiter hinunterdrücken. Doch im Aquarium ist das auf Dauer kaum möglich. Gerade in Verbindung mit pH-Werten unter 6,5 wird der sehr niedrige Leitwert schnell zum Problem.

Leitwert und pH-Wert können nicht die alleinigen Faktoren für eine geglückte Zucht ein, da viele Züchter auch bei hohen Leit- und pH-Werten sehr gute Zuchterfolge haben. Bei der erfolgreichen Zucht müssen schon mehrere Faktoren zusammenspielen.

Oft gibt es auch das Problem, dass die Larven nach dem Lösen vom Laichsubstrat nicht die Eltern anschwimmen. Sie irren dann im ganzen Aquarium umher. Verteilen sich die Larven im Aquarium, dann alles Dunkle entfernen und das Aquarium abdecken, damit die Jungfische die Eltern besser finden. So stören dann die dunklen Vasen, aber auch die Schwammfilter oder sogar schon schwarze Silikonnähte. Abgedeckte Aquarien mit einem kleinen Punktlicht über dem Aquarium beleuchten. Stellen sich die

Erfolgreiche Zucht

Eltern darunter, können sie die Larven anschwimmen. Sehr hilfreich kann auch das starke Absenken des Wasserstandes sein. Das Wasser im Zuchtaquarium wird langsam soweit abgelassen, bis die Elterntiere gerade noch aufrecht schwimmen können. Durch die Verringerung der Wassermenge ist die Chance viel höher, dass die Larven die Eltern anschwimmen.
Klappt dies auch nicht, bleiben noch die künstliche Aufzucht oder die Überführung des Geleges zu einem Ammenzuchtpaar als Auswege übrig.
Hautsekret als erste Larvennahrung ist sehr wichtig. Bei der natürlichen Aufzucht werden die Jungfische für mindestens eine bis zwei Wochen mit diesem Hautsekret ernährt. In den ersten drei bis vier Tagen stellt es sogar das Alleinfutter dar. Einige Diskuseltern haben aber Probleme ein solches Hautsekret zu bilden. Dies kann wieder verschiedene Ursachen haben. Fehlt dieses Sekret, dann sterben die Larven sehr schnell.
Die ausreichende Bildung von Hautsekret ist also wichtig. Den Pigeon Blood Diskus hat man damals bei Ihrer Neueinführung diese mangelnde Sekretbildung oft zu Unrecht nachgesagt. Bilden die Eltern genügend Sekret, dann ist es kein Problem die Jungen für eine bis vier Wochen bei den Eltern zu lassen. Streiten die Eltern, kann ein Tier die ganze Brut

Erfolgreiche Zucht

Links ein perfekt pflegender weißer Nachzuchtdiskus. Ihnen wird gerne nachgesagt, dass sie kein Sekret bilden könnten. Doch diese Bilder beweisen das Gegenteil. Rechts der dazu gehörende Mann. In der Bildecke links oben ist noch das weiße Weibchen zu sehen. Die Kleinen scheinen auch schon unterschiedlich gefärbt zu sein, doch dies täuscht das Blitzlicht vor. Noch sehen alle gleich aus. Erst später werden sich farbliche Unterschiede bei den Jungfischen zeigen.

Erfolgreiche Zucht

Das Absenken des Wasserstandes im Zuchtaquarium hilft den Larven, die Eltern besser anzuschwimmen. Ein noch stärkeres Absenken kann hier noch bessere Resultate bringen.

Finden die Larven die Eltern nicht, dann fallen sie zu Boden, irren im Aquarium umher und gehen relativ schnell ein. Solche Bruten sind dann leider nicht mehr zu retten. Hier könnte die künstliche Aufzucht weiterhelfen.

alleine aufziehen. Sie können aber auch ein Trenngitter ins Aquarium stellen, sodass die Alttiere getrennt sind, die Jungen aber durch die Maschen zu beiden Eltern zum Fressen schwimmen können. Bilden die Eltern kein oder zu wenig Sekret aus, so helfen sich Profis mit Ammenaufzucht. Da werden die Larven einfach anderen Paaren untergeschoben. Meist werden hierzu gut pflegende Paare genommen, die viel Sekret bilden und möglichst auch gerade Jungfische führen. Die Pflegepaare können auch zwei Bruten gleichzeitig führen und pflegen. Profizüchter lassen oft die Jungen auch nur für vier, fünf oder sechs Tage bei den Alttieren und überführen dann in kleine Aufzuchtaquarien, wo die Jungen dichtgedrängt beisammen stehen müssen. Dann werden sie mit Artemien gefüttert und schnell auf Fertigfutter umgestellt. Übrigens gibt es auch sehr kleine amerikanische *Artemia*-Krebschen. Erkundigen Sie sich hierzu im Fachhandel. Nach und nach werden die Aquarien dann vergrößert. Bleiben die Jungen zu lange bei den Eltern kommt es meist zu Hautverletzungen und die Alttiere leiden und reagieren mit Farbveränderungen.

Gerade Hochzuchtdiskus haben ab und zu nicht die Fähigkeit, genügend Hautsekret für die Ernährung der Larven zu bilden. Dann gibt es tatsächlich erhebliche Probleme beim Aufziehen der Larven und meist endet dies in einem totalen Desaster oder dem Verlust der Larven. Wenn die Larven, die nicht genügend Hautsekret an den Elterntieren vorfinden, durch das Aquarium irren, verlieren Sie den Kontakt zu den Eltern und verenden sehr schnell auf dem Aquarienboden. Einmal zusehen zu müssen, wie eine ganze Brut von herrlichen Diskusfischen elendig zu Grunde geht, nur weil die Eltern kein Hautsekret bilden konnten, ist schon schlimm. Was kann man dagegen tun? Möglichkeiten gibt es einige, doch ob sie letztendlich zum Erfolg füh-

Erfolgreiche Zucht

Streiten sich die Eltern, muss ein Fisch vielleicht ganz entfernt werden. Dann hat der andere Diskus seine Last mit den vielen Jungfischen, die ihm förmlich die Haut vom Leibe fressen. Dann hilft ein grobmaschiges Trenngitter, sodass beide Elternfische in einem Aquarium bleiben können und die Jungen durchs Gitter schwimmen.

ren, sei dahingestellt. Aber versuchen muss man es auf jeden Fall. Die Elterntiere mit Hormonen zu behandeln, um eine Sekretbildung anzuregen, ist sicherlich nicht ungefährlich und kann zu Langzeitschäden führen. Erfahrungsgemäß ist es so, dass beim Einsatz von Hormonen zur Sekretsteigerung die Folge ist, dass diese Fische für eine längere Zeit nicht mehr ablaichen können.

In Südostasien lassen sich die professionellen Züchter so manchen Trick einfallen, um mehr Erfolg bei der Diskuszucht zu haben. Die Elterntiere besitzen zwar Sekret, aber meist zu wenig. Gelingt es den Jungfischen jetzt nicht, intensiv die Eltern anzuschwimmen, führt dies zu einem Verlust der Jungtiere. Aus diesem Grund wird von den Züchtern der Wasserstand um etwa ein Drittel abgesenkt. Im Verlauf der ersten Tage während des Freischwimmens der Larven wird sogar bis zur Hälfte der Aquarienhöhe das Wasser abgesenkt und dies hat zur Folge, dass sich die Elterntiere nicht mehr so stark bewegen können. So haben die Larven eine wesentlich größere Chance, die Elterntiere zu finden und anzuschwimmen. Ist dies erst mal geschehen, gelingt es meist, die Brut dazu zu bewegen, das zwar mäßige aber doch vorhandene Hautsekret der Eltern zu fressen. Sicher eine gute Möglichkeit, in Ihrem Zuchtaquarium den gleichen Versuch zu unternehmen und beim nächsten Ablaichen langsam den Wasserstand abzusenken, um dann beim Freischwimmen der Larven den Wasserstand etwa um die Hälfte verringert zu haben. Gerade bei Pigeon Blood Diskus und den speziellen Zuchtformen wie Ghost Diskus oder Blue Diamond Diskus kommt es immer wieder zu diesen Sekretbildungsproblemen und bisher haben viele Züchter die sogenannten Ammenaufzucht versucht. Wenn es gar nicht anders ging, versuchte man gemischte Paare zu bilden. Dies bedeutete, dass ein Hochzuchtdiskus mit der gewünschten Superfarbe mit einem normalen, einfachen Diskus verpaart wurde. Dieser einfache Diskus war meist in der Lage, viel Sekret zu bilden und musste

Erfolgreiche Zucht

Werden Fische mit Flossenfehlern doch aufgezogen, dann verlieren sie diese Fehler auch nicht mehr. Bei Verletzungen werden diese nicht vererbt. Hier vererbt sich der Fehler in den Rückenflossenstrahlen wohl nicht auf die Nachkommen. Anders kann es bei Kiemendeformationen sein. Als Liebhaber bringt man es eben nur schwer fertig, fehlerhafte Diskusjungfische abzutöten.

Erfolgreiche Zucht

sich dann um die Aufzucht der Larven kümmern. Bei der Vererbung war es dann logischerweise so, dass der schlechter gefärbte Diskus auch vererbte, aber selbstverständlich vererbte der besondere Hochzuchtdiskus seine Anlagen auch und so kam es beim Aufsplitten der Jungfische dazu, dass man eine entsprechende Menge qualitativ hochwertiger Diskusfische nachziehen konnte, die dann zur Stabilisierung dieses neuen interessanten Farbschlags verwendet werden konnte.

Sind die ersten Tage bei der Zucht gut überstanden, dann geht es immer noch um eine gelungene Aufzucht der Jungfische. Werden diese relativ früh von den Eltern getrennt, können sie schnell an neue Wasserverhältnisse gewöhnt werden. Die Jungfische sind dann wirklich problemlos, was das Wasser angeht. Sie vertragen höhere Leitwerte und auch höhere pH-Werte recht gut. Alle Wasserparameter die nach und nach verändert werden, bereiten kaum Probleme bei der Aufzucht. Kiemen- und Flossendeformationen resultieren oft aus Sauerstoffmangel während der ersten Lebenstage. Deshalb immer für genügend Sauerstoff in den Zuchtaquarien sorgen. Mineralstoffmängel können sich auch in solchen Wachstumsfehlern bemerkbar machen. Hier hilft dann die Zugabe einer Mineralstoffkombination direkt ins Wasser oder auch vorsichtig dosiert übers Futter. Bei hochwertigem Industriefutter sind solche Mangelerkrankungen nicht zu befürchten. Bei selbst hergestellten Futtermischungen kann schon schnell ein Mineral- oder Vitamindefizit auftreten, das sich dann in Wachstumsfehlern bemerkbar macht. Diese Wachstumsfehler sind hinterher eigentlich nicht mehr zu beheben und fehlerhafte Jungfische müssen leider abgetötet werden.

Dem oberen Jungfisch fehlt die Schwanzflosse. Solche Fische müssen rechtzeitig sachgerecht abgetötet werden. In Asien schneidet man die Flossen ab und bezeichnet solche Diskus als Herzdiskus.
Der untere Diskus zeigt schon deutliche Wachstumsstörungen und auch Flossennekrosen, die sich nicht mehr zurückbilden werden. Auch hier muss abgetötet werden.

Künstliche Aufzucht

Die elternlose Aufzucht von Diskusfischen

Uwe Beye

Die elternlose Aufzucht von Diskusfischen ist mitunter ein sehr umstrittenes Thema. Die erste Veröffentlichung über die erfolgreiche künstliche Nachzucht von Diskusfischen zerstörte den über Jahrzehnte lang vorherrschenden Glauben, dass die Nachzucht von Diskusfischen unabdingbar mit dem Vorhandensein der Elterntiere, auch nach der Befruchtung der Eier, verbunden ist. Der Diskusfisch zählt zu den wenigen Fischen, bei denen sich die Larven die ersten Tage nach ihrem Aufschwimmen ausschließlich vom Hautsekret der Eltern ernähren. Gilt doch die Ernährung der Larven vom körpereigenen Hautsekret der Eltern in der traditionellen Diskuszucht als das Maß des Natürlichen. Dieses Alleinstellungsmerkmal in der Tierwelt macht ihn zu einem einzigartigen Aquarienfisch, dessen Brutpflege jeden Aquarianer in seinen Bann zieht.

Aber was bewegte Menschen dazu, dieses unnatürliche Verfahren zu entwickeln? Es liegt wohl im innersten des Menschen, sich die Natur zu eigen zu machen. Wir sind bestrebt natürliche Vorgänge zu erforschen, nachzuahmen und die erzielten Erkenntnisse im eigenen Sinne weiterzuentwickeln. Mitunter spielt der Wunsch auf einem Gebiet der Erste zu sein, eine nicht unwichtige Rolle.

Der Amerikaner Jack Wattley war es, der als Erster, die erfolgreiche elternlose Aufzucht praktizierte. Er überführte die Eier aus dem Zuchtaquarium in ein Aufzuchtaquarium, gab Methylenblau als Schutz gegen das Verpilzen der Eier hinzu und sorgte für eine angemessene Sauerstoffversorgung durch einen Luftschlauch. Die geschlüpften Larven wurden in eine emaillierte Schüssel gegeben. Das Hautsekret der Eltern ersetzte er durch eine selbst gefertigte Paste auf Eiweißbasis. Diese schmierte er an den Rand des Aufzucht-

Die elternlose Aufzucht von Diskusfischen ist mitunter ein sehr umstrittenes Thema. Die erste Veröffentlichung über die erfolgreiche künstliche Nachzucht von Diskusfischen zerstörte den über Jahrzehnte lang vorherrschenden Glauben, dass die Nachzucht von Diskusfischen unabdingbar mit dem Vorhandensein der Elterntiere, auch nach der Befruchtung der Eier, verbunden ist.

Künstliche Aufzucht

Jack Wattley gilt als der Pionier auf dem Gebiet der künstlichen Aufzucht. Bereits in den sechziger Jahren konnte er viele Diskusjungfische durch diese Methode in den weltweiten Handel bringen.

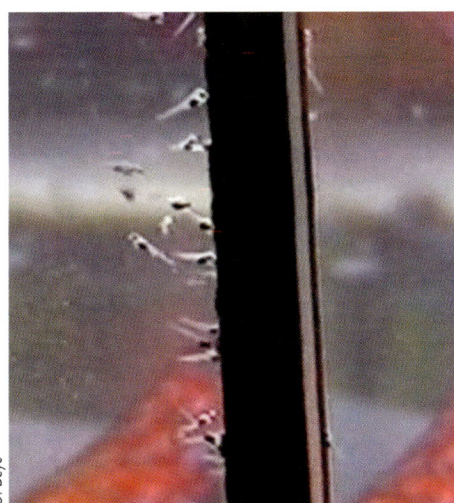

Bild 3: Probleme beim Anschwimmen der Eltern können auftreten, wenn sich dunkle Einrichtungsgegenstände im Aquarium befinden. In diesem Fall schwimmen die Larven die Silikonstreifen an.

behälters. Diese Paste wurde von den Larven aufgenommen. Die gänzliche Zusammensetzung dieser Erstnahrung wurde bis heute nicht veröffentlicht. Er erntete in diesem Fall den Ruhm, der Natur ein Schnippchen geschlagen zu haben. Er gilt in der Diskuswelt als angesehener Diskusexperte und Entwickler der elternlosen Aufzucht von Diskusfischen. Seine Forschungsergebnisse publizierte er in zahlreichen Büchern. Diese werden von den Diskusfreunden in der ganzen Welt hoch geschätzt. Es ist nicht auszuschließen, dass auch weitere Diskuszüchter zur damaligen Zeit erfolgreich die elternlose Aufzucht betrieben. Es ist bekannt, dass es viele Züchter gibt, denen es ausreicht, wenn sie wissen, wie es geht und anderen ihre Geheimnisse nicht weitergeben. Schade, dass nicht mehr Diskuszüchter ihre Erfahrungen der Allgemeinheit zur Kenntnis geben. Viel exzellentes Fachwissen wird leider deshalb der Öffentlichkeit verborgen bleiben.

Ein weiterer Grund für die Entwicklung der elternlosen Aufzucht von Diskusfischen ist der Tatsache geschuldet, dass die Zucht von Diskusfischen sehr anspruchsvoll und mit vielen Hindernissen verbunden ist. Die elternlose Aufzucht ist insbesondere das Mittel der Wahl, wenn es mit der natürlichen Aufzucht der Diskusfische nicht oder noch nicht funktioniert. Insbesondere kann es zu Schwierigkeiten beim Anschwimmen der Elterntiere kommen. Dies können ziellos umherschwimmende Larven sein, welche entweder von den Eltern nicht genügend angelockt werden oder beispielsweise dunkle Einrichtungsgegenstände im Aquarium anschwimmen und aufgrund der nicht vollzogenen Nahrungsaufnahme verenden (Bild 3). Nicht selten streiten sich die Elterntiere und fressen die Eier vom Laichkegel (Bild 4). In diesem Fall installieren die Züchter ein Laichschutzgitter. Wür-

Bild 4: Oft streiten sich die angehenden Diskuseltern und die Eier werden von ihnen gefressen.

Künstliche Aufzucht

den die Eier nicht geschützt und gingen verloren könnte der Züchter nicht einmal feststellen, ob das Gelege überhaupt befruchtet wurde und im welchem Umfang. Dies ist für den Profizüchter von Bedeutung, denn befruchtet ein Männchen nicht gut, kann er es austauschen und so schneller die gewünschte Variante vermehren. Die Schutzgitter sind so konstruiert, dass die Elterntiere problemlos die Eier sehen und sie mit Frischwasser befächeln können. Dieser Züchtertrick wird häufig sofort nach Beendigung des Laichaktes angewandt (Bild 5). Streng genommen wird mit der Anwendung eines Laichgitters oder auch mit der von einigen Züchtern empfohlenen Dauerbeleuchtung über mehrere Tage oder Wochen nach dem Ablaichen eine künstliche Aufzucht betrieben, obwohl sich die Larven nach dem Freischwimmen vom Hautsekret der Eltern ernähren.

Auch das Auftreten von neuen Zuchtvarianten, wie einst des Pigeon Bloods, beförderte die Entwicklung der elternlosen Aufzucht. In der Fachpresse wurde immer wieder auf die schlechte Bildung des Hautsekretes dieser Mutation hingewiesen. Durch das Kreuzen des Pigeon Bloods mit anderen Varianten verlagerte sich das Problem auch auf diese Nachkommen. Aber im Laufe der Zeit gelang es diesen Makel, züchterisch zu beheben.

Bild 5: Das Anbringen von Laichschutzgittern erhöht die Chance, bei streitsüchtigen Diskuseltern die Larven zum Schlupf zu bringen.

Künstliche Aufzucht

Bild 6: In Asien gibt es zahlreiche Diskusfarmen, die fast ausschließlich die elternlose Aufzucht praktizieren. Hier können dann monatlich Tausende von Diskusjungfischen erfolgreich gezüchtet werden.

Die Entscheidung des Züchters den Pfad der natürlichen Aufzucht zu verlassen wird von Wissenschaftlern missbilligt, da die Nachkommen dieser in ihren Anlagen verkümmerten Ausgangstiere in der Natur keine Überlebenschancen hätten und damit als nicht arttypisch gelten.

Die Geschlechtsreife erreichen Diskusfische in einem Zeitkorridor von ungefähr acht Monaten bis zu mehr als zwei Jahren bei einigen Zuchtvarianten. Mithilfe der elternlosen Aufzucht kann der Züchter die Generationsfolge verkürzen und damit für ihn wichtige Zeit einsparen. Bis zu einem natürlichen Zuchterfolg, kann der Züchter durch die Anwendung der elternlosen Aufzucht wichtige Erkenntnisse über das Vererbungsverhalten bestimmter Paarzusammenstellungen sammeln. Dies wird dem Anfänger sicher nicht möglich sein. Der Profi aber kann die Ergebnisse seiner Zucht im wahrsten Sinne des Wortes lesen. Anhand von kleinsten Merkmalen kann er das Resultat eines Kreuzungsversuches erkennen und unter Umständen eine andere Paarzusammenstellung wählen. Diese Erkenntnisgewinne sind für Profizüchter von großer Wichtigkeit. Legt er sich ein Zuchtpaar, einer neuen Diskusvariante zu, muss er so schnell wie möglich feststellen können, ob das vom Lieferanten zugesagte Vererbungsverhältnis, auch zutrifft. Ist der Züchter zufrieden, wird er sich womöglich weitere Paare kaufen, um größere Stückzahlen der neuen Variante anbieten zu können. Ist dies nicht der Fall kann er zumindest seinen Verlust eingrenzen beziehungsweise annähernd die zu erwartenden Liefermengen bestimmen. In diesem Zusammenhang wird ein weiterer Grund für den Gebrauch der elternlosen Aufzucht deutlich: der kommerzielle Nutzen. Gerade der kommerzielle Nutzen kann bedeutend für die Wahl der elternlosen Aufzucht sein. So gibt es nicht nur in Asien Diskuszüchter, die fast ausschließlich diese Methode anwenden (Bild 6). In asiatischen Diskusfarmen werden viele Zehntausend Diskusfische im Monat auf diese Weise gezüchtet. Für den kommerziellen Züchter bietet die elternlose Aufzucht viele Vorteile. Neben der bereits erwähnten Verkürzung der Generationsfolge ist insbesondere die weitaus höhere Anzahl an produzierten Jungfischen interessant.

Weiterhin wird die Übertragung von Krankheiten von den Elternfischen auf die Brut eingeschränkt. Im Idealfall können Medikamentenkosten eingespart und Verluste unter den Jungfischen minimiert werden. Nehmen wir an, ein Diskuspaar produziert 100 Jungfische und man belässt diese bei den Elterntieren vier bis fünf Wochen. Im gleichen Zeitraum könnte das Paar jede Woche einmal laichen und 400 Diskusfische wären das Ergebnis vorausgesetzt alles läuft in beiden Fällen ohne Probleme ab. Beträgt die Erfolgsquote 75 % bei der elternlosen Aufzucht, würden 300 Jungfische das verkaufsfähige Alter erreichen. Erfolge von über 90 Prozent sind in der Praxis der elternlosen Aufzucht nicht selten. Ein weiterer Faktor ist, dass die Zuchtpaare nicht dem Stress der Aufzucht über Wochen ausgesetzt werden. So können sie bei guter Fütterung und Pflege immens viele Nachzuchten liefern. Da ein gutes Zuchtpaar in der Regel wesentlich mehr befruchtete Eier und Larven erzeugt kann man sich leicht vorstellen welchen Vorteil dieses Verfahren für einen kommerziellen Züchter in sich birgt.

Ich beschäftige mich seit nun fast zehn Jahren mit der Haltung von Diskusfischen, durchlebte Höhen und Tiefen – wie wohl jeder von Ihnen. Von nicht befruchteten Eiern, Nichtanschwimmen der Eltern bis zum Auffressen der Larven um den siebenten Tag nach dem Freischwimmen durch die Eltern. Auch mir gelang anfangs die natürliche Aufzucht nicht.

So zog ich meine ersten Diskusfische durch die elternlose Aufzucht auf. Die Elterntiere hatten sich gestritten. Daraufhin saugte ich einige freischwimmenden Larven mit einem Schlauch ab und gab sie in eine Aufzuchtschale und zog sie mit fein zerriebenen Futter-Granulat und Mikro auf. Die Mikrowürmer wurden gut gespült und auf das inzwischen heruntergefallene Granulat gegeben. Dadurch zuckte förmlich die ganze Granulatpaste. Ob sich die Larven nun vom Granulat oder Mikro ernährten, konnte ich nicht feststellen. Die Fütterung mit *Artemia* begann ich am fünften Tag.

Künstliche Aufzucht

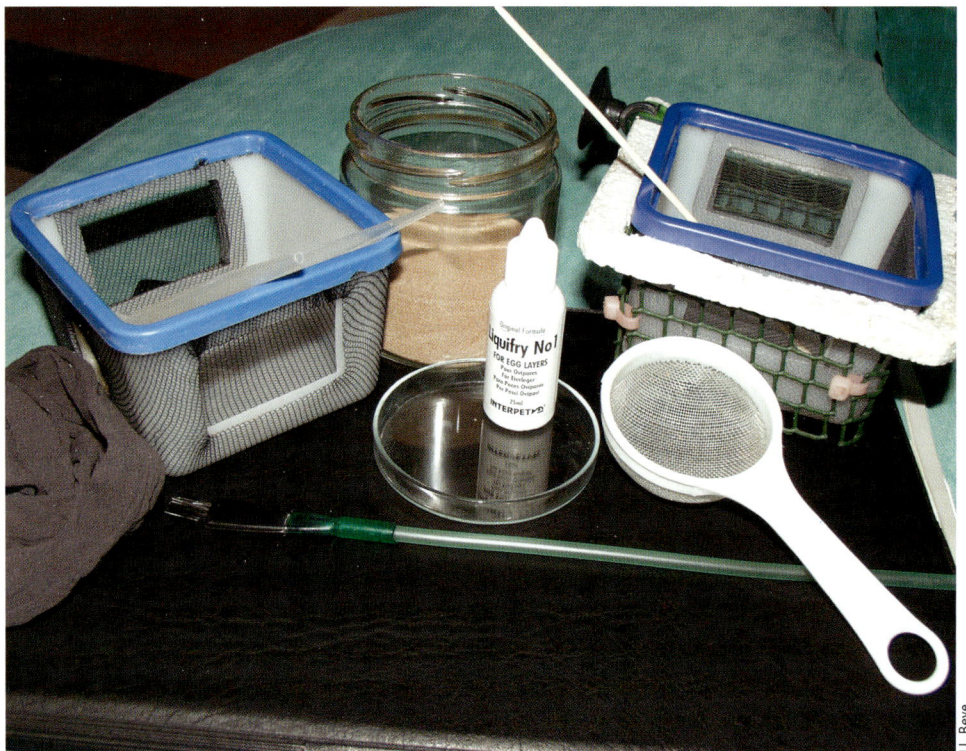

Bild 7: Die benötigten Arbeitsmittel für die elternlose Aufzucht

Aber das nun von mir beschriebene Verfahren ist wesentlich Erfolg versprechender, übrigens nicht nur für Hobbyzüchter. Um es Diskusneulingen einfacher zu machen, bezeichne ich den Tag der Eiablage der Eltern als ersten Tag, am vierten Tag schlüpfen dann die Larven und am siebenten Tag schwimmen die Larven frei. Laichen die Elterntiere am ersten Tag in den Mittagstunden ab und die Temperatur im Aquarium beträgt 32 °C oder mehr, ist es durchaus möglich, dass die Larven am Abend des sechsten Tages freischwimmen. Unter normalen Bedingungen würden sie nun die Eltern anschwimmen und sich von deren Hautsekret ernähren.
Im Gegensatz zur weitverbreiteten Meinung, dass Diskuslarven erst vier bis fünf Tage nach dem Freischwimmen die ersten *Artemia*-Nauplien aufnehmen können, habe ich die Erfahrung gemacht, dass sie unter bestimmten Bedingungen bereits nach 30 bis 35 Stunden *Artemia* aufnehmen. Bei besonders großen Larven konnte ich die Aufnahme von *Artemia* bereits nach 20 bis 24 Stunden feststellen.

Die Arbeitsmittel

Zur elternlosen Aufzucht verwende ich zwei speziell gefertigte Zuchtschalen, wobei die Maschenweite der Gaze den heranwachsenden Larven angepasst wird. Die besten Zuchterfolge konnte ich im Gesellschaftsaquarium erzielen. Die Zuchtschalen versah ich mit einem Gitter zum Schutz der Larven vor den immer hungrigen Mitbewohnern.
Weiterhin wird ein passender Ponton benötigt. Entweder kann dieser aus Styropor oder aus zusammengefügten Plastikrohren gefertigt werden. Dieser wird samt der Schale mit einem Sauger oder mehreren Saugern an einer strömungsstarken Stelle im Aquarium fixiert. Die Strömung kann auch durch einen Ausströmer erzeugt werden. Letzteres ermöglicht auch eine dosierte Strömungsregulierung, durch die ein großer Wasserwechsel in der Aufzuchtschale vollzogen werden kann. Da die Larven circa zehn bis vierzehn Tage in diesen Zuchtschalen verweilen, kann es notwendig werden, auch im Gesellschaftsaquarium einen Wasserwechsel vorzunehmen. Insbesondere wenn man mehrere Aufzuchtschalen gleichzeitig betreibt. Dazu wird der Sauger vorsichtig von der Aquariumscheibe mit einer Nadel oder einem Zahnstocher gelöst. Die Schale schwimmt nun dank Ponton frei im Wasser und der Wasserspiegel in der Zuchtschale bleibt konstant. Weiterhin benötigen wir einen Holzspieß (Schaschlikspieß), Pipetten aus Plastik mit verschieden großen Öffnungen, eine Petrischale und einen Pinsel zum Reinigen der Gaze und natürlich das Erstfutter. Hilfreich ist auch ein Plastiksieb zum Umsetzen jener Larven, welche für die Pipettenöffnungen zu groß geworden sind. (Bild 7)

Der zeitliche Ablauf der elternlosen Aufzucht mit den einzelnen Arbeitsschritten

1. Tag
Am späten Nachmittag bis in die frühen Abendstunden laicht das Diskuspaar ab (Bild 8). Nach der Eiablage wird das Laichschutzgitter angebracht. In die aus Kunststoff gefertigten Laichkegel bohre ich mit einem Holzbohrer ein Loch. Das Laichschutzgitter wurde aus Plastikgitter und Kabelbinder hergestellt. Im oberen Bereich des Kunststoffgitters wird ein Plastikstab mithilfe eines Kabelbinders unter starken Zug befestigt. Nach dem Laichvorgang wird das Laichgitter in das Loch gesteckt. Der unter Zug stehende Plastikstab hält das Laichschutzgitter automatisch fest (Bild 9).
Das Anbringen des Laichschutzgitters ist natürlich nicht notwendig, wenn man das Gelege in ein nicht besetztes Aufzuchtaquarium überführt. Dies sollte ohne jede Hast aber zügig erfolgen. In der Regel wird in diesem Fall dem Wasser ein Mittel zugesetzt, welches das Verpilzen der Eier verhindern soll. Entsprechende Mittel werden im Zoofachhandel angeboten. Natürlich sollten die Wasserparameter denen des Zuchtaquarium, entsprechen oder besser sein.

Künstliche Aufzucht

2. Tag

Der zweite Tag hält nicht viel Aufregendes für den Züchter bereit. Das Diskuspaar im Gesellschaftsaquarium wird seinen Laichkegel gegen die anderen Insassen verteidigen und das Gelege mit Frischwasser befächeln. Die Installation eines Nachtlichtes ist von Vorteil, da es die Verbindung des Elternpaares zum Gelege verstärken kann. Sterben Eier ab, kann man diese mit einem Holzspieß vorsichtig aus dem Gelege entfernen. In der natürlichen Zucht ist dies die Aufgabe der Elternfische. Bei dieser Prozedur gibt es geschickte „Eierherauspicker" und weniger geschickte. Im letzteren Fall können große Teile des nicht betroffenen Geleges zerstört werden. Der Laichkegel samt dem Laichschutzgitter wird hierzu in Richtung Wasseroberfläche gehoben und die abgestorbenen Eier vorsichtig entfernt. Ist dies geschehen wird der Laichkegel zurückgesetzt. Dem einen oder anderen wird dies übertrieben vorkommen, aber es ist hilfreich. Am überführten Kegel im Aufzuchtaquarium ist es etwas leichter, die abgestorbenen Eier zu entfernen. Auf Bild 10 sind die abgestorbenen Eier deutlich zu erkennen. Würde man nicht eingreifen könnte sich die Verpilzung schneller ausbreiten.

Bild 8: Für die natürliche Aufzucht von Diskusfischen ist ein harmonisierendes Zuchtpaar von Vorteil.

Bild 9 unten: Ein Laichschutzgitter bewahrt die Eier vor dem Gefressenwerden durch die Eltern oder andere Aquarieninsassen.

Künstliche Aufzucht

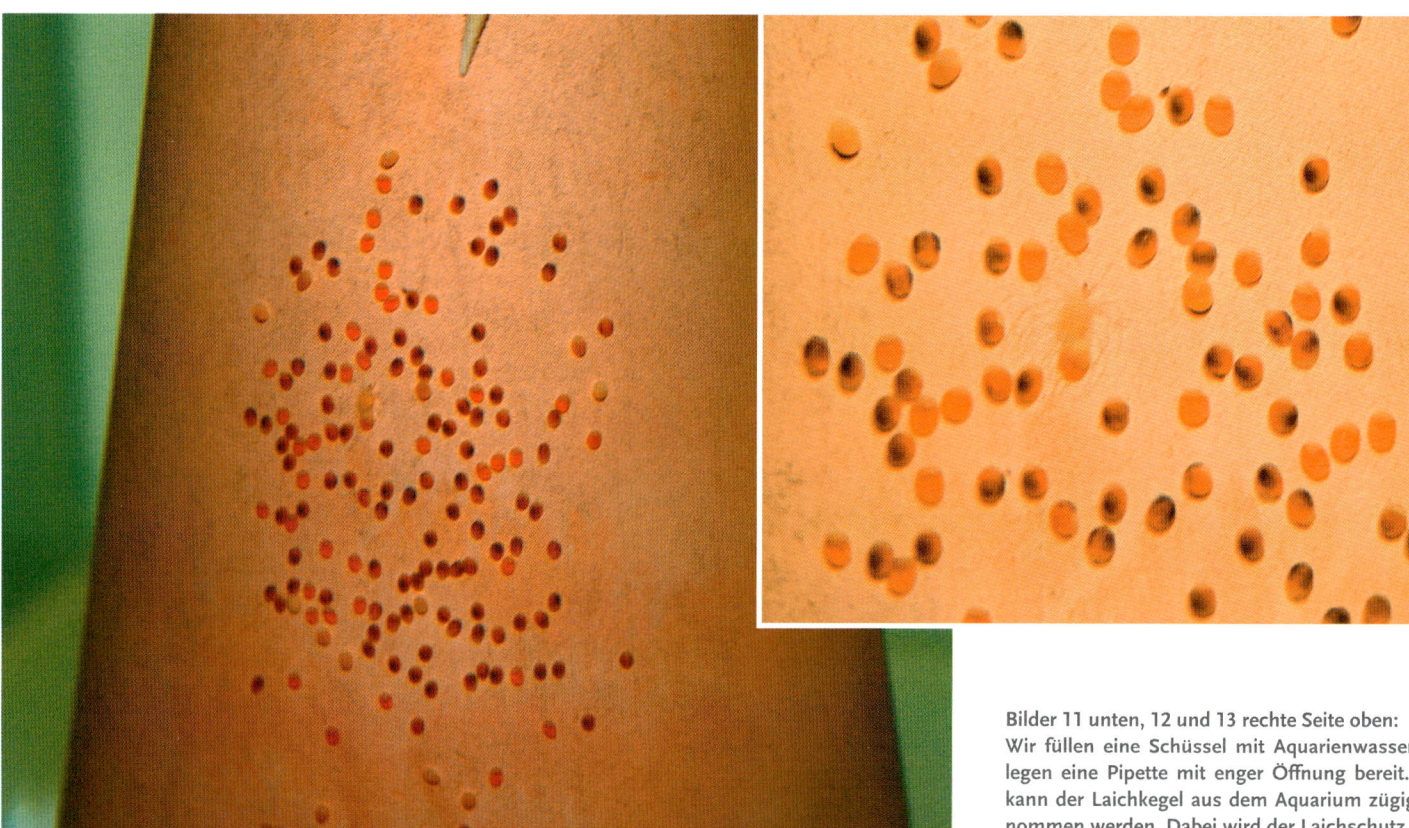

Bild 10: Mit etwas Geschick kann man seinen Zuchterfolg verbessern, indem die abgestorbenen Eier mit einem Holzspieß vom Laichkegel entfernt werden.

Bilder 11 unten, 12 und 13 rechte Seite oben:
Wir füllen eine Schüssel mit Aquarienwasser und legen eine Pipette mit enger Öffnung bereit. Nun kann der Laichkegel aus dem Aquarium zügig entnommen werden. Dabei wird der Laichschutz unter Wasser entfernt und das Elternpaar mit einer Hand vom Kegel abgehalten. Nun tauchen wir den Kegel unter Wasser, ohne den Laich zu zerstören.
Mit der Pipette wird nun Wasser aus der Schüssel gesogen und anschließend gegen den Laich gespritzt. Lösen sich die Eier schwer, wird der Wasserdruck erhöht oder der Eintreffwinkel verändert.

3. Tag
Am Abend werden die Eier mithilfe einer Pipette vom Laichkegel entfernt. Dazu füllt man eine große Schüssel mit Zuchtwasser, taucht den Laichkegel unter Wasser und spritzt mit der Pipette das Zuchtwasser gegen die Eier. Lösen sich die Eier schwer, wird der Wasserdruck erhöht oder der Eintreffwinkel geändert. Das Laichschutzgitter wird natürlich vorher entfernt. (Bilder 11, 12 und 13).
Danach werden die befruchteten dunklen Eier mit einer Pipette in die Zuchtschale (0,5 l Fassungsvermögen, im Aquarium circa 0,3 l) mit der engeren Gaze überführt. Diese wurde vorher in den Ponton gesteckt und mit einem Sauger an einer strömungsstarken Stelle fixiert (Bild 14). Auf Bild 15 sind die eingebrachten Eier zu erkennen. Nach meinen Erfahrungen ist die Schlupf-

Künstliche Aufzucht

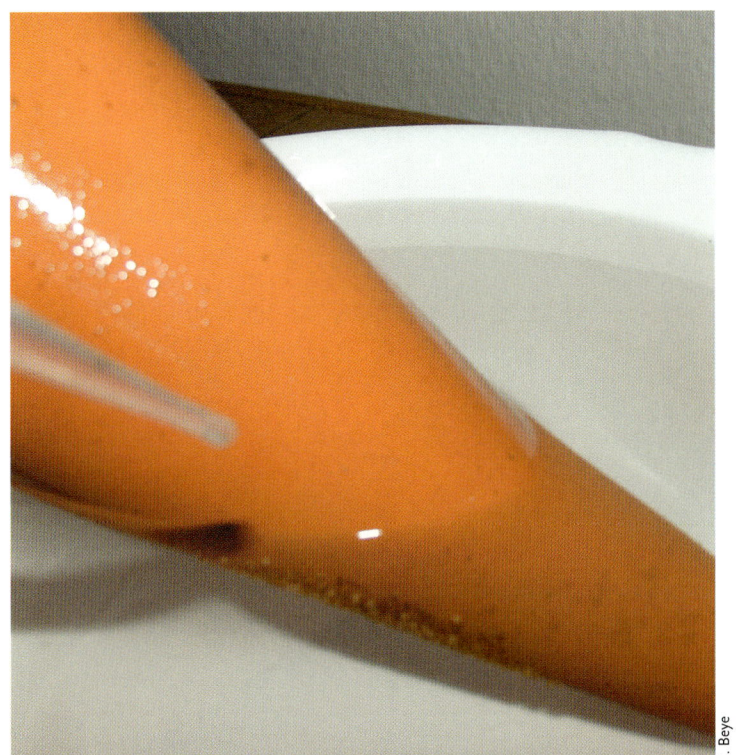

Bild 14: Zur Zucht verwende ich selbst gebaute schwimmfähige Zuchtschalen. Hier sehen Sie die fertige Schale. Diese Zuchtschalen haben den Vorteil, dass man bei einem Wasserwechsel die Schale einfach im Wasser treiben lassen kann. Ein Ausströmer mit Luftregulierung ermöglicht die notwendige Kontrolle der Strömungsverhältnisse.

Künstliche Aufzucht

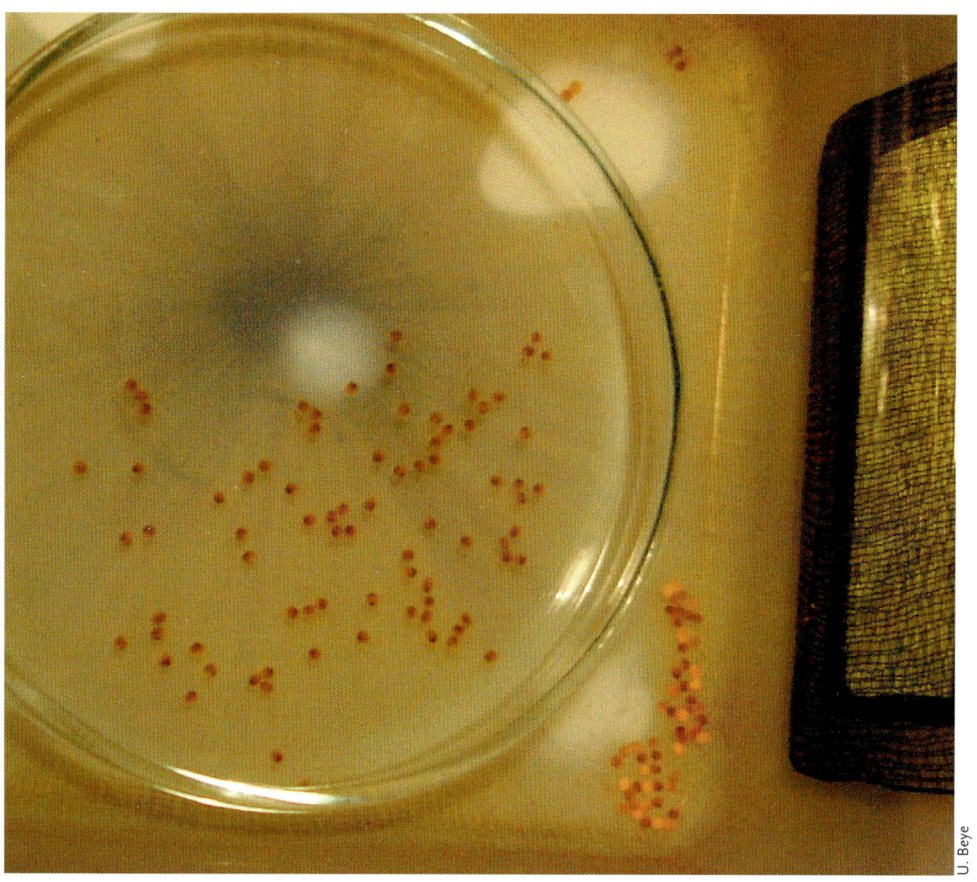

quote in einer Petrischale besser, als wenn ich diese nicht benutze.

Mitunter heften gesunde Eier mit Abgestorbenen zusammen. Diese „Wackelkandidaten" kann man in eine zweite Zuchtschale deponieren. Auf dem Bild 16 kann man den Unterschied deutlich erkennen. Die Gaze besteht aus Damenstrumpfhosen. Die Strumpfhose wird so fest gespannt, dass deutlich viele kleine Löcher zu sehen sind. Die Schale mit den Eiern verbleibt im Zuchtaquarium. Die Schale hat natürlich Öffnungen und ist der Strömung ausgesetzt. Die Schale sollte zwei bis drei Öffnungen besitzen. Warum entferne ich den Laich überhaupt?

Bild 15 links: Die eindeutig befruchteten Eier werden in die Petrischale gegeben.

Bild 16 unten links: Nach der „Aschenputtelmethode" werden nun die guten von den schlechten Eiern getrennt und in die Zuchtschale gegeben.

Bild 17 unten rechts: Am Morgen des vierten Tages schlüpfen die Larven. Die Larven sind auf sich allein gestellt. In der Natur würden die Eltern den Jungen beim Schlupf behilflich sein.

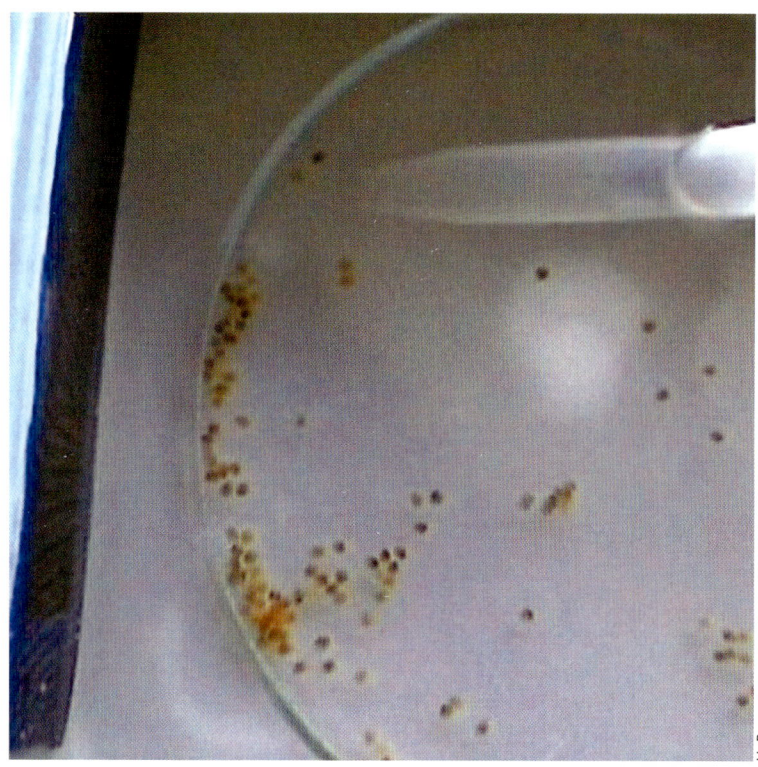
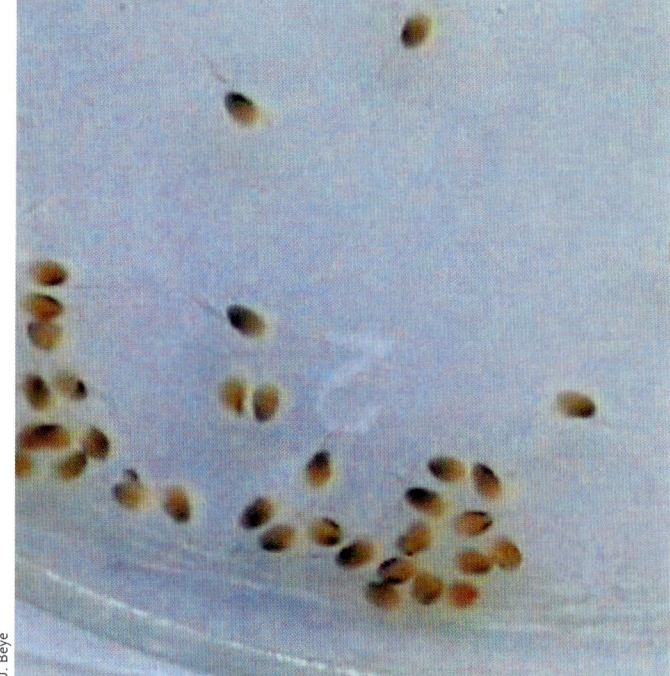

Künstliche Aufzucht

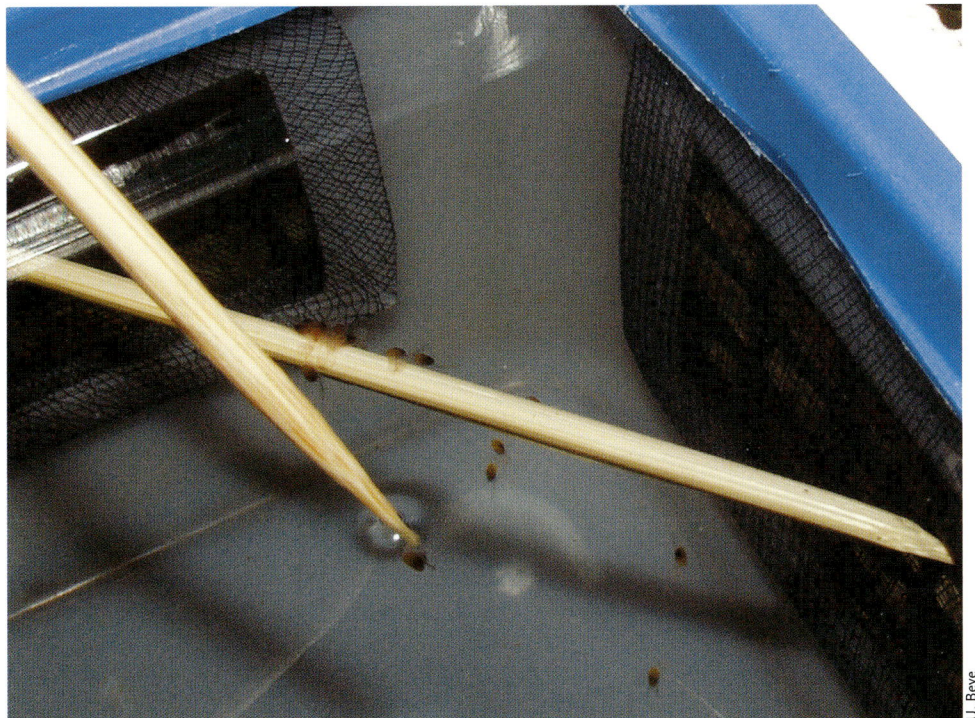

Bild 18: Die Larven werden in ihre natürliche Hängeposition gebracht. Dazu verwende ich einen Schaschlikspieß aus Holz. Es ist von Vorteil, wenn man so lange wartet, bis sich einige Larven (2-3) aufgrund ihres Klebefadens an ihren Kopfenden vereinigt haben. Mit der Spitze des Holzspießes nähert man sich vorsichtig der Kopfseite der Larven und nimmt diese auf und hängt sie an einen Holzzahnstocher oder an die Gaze. Am Zahnstocher durch Absteifen, an der Gaze durch leichtes Drehen des Zahnstochers.

Bild 19: Die ersten Larven hängen in ihrer natürlichen Position am Zahnstocher.

Ich bin darauf gekommen, weil eines Tages beim Befächeln des Geleges durch die Eltern plötzlich die Eier vom Laichkegel fielen. Der Grund lag wahrscheinlich an den Wasserwerten. Da ich aber sah, dass die Eier befruchtet waren, legte ich sie in eine einfache Zuchtschale und es funktionierte ohne Eltern. Nach dem Entfernen der Eier vom Laichkegel ist es zu empfehlen, mit einer Pipette nach der „Aschenputtelmethode", die schlechten von den guten Eiern zu trennen (Bild 16).

4. Tag
Die Larven schlüpfen am Morgen des vierten Tages (Bild 17). Die auf dem Boden liegenden Larven werden in ihre natürliche Hängeposition gebracht. Es ist von Vorteil, wenn man so lange wartet, bis sich einige Larven (2 bis 3) aufgrund ihres Klebefadens an ihren Kopfenden vereinigt haben. Mit der Spitze des Holzspießes nähert man sich vorsichtig der Kopfseite der Larven, nimmt diese auf und hängt sie an einen Holzzahnstocher oder an die Gaze (Bild 18). Am Zahnstocher durch Abstreifen und an der Gaze durch leichtes Drehen. Letztendlich werden einige einzeln am Boden der Schale zappeln. Diese nimmt man wie oben beschrieben auf, schließlich hat man nun Übung (Bild 19). Es wird sich in dieser Lernphase nicht vermeiden lassen, aus Unerfahrenheit Larven zu verlieren. Dies wird mit der Zeit immer besser. Eine weitere Variante die Larven in ihre Hängeposition zu bringen, ist sie mithilfe einer Pipette aufzunehmen und sie vorsichtig unter leichtem Wasserdruck an die Gaze zu heften.

Sind die Larven wider Erwarten bereits am Abend des dritten Tages geschlüpft, kann man sie mit einer Pipette abspülen und in die Aufzuchtschale überführen (Bilder 20, 21 und 22).

5. Tag und 6. Tag
In diesem Zeitraum werden die heruntergefallenen Larven mit dem Holzspieß wieder aufgehängt und der Schmutz mit der Pipette aus der Zuchtschale entfernt. Am Abend des sechsten Tages werden die ersten Larven versuchen, sich freizu-

Künstliche Aufzucht

Bild 20:
Hier sind die Larven bereits am Abend des dritten Tagees geschlüpft.

Bild 21: rechte Seite oben
Sind alle Larven erkennbar geschlüpft, kann man sie mithilfe einer Pipette in eine mit Zuchtwasser gefüllte Schale spülen.

Bild 22: rechte Seite unten:
Im zweiten Schritt nimmt man die Larven mit einer Pipette auf und überführt sie in eine Aufzuchtschale.

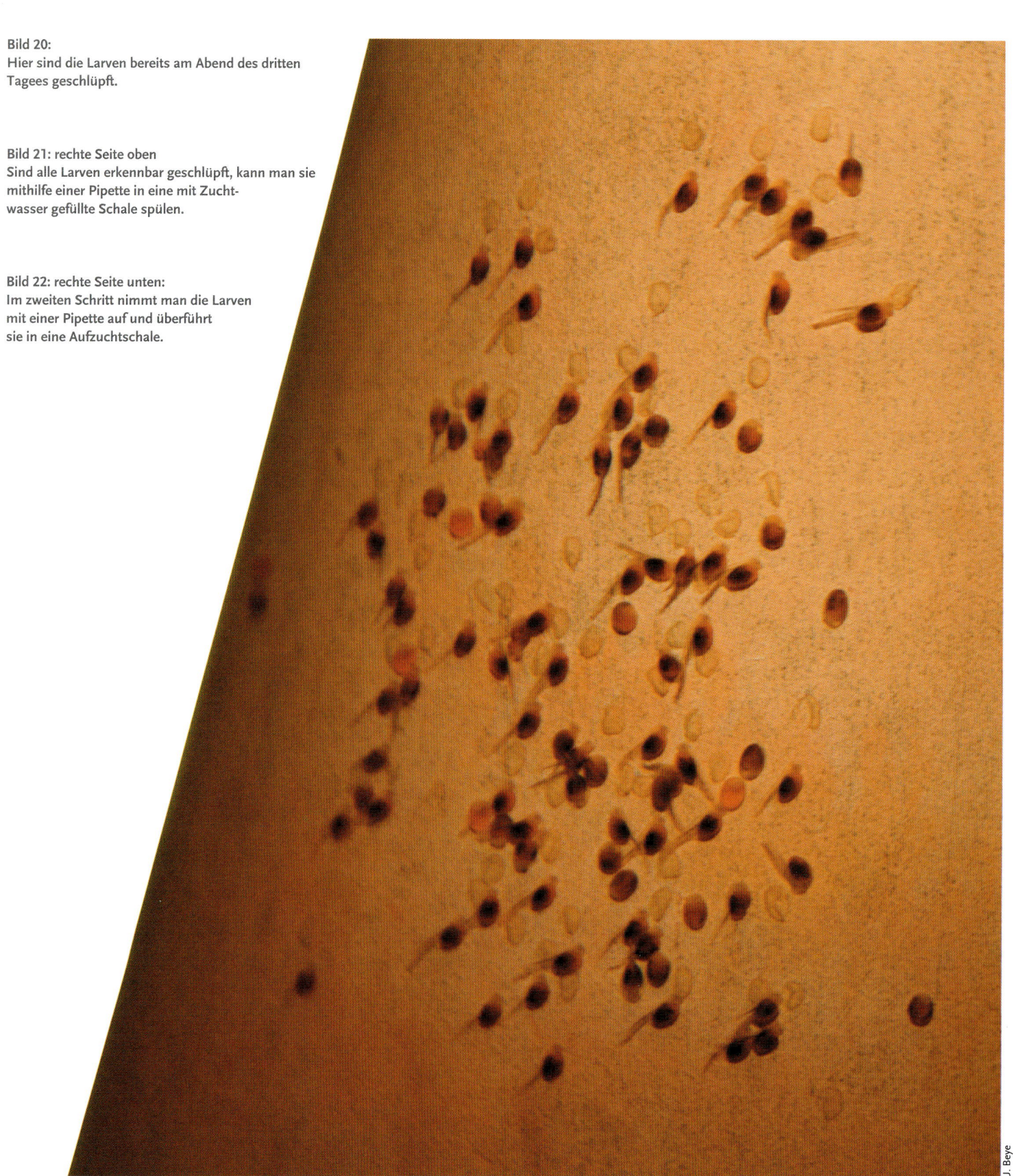

Künstliche Aufzucht

273

Künstliche Aufzucht

Bild 24: Am Abend des sechsten Tages, wie man an der einzelnen Larve oben rechts am Bildrand erkennen kann, versuchen sich die Larven freizuschwimmen.

schwimmen. Die Ausreißer kann der Pfleger leicht mit einer Pipette wieder an die Gaze heften (Bild 24). Sind die Larven bereits am Abend des dritten Tages geschlüpft, kann man sie natürlich auch noch bis Mitte des sechsten Tages am Laichkegel belassen, wenn er sich in einem Aufzuchtaquarium befindet (Bild 23). Länger sollte man aber nicht warten. Sind die ersten Larven freigeschwommen, ist es mühsam, sie wieder im Aufzuchtaquarium einzufangen.

7. Tag

Am Morgen des siebten Tages beginnen die Larven, sich freizuschwimmen. Auch wenn der Dottersack bei den Larven noch nicht aufgezehrt wurde, ist es nun an der

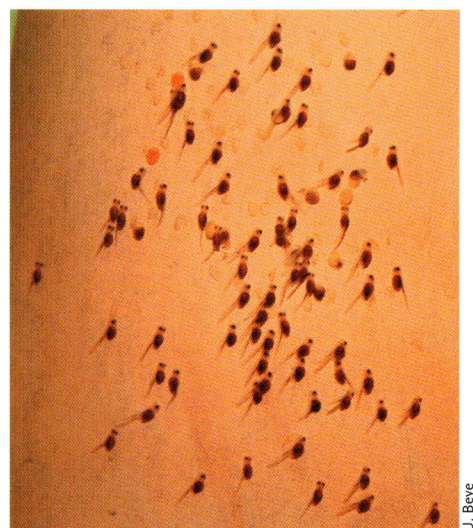

Bild 23: Am Morgen des fünften Tages ist deutlich zu erkennen, wie sich die Larven verändert haben, wenn man sie mit kurz nach dem Schlupf vergleicht (Bild 17).

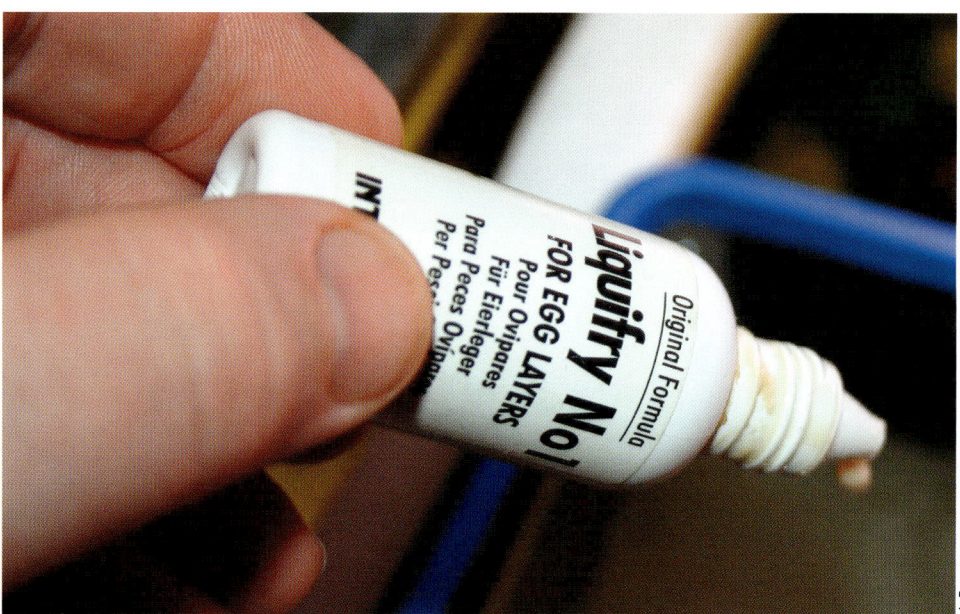

Bild 25: Bereits am Morgen des siebten Tages wird das Erstfutter in die Zuchtschale gegeben.

Künstliche Aufzucht

Zeit den Larven ein Erstfutter zu verabreichen. Als Erstfutter verwende ich das Flüssigfutter Liquifry Nr.1. Es wird in 25 ml kleinen Flaschen angeboten. Laut Hersteller ist Liquifry Nr.1 für die Mehrzahl aller eierlegenden Fische geeignet. Es enthält Futterpartikel, die nicht zur sofortigen Nahrungsaufnahme, sondern auch zur Aufzucht von Infusorien (natürliche Mikroorganismen) geeignet sind. Da mir mit dieser flüssigen Erstnahrung die Aufzucht problemlos gelang, bin ich auch dabei geblieben. Es gibt zwei Möglichkeiten das Flüssigfutter zu verabreichen. Man tropft ein bis drei Tropfen aus 10 cm Höhe in die Zuchtschale. Dadurch gelangt Liquifry Nr.1 auch in den unteren Bereich der Schale. Das Wasser wird trüb, nach etwa fünf Minuten sollte das Wasser wieder klar sein (Foto 25).

Dieses Verfahren habe ich anfangs auch kombiniert (Liquifry Nr.1 mit Mikro) erfolgreich durchgeführt. Als mein Mikroansatz eines Tages abgestorben war, versuchte ich es nur mit Liquifry Nr. 1 und es funktionierte ohne Probleme. Ohne Mikro ist die Wasserqualität besser, deshalb verzichte ich jetzt darauf. Erstmals sah ich Liquifry Nr.1 bei Alfred Schlüter, einen langjährigen Diskusfreund aus Oschersleben/Bode. Dieser benutze es, um die Zeit bis zur Sekretbildung bei Problemfischen zu überbrücken.

Grundsatz: Wasserqualität vor Futterzufuhr. Die Trübung sollte nach circa fünf Minuten deutlich nachlassen (Bild 26). Es bildet sich langsam am Boden der Schale ein Belag. Diesen belassen wir auch in der Schale. Vereinzelt werden Larven mit einer „Klebefadenfahne" am Kopf in der Schale schwimmen. Dies ist für die Larven anstrengend. Mit dem Holzspieß wird der Klebefaden eingefangen, kurz durchgerührt und die Fahne ist am Spieß – so verfahren wir bis das Problem gelöst ist. Die Futteraufnahme wird am Verhalten der Larven deutlich. Sie verbeißen sich im Bodenbelag, drehen sich um die eigene Körperachse und schwimmen schnell davon. Bewahrt man das Liquifry Nr. 1 im Kühlschrank auf, wird es dickflüssiger und sinkt nach der Futtergabe sofort in

Bild 26: Die Trübung sollte nach 5 Minuten verschwunden sein. Es bildet sich auf dem Schalenboden ein Belag.

Bild 27: Larven bei der Nahrungsaufnahme des Erstfutters. Am rechten Liquifry-Fleck sind im unteren Bereich zwei anschwimmende Larven und darüber zwei vom Futter wegschwimmende Larven zu sehen. Dieses Fressverhalten ist in einem Videofilm natürlich besser zu erkennen.

Künstliche Aufzucht

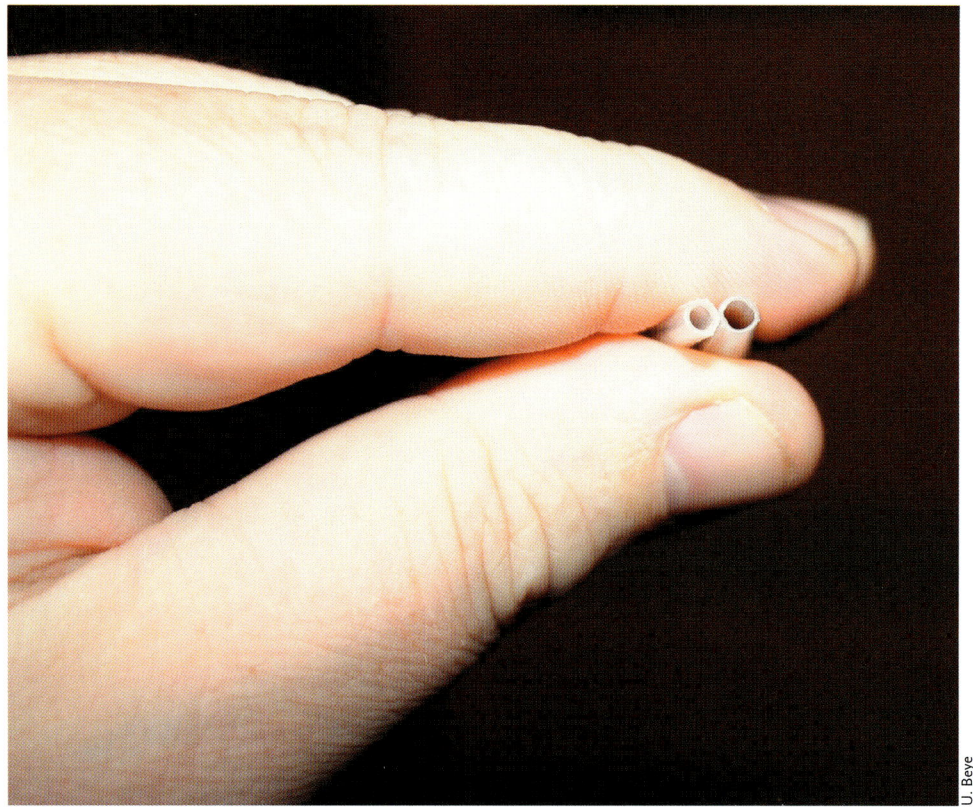

Bilder 28: Wir benötigen Pipetten mit unterschiedlichen Öffnungsgrößen.

großen Tropfen auf den Schalengrund und wird nach einiger Zeit direkt von den Larven angeschwommen und aufgenommen (Bild 27). Am Abend des siebten Tages beginne ich mit dem Hinzufüttern von frisch geschlüpften *Artemia*, also zwölf Stunden nach dem Freischwimmen. In dieser Phase ist ein Nachweis der Artemiaaufnahme schwierig zu erbringen, wenn dann sicherlich nur durch eine mikroskopische Untersuchung. In der gesamten Phase ist darauf zu achten, dass die Gaze nicht verklebt und ständig Frischwasser in die Zuchtschale gespült wird. Bei der Fütterung kann der Sprudelstein abgestellt werden. Die Gaze wird mit der Pipette oder mit einem Pinsel gereinigt. Es darf nicht vergessen werden, den Ausströmer nach ungefähr 15 Minuten wieder anzustellen. Für die Zeitdauer wird der Züchter ein Gefühl entwickeln.

8. Tag
Am Morgen des achten Tages vom Freischwimmen an gerechnet, sind die Lar-

Künstliche Aufzucht

ven nun einen Tag alt. Ich halte eine drei- bis viermalige Fütterung für ausreichend. Der Fütterungsplan sieht wie folgt aus, 7.00 Uhr, 12.30 Uhr, 17.30 und 20.30 Uhr. Vor jeder Futtergabe wird der Schmutz mit einer Pipette vom Boden entfernt, sowie die Gaze gereinigt. Wenn nötig, wird die Gaze gründlich unter stark laufendem Wasserstrahl gereinigt. Dazu werden die Larven mit der Pipette aufgenommen und für den Zeitraum der Reinigung in einen anderen Behälter mit den gleichen Wasserwerten überführt und danach wieder vorsichtig in die Zuchtschale gegeben (Bilder 29, 30 und 31). Die Originalöffnung der Pastikpipetten ist für den achten Tag noch ausreichend. Schon ein oder zwei Tage später wird man eine Pipette mit größerer Öffnung verwenden müssen. Dazu schneidet man nur etwas von der Spitze der Pipette ab (Bild 28). Für das Abspritzen der Eier am dritten Tag wird eine enge Öffnung verwendet. Das Aufnehmen der Larven sollte mit dem Kopf voran erfolgen. Werden mehrere Larven gleichzeitig eingesogen, so müssen Sie diese sehr vorsichtig ins Wasser geben. Die Larven werden sich selbst befreien. Einige schwimmen zum Pipetteninneren, andere ins Wasser. Irrläufer werden unter leichtem Druck ins Wasser befördert. Später, wenn die Pipettenöffnung zu klein wird, erfolgt das Umsetzen mit einem Plastiksieb. Außerdem wird das Umsetzen der Larven mit der Zeit immer schwieriger, da die kleinen Fische schnell lernen! Von 24.00 Uhr bis 6.30 Uhr erfolgt keine Beleuchtung. Am Morgen wird weiterhin das Erstfutter gegeben und dazu frisch geschlüpfte *Artemia*. Ob eine Artemiaaufnahme durch die Larven erfolgte, kann man durch eine Sichtkontrolle feststellen. Man nimmt eine oder auch mehrere Larven mit einer Pipette auf und wird an ihren roten Bäuchen die Artemiaaufnahme feststellen können.

Dieser Futterrhythmus ist ausreichend. Ist die Strömung in der Zuchtschale richtig eingestellt, werden sich an einer strömungsschwachen Stelle der Zuchtschale, an der sich auch die Larven gern aufhalten, die *Artemia* sammeln und von den

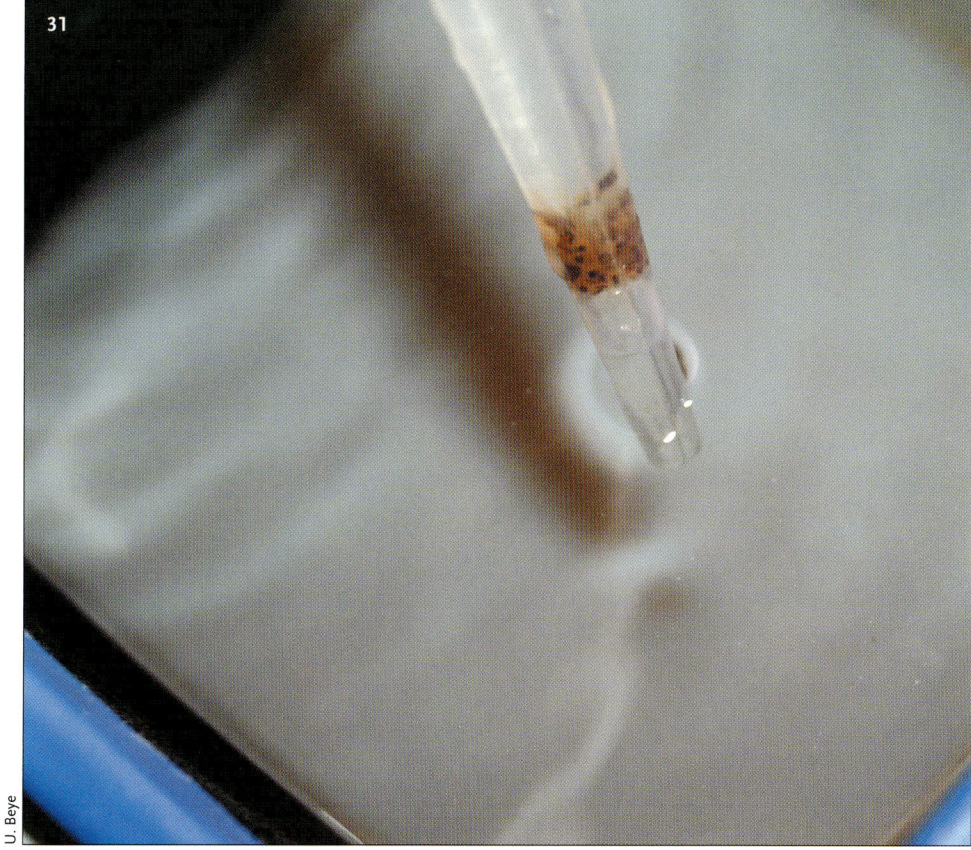

Künstliche Aufzucht

Bild 32: Am Abend des achten Tages ist die Artemiaaufnahme deutlich zu erkennen.

Bild 33: Nach dem zehnten Tag muss beobachtet werden, ob die Jungen aus Platzgründen auf mehrere Schalen aufzuteilen sind. Oder man setzt sie in ein kleines Aufzuchtaquarium (30 l) um.

Larven gefressen werden (Bild 32). In der Regel sind *Artemia* auch im Süßwasser mehrere Stunden lebensfähig und deshalb ist eine häufigere Fütterung meines Erachtens nicht notwendig. Spätestens gegen Abend des achten Tages kann man die Artemiaaufnahme feststellen. Dies hängt natürlich auch von der Larvengröße ab. Ob ab dem neunten Tag noch die Erstnahrung gereicht werden soll, muss jeder Züchter für sich entscheiden.

Ab dem 9. Tag
Gegen Ende des neunten Tages sind die Larven so groß, dass sie in die zweite Schale mit größerer Maschenweite und kommen. Diese Gaze besteht aus handelsüblichem Fliegengitter. Nach dem zehnten Tag muss beobachtet werden, ob die Jungen aus Platzgründen auf mehrere Schalen aufzuteilen sind. Ab einem Alter von ein bis zwei Wochen können sie auch in ein kleines Aufzuchtaquarium (30 l) umgesetzt werden (Bild 33). Man kann die Fische aber auch in größere Schalen setzen und im Gesellschaftsaquarium belassen. Aber Vorsicht – irgendwann, beginnen sie zu springen. Will man verhindern, dass sie in das Gesellschaftsaquarium springen, sollte man die Schale mit einem Gitter absichern (Bild 34).
Kleine Schalen, hohe Futterdichte, eine gute Erstnahrung, schwache Strömung, sehr kleine *Artemia* und gutes Wasser sind nach meiner Ansicht der Garant für diese erfolgreiche Methode (Bild 35). Die weitere Aufzucht der Jungen läuft dann völlig normal ab. Futtertabletten, Grindal, weiter *Artemia* und feines Rinderherz, am besten mit Knoblauch.
Auch wenn die elternlose Aufzucht recht arbeitsintensiv ist, kann das Ergebnis den Hobbyisten erfreuen (Bild 36).

Künstliche Aufzucht

Gesunde Diskusfische

Die Erkennung und Behandlung von Krankheiten

Dieter Untergasser
Referent für Fischkrankheiten des VDA

Einleitung

In diesem Buch darf auch ein ausführliches Kapitel über Krankheiten sowie deren Vermeidung und Behandlung nicht fehlen.
Manch ein Aquarianer pflegt Diskusfische, ohne sich umfassend über die Haltungsbedingungen informiert zu haben. Der Diskus ist ein großer Fisch, der eine artgerechte Pflege und Ernährung fordert. Wird ihm das nicht gewährt, so sind Siechtum und Krankheiten die Folge. Beachtet man die Bedürfnisse dieser prächtigen Fische und ist man bereit, ihnen die notwendige Pflege angedeihen zu lassen, sind sie trotz ihrer Parasiten kerngesund und können weit über zehn Jahre in ihrem Aquarium dem Pfleger durch hochinteressante Beobachtungen Freude bereiten.
Diskusfische gehören zu den wenigen Fischarten, die eine persönliche Beziehung zu ihrem Pfleger aufbauen. Sie kommen sofort an die Frontscheibe, wenn man im Blickfeld erscheint und nicht selten lassen sie sich streicheln, wenn man die Hand ins Wasser hält. Teilweise suchen sie Kontakt und schwimmen von selbst in die Handfläche (Bild 1). Andererseits zeigen sie auch, wenn man sich fernhalten soll, sie sich bedroht fühlen oder ihre Jungen schützen wollen. Ein Diskusmännchen in meiner Anlage patrouilliert, wenn es Junge hat, hinter der Frontscheibe sowie jemand vor das Aquarium tritt. Es zeigt deutlich Abwehrreaktionen und reagiert aggressiv, die Jungfische sammeln sich um das Weibchen, das sich in den Hintergrund des Aquariums zurückzieht. Hebt man die Deckscheibe an, schleudert das Männchen durch einen festen Schlag mit der Schwanzflosse einen Schwall Wasser heraus. Füttern ohne Dusche geht in dieser Zeit nicht.

Jeder Diskuspfleger möchte gesunde Fische in seinem Aquarium oder der Zuchtanlage schwimmen haben. Man hat es selbst in der Hand, ob die Diskus gesund bleiben oder nicht. Voraussetzung ist, sich zuerst einmal mit den Bedürfnissen der Tiere bezüglich des Wassers und der Ernährung auseinanderzusetzen und ihre Herkunft zu berücksichtigen. Diskusfische sind eigentlich nicht empfindlich und ihr Immunsystem kann sich gegen viele Erreger sehr gut wehren.
In einen Aquarium leben die Fische mit ihren Parasiten und fühlen sich trotzdem wohl, im anderen Fall zeigen sie deutlich Unwohlsein und erscheinen krank. Dafür muss es doch Gründe geben. Die häufigste Ursache für Erkrankungen bei Diskusfischen ist die Schwächung des Immunsystems durch Stress. Alle Diskusfische haben Erreger und Parasiten an sich und in den inneren Organen. Solange sie sich normal verhalten, ihre natürliche Farbe zeigen und sich regelmäßig fortpflanzen, sind sie nicht krank.

Die Ursache von Stress

Stress schwächt das Immunsystem und verhindert den Aufbau einer gesunden Darmschleimhaut. In der Folge ist die Darmflora in Mitleidenschaft gezogen, was die Verdauung beeinträchtigt. Aus

Bild 1: Diskusfische erkennen ihren Pfleger und lassen sich streicheln.

Gesunde Diskusfische

diesen Gründen rangieren die Stresskrankheiten an erster Stelle. Fälschlicherweise werden gängige Parasiten, die schon seit Jahrzehnten in den Zuchtanlagen leben, als Hauptursache angesehen. Diese können sich jedoch nur dann ungehemmt vermehren, wenn das Abwehrsystem geschwächt ist.

Das Wort „Stress" leitet sich von dem englischen Wort „distress" ab. Es beschreibt ein Reaktionsmuster, das Mensch und Tier als Antwort auf erhöhte Beanspruchungen (Stressoren) zeigen. Der Organismus reagiert auf Stress indem er Hormone ausschüttet, die das Reaktionsvermögen des Nervensystems erhöhen. Das ist ein Reaktionsmechanismus, der das Überleben in Gefahrensituationen ermöglicht.

Während der siebziger und achtziger Jahre wurden an verschiedenen Universitäten der Welt die Wirkung von Stress auf den Organismus der Fische intensiv untersucht (PETERS 1989). Übereinstimmendes Ergebnis war, dass Stress nicht nur direkt das Immunsystem der Fische schwächt, sondern auch den Darm gravierend schädigt. Die schützenden dicken Schleimschichten, welche die Darmwand innen auskleiden, fallen der Selbstverdauung zum Opfer und müssen ständig durch die Darmschleimhaut neu gebildet werden. In kurzfristigen, besonders aber in langfristigen Stresssituationen wird zu wenig oder kein Schleim mehr nachgebildet. Die Darmwand ist ihres Schutzes beraubt, folglich können Erreger sie durchdringen und in den Blutkreislauf gelangen.

Schwerwiegende Stresssituationen – wie Rangkämpfe oder Angst – betreffen die Diskusfische nur in Ausnahmesituationen. Weit häufiger wirken dauerhafte oder unterschwellige, so genannte latente Stressoren auf sie ein, wie zu warme oder zu kalte Temperatur, falsche chemische Wasserwerte, Schadstoffe, organische Wasserbelastung, Medikamente oder auch falsche Ernährung, um nur einige zu nennen.

Der Organismus kann sich in gewissen Grenzen an Stresssituationen anpassen

Bild 2: Lange am After hängende Kotfäden sind ein Alarmzeichen und weisen auf eine Infektion des Darmes hin.

und zeitweise mit einer Stresssituation leben. Wird die Anpassungsfähigkeit an eine Stresssituation überfordert, beispielsweise durch die Anreicherung eines Giftes – wie Nitrit im Wasser – tritt ein Schock mit Todesfolge ein.

Problematisch ist, dass latente Stressfaktoren über lange Zeit unbeachtet oder unbemerkt vom Pfleger auf die Fische einwirken. Über einen mehr oder weniger langen Zeitraum wird die Fähigkeit zur Anpassung überfordert, die Fische werden krank oder sterben schlimmstenfalls. Das ist mitunter bei Diskusfischen mit einem langen Leidensweg verbunden. „Steter Tropfen höhlt den Stein." Dieses Sprichwort trifft genau auf die latenten Stressoren zu. Einzeln und kurzzeitig schaden sie dem Fisch in keiner Weise. Über längere Zeit hinweg und womöglich noch mehrere zusammen führen dazu, dass die schwächsten Tiere erkranken.

Ein Beispiel sind Temperaturerhöhungen. Sie wirken über einige Tage als künstlicher Fieberzustand auf Parasiten reduzierend und mobilisieren das Immunsystem. Als Dauerzustand – viele Diskuspfleger halten ihre Fische bei 30 °C oder höher – ist es eine latente Stresssituation, die letztendlich dazu führt, dass Erreger sich daran gewöhnen und die Fische geschwächt werden. Langfristig können die Fische sich nicht mehr gegen die Krankheitserreger wehren und werden krank.

Somit ist Stress der Hauptfaktor für Erkrankungen bei Diskusfischen in unseren Aquarien. Außer den falschen Haltungsbedingungen stressen die Fische auch die vielen unsinnigen Medikamentenanwendungen, die ohne Diagnose einfach so mal „vorbeugend" erfolgen.

Folglich gehen in der Regel die Stresserkrankungen überwiegend vom Darm aus. Bakterienarten, die normalerweise dort nicht vorkommen, können sich aufgrund des geschwächten Immunsystems im Darm vermehren. Duch ihr Massenauftreten und wegen der schwachen Darmschleimhaut gelingt es ihnen in absehbarer Zeit durch die Darmwand in die Blutgefäße zu gelangen. Über den Blutkreislauf verteilen sie sich im gesamten Organismus und sind dann in allen Organen nachweisbar.

Erste Anzeichen für eine solche Darminfektion ist das Ausscheiden von langen schleimigen Kotfäden (Bild 2). Der Kot eines Fisches mit gesundem Darm und

281

Gesunde Diskusfische

guter Verdauung ist dunkel gefärbt, nicht schleimig und bricht in kurzen Stücken nach dem Ausscheiden am After ab. Dabei können größere Partikel unverdauter ballaststoffreicher Nahrungsbestandteile, zum Beispiel Pflanzenteile, in den Kotstücken enthalten sein.

Nimmt der Fisch während der Übergangsphase noch Nahrung auf, gibt er einen Kot mit stellenweise knubbeligen Verdickungen ab. Diese Verdickungen enthalten meist schleimigen Eiter, unvollständig verdaute Nahrungspartikel und massenweise Bakterien. Oft werden solche Veränderungen auch einem massiven Flagellatenbefall zugeschrieben. Das ist sicher nicht auszuschließen, häufig sind Flagellaten jedoch nur sekundär beteiligt.

Aufgrund der bakteriellen Infektion ist der Darm entzündet, die Darmschleimhaut löst sich von der Darmwand und wird als schleimiger Kot ausgeschieden, der in langen Strängen am After hängen bleibt. Eine Behandlung mit Medikamenten kann in diesem Stadium schon zu spät sein. Je früher die Behandlung begonnen wird, desto höher ist die Wahrscheinlichkeit eines Erfolgs.

Das Endstadium ist das Krankheitsbild der Bauchwassersucht. Die Bakterien haben sich nun im gesamten Organismus ausgebreitet und sind in allen inneren Organen nachweisbar. Die Niere ist oft massiv befallen und kann die Flüssigkeitsmengen nicht mehr ausscheiden. Flüssigkeit sammelt sich in der Leibeshöhle, hinter den Augen und, wenn der Fisch lange genug lebt, in den Schuppentaschen. Die Schuppen stehen ab, man nennt das Schuppensträube. Der Fisch stirbt an einer inneren Vergiftung nach dem Versagen der Niere.

Im Frühstadium kann eine Behandlung mit Medikamenten aus dem Zoohandel, die den Wirkstoff Nifurpirinol enthalten, erfolgen.

Der Wirkstoff bekämpft auch Flagellaten. Das Medikament muss so dosiert werden, dass eine Wirkstoffkonzentration im Wasser von 40 mg pro 100 l erreicht wird.

Vorbeugende Maßnahmen, Haltungsbedingungen

Die beste vorbeugende Maßnahme gegen Krankheiten ist, den Diskusfischen optimale Lebensbedingungen zu bieten, weil dann eine Reihe von Stressoren wegfallen. Das Wasservolumen im Aquarium muss der Größe der Fische angepasst sein. Jedem erwachsenen Diskusfisch müssen mindestens 60 l Wasservolumen zur Verfügung stehen. Somit können fünf Diskus in einem 300 l fassenden Aquarium mit den Maßen 120 x 50 x 50 cm gepflegt werden. Rechnet man den oberen Rand, Bodengrund und Dekoration ab, bleiben sowieso nur noch etwa 240 l übrig. Nimmt man ein Aquarium, dessen Seite oder Höhe 60 cm beträgt, dann bleiben netto etwa 300 l Wasser.

Als Filter sollte man einen leistungsstarken Innen- oder Außenfilter wählen. Aber nicht nur die Pumpenleistung zählt, sondern auch, wie viel Filtermaterial in den Filter eingebracht werden kann. Der Filteraufbau mit einer mechanischen Vorfilterung, großer biologischer Filterstufe und feiner Nachfilterung ist für einen langfristigen Betrieb notwendig. Bei Außenfiltern ist darauf zu achten, dass das Wasser auch tatsächlich zwangsweise durch die Filtermedien fließt. Das ist bei vielen Filtern mit Korbeinsätzen nicht gegeben. Auch in diesem Punkt bieten neue Außenfilter innovative Technik.

Im Filter sollte das Wasser zuerst durch Vorfiltermedien und dann durch ein biologisches Filtermedium strömen. Sinterglasmedien bieten die höchste für Filterbakterien besiedelbare innere Oberfläche. Aber auch hier gibt es Unterschiede. Filtermedien mit sehr großer Oberfläche bieten den Bakterien nur eine geringe Porengröße, das Material verblockt nach einiger Zeit und lässt in der Abbauleistung nach. Das von der Firma Schott entwickelte Siporax hat die optimale Porengröße und bietet 270 m² für Bakterien nutzbare Siedlungsfläche (Bild 3). Intensive Forschung und das Know How im Glasbau führten zu einer sich selbst reinigenden Porenstruktur. Auch nach Jahren sind die Poren frei, was man mit einer Lupe kontrollieren kann (Bild 4). Zur Nachfilterung dienen Filterfliese oder feine Filterwatte. Filterwatte muss unbedingt vor dem Gebrauch ausgewaschen werden, da sie Produktionsrückstände enthalten kann.

Bild 3: Sinterglasringe haben die größte für Bakterien besiedelbare Oberfläche (sera Archiv).

Bild 4: Die Porenstruktur ist offenporig und verstopft auch nicht, wenn sich Mulm in den Ringen ablagert.

Gesunde Diskusfische

Aus der Natur entnommene Steine und Wurzeln mögen zwar sehr dekorativ im Aquarium aussehen, bergen aber große Gefahren, weil sie giftige Einschlüsse enthalten können oder sich im Wasser zu zersetzen beginnen. Sicherer ist, die benötigten Dekorationsgegenstände im Fachhandel zu kaufen.

Im Diskusaquarium braucht man nicht auf Pflanzen zu verzichten. Es werden viele Aquarienpflanzen angeboten, die höhere Temperaturen vertragen. Wenn Diskusaquarianer sich darüber beklagen, dass die Pflanzen kümmern, liegt es meist an der schlechten Nährstoffversorgung und ungeeignetem Licht. Viele Pflanzen wachsen bei höherer Temperatur schlecht, weil die Aquarien zu schwach beleuchtet sind. Bei 28 °C ist der Stoffwechsel der Pflanzen beschleunigt und benötigt wesentlich mehr Lichtenergie als bei 25 °C. Viele Standardbeleuchtungen sind bei diesen Temperaturen zu schwach.

Auch das oft vorgebrachte Argument der mangelnden Hygiene für nackte Diskusaquarien ist unzutreffend. Die Pflanzen können in Pflanzkörbe mit Kies einer Körnung von 3 bis 5 mm gesetzt werden. Man kann sie regelmäßig mit Düngetabletten versorgen, die man direkt an den Wurzeln in den Kies drückt. Die Körbe können bei Bedarf, beispielsweise zum Fische fangen, leicht aus dem Aquarium genommen werden. Im Fachhandel sind Gitterkörbe aus Kunststoff in verschiedenen Formen und Größen erhältlich. Sie können mit Steinen und Wurzeln dekoriert werden, und die Pflanzen geben den Diskus die Möglichkeit sich zurückzuziehen und zu verstecken.

Viele andere Fischarten können sehr gut mit Diskus vergesellschaftet werden, wenn sie vom Verhalten zusammenpassen. Beilbauchsalmler oder Fadenfische leben in der oberen Wasserzone, Neonfische oder Rotkopfsalmler bevölkern mit den Diskus die mittlere Zone und am Boden können sich Kleincichliden wie Schmetterlingsbuntbarsche oder Purpurprachtbarsche, *Corydoras* und andere Welse tummeln.

Quarantänemaßnahmen

Die Quarantäne dient dem Zweck, Krankheiten frühzeitig zu erkennen und zu verhindern, dass sie in die Zuchtanlage eingeschleppt werden. Demnach müssen neue Fische mindestens sechs Wochen in Quarantäne bleiben. Wildfänge sollten drei Monate unter Quarantäne gehalten werden. Erst wenn sich nach dieser Zeit keine Krankheit gezeigt hat, können die Fische in die Zuchtanlage zu den anderen überführt werden.

Züchter investieren mitunter viel Geld in ihre Zuchtanlagen und kaufen sich sehr teure Fische. Das Geld für eine Quarantänestation spart man sich. Das ist absoluter Leichtsinn. Zwei oder drei in Einzelfilterung betriebene Aquarien sind je nach Größe der Anlage und Menge der zu kaufenden Fische notwendig. Diese Aquarien sollten völlig getrennt von der Zuchtanlage in einem separaten Raum stehen. Aufgrund der langen Quarantänezeit müssen die Becken so eingerichtet sein, dass die neuen Fische sich darin wohlfühlen können. Eine dünne Sand- oder Kiesschicht wirkt beruhigend und verhindert, dass sich die Fische in der Bodenscheibe spiegeln. Pflanzen in Gitterkörben bieten den Fischen Deckung. Plastikpflanzen sind eine Alternative, sie lassen sich für den nächsten Besatz leicht gemeinsam mit dem Aquarium desinfizieren oder können bei Bedarf abgekocht werden.

Ein eingelaufener Filter ist notwendig, sonst steigt drei Tage nach dem Besatz der Nitritwert. Auch der Ammoniumgehalt des Wassers kann extrem steigen, ist jedoch bei einem niedrigen pH-Wert relativ ungiftig. Die Werte von pH, Ammonium und Nitrit müssen täglich überprüft werden. Stäbchentests taugen dafür nicht, denn sie zeigen erst bei einer Konzentration von 1 mg Nitrit eine Verfärbung. Das reicht bei niedrigem pH-Wert schon aus, um die Fische zu vergiften. Der Nitritwert darf nicht über 0,2 mg NO_2/l steigen. Je niedriger der pH-Wert ist, umso giftiger wirkt Nitrit.

Das Umgewöhnen von Fischen nach dem Transport an das eigene Wasser darf nicht plötzlich erfolgen. Das Wasser in dem Beutel ist nach dem Transport mit Ausscheidungen belastet. Darum sollten die Fische nicht einfach mit dem Transportwasser in das Aquarium gekippt werden. Je länger die Fische unterwegs waren, desto langsamer muss die Wasseranpassung erfolgen. Man kann die Fische zunächst mit dem Transportwasser in einen Kunststoffbehälter umsetzen und das Wasser belüften. Dazu gibt man mehrmals Wasser aus dem Aquarium zum Transportwasser oder lässt über einen Luftschlauch langsam Wasser aus dem Quarantänebecken zutropfen. Der pH-Wert darf dabei nicht über 7,2 steigen, da sonst Ammoniak entsteht. Erst nach dieser gründlichen Anpassung der Wasserwerte können die Fische in die Quarantänebecken umgesetzt werden. Vorher gibt man die doppelte Dosis eines guten Wasseraufbereiters ins Aquarium. Das Transportwasser schüttet man weg. Haben sich die Fische nach etwa einer Stunde beruhigt, schaut man, ob Transportverletzungen vorliegen.

Ist das der Fall, kann man ein im Zoohandel erhältliches Heilmittel, das gegen bakterielle und Pilzinfektionen wirkt, einsetzen. Danach lässt man den Fischen zunächst einmal ihre Ruhe, damit sie sich von dem Transportstress erholen können. Am nächsten Tag bietet man ihnen ein wenig gutes Futter an, das sie eventuell vom Vorbesitzer gewöhnt sind. Nicht gefressenes Futter saugt man spätestens nach zwei Stunden wieder ab.

Haben sich die neuen Fische an das Quarantäneaquarium gewöhnt, so stellt man sich bald die Frage, ob die Fische wohl gesund sind. Wann können sie zu den anderen gesetzt werden? Doch halt – mangelnde Geduld bereut man schnell! Nach wenigen Tagen sollten die Diskus ruhig atmend im Quarantänebecken schwimmen – wenn keine Wasserbelastung vorliegt. Sie sollten sich nicht scheuern, müssen Nahrung aufnehmen und dunkel gefärbten Kot abgeben. Trotzdem bleiben die Fische sechs Wochen in Qua-

Gesunde Diskusfische

rantäne. Nun kann man einen oder zwei Fische aus der eigenen Anlage dazusetzen, um zu erkennen, ob die neuen Fische möglicherweise eine Krankheit mitbringen, gegen die sie selbst immun sind, die Fische in der Anlage jedoch nicht.

Bleibt der Testfisch bis zum Ende der Quarantänezeit gesund, besteht kaum eine Gefahr, dass die neuen Fische eine Krankheit mitgebracht haben. Nun können sie alle – mit geringem Risiko – in die Anlage umgesetzt werden.

Die Quarantänefische müssen regelmäßig beobachtet werden, dabei ist besonders auf Veränderungen der Schleimhaut und des Verhaltens zu achten. Treten weißlich verdickte Stellen an der Haut auf, dann können Ektoparasiten die Ursache sein. Die mikroskopische Untersuchung eines Schleimhautabstrichs lässt eine sichere Diagnose zu.

Ein Befall von Kiemenwürmern zeigt sich durch beschleunigte Atmung, Anlegen oder Abspreizen eines Kiemendeckels und daran, dass sich die Fische an den Kiemendeckeln scheuern. Im fortgeschrittenen Stadium hängen die Fische mit stark beschleunigter Atemfrequenz unter der Wasseroberfläche (Bild 5). Bei zu niedrigem Sauerstoffgehalt zeigt der Fisch ähnliche Symptome. Auf zu hohen CO_2-Gehalt reagiert er mit Schreckhaftigkeit, Verstecken und Dunkelfärbung.

Organisch belastetes Wasser kann leicht bei unzureichender Filterung und durch nicht gefressenes Futter entstehen. Zu viele Nährstoffe führen zur Vermehrung von Mikroorganismen, wie Einzeller und Rädertierchen, die normalerweise harmlos sind. Sie heften sich ab und zu an die Fische, worauf diese mit Flossenzucken reagieren und kurze Strecken durch das Wasser schießen.

Infektionen der Darmschleimhaut äußern sich darin, dass die Diskusfische einen weißlichen schleimigen oder knubbeligen Kot abgeben. Vorangegangene längere Stresssituationen, verursacht durch falsche Haltung, falsche Ernährung oder Parasitenbefall des Darms, können die Ursache sein. Den frisch vom After genommenen Kot kann man mit einem Mikroskop auf Darmparasiten wie Flagellaten, Nematoden, Bandwürmer und Wurmeier untersuchen.

Bild 5: Bei akutem Kiemenwurmbefall hängen die Diskusfische mit Atemnot unter der Wasseroberfläche.

Gesunde Diskusfische

Das Wasser

Diskusfische sind aufgrund ihrer kompletten Evolution in dem größten Weichwassergebiet der Welt, dem Amazonasbecken, nicht an starke Schwankungen des Salzgehalts und der osmotischen Verhältnisse angepasst. Das muss der Aquarianer bei der Pflege berücksichtigen und das Wasser entsprechend ihren Bedürfnissen aufbereiten. Man sollte die Diskus weder in hartem Wasser noch bei hohem pH-Wert halten. Eine Wassertemperatur von 28 °C ist ideal. Der pH-Wert sollte um 6,5 liegen. Für die Zucht kann es notwendig sein, ihn auf 5,8 pH abzusenken.

Das weiche Wasser ist aufgrund der niedrigen Karbonathärte, die meist unter 3 °KH liegt, nur schwach gepuffert und hat die Tendenz, im pH-Wert abzufallen. Das liegt an der beim Nitrifikationsprozess der Filterbakterien frei werdenden Säure. Die Diskusfische scheiden große Mengen Ammonium über die Kiemen aus. Es ist das Endprodukt ihres Eiweißstoffwechsels. Ein großer Diskusfisch erzeugt bei guter Ernährung täglich etwa 300 mg Ammonium. Das entspricht, bei 60 l Wasser pro Fisch, 5 mg $NH_{3/4}$/l Aquarienwasser.

In einem eingefahrenen biologischen Filter wird diese Menge sofort über Nitrit in Nitrat umgewandelt, ohne dass man erhöhte Ammonium- oder Nitritwerte messen kann. Bei der Umwandlung von Ammonium zu Nitrit werden von den Bakterien Wasserstoffionen freigesetzt. Wasserstoffionen sind die Säureionen im Wasser, sie zehren den Karbonatpuffer auf. Unverdaute Eiweiße werden von Bakterien abgebaut und erhöhen die frei werdende Säure. Ein pH-Sturz ist oft die Folge. Über Nacht kann der pH-Wert von 6 zu 3 und noch niedriger fallen. Im harmlosesten Fall können die Fische Verätzungen davontragen, schlimmstenfalls sogar tot sein.

Eine tägliche Kontrolle zeigt, wenn der pH-Wert fallende Tendenz hat. Das Messen der Karbonathärte mit einen Tropftest ist einmal in der Woche, bei sehr niedrigem pH-Wert zweimal, durchzuführen. Bei den meisten KH-Reagenzien werden 5 ml Probenwasser genommen und das Reagenz zugetropft. Die Zahl der Tropfen zählt man bis zum Farbumschlag, diese Anzahl von Tropfen entspricht der Karbonathärte in Grad deutscher Härte. Möchte man eine Karbonathärte unter 1 °KH messen, nimmt man die dreifache Menge Testwasser und teilt die verbrauchte Tropfenzahl dann durch drei. Messstäbchen sind in weichem Wasser absolut ungenau.

Das Endprodukt des Stickstoffabbaus ist das Nitrat. Es reichert sich im Wasser an und ist ein wichtiger Indikator, der aussagt, wann der nächste Wasserwechsel fällig ist. Diskusfische vertragen Nitratwerte bis 100 mg NO_3/l, erst dann zeigen sie ein gewisses Unwohlsein an, indem sie aufhören sich zu paaren. Optimal ist, wenn der Nitratwert unter 30 mg NO_3/l gehalten werden kann.

Ein Denitrifikationsfilter baut Nitrat biologisch zu Stickstoff ab. Das ist zwar eine elegante Lösung, verleitet aber dazu, weniger Wasserwechsel durchzuführen. Andere Abbauprodukte reichern sich an und die Bakterienbelastung des Wassers erhöht sich, was ebenfalls dazu führt, dass die Fische das Paarungsverhalten einstellen.

Giftstoffe im Wasser

In landwirtschaftlich genutzten Gegenden ist das Leitungswasser oft mit Nitrat und Phosphat belastet. Es sind die Hauptnährstoffe für Pflanzen und Algen. Befinden sich in den Diskusaquarien wenige oder keine Pflanzen, welche die Nährstoffe verbrauchen, können sich Algen gut vermehren.

Ein weiteres Umweltproblem ist die Belastung durch Rückstände von Spritzmitteln, Antibiotika und Hormonen. Die Hormonbelastung ist in manchen Gegenden so hoch, dass männliche Fische unfruchtbar werden. Wird in einer Zuchtanlage aufgrund guter Filterung wenig Wasser gewechselt, können sich solche Schadstoffe mit der Zeit anreichern, auch wenn sie nur in Spuren im Leitungs- oder Brunnenwasser enthalten sind.

Pestizid- und Hormonrückstände sind nicht vollständig mit Ionenaustauschern oder Umkehrosmoseanlagen zu entfernen. Nur die Filterung über eine gute Aktivkohle entfernt diese Stoffe. Da Aktivkohle auch nützliche Stoffe aus dem Wasser entfernt, ist eine Daueranwendung im Filterkreislauf nicht sinnvoll. Nur das Frischwasser wird in einem separaten Behälter mit der Kohle aufbereitet. Das kann ein Aquarium oder eine

Bild 6: Aktivkohlepellets mit höchst möglicher Reaktionsoberfläche (sera Archiv).

Gesunde Diskusfische

Regentonne sein. Man füllt den Behälter mit dem aufzubereitenden Wasser und verwendet pro 200 l einen Liter Aktivkohle. Das Wasser filtert man 24 Stunden über die Aktivkohle, in den meisten Fällen ist es dann für den Wasserwechsel verwendbar. Falls eine weitere Aufbereitung mit Mineralien und Torf notwendig ist, erfolgt diese immer nach der Aktivkohlefiltration. Die Aktivkohle verbleibt in dem Filterbehälter unter Wasser. Sie darf, wenn der Filter außer Betrieb ist, nicht trocknen. Die im Handel angebotenen Steinkohlepresslinge (Kohlepellets) sind wesentlich effektiver als Holzkohle (Bild 6). Sie können mehr Giftstoffe binden und geben die gebundenen Stoffe nicht so schnell wieder ab. Leider gibt es kein brauchbares Verfahren um zu testen, wann die Aktivkohle erschöpft ist. Holzkohle kann einige Tage im Einsatz bleiben. Die Kohlepellets können sechs Wochen lang angewendet werden. Aktivkohle ist nicht regenerierbar – wenn sie erschöpft ist, wird sie weggeworfen.

Ionen von Schwermetallen lösen sich aus den Wasserleitungen, wenn das Wasser darin steht. Besonders morgens, bei der ersten Wasserentnahme, sind hohe Konzentrationen zu messen. Meist handelt es sich um Kupfer und Zink, seltener um Blei. Schwermetallionen sind für Fische hochgiftig. Für Kupferionen gibt es sensible Tests im Fachhandel. Blei und Zink können mit Tests aus dem Laborhandel gemessen werden, die verhältnismäßig teuer sind.

Auch Regenrohre aus Kupfer geben aufgrund des meist sauren Regens viele Kupferionen an das Wasser ab. Kupfer ist in Spuren für Diskusfische sehr giftig. Sie reagieren mit Schleimhautverdickungen, Dunkelfärben und Schreckhaftigkeit (Rahn 2002, 2005).

Die Wirkung von Bleiband zum Beschweren von Gegenständen, Luftschläuchen und Pflanzen ist nicht zu unterschätzen. Man denkt, die geringe Menge Blei im großen Wasservolumen des Aquariums könne doch nicht schädlich sein. Im sauren Milieu des Diskuswassers führen selbst geringe Mengen eines Schwermetalls sehr schnell zu massiven Vergiftungserscheinungen bei den Fischen. Auch die Verwendung von Kunststoffen, die nicht lebensmittelecht sind, kann zu Vergiftungen führen.

Eine einfache und preiswerte Methode Schwermetallionen im Wasser unschädlich zu machen, ist der Einsatz von Wasseraufbereitern. Sie binden die giftigen Schwermetallionen und viele andere schädliche Stoffe sofort und dauerhaft. Eine regelmäßige Anwendung bei jedem Wasserwechsel ist notwendig. Wasseraufbereiter schützen aber auch die Filterbakterien und unzähligen Mikroorganismen im Wasser und Filter. Oft ist zwei bis drei Tage nach einem Wasserwechsel die Anreicherung von Nitrit zu beobachten. Das ist nicht mit den unsensiblen Teststäbchen, sondern nur mit guten Flüssigtests feststellbar. Es kann vermieden werden, indem man beim Wasserwechsel den Wasseraufbereiter einige Minuten vor der Zugabe des Frischwassers für die gesamte Wassermenge des Aquariums zudosiert. Auch ein Temperatursturz über wenige Grade kann zum Absterben von Filterbakterien führen und einige Tage nach dem Wasserwechsel zu erhöhten Nitritwerten.

Nach der oben beschriebenen Wasseraufbereitung in einem separaten Behälter gibt man den Wasseraufbereiter in doppelter Dosis als letzte Maßnahme eine Stunde vor der Verwendung des Wassers zu. Wer Osmosewasser aufbereitet, braucht nur die Hälfte der Normaldosierung anzuwenden.

Gerade nach einem Fischtransport ist es sinnvoll, Wasseraufbereiter mit Schleimhautschutz zuzugeben. Beim Fangen mit Netzen verursacht man kleine Verletzungen der Schleimhaut. Diese versiegelt der Wasseraufbereiter sofort, die verletzte Schleimhaut kann somit nicht von Bakterien und Pilzen infiziert werden.

Bild 7: Flosseneinschmelzungen treten bei Mineralstoffmangel auf. Sie verschwinden bei regelmäßiger Zugabe von vollwertigen Mineralstoffmischungen.

Gesunde Diskusfische

Mineralstoffmangel

Reversosmoseanlagen entfernen im Wasser enthaltene Salze zu etwa 95 % und enthärten somit das Wasser. Je effektiver eine Anlage arbeitet, umso ungünstiger ist das Verhältnis von Reinwasser (Permeat) zu Abwasser. Leider fehlen dem Permeat auch fast alle Mineralstoffe und Spurenelemente, die in natürlichem Wasser enthalten und für die Fische wichtig sind.

Mangelerkrankungen können aber auch bei der Verwendung besten Quellwassers auftreten. Man glaubt, dass frisches Wasser aus einer Quelle alle Stoffe wie Mineralien und Spurenelemente beinhaltet und somit die besten Voraussetzungen für eine Fischzucht bietet. Davon kann man jedoch nicht in allen Gegenden ausgehen.

Wichtig ist, die fehlenden Mineralien und Spurenelemente gezielt zuzugeben. Viele Aquarianer verschneiden ihr entsalztes Wasser aus diesem Grund mit hartem Leitungswasser. Das funktioniert aber nur dann, wenn das Leitungswasser ein natürlich hartes Wasser ist. In vielen Gegenden wird jedoch im Wasserwerk ein ursprünglich weiches Wasser nur aufgehärtet. Man misst dann zwar eine höhere Leitfähigkeit und eine entsprechende Gesamt- und Karbonathärte, die für unsere Fische so lebenswichtigen Spurenelemente und viele Mineralstoffe fehlen dem Leitungswasser aber trotzdem.

Davon sind nicht nur große Cichliden wie die Diskusfische betroffen. Auch viele Züchter von Salmlern und Kleincichliden klagen über dieses Problem. Sie verwenden entsalztes Wasser, um Vergiftungen bei den sehr empfindlichen Jungfischen vorzubeugen und die mitunter notwendige niedrige elektrische Leitfähigkeit des Wassers für die Zucht bestimmter Fischarten zu erzeugen.

Wachsen Jungfische in einem Wasser auf, dem lebenswichtige Mineralien und Spurenelemente fehlen, so kommt es zu Missbildungen an Flossen und Kiemendeckeln (Bild 7, 8, 9). Diese Missbildungen entstehen im Larvenstadium, wenn sich die betreffenden Körperteile entwickeln. Anders als bei der Lochkrankheit können die Schäden später auch durch ausreichende Mineralstoffversorgung nicht mehr ausgeglichen werden.

Für Diskusfische gibt es ein spezielles Diskusmineralsalz von verschiedenen Anbietern im Fachhandel zu kaufen. Die Salzmischung besteht aus rund 50 bis 60 verschiedenen Mineralien und Spurenelementen sowie einem Karbonatpuffer.

Bild 8: Flossendeformationen entstehen im Larvenstadium bei Mineralstoffmangel und sind nicht behandelbar.

Bild 9: Deformationen der Kiemendeckel entstehen im Larvenstadium durch Mineralstoffmangel. Sie sind nicht behandelbar.

Gesunde Diskusfische

Meerwassersalz besteht dagegen zu mehr als 80 % aus Natriumchlorid (Kochsalz), was für die Aufnahme der lebenswichtigen Spurenelemente nachteilig ist. Deshalb ist Meerwassersalz für die Aufbereitung von weichem Wasser ungeeignet. Gibt man dieses Diskussalz regelmäßig dem zu wechselnden Wasser zu, dann kann wirksam Mangelerkrankungen vorgebeugt werden. Dabei hat man verschiedene Möglichkeiten der Verabreichung. Einmal kann man die auf der Packung angegebene Dosierungsanleitung befolgen und sich nach der Gesamthärte oder besser nach der Karbonathärte richten. Man misst die Härte und löst dann die entsprechende Menge Mineralsalz in dem Wasser auf. Eine genaue Dosierung ist möglich, das Ergebnis kann man mit dem Tropftest überprüfen. Diese Methode anzuwenden ist für Aufzuchtaquarien sinnvoll, damit genügend KH-Puffer vorhanden ist und der pH-Wert stabilisiert wird.

Für die Zucht verschiedener Arten von Fischen aus tropischen Gewässern ist es notwendig, ein sehr weiches Zuchtwasser zu verwenden. Hier bietet sich die Aufbereitung über die elektrische Leitfähigkeit des Wassers an. Man sammelt das Reversosmosewasser oder entionisierte Wasser in einem größeren Behälter und misst die Leitfähigkeit. In einen Eimer mit diesem Wasser gibt man eine kleine Menge (2 bis 3 g) des Mineralsalzes und löst es unter Umrühren auf. Es ist wichtig, darauf zu achten, dass sich die gesamte Salzmenge in dem Wasser auflöst, nur so stehen den Fischen nachher alle Mineralien zur Verfügung. Bleibt ein Bodensatz, dann hat man zu wenig Wasser oder zu viel Salz genommen. Von diesem aufgesalzten Wasser schüttet man nun kleine Portionen in den großen Behälter. Nach jeder Zugabe und gründlicher Durchmischung misst man die Leitfähigkeit, bis der gewünschte Wert erreicht ist. Auf diese Art kann man ein beliebig weiches Zuchtwasser herstellen, in dem alle für den Fisch notwendigen Mineralien und Spurenelemente im richtigen Verhältnis enthalten sind.

Die Lochkrankheit der Diskusfische

Auch die Lochkrankheit ist primär eine Mangelerkrankung. Dem Fisch fehlen bestimmte Bestandteile in der Nahrung aber auch Mineralien im Wasser. Der Organismus versucht den Mangel auszugleichen, indem er das Knorpelgewebe am Kopf stellenweise auflöst und die darin enthaltenen Mineralstoffe zurückgewinnt. Der Knorpel verflüssigt sich unter der Haut. Wenn diese reißt, tritt die zersetzte Knorpelmasse als eine weißliche Masse aus. Zurück bleibt ein mehr oder weniger großes Loch.

Im Anfangsstadium sind es nur kleine, millimetergroße Löcher (Bild 10). Hält der Mangelzustand an, entstehen auch zentimetergroße Gewebeauflösungen (Bild 11). Man vermutet als Ursache einen Mangel an Calcium, Magnesium, Phosphorverbindungen und Vitamin D. Unzureichende Ernährung und Vitaminmangel wirken verstärkend. Da eine unzulängliche Ernährung zu Veränderungen der Darmflora sowie der Darmschleimhaut führt und die Vermehrung von Flagellaten fördert, ist die Resorptionsfähigkeit des Darms gestört.

Bild 10: Auch die Lochkrankheit ist eine Mangelerkrankung und durch mäßige Vitamingaben bei regelmäßiger Mineralstoffversorgung behandelbar.

Gesunde Diskusfische

Bild 11: Große Löcher im Kopfbereich entstehen primär durch Mineralstoffmangel.

In Anlagen, die mit sehr weichem Grund- oder Osmosewasser betrieben werden, tritt die Lochkrankheit auch bei optimaler Ernährung selbst bei parasitenfreien Tieren auf. Meist sind zusätzlich noch Flosseneinschmelzungen zu beobachten.
Wird der Mangelzustand früh erkannt, so sind die Löcher noch sehr klein. Die Zugabe einer Mineralstoffmischung und das regelmäßige Anreichern der Nahrung mit einer guten Vitaminmischung beheben das Problem innerhalb weniger Wochen und die Löcher wachsen wieder zu.

Wurde der Mangelzustand durch unzureichende Ernährung, Darmprobleme und zusätzliche Vermehrung von Flagellaten verursacht, dann müssen weiter reichende Maßnahmen ergriffen werden. Zuerst führt man eine Behandlung gegen Flagellaten mit einem Medikament durch, das den Wirkstoff Nifurpirinol enthält. Dieser wirkt sehr gut gegen Bakterien und Flagellaten. Der Wirkstoff wird in einer Dosierung von 4 mg/10 l in warmem Wasser vorgelöst und dann im Aquarium verteilt. Das Medikament bleibt fünf Tage im Wasser, während dieser Zeit erhöht man die Temperatur auf 33 °C. Das Wasser muss belüftet werden, damit bei der hohen Temperatur kein Sauerstoffmangel auftritt.

Die Ernährung sollte auf eine gesunde ballaststoffreiche Kost umgestellt werden, wie im folgenden Kapitel beschrieben. Dazu muss eine vollwertige Mineralstoffmischung dem Wasser beigemischt werden (siehe vorangegangenes Kapitel). Eine auf Fische abgestimmte hochwertige Vitaminmischung wird in der ersten Woche täglich dem Futter zugegeben. Danach verabreicht man sie dreimal die Woche. Wenn die Löcher zuzuwachsen beginnen, gibt man die Vitamine nur noch zweimal in der Woche. Eine regelmäßige Vitaminversorgung sollte nicht öfter als ein- bis zweimal pro Woche erfolgen.

Auch Tuberkulose und Ichthyophonus können die Lochkrankheit verursachen, das ist jedoch eher selten der Fall und nicht heilbar. Treten Gewebeauflösungen am Körper auf, so ist das keine Lochkrankheit, sondern eine Bakterieninfektion.

Ernährung der Diskusfische

Jedes Kind weiß, dass eine schlechte Ernährung der Gesundheit abträglich ist, eine gesunde Ernährung dem Wohlbefinden dient. Unsere Fische haben nicht die Wahl, ihnen bleibt nichts übrig, als das zu fressen, was wir in das Aquarium geben. Falsche Ernährung ist ein gravierender Stressfaktor, der in kurzer Zeit zu Schäden führt. So kann bei Diskusfischen durch die alleinige Fütterung mit Warmblüterfleisch innerhalb von drei Wochen ein Darmverschluss hervorgerufen werden. Weiche, fettreiche Nahrung mit ungeeigneter Eiweißzusammensetzung führt zu Darmträgheit und Verdauungsstörungen, was die Vermehrung von Darmparasiten fördert. Ballaststoffreiche Nahrung bewirkt das Gegenteil. Die Darmbewegung kommt in Gang und die Verdauung ist effektiver. Dabei sind auch hochwertige

Gesunde Diskusfische

Kohlenhydrate aus pflanzlichen Nahrungsbestandteilen sehr wichtig, da aus ihnen die Schutzstoffe der Darmschleimhaut gebildet werden. Das wiederum hemmt die übermäßige Vermehrung von Flagellaten und anderen Parasiten. Bei dem umfangreichen Angebot an Futtermitteln, die der Zoohandel bereithält, darf es kein Problem sein, die Fische ausgewogen zu ernähren.

Mitunter geht man von dem natürlichen Empfinden aus, dass der Fisch weiß, was er benötigt und bietet verschiedene Futtersorten an. So kann man schon feststellen, was die Fische am liebsten mögen. Sehr schnell merkt man, dass der Geschmack der einzelnen Fische recht unterschiedlich ist. Der eine bevorzugt *Artemia*, der andere Rote Mückenlarven und der dritte geschabtes Fischfilet. Den Tieren dann hauptsächlich dieses Lieblingsfutter zu geben, würde mit der Zeit zu Mangelerscheinungen führen. Wir essen ja auch nicht täglich unser Leibgericht.

Die Länge und Beschaffenheit des Darms sagt einiges über die Ernährungsbedürfnisse einer Fischart aus. Reine Fleischfresser, wie Forellen, haben einen sehr kurzen Darm. Bei Fischen, die hauptsächlich pflanzliche und sehr ballaststoffreiche Nahrung zu sich nehmen, beträgt die Darmlänge ein Vielfaches der Körperlänge.

Unter diesem Aspekt betrachtet, nimmt der Diskusfisch keine Sonderstellung ein. Jungfische, die gerade freischwimmen, haben einen sehr kurzen Darm. Dieser ist an eine leicht verdauliche nährstoffreiche Ernährung angepasst, wie sie der Hautschleim der Eltern darstellt. Schon nach den ersten Lebenstagen beginnt der Darm zu wachsen, wenn die kleinen Fische noch zusätzliche Mikroorganismen aus dem Aquarium aufnehmen.

Fressen sie dann *Artemia*-Nauplien, so wächst der Darm in die Länge und erreicht nach vier Wochen etwa die dreifache Körperlänge. Das lässt den Rückschluss zu, dass die Fische in dieser Zeit eine ballaststoffreiche Nahrung zu sich nehmen. Im dritten Lebensmonat sind die Fische dann etwa 5 cm groß und der Darm hat die zweieinhalbfache Länge des Körpers.

Dann stagniert das Darmwachstum und stimmt mit dem Wachstum des Körpers überein. Wenn der Diskus erwachsen ist, hat der Darm nur noch etwa die eineinhalbfache Körperlänge. In diesem Lebensabschnitt brauchen die Fische eine hochwertige Nahrung, die genügend Ballaststoffe sowie essentielle Fette und Kohlenhydrate enthält.

Dazu kommt eine anatomische Besonderheit. Der Diskus bildet in den ersten Lebensmonaten einen sackartigen Magen aus (Bild 12). Das bedeutet, dass er sich von einer leichverdaulichen, nährstoffreichen Kost auf eine schwer verdauliche, ballaststoffreiche Kost umstellt.

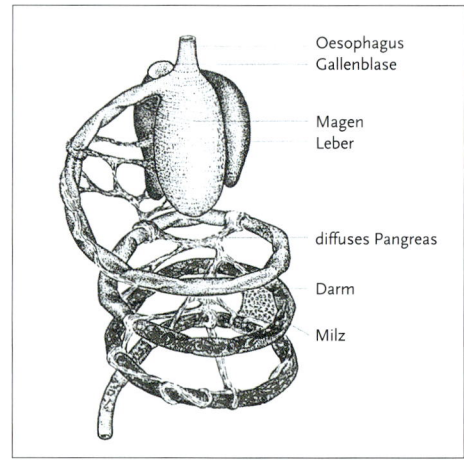

Bild 12: Diskusfische haben einen sackförmig ausgebildeten Magen (Bremer).

Bild 13: Äußerlich ist ein Darmverschluss von einem inneren Geschwulst nicht zu unterscheiden.

Gesunde Diskusfische

Eine reine Ernährung mit Rinderherz ist ungeeignet, da Rinderherz viel Kollagen und kaum Fett enthält. Kollagen verklebt im Darm und kann zu Verstopfungen führen. Fett von Warmblütern ist für Fische nur schwer verwertbar, da es eine hohe Schmelztemperatur hat und keine der essentiellen ungesättigten Fettsäuren enthält. Kohlenhydrate fehlen dem Rinderherz total. Die Rinderherzmischungen werden zwar mit pflanzlichen Bestandteilen aufgewertet, die richtigen Fette enthalten die Mischungen jedoch nicht in ausreichender Menge.

Anfang der achtziger Jahre erhielt ein Aquarianer mehrere fast ausgewachsene Diskus. Aus Unkenntnis fütterte er sie ausschließlich mit geschabtem Rinderherz. Nach etwa zwei Wochen bekam die Hälfte der Tiere dicke Bäuche. Es lag ein teilweiser Darmverschluss vor (Bild 13). Daraufhin wurde die Nahrung sofort umgestellt und ballaststoffreiches Futter gegeben. Bei um etwa 4 °C erhöhter Temperatur erholten sich die Fische innerhalb von mehreren Tagen.

Viele Züchter sind schon seit einiger Zeit völlig von der Fütterung mit Rinderherz abgekommen. Untersuchungen von den Züchtern Manfred Göbel und mir haben ergeben, dass Rinderherz für die Ernährung von Fischen nicht sehr geeignet ist. Kein Fisch im Amazonas, mit Ausnahme vielleicht des Piranhas, hatte in seiner Entwicklungsgeschichte die Möglichkeit, sich an eine Ernährung mit Warmblüterfleisch anzupassen.

Aber warum ist Rinderherz ungeeignet? Rinderherz besteht zu etwa 21 % aus Eiweiß und 79 % aus Wasser. Das wäre ideal, den Eiweißgehalt der Nahrung aufzuwerten. Um der Sache auf den Grund zu kommen, muss etwas weiter ausgeholt werden.

Die Eiweiße oder Proteine haben im Organismus sehr mannigfaltige Funktionen zu erfüllen. Auch Enzyme und Hormone werden aus Eiweißen gebildet. Eiweiße sind vernetzte Ketten aus Aminosäuren. Etwa 1000 Aminosäuren bilden eine Eiweißkette. Etwa zwanzig Aminosäuren sind für die Ernährung wichtig, die von jedem Organismus in einer genetisch festgelegten Reihenfolge aneinander gehängt werden. Es sind fast unendlich viele Kombinationen möglich (20^{20}).

Das in der Nahrung enthaltene Eiweiß muss im Darm in seine Aminosäuren zerlegt werden. Das Blut nimmt die Aminosäuren auf und transportiert sie in die Körperzellen, wo sie dann zu körpereigenen Eiweißen zusammengesetzt werden. Zehn der benötigten Aminosäuren kann der Körper durch Umbilden von ähnlichen selbst herstellen. Die anderen zehn sind für Fische essenziell, sie müssen in der Nahrung in ausreichender Menge enthalten sein (Bohl 1999). Die Nahrung ist somit umso hochwertiger, je mehr essenzielle Aminosäuren in dem Verhältnis, wie sie der Körper braucht, in der Nahrung enthalten sind.

Stellen wir uns vor, der Körper benötigt für seinen Eiweißaufbau eine bestimmte essenzielle Aminosäure in einer Menge von 6 %. Wenn nun in dem Eiweiß, das er als Nahrung erhält, diese Aminosäure nur zu 2 % enthalten ist, so kann er nur $1/3$ davon verwerten und scheidet $2/3$ des Eiweißes mit dem Kot aus. Bei Rinderherzverfütterung ist das Verhältnis noch schlechter. Die nicht verwerteten Nahrungsbestandteile sind die Nahrung für Bakterien und Flagellaten im Darm.

Das wäre nicht weiter schlimm, wenn nicht durch das unverdaute Eiweiß das Wasser des Aquariums extrem belastet würde. Durch die Nitrifikation des aus dem Eiweiß entstehenden Ammoniums zu Nitrat kann im ungepufferten Wasser über Nacht ein Säuresturz eintreten. Ich habe schon erlebt, dass nach einer Rinderherzverfütterung am Abend bei pH-Wert 6, der pH-Wert am Morgen auf unter 4 abgesunken war, in einem Fall sogar auf 3.

Im ungepufferten Wasser bei geringer oder fehlender Karbonathärte wird der pH-Wert immer abfallen, wenn die biologische Filterung gut funktioniert und der Nitrifikationsprozess abläuft. Dies geschieht jedoch umso langsamer und gleichmäßiger, je hochwertiger die Nahrung ist. Bei ungeeigneter Nahrung oder Überfütterung kommt es zu pH-Wert-Stürzen. Darum soll auch in den Aufzuchtaquarien das Futter innerhalb von 10 min vollständig gefressen sein.

Eine einseitige Ernährung der Diskus führt zu Darmträgheit, wenn Ballaststoffe und Kohlenhydrate fehlen. Verstopfungen und Darmverschluss sind die Folge (Bild 14). Eine große Vielfalt gibt es auch bei den Kohlenhydraten. Daher

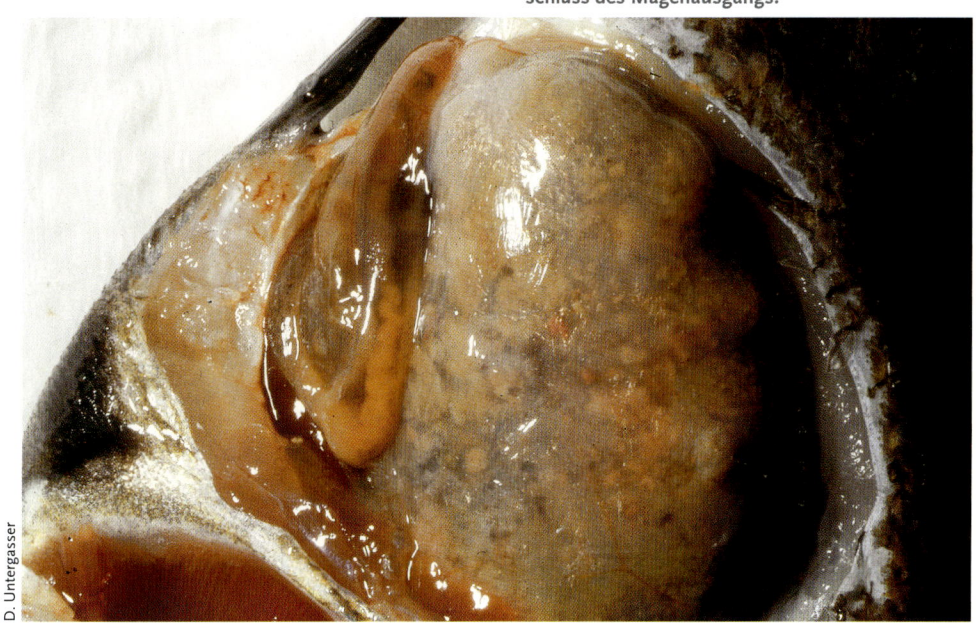

Bild 14: Bis zum Platzen gefüllter Magen durch Verschluss des Magenausgangs.

Gesunde Diskusfische

reicht es nicht, dem Rinderherz Zucker und Stärke beizumischen. Hochwertige pflanzliche Kohlenhydrate werden benötigt, damit der Fisch seine Schleimstoffe im Darm und auf der Haut bilden kann. Fehlen diese in der Nahrung, dann treten Darmträgheit und Verdauungsstörungen auf. In der Folge vermehren sich Bakterien und Flagellaten im Darm; das führt zu Reizungen der Darmwand.

Auf lange Sicht kommt es zu Entzündungen des Darms (Bild 15). Die Nahrung kann nicht mehr optimal verwertet werden, die Fische magern langsam ab und können sich gegen viele Krankheitserreger nicht richtig wehren. Behandlungen werden durchgeführt und man wundert sich, dass die angewendeten Medikamente nur ungenügend oder gar nicht wirken. Es ist in meinen Augen preiswerter, den Fischen eine hochwertige Nahrung zu geben als minderwertiges Billigfutter.

Niemand will immer das Gleiche essen, und so sollte man seinen Fischen ebenfalls Abwechslung bieten. Gerade die vakuumgefriergetrockneten Futtersorten sind durch den speziellen, schonenden Konservierungsprozess dem Lebendfutter gleichwertig und man kann absolut sicher sein, dass keine Parasiten übertragen werden. Es gibt *Tubifex*, Rote Mückenlarven, Wasserflöhe, Krill, *Cyclops* und *Artemia* in ausgezeichneter Qualität.

Aus den genannten Gründen ist es absolut notwendig, den Fischen mindestens einmal täglich ein solches Futter oder ein qualitativ hochwertiges Frostfutter zu geben, um die groben Chitinteile der Futtertiere als Ballaststoffe in den Darm zu bekommen. Eine zusätzliche Fütterung mit pflanzlicher Nahrung ist nicht unbedingt erforderlich, da Trockenfutter, speziell Pflanzenflocken, hochwertige pflanzliche Kohlenhydrate und Fette enthalten.

Die Fette sind die Speicherstoffe und die langfristigen Nahrungsreserven des Organismus. Ungesättigte Fettsäuren sind essenziell und müssen daher in ausreichender Menge in der Nahrung enthalten sein. Die fettlöslichen Vitamine können nur in Gegenwart von Fetten vom Organismus aufgenommen werden. Aber nicht nur pflanzliche, auch tierische Fette benötigt der Organismus. Allerdings ist nicht jedes Fett geeignet und es wäre ein großer Fehler, eine Futtermischung mit Warmblüterfett zu versetzen. Die Fische können solche Fette nur sehr schlecht verwerten, da sie bei normaler Temperatur in fester Form vorliegen. Das führt dazu, dass fettlösliche Vitamine nicht in der benötigten Menge aufgenommen werden können.

Die Gefahr bei mangelhafter Ernährung ist, dass auf einen Mangel meist eine Kette weiterer Mängel folgt. Oft sind Kohlenhydrate der Mangelfaktor. Ohne sie kann der Fisch nicht genügend Schleimstoffe im Darm bilden. Sie sind notwendig, um die Darmbewegung zu aktivieren und die Nahrung einzuschleimen. Erst dann kann sie transportiert und verdaut werden.

Werden zu geringe Mengen Schleimstoffe gebildet, so kommt es zum Stocken des Nahrungsbreis und in der Folge zu Gärprozessen. Das wiederum verursacht Entzündungen des Darms. Bakterien und Flagellaten vermehren sich ins Massenhafte. Da Kohlenhydrate auch für die Fettverwertung notwendig sind, können nun die fettlöslichen Vitamine nicht mehr in der benötigten Menge aufgenommen werden. Zudem dienen sie als Transporter für Aminosäuren im Blut.

Verwertet der Fisch die Nährstoffe im Darm optimal, können sich Flagellaten nicht ungehindert vermehren. Flagellaten ernähren sich hauptsächlich von den überschüssigen Nährstoffen, in erster Linie von den Eiweißen, die der Fisch nicht verwerten kann, wenn sie ungünstig zusammengesetzt sind. Das scheint durch die Tatsache bestätigt zu werden, dass bei einem abgemagerten Fisch, nachdem er keine Nahrung mehr zu sich genommen hat, nach wenigen Wochen auch fast kein Flagellat mehr im Darm zu finden ist. Würden die Flagellaten sich von der Körpersubstanz des Fischs ernähren, könnten sie sich in dieser Situation weitervermehren.

Stellt man die Ernährung stark befallener Fische um, so reduziert sich der Flagellatenbefall auf ein verträgliches Maß. Ich habe auch viele von Flagellaten befallene Jungtiere großgezogen. Es war bisher in keinem Fall notwendig, diese Fische mit einem Medikament zu behandeln – sie sind normal gewachsen.

Bild 15: Blutig entzündete Stellen an der Darmwand.

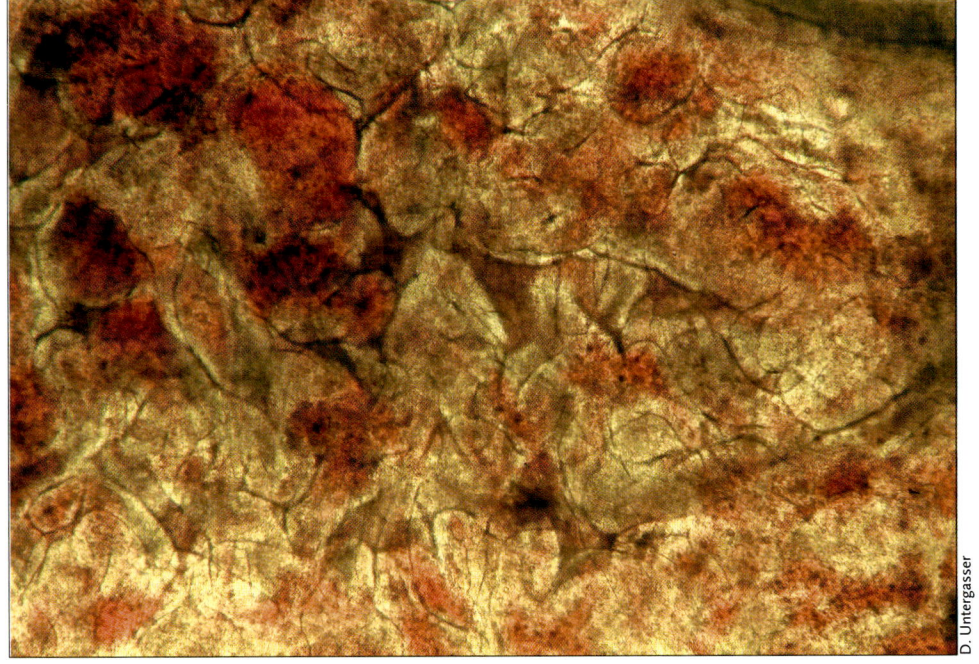

Gesunde Diskusfische

Die Schleimhaut

Die Haut ist für die Fische der schützende Mantel gegen widrige Umwelteinflüsse. Wie die menschliche Haut besteht sie aus mehreren Schichten, die unterschiedliche Funktionen haben. Die oberste Schicht, die Epidermis, überzieht die Schuppen, die in der Lederhaut, der Dermis, gebildet werden. Zellen in der Epidermis bilden nach außen hin die Cuticula, eine kolloide Schleimschicht.

Die Schleimhaut der Fische wäre sehr empfindlich für alle möglichen Infektionen, wenn sie nicht den Schleim produzieren würde, der ihr den Namen gab. Dieser Schleimmantel auf der Haut ist manchmal sehr dünn, dann wieder millimeterdick. Der Fisch kann diesen aktiven Schutzmantel je nach Bedarf verstärken. Das hängt von den Umweltbedingungen ab, unter denen der Fisch leben muss.

Vor Giftstoffen im Wasser, hoher Wasserbelastung durch schlechte hygienische Bedingungen und bei Parasitenbefall schützt sich der Fisch durch sichtbare Verdickung der Schleimschicht. Meist fühlt er sich dabei unwohl und färbt sich dunkel (Bild 16). Mangelnde Hygiene durch hohen Fischbesatz, zu starke Fütterung und zu geringer Wasserwechsel gehen mit starker Bakterienvermehrung im Wasser einher, die wiederum zur Infektion der feinen Flossenränder führt. Die Flossen erscheinen ausgefranst und faulen im Extremfall ab.

Mit einem guten Mikroskop sind die Abwehrzellen der Haut deutlich zu sehen. Ihre Menge nimmt bei organischer Wasserbelastung drastisch zu. Auch wenn Bakterien oder Parasiten die Haut befallen, erhöht sich die Anzahl der Abwehrzellen auf der Haut. Die Zellen bewegen sich amöbenartig und nehmen Bakterien und Fremdkörper auf. Sie gehören zu den weißen Blutkörperchen (Leukozyten) und wandern aus dem Blut durch die Haut zur Oberfläche. Besonders viele sind auf den Kiemen zu beobachten.

Im Abstrich sind nicht nur Hautzellen, Schleimzellen und solche Zellen, die der Abwehr von Krankheitserregern dienen, zu finden, sondern auch Zellen, die dem Fisch Farbe geben, die Pigmentzellen. Einige enthalten gelbe oder rote Farbstoffe im Plasma, andere winzig kleine schwarze Pigmentkörner. Bei höher entwickelten Fischen können die Pigmentzellen durch Nervenimpulse gesteuert werden. So kann sich der Fisch hell mit prächtigen Farben oder dunkel färben, wenn er sich nicht wohlfühlt.

Bild 16: Dunkel gefärbter Diskus durch bakterielle Infektion der Haut.

Gesunde Diskusfische

Flossenfäule

Die bakterielle Flossenfäule wird von Bakterienarten verursacht, die in jedem Aquarium vorhanden sind. Gesunde Fische sind nicht betroffen, da sie genügend Abwehrkräfte gegen die Bakterien haben. Die Krankheit bricht bei Fischen aus, die unter Stress stehen, weil sie möglicherweise vom Transport geschädigt und geschwächt sind, oder weil die Besatzdichte im Aquarium zu hoch ist. Die Krankheit kann auch im Zusammenhang mit anderen Krankheiten wie Columnariskrankheit *Flavobacterium psychrophilum*, Verpilzungen, Verletzungen oder in der Folge von Parasitenbefall auftreten. Schlechte hygienische Verhältnisse und das folglich durch Bakterien belastete Wasser fördern die Krankheit.

Die Flossen lösen sich vom Rand her auf und werden im Spätstadium bis hin zur Flossenbasis vollständig zerstört. Die Behandlung sollte unverzüglich erfolgen. Medikamente aus dem Fachhandel bekämpfen die Bakterien und lassen die zerstörten Flossenteile schnell nachwachsen. Ist mangelhafte Hygiene die Ursache, so ist noch vor Beginn der Behandlung diese zu verbessern.

Schuppentaschenentzündung

Hierbei handelt es sich um eine Infektion durch Bakterien. Sie tritt bei organischer Wasserbelastung auf, wenn lange Zeit kein Wasserwechsel vorgenommen wurde und die Nitrat- und Phosphatwerte sehr hoch sind. Die Bakterien zersetzen Gewebe in den Schuppentaschen und lösen die Schuppen stellenweise auf. Das zersetzte Gewebe wird nach außen abgestoßen und sieht wie ein millimetergroßer Pickel aus. Danach verheilt die Stelle wieder. Die Infektion tritt an der Rückenpartie und den Körperseiten auf (Bild 17, 18).

Um eine Heilung zu erreichen, ist zuerst durch mehrfachen Wasserwechsel die Wasserbelastung zu reduzieren. Die Behandlung kann mit den im Fachhandel erhältlichen Nifurpirinolpräparaten erfolgen.

Bild 17: Kleine Infektionsherde durch Schuppentascheninfektion.

Bild 18: Teilweise zerfressene Schuppe durch Schuppentascheninfektion.

Gesunde Diskusfische

Die Diskusseuche

Die Diskusseuche ist eine Infektion der Schleimhaut. Bis heute ist nicht endgültig geklärt, ob es sich primär um eine Virus- oder rein bakterielle Infektion handelt (Bild 19). Sicher ist, dass die meist dabei festzustellenden parasitären Einzeller nur sekundärer Natur sind.

Wird die Krankheit mit infizierten Fischen in eine Anlage übertragen, so ist das Immunsystem der Diskusfische nicht darauf vorbereitet und die Krankheit tritt innerhalb von etwa einem Tag auf. Eine Verdickung der Schleimhaut ist sichtbar. Die Krankheit schwächt das Immunsystem so stark, dass massenweise Sekundärinfektionen mit allen möglichen Erregern auftreten. Das verfälscht das Krankheitsbild und führt zu unwirksamen Behandlungen. Die Fische haben nun nicht nur mit der Infektion der Schleimhaut zu kämpfen, sondern auch mit den sich stark vermehrenden Parasiten wie Einzellern auf der Haut, Kiemenwürmern oder Flagellaten im Darm.

Ohne Behandlung sterben die Diskus meist innerhalb weniger Tage. Die Behandlung der Krankheit ist darum ein Wettlauf gegen die Zeit. Belastetes Wasser fördert den Verlauf der Krankheit. Untersuchungen Ende der achtziger Jahre zeigten, dass in Aquarien mit extrem hohem Wasserwechsel von 200 % täglich, der Infektionsdruck so gering war, dass die Diskus von allein wieder gesund wurden.

Wird ein Diskusfisch öfter mit der Diskusseuche infiziert, so verläuft die Krankheit immer schwächer. Schließlich kann das Immunsystem die Erreger bekämpfen und eine Behandlung ist nicht mehr notwendig, die Fische bleiben jedoch Überträger der Krankheit.

So wird behauptet, dass Züchter in Asien ihre Jungfische mit der Diskusseuche infizieren und wieder behandeln. Das mag vielleicht der Fall sein. Wenn man bedenkt, dass in vielen Zuchtanlagen nach jeder Fütterung 90 % des Wassers gewechselt werden, kann die Seuche unbemerkt bleiben und die Fische entwickeln eine solide Immunität. Ausfälle gibt es nicht. Auch wenn sie dann hier im Handel mit den Erregern in Kontakt kommen, bricht bei ihnen die Krankheit nicht aus.

Kauft man solche die Seuche übertragende, aber kerngesunde Diskus und setzt sie in seine Zuchtanlage, so erkrankt der alte Bestand, während die neu erworbenen Fische keine Krankheitsanzeichen zeigen. Das macht deutlich, wie wichtig eine gründliche Quarantäne für neu gekaufte Fische ist.

Pilzerkrankungen

Pilzsporen sind immer im Aquarienwasser gegenwärtig. Solange die Schleimhaut unverletzt ist, können Pilze den Fischen nichts anhaben. Die Schleimhaut stellt einen wirksamen Schutz gegen das Eindringen der Sporen dar. Nur wenn sie durch Fangen oder Parasitenbefall verletzt ist, können sich die Sporen der Pilze in der Haut festsetzen und keimen. Es stehen dann weiße Fäden von der Haut ab, die mindestens eine Länge von 5 mm haben. Sie können vereinzelt

Bild 19: Diskusseuche im Anfangsstadium.

Gesunde Diskusfische

oder dicht wie Watte auftreten (Bild 20). Darum ist es wichtig, auch bei leichten Hautabschürfungen nach Fang und Transport einen Wasseraufbereiter mit Schleimhautschutz dem Aquarienwasser beizugeben. Die schleimhautschützende Komponente versiegelt schnell leichte Verletzungen und Abschürfungen (Bild 21). Vorbeugend oder nach Ausbruch können Verpilzungen mit Heilmitteln aus dem Fachhandel effektiv bekämpft werden.

Hautflagellaten

Ichthyobodo, früher Costia, bohnenförmiger Hauttrüber

Kaum hervortretende weißliche Hauttrübungen, die meist nur zu erkennen sind, wenn der befallene Fisch frontal zum Beobachter steht, werden durch den boh-

Bild 20: Kopfsteher mit stark verpilzter Verwundung.

Bild 21: Leichte Hautabschürfungen können durch Wasseraufbereiter mit Schleimhautschutz behandelt werden.

Gesunde Diskusfische

nenförmigen Hauttrüber *Ichthyobodo necator*, auch *Costia* genannt, verursacht. Die Fische scheuern sich und klemmen die Flossen.

Der Parasit zählt zu den Hautflagellaten und ist sehr klein, sodass man ihn nur mit einem guten Mikroskop sehen kann. *Costia* kann sich nur dann ungehemmt vermehren, wenn die Fische unter Stress stehen und geschwächt sind. Ein starker Befall zerstört große Flächen der Haut, was zum Tod der Fische führt. Malachitgrünhaltige Medikamente töten die Erreger sicher ab.

Oodinium sp.

Sehr kleine Punkte von 0,1 bis 0,4 mm Durchmesser, die sehr dicht auf der Haut beisammen liegen, sind die sichtbaren, unbeweglichen parasitären Stadien des einzelligen Flagellaten *Piscinoodinium* sp. Da es verschiedene Arten gibt, kann die Farbe der Pünktchen von Weiß über Gelb zu Bräunlich variieren. Bei Diskusfischen ist eine sichere Diagnose meist nur mit dem Mikroskop zu stellen. Die Behandlung erfolgt mit kupferhaltigen Medikamenten oder mit hoch dosierten Acridinfarbstoffen aus dem Fachhandel.

Ciliateninfektionen

Ichthyophthirius multifiliis, Pünktchenkrankheit

Ichthyophthirius ist ein sehr großer Einzeller. Er kann einen Durchmesser bis zu 1,5 mm erreichen und ist mit dem bloßen Auge deutlich an der Fischhaut zu erkennen. Da der Fisch mit weißlichen Pusteln in dieser Größe übersät ist und aussieht, als ob er mit Grieß bestreut sei, wird die Krankheit oft „Grießkörnchenkrankheit" oder „Weißpünktchenkrankheit" genannt. Sie tritt zuerst in den Flossen oder am Rücken der Fische in Erscheinung. Diskusfische werden bei normaler Haltung und Temperaturen um und über 28 °C nur selten von aus

Bild 22: Hautablösung bei nicht rechtzeitig erkannter Infektion durch *Ichthyophthirius multifiliis*.

den Tropen stammenden Ichthyophthirien befallen. Häufiger kommt es zur Infektion, wenn Diskus mit anderen Arten vergesellschaftet sind und zu kalt gehalten werden (Bild 22).

In späteren Krankheitsstadien können so viele Erreger die Haut befallen, dass mehrere zusammen gelblichweiße flächige Flecken bilden. Bei befallenen Diskusfischen verdickt sich mitunter die Schleimhaut, sodass die Pünktchen kaum zu erkennen sind. Die Untersuchung von Hautabstrichen mit einem Mikroskop führt dann zu einer sicheren Diagnose. Schon im Anfangsstadium klemmen die Fische ihre Flossen und versuchen die Erreger durch Scheuern an Pflanzen und Dekoration abzustreifen. Da die Krankheit sich sehr schnell im Aquarium ausbreitet, muss unverzüglich mit ihrer Bekämpfung begonnen werden.

Die Bekämpfung erfolgt mit malachitgrünhaltigen Mitteln aus dem Zoohandel. Zur Unterstützung der Behandlung empfiehlt es sich, drei Tage lang die Temperatur leicht (höchstens um 2 °C) zu erhöhen und das Wasser gut zu durchlüften. Durch die Temperaturerhöhung wird die Entwicklung der Erreger beschleunigt und das Immunsystem des Fischs aktiviert. So können die Medikamente noch besser wirken. Die Kombination mit einer einmaligen Gabe von Kochsalz zu Beginn der Behandlung bewirkt, dass die äußeren Schleimschichten gelöst und die Erreger freigesetzt werden. Diese Vorgehensweise erhöht die Effektivität der Behandlung.

Chilodonella, herzförmiger Hauttrüber

Der herzförmige Hauttrüber *Chilodonella* verursacht 1 bis 3 cm große weißlich durchscheinende Flecken verdickter Schleimhaut (Bild 23). Befallene Diskus fühlen sich unwohl und färben sich dunkel. Die Parasiten breiten sich schnell aus und man sollte die Fische unverzüglich behandeln. Wird nichts unternommen, nehmen die Flecken auf der Haut zu, bis die ganze Fischhaut schleimig weiß verdickt ist. Die Fische stehen nun schaukelnd im Wasserstrom des Filters und werden zunehmend apathisch. Die Behandlung erfolgt mit malachitgrünhaltigen Präparaten über fünf bis sieben Tage.

Bild 23: Von *Chilodonella* sp. infizierte Hautstellen.

Gesunde Diskusfische

Tetrahymena, birnenförmiger Hauttrüber

Die meisten Arten des Einzellers *Tetrahymena* sind keine richtigen Parasiten, sondern finden sich erst ein, wenn die Schleimhaut schon durch Pilze und Bakterien infiziert ist. Sie ernähren sich von Bakterien und den Fragmenten zerstörter Hautzellen. In übersetzten Aquarien kann es allerdings durch die Wasserbelastung zu einer Massenvermehrung von *Tetrahymena* kommen. Die Einzeller befallen dann in großen Mengen die Schleimhaut der Fische. Strähnenförmige, weißliche Hautverdickungen sind die Folge. Im Endstadium löst sich die Haut ab und die Fische sterben. Eine Behandlung mit malachitgrün- oder acriflavinhaltigen Mitteln ist innerhalb weniger Tage erfolgreich.

Kiemen- und Hautwürmer

Während bei anderen Fischarten Kiemenwürmer den Aquarianern eher selten Schwierigkeiten bereiten, haben sie sich in der Diskuszucht zu einem großen Problem entwickelt. Kiemenwürmer schaden den Fischen durch einen Hakenapparat, mit dem sie sich im empfindlichen Gewebe der Kiemen festhaken.

Die Fische scheuern sich an den Kiemendeckeln und den Körperseiten. Manchmal wird ein Kiemendeckel geschlossen gehalten oder abgespreizt. Der Fisch reagiert durch Schleimabsonderung an den Kiemen, was zur Behinderung der Atmung und schließlich zum Erstickungstod führt (Bild 24).

Es gibt verschiedene Möglichkeiten, Kiemenwürmer zu bekämpfen. Manchmal treten aber auch Stämme auf, die Abwehrmechanismen gegen einige der alt bewährten Medikamente gebildet haben. Eine Behandlung mit Flubenol® 5 % über drei Wochen, wie bei *Capillaria* (siehe Seite 301 ff) angegeben, reduziert die Kiemenwürmer. Eine Ausrottung ist nicht möglich, da die Eier der Würmer mit keinem Medikament abzutöten sind. Nur Desinfektion mit Alkohol, absolutes Trockenlegen des Aquariums über drei Tage oder Erhitzen der Aquarien auf 60 °C über zwei Stunden tötet die Eier ab. Daher kommt es oft zu der Meinung, dass die Behandlung nicht erfolgreich sei, wenn in kurzer Zeit eine Reinfektion erfolgt.

Eine sichere Methode ist, die Fische in einem Bad mit 8 ml Formalin (35 bis 40 %)/100 l Wasser über zehn Stunden zu behandeln (nach Rahn 1996, geändert). Die Behandlung sollte nur in separaten Aquarien und auf keinen Fall in Becken mit Pflanzen und Bodengrund durchgeführt werden. Nach den zehn Stunden werden die Fische in ein parasitenfreies Aquarium umgesetzt. Die Fische dürfen nur mit Formalin behandelt werden, wenn die Schleimhaut nicht verletzt ist. Kleinste Verletzungen durch Fangen können zum Tod der Fische führen. Darum setzt man die Diskus in das Behandlungsbecken, führt aber erst zwei Tage später die Behandlung durch, bis dann hat sich die Schleimhaut regeneriert. Auch das Präparat Tremazol aus dem Fachhandel ist wirksam und tötet die Würmer innerhalb von sechs Stunden.

Innere Infektionen

Innere bakterielle Infektionen können sich auf unterschiedliche Weise äußern. So zeigen die Fische mitunter Störungen im Schwimmverhalten, sie torkeln, taumeln oder drehen sich im Kreise. Ihre Reaktionen verzögern sich bis hin zur völligen Apathie. Je nachdem, welche inneren Organe betroffen sind, sterben die Fische nach unterschiedlich langer Leidenszeit.

Charakteristisch für eine Infektion durch *Aeromonas*- und *Pseudomonas*-Bakterien sind kleine blutige Stellen auf der Haut, blutende Entzündungen am After und an der Basis der Flossen. Mitunter bilden sich blutig aufbrechende Geschwüre in Haut und Muskulatur. Auch großflächig auftretende Hautauflösungen werden durch Bakterien verursacht.

Bauchwassersucht

Durch länger anhaltende Stresssituationen wird das Immunsystem der Fische geschwächt, sodass Bakterien in den Organismus gelangen können. Oft sind nur einzelne Fische des Bestands betroffen. Die Krankheit beginnt mit einer bakteriellen Infektion des Darms. Das äußert

Bild 24: Kiemenpräparat mit unzähligen Kiemenwürmern.

Gesunde Diskusfische

Bild 25: Glotzaugen und aufgetriebener Leib bei Bauchwassersucht.

sich durch Ausscheidung schleimigen Kots. In der Folge beginnt der Fisch weniger Nahrung aufzunehmen. Im weiteren Verlauf der Krankheit lösen sich Teile der Darmschleimhaut ab. Sie bleiben als weiße schleimige Stücke am After des Fischs hängen. Selbst wenn er noch Nahrung aufnimmt, kann sie der Fisch nicht mehr verdauen. Die inneren Organe werden teilweise zurückgebildet und sind nicht mehr leistungsfähig. In diesem Zustand kann sich der Fisch lange Zeit quälen.

Das Endstadium ist erreicht, wenn Funktionsstörungen der Niere auftreten oder wenn aufgrund von Harnwegsinfektionen die notwendige Wassermenge nicht mehr ausgeschieden werden kann. Die überschüssige Flüssigkeit sammelt sich in der Leibeshöhle, in den Schuppentaschen oder am Augenhintergrund. Leibesauftreibung, Schuppensträube und Glotzaugen sind die Folge (Bild 25). Bei Beobachtung auch nur eines der Anzeichen ist sofort eine Behandlung durchzuführen. Im Anfangsstadium kann den Fischen geholfen werden.

Fischen mit stark aufgetriebenem Leib ist meist nicht mehr zu helfen. Da die Bakterien aber die anderen Fische schon befallen haben, ist eine Behandlung mit Medikamenten, die den Wirkstoff Nifurpirinol enthalten, durchzuführen (Dosis: 40 mg Nifurpirinol/100 l Aquarienwasser).

Flagellaten

Oft werden Darmflagellaten als *Hexamita* bezeichnet. Meist handelt es sich jedoch um andere Gattungen (Bild 26). Auch sehen die meisten Aquarianer die Ursache der Lochkrankheit in einem Flagellatenbefall – das ist nur bedingt richtig. Die Lochkrankheit ist eine Mangelerkrankung, die sehr unterschiedliche Ursachen haben kann. Sie kann auftreten, wenn die Resorptionsfähigkeit des Darms in Mitleidenschaft gezogen ist. In der Regel ist die Bildung der Löcher in der Kopfregion eine Folge der Haltung von Diskusfischen und anderen großen Cichliden in sehr mineralstoffarmem Wasser.

Bild 26: Darminhaltspräparat mit Massenauftreten von Flagellaten.

Gesunde Diskusfische

Die meisten von Flagellaten befallenen Fische erscheinen nicht krank. Sie können ihr Leben lang mit den Parasiten existieren, wenn Ernährung und Umweltbedingungen stimmen und sie keinem oder nur geringem Stress ausgesetzt sind. Man sieht den Fischen den Befall mitunter ein Leben lang nicht an und auch die Jungfische wachsen auf, ohne dass dem Pfleger unbedingt etwas auffallen müsste. Wer jedoch ein Auge dafür hat, bemerkt bei genauer Beobachtung über längere Zeit den Befall schon. Verdächtig ist, wenn sich einzelne Jungfische kurzzeitig dunkel färben und bei Ablenkung, wenn beispielsweise jemand vor das Aquarium tritt, sofort wieder hell werden. Auch wenn vereinzelt lange Kotstränge ausgeschieden werden, die mitunter noch am After hängen bleiben oder sich einzelne Fische absondern, kann das auf einen Flagellatenbefall hinweisen. Solche Verhaltensweisen sind auf keinen Fall als sichere Anzeichen für eine Diagnose zu betrachten. Sie können ebenfalls bei einem bakteriellen Befall des Darms oder der inneren Organe sowie durch Giftstoffe aber auch bei durch Mikroorganismen belastetem Wasser hervorgerufen werden.

Die Diagnose muss sehr sorgfältig erfolgen und es ist nicht damit getan, ein Stück Kot aus dem Aquarium zu angeln und irgendwie mit dem Mikroskop zu betrachten. In diesem Fall weiß man nicht, wie lange der Kot schon im Wasser lag und es befinden sich viele Einzeller und Würmer darin, die der Laie für Parasiten hält. Tatsächlich handelt es sich um Kleinlebewesen, die in jedem Aquarium massenweise vorkommen und völlig harmlos sind. Auch glauben manche, wenn man einen Tropfen Wasser aus dem Aquarium entnimmt, dann müssten darin die Krankheitserreger zu finden sein. Das ist natürlich eine totale Illusion. Erreger und Parasiten befinden sich am Fisch, sie können im freien Wasser nur kurz überleben.

Eine Kotprobe nimmt man direkt nach dem Ausscheiden möglichst noch am After ab. So kann man bei vierzigfacher

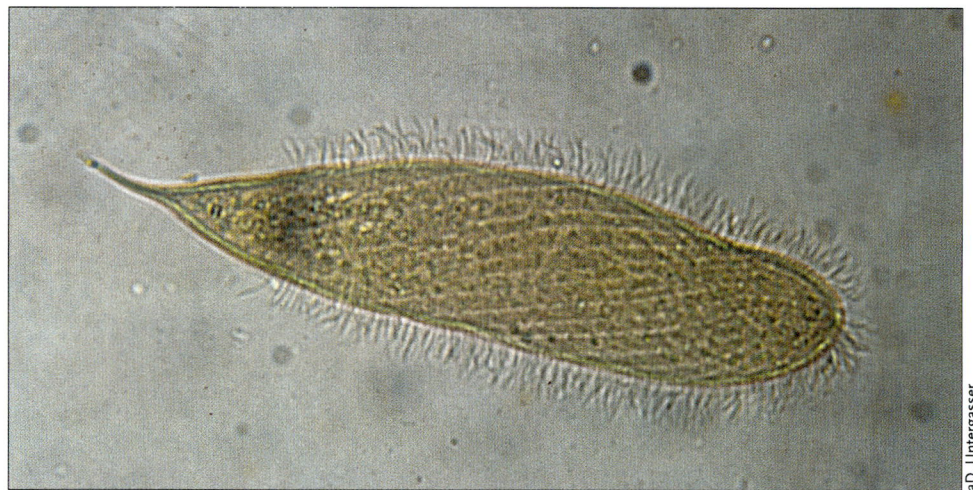

Bild 27: Darmflagellat *Protoopalina symphysodonis*.

Vergrößerung Würmer und größere Flagellaten nachweisen. Um Wurmeier und kleine Flagellaten sicher erkennen zu können, benötigt man dann schon eine Vergrößerung von 100- bis 400-fach. Höher zu vergrößern ist nur selten nötig, da man bei richtiger Präparation auch Bakterien bei 400-facher Vergrößerung gut sehen kann.

Da sich Flagellaten mitunter nicht im gesamten Darm aufhalten, sondern nur gewisse Abschnitte besiedeln, ist die Kotprobe auch keine sichere Diagnosemethode. Verlässliche Ergebnisse erhält man nur, wenn man von einem gerade gestorbenen Fisch den gesamten Darm untersucht. Dazu wird der Darm herauspräpariert, in kleine Stücke geschnitten und diese werden auf Objektträger gelegt. Dann zerreißt man die Stücke mit zwei Präpariernadeln, damit der Darminhalt heraustritt. Schließlich gibt man einen kleinen Tropfen physiologische Kochsalzlösung (0,64 %ige NaCl-Lösung in Aqua dest.) zu und deckt mit einem Deckglas ab. Das Präparat wird zuerst bei einer geringen Vergrößerung von etwa 40-fach durchgemustert. Wenn ein verdächtiges Objekt gefunden wird, geht man auf eine höhere Vergrößerung über, um es genau sehen zu können.

Um die verschiedenen Gattungen der Flagellaten unterscheiden zu können, sind gute Präparate nötig. Für die Bestimmung ist es wichtig, Zellform und Anzahl der Geißeln erkennen zu können. Man öffnet daher das Präparat wieder, indem man das Deckglas vorsichtig von dem Objektträger abhebt. Nun entfernt man alle dicken Objekte mit einer feinen Pinzette und legt vorsichtig ein neues Deckglas auf. Das Präparat muss sehr dünn sein, darum zieht man mit etwas Fließpapier überschüssige Flüssigkeit am Rand des Deckglases ab. Nun kann man das Präparat bei hoher Vergrößerung betrachten.

Der größte bei Diskusfischen auftretende Flagellat *Protoopalina symphysodonis* ist fast so groß wie ein Pantoffeltier (Bild 27). Mit einer Länge von etwa 100 µm ist er schon bei geringer Vergrößerung zu sehen. Die Zellform ist torpedoförmig mit leicht abgewinkeltem Vorderteil und spitz zulaufendem Hinterende. Die Zelloberfläche ist bis auf die Schwanzspitze vollständig bewimpert.

Am bekanntesten ist wohl die Gattung *Hexamita*, obwohl sie bei Diskusfischen eher selten auftritt. *Hexamita* ist etwa 15 µm groß, am vorderen Ende entspringen acht Geißeln. Sechs davon dienen als Schlaggeißeln der Fortbewegung, zwei werden unter der Zelloberfläche nach hinten geleitet und stehen als Schleppgeißeln weit über die Zelle hinaus. Die viel häufiger bei Diskus vorkommende Gattung *Spironucleus* sieht *Hexamita* sehr ähnlich, die Zelle ist bei gleicher Länge allerdings etwas schmaler.

Gesunde Diskusfische

Trichomonaden besitzen je nach Art vier bis sechs Geißeln und sind zwischen 15 und 25 μm groß. Die Geißeln entspringen vorn als Geißelbüschel, das synchron schlägt und so der Fortbewegung dient. Eine Geißel ist über eine Membran mit der Zelloberfläche verbunden und wird als Schleppgeißel nach hinten geführt. Diese Membran ist in ständiger wellenförmiger Bewegung und wird undulierende Membran genannt.

Cryptobia und *Trypanoplasma* sind zweigeißelige Flagellaten mit einer Größe von 16 bis 28 μm. Eine Geißel dient als Schlag-, die andere als Schleppgeißel. Die Bewegung dieser Flagellaten ist schnell schlängelnd. Bei *Trypanoplasma* ist die Schleppgeißel durch eine undulierenden Membran mit der Zelloberfläche verbunden. Trypanosomen sind als Blut- und Darmflagellaten bei Fischen bekannt. Im Darm der Diskusfische kommt eine *Trypanosoma*-Art vor, die nicht in das Blut übergeht. Es sind eingeißelige Flagellaten, die sich sehr langsam unter windenden Verkrümmungen fortbewegen. Die Geißel entspringt am Hinterende und ist mit einer undulierenden Membran mit der Zelloberfläche verbunden.

Der Wirkstoff Nifurpirinol wirkt nicht nur sehr gut gegen innere bakterielle Infektionen, sondern auch gegen Darmflagellaten. Da sich bei einem Flagellatenbefall immer auch große Mengen von Bakterien im Darm befinden ist eine Behandlung mit Nifurpirinol (40 mg/100 l Aquarienwasser) wesentlich wirksamer. Dabei erhöht man die Temperatur auf 34 °C, wie am Ende des Kapitels beschrieben.

Ist damit keine befriedigende Wirkung zu erzielen, so kann eine Kombination von Nifurpirinol mit dem Wirkstoff Metronidazol (siehe nachfolgende Tabelle) erfolgen. Die Behandlung dauert vier Tage, bei einer Temperaturerhöhung auf 34 °C. Damit reduziert man die vorhandenen Flagellaten um etwa 80 bis 90 % – alle abzutöten ist nicht möglich. Metronidazol ist ein verschreibungspflichtiger Wirkstoff aus der Humanmedizin. Dieser hilft nur gegen Flagellaten und – obwohl das immer wieder behauptet wird – Metronidazol wirkt in keiner Weise gegen Würmer. Auch im Zoofachhandel sind wirksame Heilmittel erhältlich. Eine neue Wirkstoffkombination enthält das im Jahr 2007 auf den Markt gekommene Flagellol.

Die beste vorbeugende Maßnahme gegen die Vermehrung von Darmflagellaten ist eine möglichst stressarme Haltung und gesunde Ernährung. Bei falscher Ernährung bildet die Darmschleimhaut nicht genug Schleim und ist dünner. Der Darm bewegt sich nicht genügend und wird träge. Die Nahrung stockt an manchen Stellen, sodass gärungsartige Zersetzungsprozesse stattfinden können, die der Darmwand schaden. Das führt zu Entzündungen des Darms und in diesen Bereichen vermehren sich die Flagellaten besonders gut. Auch Darmverschlüsse können die Folge sein. Außerdem produziert ein gesunder Darm auch Hemmstoffe, die der Vermehrung von Flagellaten und anderen Parasiten entgegenwirken. Bei einem unter Stress stehenden Fisch werden diese Hemmstoffe kaum noch produziert, sodass sich alle Erreger extrem vermehren können.

Möchte man bei Diskusfischen ernährungsbedingten Stress vermeiden, also die Fische gesund ernähren, so sollte man den Anteil von Warmblüterfleisch in der Nahrung sehr gering halten. Es hat sich gezeigt, dass Diskusfische, die hauptsächlich mit Rinderherz ernährt werden, schwere Probleme mit der Verdauung und dem Darm bekommen, da diese Nahrung zu wenig Ballaststoffe und pflanzliche Bestandteile enthält. Pflanzliche Zusatzstoffe sind sehr wichtig, da sie die Darmbewegung anregen und so der Darmträgheit und Verstopfungen vorbeugen. Außerdem enthalten die Pflanzen natürliche Kohlenhydrate, die der Fisch unbedingt braucht, damit der Darm die wichtigen schützenden Schleimstoffe bilden kann.

Eine abwechslungsreiche ausgewogene Ernährung ist somit für unsere Diskus genau so wichtig wie für uns selbst. Ich füttere meinen Fischen hauptsächlich Granulate, Tabletten- und Flockenfutter sowie tiefgefrorene Futtertiere. Damit habe ich bis jetzt gute Erfolge erzielt.

Bei Darminfektionen ist oft auch eine Wärmebehandlung erfolgreich. Dazu kann bei Diskusfischen die Temperatur langsam auf 33 °C erhöht werden. Das Wasser ist gut zu belüften und es wird sparsam mit ballaststoffreicher, vitaminisierter Nahrung gefüttert. Die Behandlung dauert fünf bis sechs Tage, dann wird die Temperatur wieder langsam abgesenkt. Erhöhen und Absenken der Temperatur soll nicht schneller als mit 1 °C/zwei Stunden (2 h) erfolgen. Eine solche Wärmetherapie kann vorbeugend zwei- bis dreimal im Jahr durchgeführt werden.

Capillaria, Haarwürmer

Der Haarwurm *Capillaria* kann alle Fischarten befallen, wenn er in das Aquarium eingeschleppt wird. Systematisch zählt er zu den Nematoden (Bild 28). Als Parasit des Darms kann er lange Zeit unbemerkt bleiben, denn man sieht den Fischen äußerlich nichts an. Sind Jungfische befallen, werden sie schreckhaft und bleiben im Wachstum zurück, weil sie im fortgeschrittenen Stadium wenig Nahrung zu sich nehmen oder sie ganz verweigern. Große Fischarten, wie Diskus, können lange Zeit die Würmer beherbergen. Erst wenn sich die *Capillaria* sehr vermehrt haben, magern die Tiere langsam ab. Bis man den Befall merkt, sind in der Regel alle Fischarten im Aquarium infiziert.

Bild 28: Kleiner *Capillaria* sp. aus dem Darm.

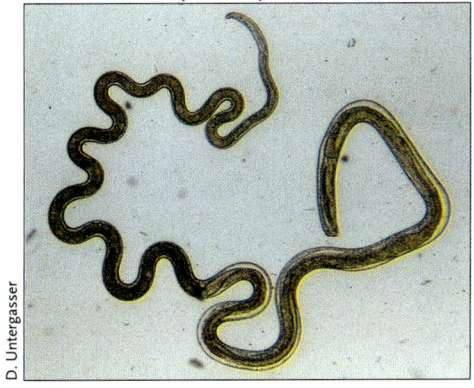

Gesunde Diskusfische

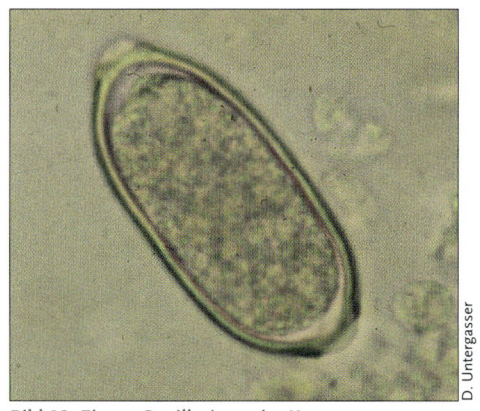

Bild 29: Ei von *Capillaria* sp. im Kotpräparat.

Die *Capillaria* gelangen entweder mit infizierten Fischen in ein Aquarium oder ihre Eier werden durch frisches Lebendfutter übertragen. Die Würmer setzen Eier ab, die mit dem Kot der Fische auf den Boden des Aquariums fallen. Die charakteristisch aussehenden Eier der Würmer sind im Kot der Fische mit dem Mikroskop nachweisbar (Bild 29). Wenn die Fische Nahrung vom Boden fressen, nehmen sie die Eier dabei auf und infizieren sich. Die Würmer sind nur durch eine konsequente Behandlung sicher abzutöten. Man verabreicht Medikamente entweder als Bad oder mit dem Futter. Das Wurmmittel Flubenol 5 % von der Fa. Janssen bekämpft die *Capillaria* sicher. Nehmen alle Fische Nahrung auf, führt man die Behandlung über das Futter durch. Die Fische müssen dazu an ein gefriergetrocknetes Futter oder Granulatfutter gewöhnt sein. Die gefriergetrockneten Futtersorten *Artemia*-Shrimps und *Tubifex* sind gut für diesen Zweck geeignet. Besser eignen sich Granulate. Flockenfutter ist nicht brauchbar, da es zu schnell zerfällt. Man schüttelt 10 mg Flubenol® 5 % (Janssen) in 10 ml Wasser auf, bis eine milchige Suspension entstanden ist und tränkt 4 bis 5 g Granulatfutter damit. Es muss danach sofort verfüttert werden. Dieses Futter verabreicht man drei Wochen lang jeden zweiten Tag einmal, am besten morgens als erste Fütterung, wenn die Fische hungrig sind. Nehmen einzelne Fische keine Nahrung mehr auf, so kommt nur eine Badebehandlung infrage: Für je 100 l Aquarienwasser benötigt man 200 mg des Medikaments Flubenol® 5 % oder 10 mg des darin enthaltenen Wirkstoffs Flubendazol auf 200 l Wasser. Die abgewogene Menge des weißen Pulvers gibt man in ein Gefäß und schüttelt oder rührt es in warmem Wasser auf, bis eine milchige Suspension entstanden ist. Diese wird sofort im Aquarium verteilt. Dreimal im Abstand einer Woche muss das Medikament zugegeben werden. Vor jeder Neuanwendung ist ein Wasserwechsel durchzuführen. Nach drei Wochen ist die Behandlung abgeschlossen. Neu auf den Markt gekommen ist das nicht verschreibungspflichtige Heilmittel Nematol. Es ist im Zoofachhandel erhältlich.

Oxyuridae, Diskus-Madenwürmer

Oxyuridae sind ebenfalls Nematoden. Die im Darm der Diskus vorkommende Art wird bis zu 2 mm groß und kann schon mit einer Lupe erkannt werden (Bild 30). Die Gattung *Oxyuris* befällt nur Diskusfische. Die Würmer treten meistens in großer Anzahl auf. Im Darm bilden sie Knäuel und können einen Darmverschluss verursachen. Befallene Diskus sondern sich ab und wachsen langsamer. Oft ist den Fischen aber erst bei sehr starkem Befall etwas anzumerken. Die Behandlung erfolgt – wie bei *Capillaria* beschrieben – mit Flubenol® 5 % oder Nematol.

Bild 30: Diskus-Madenwurm *Oxyuris* sp. mit anhängenden Eiern.

Cestoden, Bandwürmer

Bandwürmer gelangen manchmal mit infizierten Fischen in das Aquarium. Die betroffenen Fische magern ab, da die Würmer den Fischen viele Nährstoffe entziehen. Die Nahrung nehmen sie vom Fisch vorverdaut über die ganze Körperoberfläche auf, sie besitzen keine eigenen Verdauungsorgane (Bild 31). Das Innere eines Bandwurms besteht hauptsächlich aus Geschlechtsorganen, die Millionen von Eiern produzieren. Zum Glück können sie sich nicht ungehemmt vermehren. Bandwürmer benötigen dazu einen Zwischenwirt, das heißt, ein Larvenstadium des Wurms lebt als Parasit in einem anderen Tier, in der Regel einem Futtertier der Fische. Bei den Bandwürmern der Aquarienfische ist der Zwischenwirt ein kleiner Krebs, nämlich *Cyclops*. Darum können Bandwürmer auch in diesem Larvenstadium mit frischem Lebendfutter ins Aquarium eingeschleppt werden. Wenn die Fische die *Cyclops* fressen, werden die Wurmlarven im Darm frei und entwickeln sich zu Bandwürmern. Durch Verfüttern von Lebendfutter aus Fischteichen kann man einen Massenbefall verursachen. Meist werden nicht alle *Cyclops* von den Fischen gefressen und vermehren sich im Aquarium. Sie können dann immer wieder Überträger der Bandwürmer sein.

Die Bekämpfung der Bandwürmer erfolgt mit dem in der Apotheke erhältlichen Wirkstoff Praziquantel. Man löst 30 mg Praziquantel in 10 ml Wasser auf. Mit dieser Lösung tränkt man das Futter wie oben beschrieben. Man verfüttert es drei Tage lang morgens und abends. Innerhalb von 24 Stunden gehen die ersten Bandwürmer ab. Die abgestorbenen Bandwürmer sind täglich vom Bodengrund abzusaugen. Nach zehn Tagen Behandlungspause wird eine zweite Behandlung über drei Tage durchgeführt.

Fressen die Fische nicht mehr, so kann man für je 100 l Aquarienwasser 200 mg Praziquantel in einem Glas warmem Wasser auflösen. Die Lösung verteilt

Gesunde Diskusfische

Bild 31: Bandwurm aus einem Diskus.

man dann in dem Aquarium. Nach drei Tagen wird ein Wasserwechsel durchgeführt und nach zehn Tagen die Behandlung wiederholt.

Das frei im Fachhandel verkäufliche Tremazol ist ebenfalls ein sehr wirksames Mittel gegen Bandwürmer. Es enthält Proziquantel in hoher Konzentration.

Während und nach allen Behandlungen

Während einer Behandlung mit Medikamenten ist auf Hygiene zu achten. Belastetes Wasser enthält viele Bakterien, was die Wirkung von Medikamenten herabsetzen kann. Daher ist es oft sinnvoll, einen größeren Wasserwechsel vor der Behandlung durchzuführen. Die Behandlung in einem separaten Behälter mit sauberem, abgestandenem Wasser durchzuführen ist oft effektiver. Das Wasser im Behandlungsaquarium muss die gleichen Werte und Temperatur haben wie das Wasser aus dem die Fische stammen. Man filtert über Schwämme oder gründlich ausgewaschene Filterwatte. Vor der Behandlung darf kein Wasseraufbereiter zugesetzt werden. Es darf keine Filterung über Aktivkohle und UV-C-Lampen erfolgen. Viele Medikamente schaden den Elektroden von Messinstrumenten!

Eine Behandlung sollte nicht abends begonnen werden. Während der ersten Zeit der Behandlung müssen die Fische stets unter Beobachtung stehen. Das ist besonders wichtig, wenn die Fische im eingerichteten Aquarium behandelt werden. Treten abnormale Verhaltensweisen, Sauerstoffmangel, extreme Wassertrübung oder Vergiftungserscheinungen auf, so ist die Behandlung abzubrechen und ein großer Wasserwechsel von 80 % durchzuführen. Bei der Behandlung bakterieller Erkrankungen können auch die Filterbakterien abgetötet werden. Daher sollte ab dem zweiten Behandlungstag täglich der Nitritwert kontrolliert werden. Steigt er über 0,5 mg NO_2/l, dann wird ein großer Teil des Wassers gewechselt und das Medikament für diese Menge nachdosiert. Nach der Behandlung muss der Filter wieder eingefahren werden, indem man Filterbakterien zugibt. Während der Behandlung ist sparsam zu füttern, und die Tiere sollten mit einer immunstärkenden Vitaminlösung versorgt werden.

Nach einer Medikamentengabe ist ein möglichst großer Wasserwechsel durchzuführen, die Reste des Medikaments sind mit Aktivkohle aus dem Wasser zu filtern. Das Wasser wird fünf Tage lang über 1 l hochwertige Aktivkohle/200 l Aquarienwasser gefiltert. Das Medikament hat die Erreger bekämpft, der Organismus der Fische muss sich jedoch von der Krankheit erholen können. Die Diskus sind nun mit einem Futter zu versorgen, das ihren Ernährungsbedürfnissen entspricht. Das Futter sollte während der Erholungsphase in der ersten Woche täglich mindestens einmal mit Vitaminlösung angereichert werden.

Behandlungstabelle

Verschreibungspflichtige Wirkstoffe sind nur mit einem tierärztlichen Rezept in der Apotheke oder beim Tierarzt selbst erhältlich.

Wenn in einer Zeile zwei Medikamente genannt werden, dann ist darauf zu achten, ob „und" oder „oder" dabei steht. Bei „und" sollen beide Medikamenten gleichzeitig angewendet werden, steht „oder" ist entweder das eine oder das andere anwendbar.

Die in der Tabelle genannten Substanzen werden vom Autor seit langer Zeit mit Erfolg verwendet. Trotzdem können die im Text dieses Buchs und die in der folgenden Tabelle genannten Wirkstoffe, Heilmittel und Medikamente nicht ungeprüft in jedem Aquarium angewendet werden. Im Aquarienwasser können die unterschiedlichsten Substanzen enthalten sein, die zu Wechselwirkungen mit den Heilmitteln führen und toxische Reaktionen hervorrufen oder verstärken können. Grundsätzlich sollte ohne eine genaue Diagnose kein Medikament angewendet werden, notfalls ist ein Tierarzt hinzuzuziehen. Die Substanzen müssen sicher verschlossen aufbewahrt werden und dürfen nicht in die Hände von Kindern und unbefugten Personen gelangen.

Verlag und Autor haften nicht für Schäden und Folgeschäden, die im Umgang mit den Substanzen und Medikamenten oder bei der Behandlung von Fischen entstehen. (Irrtümer und Druckfehler sind vorbehalten.)

Gesunde Diskusfische

Behandlungstabelle

Nr.	Erscheinungsbild	mögliche Ursache	Beschreibung/Medikament/Wirkstoff
01	Hautabschürfung	Fangen, raues Netz	Wasseraufbereiter
02	Verletzung	Wenn Fische erschrecken oder sich scheuern	Acriflavin
03	Flosseneinschmelzungen, Lochbildung im Kopfbereich, Lochkrankheit	Mineralstoffmangel durch meist entionisiertes Wasser	Spezielles Mineralsalz
04	Dunkelfärbung der Diskus	Schwermetallionen im Wasser	Wasseraufbereiter, Aktivkohlefilterung
05	Flossenfäule, ausfasern der Flossen	Bakterien, Wasserkeime	Acriflavin
06	Kleine weiße Aufbrüche an der Haut, wie Pickel	Schuppentaschenentzündung	Nifurpirinol
07	Schleimhautablösung	Diskusseuche	Nifurpirinol und Neomycinsulfat
08	Wattebauschartige Fäden an der Haut	Verpilzung	Acriflavin
09	Schleimige Beläge auf der Haut	Unterschiedliche Außenparasiten	Kochsalz und Malachitgrünoxalat
10	Blaugrauer Hautbelag	Costia	Malachitgrünoxalat
11	0,1 mm kleine Pünktchen auf der Haut	Oodinium	Kupfersulfat
12	Bis zu millimetergroße weiße Punkte an der Haut	Ichthyophthirius multifilii	Malachitgrünoxalat und Kochsalz
13	Abgegrenzte weiße Schleimhautverdickungen von 5 bis 10 mm Größe	Chilodonella	Malachitgrünoxalat
14	Strähnige streifenartige Schleimhautverdickungen	Tetrahymena	Malachitgrünoxalat

Gesunde Diskusfische

Dosierung	Dauer der Behandlung	Bemerkungen
lt. Hersteller		
200 mg/100 l	3 Tage	Heilmittel aus dem Zoofachhandel sind genauso wirksam.
lt. Hersteller	bis die Symptome verschwunden sind	Einstellen über den Leitwert; siehe Text
lt. Hersteller	7 Tage	
200 mg/100 l	7 Tage	Heilmittel aus dem Zoofachhandel sind genauso wirksam.
40 mg/100 l	7 Tage	Nicht als Wirkstoff erhältlich, Heilmittel aus dem Zoofachhandel verwenden.
40 mg/100 l	7 Tage, mind. 50%, Wasserwechsel und dann noch 10 Tage nachbehandeln	Nicht als Wirkstoff erhältlich, Heilmittel aus dem Zoofachhandel verwenden.
3 g/100 l	7 Tage, Wasserwechsel	Verschreibungspflichtig
200 mg/100 l	5 Tage	Heilmittel aus dem Zoofachhandel, die zusätzlich Kupfer enthalten, sind wirksamer.
1 g auf 10 l / 1 x am ersten Tag	5 Tage	
5 mg/100 l, jeden 2. Tag die halbe Dosis nachgeben	5 Tage	Heilmittel aus dem Zoofachhandel sind genauso wirksam.
5 mg/100 l, jeden 2. Tag die halbe Dosis nachgeben	3 Tage	Heilmittel aus dem Zoofachhandel sind genauso wirksam.
Konzentration im Wasser mit einem genauen Kupfertest auf 0,3 mg/l einstellen, täglich nachmessen und ergänzen.	5 Tage	Heilmittel aus dem Zoofachhandel sind genauso wirksam. Giftig für empfindliche Fische und niedere Tiere.
5 mg/100 l, jeden 2. Tag die halbe Dosis nachgeben	7 Tage	Heilmittel aus dem Zoofachhandel sind genauso wirksam.
1 g auf 10 l / 1 x am erstenTag	7 Tage	
5 mg/100 l, jeden 2. Tag die halbe Dosis nachgeben	5 Tage	Heilmittel aus dem Zoofachhandel sind genauso wirksam.
5 mg/100 l, jeden 2. Tag die halbe Dosis nachgeben	5 Tage	Heilmittel aus dem Zoofachhandel sind genauso wirksam.

Gesunde Diskusfische

Nr.	Erscheinungsbild	mögliche Ursache	Beschreibung/Medikament/Wirkstoff
15	Schnelle Atmung	Nitritvergiftung Sauerstoffmangel	toxivec Wasser belüften oder Sauerstoffpräparat zugeben. Ursache ergründen und abstellen.
16	Scheuern an den Kiemen, schnelle Atmung, einseitig angelegter Kiemendeckel	Kiemenwürmer	Praziquantel oder Tremazol oder Formalin 35 bis 40 %ig
17	Blutungen an der Haut	Meist bakterielle Infektion	Chlortetracyclin oder Nifurpirinol
18	Leibesauftreibung	Bauchwassersucht	Nifurpirinol
	Leibesauftreibung, Glotzaugen, abstehende Schuppen	Bauchwassersucht	Chlortetracyclin
19	Milchigweißer, schleimiger Kot	Flagellatenbefall	Metronidazol oder Nifurpirinol
20	Schleimiger Kot, Futterverweigerung	Wurmbefall, Nematoden, Capillaria	Levamisol, Medikament: Citarin®-L10% oder Flubenol® 5%
21	Verlangsamtes Wachstum	Oxyuris, Diskus-Madenwurm	Flubenol® 5%
22	Schleimig-weiße Ausscheidungen	Bandwurmbefall	Praziquantel oder Tremazol
23	Abmagerung, Messerrücken	Bakterieller Befall oder Parasitenbefall des Darmes, mangelhafte Ernährung	Diagnose stellen und dann die entsprechende Behandlung durchführen.
24	Augentrübung	Bakterielle Infektion, Wurmbefall, Verpilzung	Nifurpirinol Keine Behandlung möglich
25	Kopfsteher	Schwimmblasenentzündung	Cotrimstada® Forte oder Nifurpirinol

Gesunde Diskusfische

Dosierung	Dauer der Behandlung	Bemerkungen
10 ml/20 l lt. Hersteller	Kann täglich nachdosiert werden.	Zoofachhandel Zoofachhandel
500 mg/100 l lt. Hersteller 8 ml/100 l über 10 Stunden in einem gesonderten Behälter	Am 3. und 5. Tag erneut zudosieren.	Apothekenpflichtig, vor jeder Neudosierung 50 % Wasserwechsel. Die zu behandelnden Fische dürfen nicht die geringste Hautverletzung haben.
3 g/100 l in einem gesonderten Behälter 40 mg/100 l	3 Tage	Verschreibungspflichtig Nicht als Wirkstoff erhältlich. Heilmittel aus dem Zoofachhandel verwenden.
40 mg/100 l 3 g/100 l in einem gesonderten Behälter	7 Tage behandeln, bei Wasserwechsel nachdosieren 3 Tage	Nicht als Wirkstoff erhältlich. Heilmittel aus dem Zoofachhandel verwenden. Verschreibungspflichtig
1 g/100 l 40 mg/100 l	6 Tage mit Temperaturerhöhung	Verschreibungspflichtig Nicht als Wirkstoff erhältlich. Heilmittel aus dem Zoofachhandel verwenden.
200 mg/100 l 200 mg/100 l	3 Tage, 50% Wasserwechsel, 8 Tage Pause, 3 Tage Nachbehandlung 21 Tage, 3-mal im Abstand einer Woche	Verschreibungspflichtig Verschreibungspflichtig oder Nematol aus dem Zoofachhandel
200 mg/100 l	21 Tage, 3-mal im Abstand einer Woche	Verschreibungspflichtig
300 mg/100 l lt. Hersteller	3 Tage, 10 Tage Pause, erneut 3 Tage	Apothekenpflichtig. Bei der Anwendung von Flüssigpräparaten kommt es oft zu einer starken Wassertrübung. Nach 12 Stunden müssen 80 % des Wassers gewechselt werden. Abwechslungsreich mit hochwertigem Futter ernähren.
40 mg/100 l	7 Tage	Nicht als Wirkstoff erhältlich, Heilmittel aus dem Zoofachhandel verwenden.
1 Tablette/40 l in einem gesonderten Behälter 50 mg/100 l	7 Tage 7 Tage	Verschreibungspflichtig Nicht als Wirkstoff erhältlich. Heilmittel aus dem Zoofachhandel verwenden.

Gesunde Diskusfische

Parasitenfreie Diskusfische – Die absolute Alternative?

In den letzten fünfzehn Jahren haben eine Reihe Diskushalter und -züchter auf parasitenfreie Diskus umgestellt. Mit viel Aufwand wurden Bruten künstlich aufgezogen. Auch gelang es, Larven durch spezielle Medikamentenbehandlung von Flagellaten zu befreien. So wurden Bestände aufgebaut, die keine der gängigen Parasiten haben. Mit dieser ersten Generation wurde dann wieder auf natürliche Weise weitergezogen.

Künstliche Aufzucht bedeutet nicht, dass die Fische steril gezogen und gehalten werden. Sterile Haltung ist grundsätzlich nicht machbar, denn ohne die vielen nützlichen Bakterien und Mikroorganismen ist Aquaristik nicht möglich. Auch bakterielle Erkrankungen können in parasitenfreien Anlagen auftreten. Das passiert auch oft, da die Züchter verleitet sind, die Besatzdichte hochzufahren oder weniger Wasserwechsel durchzuführen. Die Fische sind jedoch frei von Kiemenwürmern, einzelligen Hautparasiten, Nematoden, Bandwürmern und Flagellaten. Da die Jungfische ohne parasitenbedingten Stress aufwachsen können, sind sie viel agiler und wachsen schneller. Die Behauptung der Gegner, das Immunsystem der Fische sei nicht trainiert, ist absolut unbegründet. Der bakterielle Infektionsdruck ist völlig ausreichend, das Immunsystem fit zu machen. Eine Immunität gegen höhere Parasiten gibt es nicht, die Fische können aber Abwehrmechanismen entwickeln.

Der einfaste Weg ist, sich parasitenfreie Jungfische bei einem Züchter zu kaufen. Dann muss man lediglich darauf achten, dass sie es auch bleiben. Sie dürfen mit anderen Fischen nicht in Kontakt kommen. Äußerste Aufmerksamkeit ist notwendig, damit aus anderen Aquarien nichts übertragen wird. Es reicht aus, wenn man in einem Becken mit Parasiten hantiert und dann aus Unachtsamkeit nur kurz in ein parasitenfreies Becken greift, um Flagellaten oder Kiemenwurmlarven zu übertragen.

Hat man einmal Nachzuchten von parasitenfreien Diskus, wird man zunächst erstaunt über die Agilität und Lebendigkeit der Jungfische sein. Sie sind agiler in ihren Bewegungen und haben eine höhere Reaktionsfähigkeit, sodass es schwieriger ist, sie zu fangen. Zudem wachsen sie schneller und gleichmäßiger als Diskusbruten mit Parasiten. Parasitenfreie Diskus leben stressfreier und brauchen keine Medikamentenbehandlungen, die schließlich den Organen schaden und die Fische schwächen. Das trifft aber nur für einen mäßigen Besatz der Aquarienanlage zu. Bei dichtem Besatz häufen sich die Erkrankungen durch Bakterien. Insbesondere treten häufig bakterielle Infektionen des Darmes und der Haut auf. Dadurch werden die Fische ebenso wie durch Parasiten geschwächt, und ein ungleichmäßiges Wachstum ist zu beobachten.

Als Züchter wird man sich fragen, wie es den parasitenfreien Diskusfischen wohl ergeht, wenn sie im Handel mit parasitentragenden Fischen zusammenkommen. Können sie sich der Infektion erwehren oder sterben sie schneller als die anderen?

Aus meiner Zuchtanlage wurden seit 1995 einige Hundert parasiten- und flagellatenfreie Skalare und Diskusfische an den Einzel- und Großhandel abgegeben. Die übereinstimmende Resonanz aller Händler war, dass die Fische sehr gut in Farbe standen, vom ersten Tag an das gebotene Futter gierig aufnahmen und sich auch problemlos an härteres Wasser mit einem pH-Wert über sieben anpassen ließen. Sie konnten die Infektionen besser verkraften und blieben gesünder als Diskus, die mit den Parasiten aufwachsen mussten und mehrere Behandlungen hinter sich hatten.

Es gibt zwei Möglichkeiten, sich eine parasitenfreie Zucht aufzubauen. Entweder man befreit die frisch geschlüpften Larven durch Medikamentenbehandlungen oder zieht die Gelege künstlich, also ohne die Elterntiere, auf. Siehe auch die Veröffentlichungen von Dr. N. Menauer und G. Rahn (Literaturverzeichnis). Ausgewachsene oder halbwüchsige Diskusfische parasitenfrei zu machen, ist kaum möglich. Es wären zu viele Behandlungen notwendig unter denen die Diskus unnötig leiden. Die Erfolgsquote ist dabei äußerst gering. Es ist auch nicht notwendig, da die Fische ab einem Alter von fünf Monaten mit ihren Parasiten leben können, wenn sie unter guten Bedingungen gehalten werden.

Befreien von Kiemenwürmern

Einzig eine Befreiung von Kiemenwürmern kann in Erwägung gezogen werden, da diese auch den adulten Fischen Probleme bereiten. Besonders in einer anhaltenden Stresssituation vermehren sich die Kiemenwürmer und belasten die Fische. Gerade bei der natürlichen Zucht ist es von Vorteil, wenn die Fische keine Kiemenwürmer haben. Die Jungfische werden nicht infiziert, wenn sie den Hautschleim der Eltern abweiden und haben so eine wesentlich bessere Überlebenschance.

Ich konnte schon mehrmals Diskus nach der unten beschriebenen Formalinmethode nach G. Rahn oder mit dem neuen im Zoohandel erhältlichen sera Tremazol von Kiemenwürmern befreien. Es gelingt nicht, wenn die Würmer schon mit vielen Medikamenten konfrontiert waren und Abwehrmechanismen entwickelt haben. Nach folgender Methode konnte ich Diskusfische von Kiemenwürmern befreien. Die zu behandelnden Fische werden in ein nacktes Quarantänebecken mit abgestandenem Wasser gesetzt. Das Wasser wurde vorher mindestens 24 Stunden lang belüftet und exakt auf 28 °C eingestellt. Der pH-Wert sollte im leicht sauren bis neutralen Bereich liegen. Man gibt nun 1 ml sera Tremazol pro 15 Liter Wasser zu. Nach 6 Stunden wird ein großer Wasserwechsel von 50 bis 80 % durchge-

Gesunde Diskusfische

Parasitenfreie Zuchtanlage mit Zentralfilterung. Eine hohe Besatzdichte führt zu bakterieller Wasserbelastung und in der Folge zu Darm- und Verdauungsproblemen.

führt. Auch dieses Wasser muss genau auf 28 °C erwärmt sein. Am vierten Tag wird genau nach 72 Stunden, also zur gleichen Uhrzeit wie beim ersten Mal, die zweite Behandlung mit der gleichen Dosierung durchgeführt. Nach sechs Stunden wird wieder ein Wasserwechsel durchgeführt oder die Fische in ein anderes kiemenwurmfreies Aquarium umgesetzt.

Die alternative Behandlung gegen Kiemenwürmer ist die Formalinmethode nach G. Rahn. Man verwendet das handelsübliche 35 bis 40 %ige Formalin. Es darf nicht kalt gelagert werden, da es sich bei Temperaturen unter 10 °C in den für die Fische giftigen Paraformaldehyd umwandelt. Dieser setzt sich am Boden der Flasche als weißer Belag ab. Die Wirkung des Formalins auf Kiemenwürmer ist dann reduziert.

Zur Behandlung von Kiemenwürmern verwendet man ein sauberes Aquarium ohne Bodengrund und Filter. Man installiert eine leichte Belüftung des Wassers und sorgt für eine genau eingestellte Temperatur von 28 °C, pH-Wert und Leitwert sollen denen des Aquariums entsprechen aus dem die Fische stammen. Man setzt die Fische ein und wartet 24 Stunden, damit sich kleine durch den Fang verursachte Hautabschürfungen wieder schließen. Fische mit verletzter Schleimhaut dürfen nicht mit Formalin behandelt werden, da sonst das umliegende Gewebe abstirbt oder Vergiftungen durch eingedrungenes Formalin entste-

Gesunde Diskusfische

hen. Nun gibt man 8 ml Formalin pro 100 Liter Wasser zu. Nach 8 Stunden wird ein großer Wasserwechsel von 90% mit exakt auf 28°C temperiertem Wasser durchgeführt, oder die Fische werden in ein anderes Quarantänebecken umgesetzt. Genau nach 72 Stunden wird am vierten Tag die zweite Behandlung durchgeführt. Man kann die Behandlung nach gleichem Schema nach exakt weiteren 72 Stunden ein drittes Mal durchführen.

Befreien von Flagellaten

Um kleinste Jungfische von Flagellaten zu befreien, kann die Methode mit Metronidazol nach Dr. MENAUER angewendet werden. Metronidazol gibt es in der Apotheke als reinen Wirkstoff, es ist verschreibungspflichtig. Wenn das Elternpaar laicht, bereitet man ein kleines Aquarium vor. Ein 60er Set mit biologischem Filter und Belüftung ist geeignet. Die Wasserwerte, pH-Wert, Leitwert und Temperatur, werden in den folgenden Tagen genau auf die des Aquariums der Elterntiere eingestellt.

Einen Tag bevor man die Jungfische in das Aquarium überführt, fixiert man darin einen Ablaichkasten aus klarem Material, damit man die Jungfische dann beobachten kann. Die Seitenwände des Kastens sollten aus Lochfolie mit kleinem Lochdurchmesser bestehen, dass die Jungfische nicht hindurch schwimmen können. Einen Teil des Wasserrücklaufs aus dem Filter führt man über einen Luftschlauch in den Ablaichkasten. Ein kleiner Ausströmer mit feiner Perlung wird im Kasten angebracht.

Die inzwischen geschlüpften Jungfische beginnt man im Aquarium, wenn sie am vierten Tag den Hautschleim der Eltern abweiden, mit kleinen Artemia-Nauplien zu füttern. Zum Bebrüten der Artemia stellt man die Flaschen in ein kleines Aquarium, dessen Wasser auf 32 °C eingestellt ist. Die Artemia schlüpfen dann nach etwa 12 bis 15 Stunden. Die Salzkonzentration beträgt 16 g Meersalz auf 500 ml Wasser.

Nach weiteren drei Tagen, wenn die Jungfische die Artemia sicher fressen, beginnt die Befreiungsaktion. 24 Stunden bevor die Diskusjungfische in den Ablaichkasten überführt werden, setzt man eine spezielle Flasche mit Artemia-Zysten zur Brut an. Etwa zehn bis zwölf Stunden nachdem die Artemia-Nauplien geschlüpft sind, können sie Nahrung aufnehmen. Nun setzt man dem Artemia-Wasser sofort eine gute Messerspritze sera micron zu, das ist ein feines Futtergranulat, das auch einen hohen Anteil an Spirulina enthält. Es wird sogar von den Froschzüchtern für die Aufzucht der empfindlichen Dentrobatenlarven verwendet. Dazu gibt man pro 500 ml Kulturwasser 750 Milligramm (mg) Metronidazol. Diese Artemia-Brutflaschen müssen täglich neu angesetzt werden und sollten nicht in hellem Licht stehen.

Die Jungfische werden bei exakt gleichen Wasserwerten in den Ablaichkasten überführt, die Temperatur dann auf 32 °C erhöht. Wenn die Artemia-Nauplien etwa acht Stunden lang das sera micron und das Metronidazol aufgenommen haben, beginnt man mit der Fütterung. Nach 18 Stunden sollten neue Artemia verwendet werden. Es sollte zeitlich so abgestimmt sein, dass die Jungfische im Ablaichkasten möglichst schnell nach dem Umsetzen mit den präparierten Artemia gefüttert werden können. Die Jungfische werden nun acht bis zehn Tage nur mit den präparierten Artemia gefüttert. Danach sind sie meist frei von Flagellaten und können an feines Frostfutter wie Moena oder Flockenfutter, Mikrogranulat und Tablettenfutter gewöhnt werden. Eine abwechslungsreiche, ballaststoffreiche Nahrung ist die Vorraussetzung für ein gesundes Wachstum (siehe Seite 289 ff.).

Die künstliche Aufzucht

Die künstliche Aufzucht hat den Zweck, einige parasitenfreie Jungfische zu erhalten, die dann die erste Generation von Zuchtpaaren in einer neuen Zuchtanlage bilden. Diese Diskuspaare können dann problemlos auf natürliche Art weiterziehen, da ja kein Parasitenproblem besteht. Man benötigt zwei saubere, desinfizierte Plastikeimer, drei regelbare Ausströmer und ein Brutbecken in der Größe, dass beide Eimer darin nebeneinander Platz finden. Das Brutbecken wird mit einem biologischen Filter gefiltert, belüftet und auf 30°C geheizt. Sämtliches Zubehör, auch der Filter, kann neu sein. Soll ein eingefahrener Filter verwendet werden, muss er aus einem parasitenfreien Becken stammen. Ich verwende alles neu oder desinfiziert. Mit den winzigen Fischen läuft der Filter dann ein.

Das Wasser muss in pH-Wert und Leitwert dem Zuchtaquarium genau entsprechen. Auch die zwei Eimer werden mit diesem Wasser so hoch gefüllt, dass der Laichkegel unter Wasser steht. Beide Eimer werden in dem Brutaquarium so platziert, dass sie mindestens zur Hälfte im Wasser stehen. Das ist notwendig, damit das Wasser in den Eimern nicht abkühlt.

Direkt nach dem Ablaichen nimmt man den Kegel aus dem Wasser und entfernt schnell Schmutzteile und Schnecken. Dann stellt man den Kegel in den ersten Eimer und platziert einen Ausströmer in der Nähe des Laichs, sodass die Luftperlen den Laich nicht berühren, aber das Wasser an ihm vorbeiströmt. Dann gibt man dem Eimer 1 ml Formalin pro 10 Liter Wasser zu. Nach sechs Stunden nimmt man den Kegel heraus und stellt ihn in den zweiten Eimer mit gleichartiger Belüftung. In diesen Eimer gibt man eine handelsübliches Präparat mit Acriflavin und Methylenblau. Bei Verwendung von sera baktopur, es enthält beide Wirkstoffe, dosiert man 1 ml auf 10 Liter Wasser. Darin bleibt das Gelege bis die Jungfische geschlüpft sind und frei schwimmen. Dann wird der Eimer aus dem Aquarium genommen.

In das Brutaquarium platziert man nun, wie oben beschrieben, einen durchsichtigen Ablaichkasten. Nach dem Entfernen des Kegels fängt man die frei im Eimer schwimmenden Jungfische mit einer langen Pipette ab und setzt sie in den Ab-

Gesunde Diskusfische

laichkasten. Als erstes Futter können am nächsten Tag Pantoffeltiere und Rädertiere gegeben werden. Nach zwei Tagen fressen die Fische schon kleinste frisch geschlüpfte *Artemia*-Nauplien. Die Fische müssen alle zwei Stunden gefüttert werden und mit einer feinen Pipette sind geringste Mulmmengen abzusaugen. Sicher ist die Verlustrate hoch, aber die so gewonnenen Jungfische sind mit hoher Wahrscheinlichkeit frei von Parasiten.

Möchte man Diskusfische künstlich ziehen oder die Larven von Parasiten frei machen, ist es unbedingt notwendig, ein gutes Mikroskop zu besitzen und natürlich auch damit umgehen zu können. Ein Arbeitsplatz und die notwendigen Instrumente sowie das Wissen müssen zur Verfügung stehen. Wochenendseminare über Mikroskopie und Fischkrankheiten werden vom Autor ein- bis zweimal im Jahr durchgeführt. Weiterführende Informationen und eine Einführung in die Arbeit mit dem Mikroskop finden Sie in dem bede-Handbuch „Mikroskopie und Fotografie am Aquarium" von Prof. Dr. Heinz Bremer, ISBN 3-89860-020-3.

Trotz aller Mühe gibt es keine Garantie, dass nicht auch bei der künstlichen Aufzucht oder bei Befreiungsmethoden Parasiten übertragen werden, die den neuen Stamm an Fischen infizieren. Nur indem man die Jungfische streng in separaten Becken hält und regelmäßig Kontrollen durchführt, kann man weitgehend sicher sein. Ich führe die erste Kontrolle nach vier Wochen durch. Sind die Fische infiziert, braucht man keine weitere Arbeit zu investieren. Die zweite Kontrolle erfolgt nach drei Monaten. Wenn die Jungfische dann noch frei sind, können sie in die parasitenfreie Zuchtanlage überführt werden. Meist hat man einige Fische mit Deformationen im Schwarm, die für die Untersuchung verwendet werden können.

Die parasitenfreien Diskusjungfische müssen in einer völlig neuen Anlage, einer desinfizierten Anlage oder in separaten Quarantänebecken aufgezogen werden. Man muss sicher stellen, dass keine Parasiten in diesen Aquarien vorhanden sind und auch keine hineingelangen können. Es darf natürlich kein Kontakt mit der alten Anlage bestehen. Ein kleiner Fehler macht die ganze Arbeit und Mühe zunichte. Alle Gebrauchsgegenstände, wie Netze und Messinstrumente, müssen für beide Anlagen separat vorhanden sein.

Wenn man nur einen Satz Messgeräte hat, führt man die Messungen in Gefäßen durch, die keinen Kontakt mit dem Wasser der Anlagen haben dürfen. Dazu entnimmt man das Wasser mit einem sauberen Glas dem Aquarium. In diesem Glas wird die Messung vorgenommen. Danach wird das Schöpfgefäß sauber ausgewaschen und getrocknet. Weder die Parasiten noch deren Eier überleben einige Stunden Trockenheit. Muss Wasser aus mehreren Aquarien entnommen werden, verwendet man für jedes Aquarium ein neues steriles Glas. Sicher ist auch, die Gläser in der Spülmaschine mit dem Geschirr zu reinigen oder zehn Minuten lang in kochendes Wasser zu stellen. Das alles ist mit einem großen Aufwand verbunden, wenn die Umstellung allmählich erfolgt. Das Ergebnis lohnt jedoch die Mühe.

Literatur:

BOHL, M.: Zucht und Produktion von Süßwasserfischen. DLG-Verlag, Frankfurt, 1999

BREMER, H. und LINKE, H.: Diskus und Skalar. Diskus Jahrbuch 2000, S. 36 bede Verlag, Kollnburg, 2000

DREYER, S: Zierfische richtig füttern. bede Verlag, Kollnburg, 1995

KRAUSE, H.J.: Handbuch Aquarienwasser, bede Verlag, Kollnburg, 1990

MENAUER, N.: Flagellatenfreie Diskusaufzucht. DATZ Sonderheft Diskus, S. 46, Verlag Eugen Ulmer GmbH & Co., Stuttgart, 1996

PETERS, G.: Streß macht auch Fische krank. Naturwissenschaftliche Rundschau, 41.Jahrgang, Heft 8, Wissenschaftliche Verlagsges.mbH, Stuttgart 1988

RAHN, G.: Künstliche Aufzucht. DATZ Sonderheft Diskus, S.: 42, Verlag Eugen Ulmer GmbH & Co., Stuttgart, 1996

RAHN, G.: Kiemenwürmer – eine neue Behandlungsmethode mit Formalin. DATZ Sonderheft, S. 48, Verlag Eugen Ulmer GmbH & Co., Stuttgart, 1996

RAHN, G.: Diskus. Verlag Eugen Ulmer GmbH & Co., Stuttgart, 2002

RAHN, G.: Der Einsatz des Carbonitfilters in der Aquaristik. Diskus Welt Report, Nr. 1, S. 13, DWR-Verlag, Zirndorf, 2005

UNTERGASSER, D.: Krankheiten der Aquarienfische - Diagnose und Behandlung. Franckh'sche Verlagshandlung, Stuttgart, stark erweiterte Neuauflage 2006

UNTERGASSER, D.: Gesunde Diskus und Großcichliden, Band I und II. bede Verlag, Kollnburg 1993, 3. Auflage, vergriffen

UNTERGASSER, D.: Gesunde Aquarienfische. bede Verlag, Ruhmannsfelden 2000

Gesunde Diskusfische

Medikamentenverabreichung nach Degen

Zurecht kann diese hier wieder vorgestellte Methode der Verabreichung von Medikamenten an Diskusfische als klassische Methode bezeichnet werden, die zwar vor langer Zeit schon einmal vorgestellt wurde, aber immer noch aktuell ist. Wer seine kranken Diskusfische einer perfekten Diagnose unterzogen hat, kann durch diese Methode wirklich todkranke Diskus retten und wieder komplett herstellen.

Bereits vor über 20 Jahren berichtete ich in meinem zweiten Diskusbuch „Erfolg mit Diskusfischen" über die Behandlung von erkrankten Diskusfischen und ich stellte dabei erstmals in Wort und Bild eine Methode vor, wie man Diskusfischen Medikamente direkt übers Maul eingeben konnte. Inzwischen wurde diese Methode natürlich etwas verfeinert und dennoch möchte ich Ihnen heute nochmals kurz diese Methode erläutern, denn nach wie vor ist es problematisch, erwachsene Diskusfische, die nicht mehr fressen, gegen Darmparasiten aller Art zu behandeln. Diskusfische verdienen es bei einer ernsthaften Darmerkrankung entsprechend behandelt zu werden, denn schließlich leiden diese Tiere unter der Krankheit und außerdem stellen sie ja einen gewissen Liebhaberwert dar. Es ist immer günstig, wenn Sie einen erfahrenen Tierarzt zu Rate ziehen können, der Ihnen auch bei der Medikamentenauswahl behilflich ist. Übrigens gibt es auch an Universitäten meist Untersuchungsstellen, wo man Hilfe bekommt. Die einfachste Methode einen medizinischen Wirkstoff in einen Diskusfisch hineinzubekommen und direkt im Magen-Darm-Bereich die Bekämpfung der Darmparasiten zu betreiben, wäre die Verabreichung von Medizinalfutter. Leider gibt es kein Medizinalfutter, welches gegen Darmparasiten wirksam ist und somit müssen wir uns selbst behelfen. Dafür kann man das entsprechende Medikament zum Beispiel unter zerkleinerte Futtertabletten mischen, diese mit wenig Wasser anteigen und auf eine andere Futtertablette streichen. Der Futter-Medizinbrei trocknet nach einigen Stunden und dann kann die Tablette mit dem aufgestrichenen Medizinalfutter in das Aquarium gegeben werden. Fressen die Fische noch, so fressen sie jetzt automatisch eine gewisse Menge der Medizin mit. Natürlich ist hier etwas Glück angesagt, denn man kann ja kaum die Dosierung überprüfen, die der einzelne Fisch erhält. Dennoch ist diese Art der Medizinverabreichung wesentlich effektiver, als einfach das Medikament in das Wasser zu

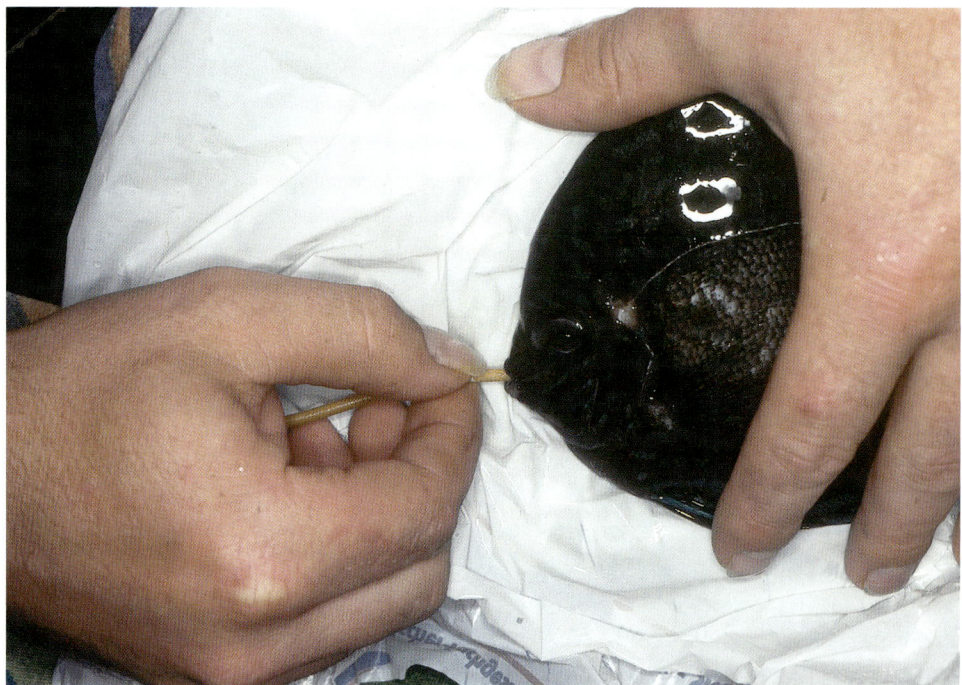

Der Katzenkatheter wird vorsichtig zwischen zwei Fingern in das Diskusmaul eingeführt. Der Fisch muss den Schlauch mindestens drei bis vier Zentimeter eingeführt bekommen, damit der Mageneingang erreicht wird.

kippen. Gegen die meisten Darmparasiten ist immer noch Metronidazol das Mittel der ersten Wahl. Dieses weiße Pulver erhalten Sie gegen Rezept in der Apotheke und Sie sollten für 100 Liter Aquarienwasser 500 mg Metronidazol auflösen und in das Aquarium geben. Nach vier Tagen nehmen Sie dann einen 50%igen Wasserwechsel vor und wiederholen die Behandlung nochmals. Nach weiteren vier Tagen ist die Behandlung abgeschlossen und die Fische sollten jetzt bereits ihre dunkle Farbe verloren haben und auch wieder mit dem Fressen beginnen. Besonders abgemagerte und sehr dunkle Diskusfische sind ja häufig in Aquarien zu sehen und diese Todeskandidaten reagieren oft nicht mehr auf eine solche Behandlungsmethode über das Aquarienwasser. Diesen Diskusfischen kann dann noch geholfen werden, indem man ihnen zwangsweise das Medikament über das Maul direkt in den Magen zuführt. Doch wie kann so etwas problemlos funktionieren? Eigentlich ganz einfach, denn Sie bereiten sich nur eine Lösung des Medikamentes vor und verwenden hierzu 500 mg Metronidazol-Pulver, welches Sie mit 10 ml warmem Wasser vermischen. Diese trübweiße Mischung kommt dann in eine entsprechend große Plastikspritze die Sie von Ihrem Hausarzt oder in der Apotheke bekommen. Selbstverständlich verwenden Sie keine Nadel für diese Spritze, sondern Sie besorgen sich in der Apotheke oder über Ihren Tierarzt einen möglichst kleinen Katzenkatheter. Dieser Katzenkatheter besteht im Prinzip aus einem dün-

Gesunde Diskusfische

nen flexiblen Schlauch, welchen Sie auf eine Länge von etwa 10 cm kürzen. Diesen kleinen flexiblen Schlauch stecken Sie jetzt mit einem Ende auf die Spritze und die andere Seite führen Sie dann in den Diskus ein. Der Diskus wird aus dem Aquarium gefangen und eventuell mit Netz auf ein gut durchfeuchtetes Laken gelegt. Die Unterlage darf nicht zu rau sein, da sich sonst der Schleim des Fisches zu stark ablöst. Der Diskusfisch bleibt in der Regel relativ ruhig auf dem Tuch liegen und Sie können ja mit einer Hand den Fisch etwas fixieren. Normalerweise springen die Fische dann nicht mehr hoch. Sie brauchen auch nicht allzu hektisch vorzugehen, denn es ist kein Problem, wenn der Fisch hier ein bis zwei Minuten liegen bleibt. Der Diskusfisch wird sein Maul immer wieder öffnen und Sie müssen im richtigen Augenblick das eine Ende des Katheters in das Maul schieben und jetzt vorsichtig mit zwei Fingern den Schlauch in den Fisch schieben. Bei ausgewachsenen Fischen schieben Sie den Schlauch etwa vier Zentimeter in den Fisch hinein. Sie können sich mit einem Stift ja eine Markierung auf den Schlauch machen. Der Fisch wird ganz ruhig liegen bleiben und Sie können jetzt von den 10 ml Medikamentenmischung ein Viertel – also rund 2,5 ml – einspritzen. Das muss allerdings langsam gehen, denn der Fisch wird immer wieder versuchen, einen Teil der Lösung herauszuspucken. Doch dies macht nichts, denn durch das Einführen des Schlauches gelangt eine erhebliche Menge des Medikaments direkt in den Darmtrakt. Sie können bei stark befallenen Fischen diesen Vorgang an vier Tagen hintereinander wiederholen, sodass Sie dann die 10 ml Medikamentenlösung aufgebraucht haben. Wenn Sie mehrere Fische behandeln müssen, können Sie diesen Vorgang ja direkt hintereinander ablaufen lassen. Setzen Sie den Fisch danach vorsichtig in das Aquarium zurück und Sie werden feststellen, dass die Fische an dieser Behandlung keinesfalls eingehen. Ich hatte in meiner gesamten Laufbahn als Diskuspfleger dabei noch nie einen Verlust.

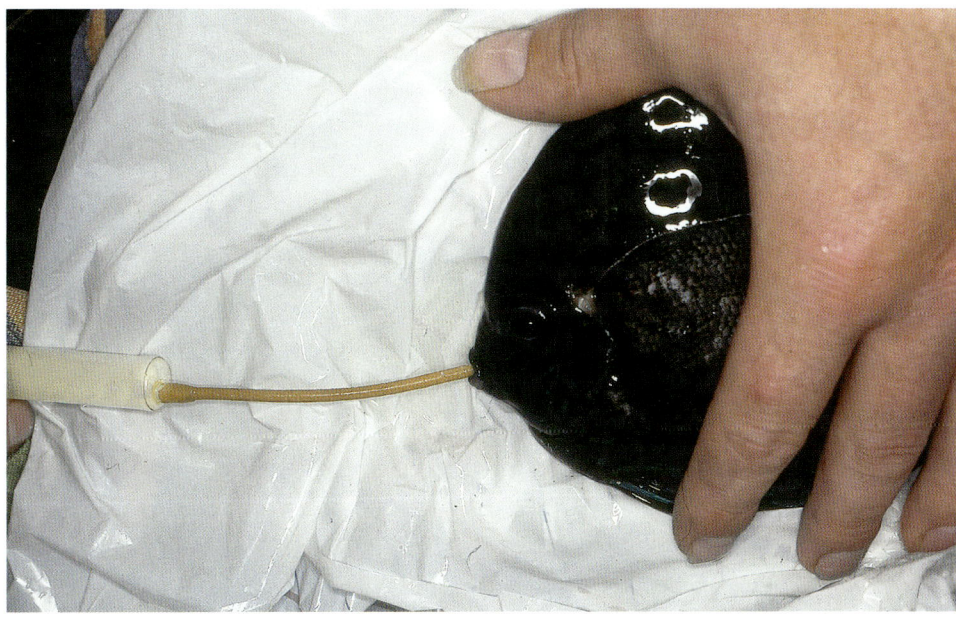

Ist der Schlauch eingeführt und der Fisch mit der Hand etwas fixiert, kann die entsprechende Menge an Medikamentenlösung eingeflößt werden.

Allerdings müssen Sie die Fische wirklich mindestens dreimal so behandeln, damit gewährleistet ist, dass das Medikament auch richtig wirkt. Normalerweise beginnen die Fische schon bald wieder mit dem Fressen und ändern auch ihr Verhalten sowie ihre Farbe. Diese Behandlungsmethode hat sich in langen Jahren bewährt und kann bei richtiger Diagnosestellung und korrekter Anwendung durchaus empfohlen werden. Natürlich reagiert auch jeder Fisch etwas anders auf Medikamenteneinsatz und die unterschiedlichen Wasserverhältnisse können Ergebnisse bei Medikamenten immer wieder verändern. Deshalb bleibt die beste vorbeugende Behandlung die Herstellung einer optimalen Wasserqualität im Aquarium, verbunden mit großzügigen Teilwasserwechseln. Stimmt die Wasserqualität und erhalten die Fische einwandfreies und abwechslungsreiches Futter, dann wird schon vielen Krankheiten automatisch vorgebeugt.

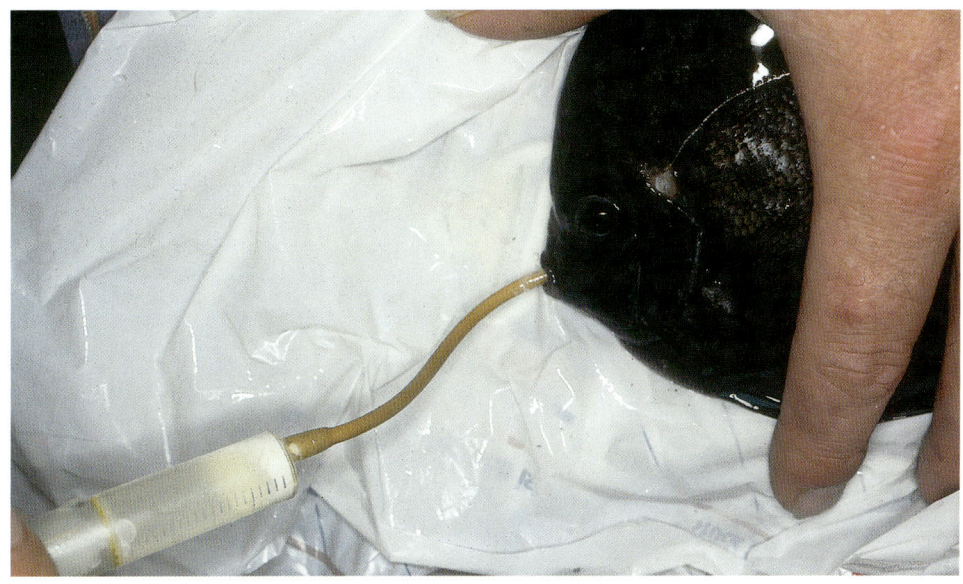

Klassische Diskusfarben

Klassische Diskusfarben und ihre heutige Bedeutung

In diesem Kapitel werden nicht die typischen Wildfangdiskus besprochen, sondern es geht hier ausschließlich um Nachzuchtdiskus.

Nachdem logischerweise zahlreiche Diskuswildfänge die deutschen Aquarien erreicht hatten, begannen die damaligen Diskuspfleger sich auch intensiv mit der Zucht zu beschäftigen. Für interessante Kreuzungsversuche kamen in erster Linie schöne blaue und grüne Wildfänge infrage. Diese beiden Farbvarianten miteinander zu kreuzen, war ein wesentliches Zuchtziel. Die intensive, türkise Färbung, die als Zuchtziel an oberster Stelle stand, wurde wahrscheinlich zuerst von Jack Wattley aus den USA erfolgreich herausgezüchtet. Er benutzte hierzu grüne Diskuswildfänge, die eine intensive, zartflächige Grundfärbung zeigten. Aus diesen Verpaarungen gelang es durch gezieltes Auslesen, erbfeste, fast völlig flächige, intensiv türkis gefärbte Diskusfische zu züchten. Diese Diskus wurden sehr schnell als Jack Wattleys Flächentürkis bekannt. Sie zeigten auf dem gesamten Körper eine intensive Türkisfärbung, hatten aber im Kopf- und Kiemendeckelbereich noch deutliche braune Streifen. Die Zucht dieser Diskusfische galt als echte Sensation, zumal sie den Wildfängen eigentlich nicht mehr ähnlich sahen. Wattley konnte mit diesen Diskusfischen weltweit Berühmtheit erlangen und heute zählt er zweifelsohne immer noch zu den absoluten Pionieren, die sich um die Diskuszucht verdient gemacht haben. In Deutschland gelang es Dr. Eduard Schmidt-Focke aus schönen royalblauen Wildfängen ebenfalls interessante Nachzuchten zu züchten. Dr. Schmidt-Focke konnte auch rotbraune Diskuswildfänge in seine Zuchtlinien mit Erfolg einkreuzen und so kam es, auch mit Hilfe anderer Züchter, sehr bald zu einem Standard und zwar dem deutschen Rottürkis Diskus. Diese Rottürkis Diskus unterschieden sich sehr stark von den intensiv Blau-

Die Klassiker waren die Braunen Diskus wie auf dem oberen Bild. So kamen sie damals nach Europa. Ihre Zucht war eine der großen Aufgaben der Aquaristik. Heute kommen viel stärker rotbraun gefärbte Diskus aus Amazonien, da es jetzt viel bessere Fangmöglichkeiten als vor fünfzig Jahren gibt. Sie werden auch nicht mehr als einfache Braune gehandelt.

Klassische Diskusfarben

türkis Diskus von Jack Wattley. Hier war in erster Linie die Grundfarbe Rotbraun und wurde durch türkisblaue Linien unterbrochen. Wenn es gelang, solche Diskusfische mit einem geschlossenen Farbmuster zu züchten, waren dies Spitzentiere, die logischerweise auch Spitzenpreise erzielen konnten.

Als sogenannte German Red Turquoise Discus ging ihr Weg um die ganze Welt und wurde zu einem Fachbegriff.

Neben den Flächentürkis Diskus und den Rottürkis Diskus konnten sich als dritte Farbvariante die sogenannten Brillanttürkis Diskus durchsetzen. Sie unterschieden sich von den Rottürkis Diskus einfach dadurch, dass bedingt durch den Einsatz von durchgestreiften Grünen Diskuswildfängen die türkisgrüne Färbung als Basisfärbung auftrat. Waren es beim Rottürkis Diskus die rotbraunen Linien, die auf dem Körper dominant waren, so war es hier genau umgekehrt und die Körperoberfläche war in erster Linie von breiten, brillanten Türkisstreifen überzogen, die nur leicht von dunkelbraunen, feineren Linierungen unterbrochen wurden. Je nach Zuchtvariante waren diese braunen Linierungen kaum noch zu erkennen. Der Übergang zu den Flächentürkis Diskus war fast fließend.

Mit diesen drei sehr interessanten und auch schönen Diskusvarianten konnte die Diskusszene in den sechziger und siebziger Jahren bestens und zufrieden leben. Natürlich gab es damals auch schon die verschiedensten Kreuzungsversuche und so kam es nach und nach zu Abwandlungen in den einzelnen Farbmustern. Doch man konnte nie so wirklich von einer neuen Diskusfarbe sprechen, denn es waren immer nur feine Nuancen, die sich hier veränderten. Die asiatischen Züchter hatten zu diesem Zeitpunkt den Diskus noch nicht so richtig als Aquarienfisch entdeckt und somit spielte sich die Zucht in erster Linie in Europa und da im Speziellen in Deutschland ab. Erst nach 1985 begann sich die zarte Pflanze der Diskuszucht in Südostasien zu entwickeln. Der bekannte Journalist Kuan Kuo Yin aus Taiwan spricht

Die ersten Brillanttürkis waren ein besonders großer Zuchterfolg. Sie zeigten erstmals eine richtige flächige brillant glänzende türkisblaue Färbung. Diese beiden Fotos stammen aus den frühen Tagen der Brillanttürkis-Diskuszucht und solche Diskus waren einzelne Spitzendiskus.

Klassische Diskusfarben

Der Schritt zum flächig blauen Diskus war fließend. Anfangs waren viele Käufer enttäuscht, wenn die flächigen Diskus eben doch nicht ganz flächig auf der Körpermitte wurden. Streifen im Kopfbereich und auf den Kiemen waren ja o.k., doch sonst sollte eben alles flächig blau sein, was nicht immer klappte.

sogar von dem Jahr 1988 als die Diskuszucht so richtig ihre Entwicklung in Südostasien begann.

Wattley begann etwa auch zu dieser Zeit seine Diskusfische intensiv nach Japan zu exportieren. Auch Bernd Degen war ein bedeutender Exporteur von verschiedenen Nachzuchtvarianten, die vor allem nach Japan und auch nach Taiwan exportiert wurden. Die asiatischen Züchter begannen, sich auch mit ausreichend vielen Diskuswildfängen zu versorgen und unermüdlich kreuzten sie Wildfänge in bestehende Zuchtlinien ein. Dies hatte bald zur Folge, dass immer wieder neue Diskusfarbvarianten entstanden, die vor allem die Züchter völlig überraschten. Was sich seit etwa 1990 in Südostasien abspielte, in Sachen Diskuszucht war wohl bisher einmalig. Diese Entwicklung hat bis heute angehalten und sicherlich werden wir auch in Zukunft immer wieder überraschende Farbergebnisse aus Südostasien zu sehen bekommen. Ob wir damit einverstanden sind, ist eine andere Sache.

Durchgesetzt haben sich die faszinierenden Zuchtlinien wie beispielsweise Pigeon Blood Discus oder Snake Skin Discus allemal, denn der Markt ist hier das Maß

Klassische Diskusfarben

und nimmt wenig Rücksicht auf einige Züchter, die mit solchen Entwicklungen nicht einverstanden sein wollen.

Die klassischen Diskusfarben bei den Nachzuchten waren damals an erster Stelle die Rottürkis Diskus, die Türkis Diskus, die Brillanttürkis Diskus und die Flächentürkis Diskus.

Die ersten Klassiker waren praktisch die Türkis Diskus. Diese entstanden aus den Wildfangnachzuchten und zeigten eine kräftige türkise Farbe. Diese türkise Färbung war zur Grundfärbung geworden. Darauf bildeten sich mehr oder weniger stark die braunen Grundlinien ab. Diese braunen Linien stammten logischerweise von den Wildfängen. Diese braunen Streifen zurückzudrängen war ein Zuchtziel, das immer mehr gelang. Langsam klappte es bei wenigen Fischen das Braun ganz zu eliminieren. Nur im Kopfbereich blieben braune Linien übrig. Der restliche Körper war nach und nach ganz von türkiser Farbe überzogen worden. Jetzt hatte man das Zuchtziel Flächentürkis erreicht. Dies war geradezu sensationell. Die Intensität der Farben variierte natürlich. Es gab Diskus, die richtig kräftig leuchteten, andere, die etwas schwächer türkis waren. Die restlichen braunen Linien aus der Kopf- und Kiemenpartie wegzuzüchten gelang vorerst nicht. Dies sollte erst viel später bei den Blue Diamond Diskus der Fall werden. Somit gab es also Streifentürkis und Flächentürkis. Die Entwicklung ging aber weiter und es kamen sogenannte Brillanttürkis dazu. Diese Diskusfische zeichneten sich durch noch intensivere Türkisfarben aus. Eigentlich wurde das Braun in der Grundfärbung noch weiter zurückgedrängt und vom Türkis überlagert. Diese Brillanttürkis waren wirklich sehr beeindruckend und auch sehr begehrt.

Gleichzeitig entstand die Farbform Rottürkis, für die in erster Linie bekannte deutsche Diskuszüchter verantwortlich waren. Noch heute schwärmen Diskusfreunde in aller Welt vom deutschen Rottürkis. Was an diesen schönen Rottürkis Diskus so gefiel, war die Kombination der kräftigen rotbraunen Linien mit den

Erst später gelang z.B. Wattley in den USA, aber auch deutschen Züchtern der Durchbruch zum absolut flächigen Diskus mit der zarten Linierung im Kopfbereich. Unten ein sogenannter flächiger Ocean Green, wie er in Penang, Malaysia zuerst gezüchtet wurde. Dies ist auch schon zwanzig Jahre her.

Klassische Diskusfarben

meist etwas breiteren Türkislinien. Die rotbraune Linierung war das Merkmal, welches diesen Diskusfischen den Namen gab. Sie ähnelten dadurch den Royal blue Wildfängen sehr, denn diese zeigten ja auch ein kräftiges Braun und kräftige türkisblaue Streifen. Die gut gefärbten Rottürkis Diskus waren praktisch die verbesserte Zuchtform dieser Royal blue Wildfänge. Die Farbe Rot wurde von den Züchtern und Besitzern diese Diskusfische geradezu hineingebetet. Eine Spezialität war das Ausstatten der Aquarien mit Gro-lux Leuchtstoffröhren, denn durch das rötliche Licht wurden die braunen Linien zu herrlichen roten Linien und der Betrachter war verblüfft und freute sich. Unter kälteren

Klassische Diskusfarben

Leuchtstoffröhrenfarben war es schnell wieder vorbei mit dem kräftigen Rot. So gab und gibt es starke Farbunterschiede gerade bei den Rottürkis Diskus.
Jetzt wäre die Frage zu klären, ob damit die Klassiker abgehandelt sind. Nein, denn eigentlich fehlt noch der wichtigste Nachzuchtdiskus und zwar der Braune Diskus. Die braunen Diskuswildfänge waren die ersten Diskus, die regelmäßig nachzüchtbar waren. So entstand ein großes Angebot an Braunen Diskus. Die kleinen Diskus dieses Farbschlages gingen weg wie warme Semmeln und entwickelten sich zu den Standarddiskus in deutschen Diskusaquarien. Als die schöneren Varianten der Türkis Diskus immer leichter zu bekommenwaren, wurden die Braunen Diskus langsam aber sicher aus den Aquarien verdrängt. Lange Zeit war es sogar richtig verpönt solche einfachen Braunen Diskus überhaupt zu besitzen. Daraufhin gab es in denn neunziger Jahren überhaupt keine schönen Braunen Diskus mehr zu kaufen. Jetzt sind sie wieder gefragt.
Lange Jahre gab es also kaum Neues zu berichten über Diskusfarben. Dann ging es aber Schlag auf Schlag, als die asiatischen Züchter den Diskus als lohnenswerte Handelsware entdeckten. Die meiste Innovation brachte der Pigeon Blood Diskus aus Thailand, der deshalb eigentlich auch schon zu den Klassikern gezählt werden könnte. Auch die ersten Blue Diamond aus Hongkong oder die Snake Skin aus Penang revolutionierten die Diskuswelt. Auf diesen Farbschlägen bauen viele der modernen Diskusfarben auf. Doch die echten Klassiker, was die ersten Nachzuchten betrifft, waren die Braunen, Türkisen, Brillanttürkisen, Rottürkisen und flächig Blauen Diskus.

Die Rottürkis Diskus machten Deutschland als Diskusnation so richtig bekannt, denn von hier kamen die tollsten Rottürkisdiskus. Je intensiver das Rot wurde, desto attraktiver wurden diese Diskus. Dass dabei die Beleuchtung mit den damaligen Gro-lux Röhren auch eine wesentliche Rolle spielte, darf nicht vergessen werden. Diese Neonleuchten verstärkten das Rot enorm.

Moderne Diskusfarben

Moderne Diskusfarben
Geschichte – Entwicklung – Heute

Helge Mußtopf

Die Faszination der Diskusfische liegt unbestritten in der einzigartigen aufopferungsvollen Brutpflege, jedoch auch in der Variabilität der Farbschläge.

So kannten wir vor 20 Jahren lediglich die Farbschläge Brillanttürkis, Flächen- türkis, Rottürkis und Brauner Diskus als Nachzuchtvarianten.

Die weltweite starke Nachfrage nach Diskusfischen Ende der achtziger Jahre, hauptsächlich aus Asien, sowie die Forderung des Marktes nach immer neuen Farbschlägen ließ viele asiatische Züchter an neuen Kreuzungen arbeiten.

Inspiriert von den ersten Pigeon Blood und deren hohem Preis am Anfang der neunziger Jahre, entstanden viele neue kleinere und größere Zuchtfarmen in Südostasien.

Aufgrund der Vielzahl der Verpaarungen stieg die Wahrscheinlichkeit nach neuen Farbvarianten stark an.

So wurden wir mit zufälligen Mutationen und Farbformen aus bekannten Farbschlägen überrascht wie Ghost (Mutation Ende der Achtziger), Snake Skin, Blue Diamond, Golden usw. Ein Verdienst, der ohne Weiteres asiatischen Züchtern zugeschrieben werden muss.

Der Siegeszug dieser neuen Basicfarbschläge wurde mit immer verbesserten und neuen Varianten komplett.

Aber dies sollte nicht genügen, der Markt verlangte mehr. So wurden in den Jahren 1994 bis 1997 verstärkt Wildfänge wie Braune Diskus aus der Alenquer Region und Grüne Diskus aus dem Tefé Gebiet Ziel züchterischer Anstrengungen.

Das Ergebnis dieser Bemühungen sind die überaus schönen und begehrten Leopard Green und Leopard Snake Skin Varianten. Vorreiter und Anwärter auf die ersten Plätze bei Ausstellungen und Bewertungen.

In der späten Mitte der neunziger Jahre korrigierte der asiatische Markt. Die Nachfrage aus Japan war zu dieser Zeit rückläufig, sodass viele kleine japanische Diskusshops aufgeben mussten. Folglich ging die Anzahl der Diskuszüchter im südostasiatischen Raum (hier hauptsächlich Penang) drastisch zurück.

An neuen Farbformen ließ man es dennoch nicht mangeln, denn diese blieben stark gewinnbringend. So folgten Red Melon, San Merah, White Diamond, um nur einige zu nennen. Mittlerweile kennen wir unzählige verschiedene Namen, Händler- und Züchterbezeichnungen. Die Palette an farbenprächtigen Diskusfischen lässt kaum noch Wünsche offen, sodass dem Diskusfreund heute die Qual der Wahl bleibt.

Immer mehr neue Farbvarianten kommen aus Südostasien. Dieser weiß-rote Diskus ist nur ein Beispiel für die vielen Möglichkeiten, die es heute gibt.

Wie geht es weiter?
Was ist das Ziel?
Welche Anstrengungen lohnen?

Der Diskusfisch wird auch in den nächsten Jahren und Jahrzehnten der König unter den Aquarienfischen bleiben. Diesen Platz hat er sich zu Recht verdient, denn interessant bleibt er allemal. Die Ansprüche der Kunden von heute und morgen sind steigend. Der Ruf nach weiteren neuen Farbschlägen wie auch das Bestreben nach mehr Qualität statt Quantität wird laut. Züchterische Bemühungen werden den Ansprüchen des Marktes hinterherlaufen und uns so manche Überraschung präsentieren.

Es bleibt spannend in Sachen Diskus und moderne Farben.

Folgend werden einige „moderne" Farbschläge vorgestellt, die jedoch keinen Anspruch auf Vollständigkeit und Unterscheidung darstellen.

Moderne Diskusfarben

Sehr gute Blue Diamond zeigen eine völlig flächige und vor allem sehr intensive metallische Blaufärbung. Sie wurden zu absoluten Lieblingen beim Diskusverkauf. Markant sind hier auch die schönen roten Augen als Kontrapunkt, was die Diskusfische noch gefälliger macht.

Der 1991 von Kitti Phanaitthi in Singapur vorgestellte Pigeon Blood ist heute in einer großen Anzahl von verschiedenen Farbformen im Umlauf und besitzt einen hohen Beliebtheitsgrad unter den Aquarianern.

Oriental Diskus. Wie könnte es anders sein, es handelt sich hier um einen Nachfahren der berühmten Pigeon Blood Zuchtlinie. Dies ist die Spitze der Pigeon Blood Zuchtauswahl. Unten mit etwas mehr Blau!

Blue Diamond

Einst aus einem flächig blauen Diskus mutiert, ist er auch viele Jahre später nach wie vor eine sehr beliebte Farbform bei den Diskusaquarianern. Markantes Merkmal eines Blue Diamond – fehlende senkrechte Streifenzeichnung (maximal Schwanzbinde ist sichtbar), gesamter Körper ist flächigblau bis türkisfarben, einschließlich Kopf und Kiemen. Rote, bernsteinfarbene und gelbe Augen sind möglich.

Neben dem stark verbreiteten Blue Diamond ist als zweite Variante der Ocean Green (eine stark türkisfarbene Form mit den gleichen Merkmalen – wurde erstmals 1993 auf Penang gezogen) nur recht sporadisch verbreitet.

Pigeon Blood

Aus der einst mit vielen schwarzen Farbpigmenten versehenen Mutation des Pigeon Blood wurde schnell ein „salonfähiger" und begehrter Fisch.

Moderne Diskusfarben

Oben sind sogenannte Solid Fire Red Diskus zu sehen. Das Rot ist tatsächlich echt und nicht mit Futter verstärkt worden. Bei modernen Zuchtfarben wird auch nicht mehr mit Hormonen nachgeholfen. Hier haben Züchter wirklich eine perfekte Arbeit geleistet und farbechte Diskus gezüchtet.

Ein bekanntes Merkmal aller Pigeon Blood Varianten sind auch hier die fehlenden Schreckstreifen. Unwohlsein kann nicht durch Dunkelfärbung angezeigt werden. Zudem werden die wenigsten Paare von ihren Larven zur Aufnahme der Erstnahrung angeschwommen.
Pigeon Blood Varianten sind als Golden Sunrise, Oriental Pigeon Blood, Marlboro Red, Yellow Sun, Flächig Feuer Rot, White Pigeon usw. im Umlauf.

Red Melon

Mit einem plakativen unübertroffenem Rot auf dem gesamten Körper zieht diese Variante des Pigeon Blood, als Gruppe in einem bepflanzten Becken gehalten, Aquarianer an.
Der Kopfbereich dieses Farbschlages kann sich hier von Weiß über Gelb bis Orange vom Körper absetzen. Ein schönes rotes Auge macht den Kontrast perfekt.
Die Weibchen des Red Melon sind meistens intensiver in der Rotfärbung als die Männchen. Was nicht viele davon abhält, die schöneren Weibchen zu kaufen, die dann gern auch miteinander ablaichen.

Die Red Melon Diskus haben noch einen weißen Kopf. Das macht sie besonders interessant, denn diese Farbkombination verblüfft doch.
Links eine Gruppe noch nicht ganz ausgewachsener Red Melon, die noch nicht so perfekt gefärbt sind wie der einzelne große Red Melon Diskus.

Moderne Diskusfarben

Leopard Green

Im starken Kontrast zu der türkisfarbenen Grundfarbe stehen die kräftig roten Punkte. Tiere, die diese Punktzeichnung über dem gesamten Körper verteilt haben, sind am begehrtesten. Mit anfänglich vielen Mühen bei der Einkreuzung der Tefé Wildfänge und der Vererbung möglichst vieler roter Punkte, sind heute sehr schöne Tiere im Handel erhältlich. Mittlerweile sind auch Tiere mit kleinen roten Kreisen (Red Cyrcle, Ring Leopard) sowie mit kleinen vertikalen Strichen im Umlauf.

Beim Kauf kleiner Tiere, die noch nicht über eine vollständige Punktzeichnung verfügen, ist es ratsam auf erste Punkte in der Afterflosse zu achten. Diese Tiere verfügen meist über das Potenzial, später Punkte in der Körpermitte auszubilden.

Leopard Snake Skin

Sind meist die Champions auf Ausstellungen und Bewertungsshows.

Die feine filigrane Netzzeichnung mit den eingeschlossenen roten Punkten über dem gesamten Körper (bei einigen Tieren auch im Kiemen- und Kopfbereich) lassen keinen Diskusliebhaber an diesen Aquarien vorbeigehen.

Aufgrund der zum Teil noch schwachen Vererbung dieser Farbmerkmale sind auch viele Varianten möglich. Kleinen Tieren kann die spätere Ausfärbung meist nicht angesehen werden – denn nicht alle heranwachsenden Leopard Snake Skin entwickeln später eine vollständige Zeichnung. Deshalb sind große Tiere mit einer hohen Qualität in Form und Farbe sehr teuer.

Ein ganz fein gezeichneter Leopard Snake Skin der Spitzenklasse. Dieses Punktemuster ist doch wirklich verblüffend dicht und der Diskus ist mit Punkten komplett übersät.

Diese beiden Leopard Green Diskus stammen eigentlich von Grünen Tefé Wildfängen ab, sind natürlich inzwischen viele Male zurückgekreuzt worden, um diese tollen Farb- und Punkteffekte erzielen zu können. Auch sie stellen momentan die Spitze der Diskuszucht dar.

Moderne Diskusfarben

Eine Gruppe junger Leopard Snake Skin, die im Alter von nur fünf Monaten schon ahnen lassen, welche tollen Diskus hier heranwachsen werden.

Die äußerst begehrten und hochpreisigen Tiere gibt es mit vielen verschiedenen Namen, Qualitätsabstufungen und Preisen aus unterschiedlichen Linien gezogen. Auch hier gilt, wer sich für den Kauf dieser Tiere interessiert, sollte sich weniger an den Namen orientieren. Der eigene Geschmack, die Vorstellung sowie das geplante Budgets, sind die besseren Kriterien zum Kauf einer Variante des Leopard Snake Skin.
Die unterschiedlichen Namen wie Oriental Leopard Snake Skin, Red spotted Snake Skin, Oriental Dream, Eruption, Spotted Face Leopard Snake, Dragon King usw. bezeichnen unterschiedliche Farbmuster und Farbqualitäten des Leopard Snake Skin.

San Merah

Ein auffallendes Weinrot überzieht den Körper, auch hier bei den Weibchen meist stärker ausgeprägt. Die Schreckstreifen fehlen mit Ausnahme der Kopfbinde und der Schwanzwurzelbinde. Ein ausgeprägter dunkler Flossensaum trennt das herrliche Rot in der Rücken- und Afterflosse. Neuere Züchtungen haben einen zartblauen eingeschlossenen Kopfbereich.
Diese Variante entspringt aus einer Streifenlosen braunen Farbform gekreuzt mit einem rotgrundigen Wildfang.
Beim Kauf sollten Sie darauf achten, dass ein San Merah sich stark von einem gewöhnlichen handelsüblichen Alenquer unterscheidet.

Der San Merah ist ein etwas eigenartiger Diskus, der nicht immer in dieser Farbkombination angeboten werden kann. So ein Farbklecks ist wirklich schwierig zu züchten und es ist auch schwierig solche farbigen Fische in dieser Qualität zu finden. Viel Glük beim Suchen.

Moderne Diskusfarben

White Diamond oder White Swan

Diese noch junge Mutation aus einem Braunen Diskus wird geliebt oder gemieden. Ein Dazwischen scheint es nicht zu geben.
Schneeweiße Diskus in einer Gruppe, im gepflegten Pflanzenaquarium gehalten, können ein wahrer Hingucker sein.
Diese Variante färbt sich leicht durch aufgenommene Farbstoffe, wie beispielsweise Paprika aus dem Futter, ein. Wer das reine Weiß seiner Tiere mag, sollte auf jegliche Farbstoffe im Futter verzichten. Trotz des sehr hellen Körpers (auch während der Brutpflege), werden die Eltern von ihren Larven problemlos angeschwommen.

Weitere Varianten, die aus dem White Diamond gezogen wurden, sind zum Beispiel als White and Red (nicht zu verwechseln mit dem Rising Sun) und White and Gold (auch als White and Yellow) im Handel erhältlich.

Die ersten Weißen Diskus veröffentlichten wir schon im Jahre 2001 und das Diskuspärchen war eine Sensation. Deshalb hier nochmals dieses „historische" erste Foto.
Sie wurden als White Swan Diskus oder heute als White Diamond Diskus bezeichnet. Der obige White Diamond wird auch zusätzlich als Golden Head White Diamond verkauft. Er zeigt ja auch wirklich einen schönen goldenen Kopf, was ihn attraktiv macht.

Der Diskus in der Zukunft

Was kommt morgen?

Helge Mußtopf

Geisterhaft schöne, helle Diskus scheinen ein neuer Trend in Sachen Diskusfarben zu sein. Dies sind noch keine Farbanomalien, sondern einfach Züchtungen, bei denen auf besonders helle Farben geachtet wurde. Zu hell ist aber auch ein Problem, denn dann scheinen schon z.B. die Gräten unschön durch.

Wenn wir an die Zukunft der Diskusfische denken, dann sollten wir erst einmal an die Vergangenheit zurückdenken. Was ist nicht alles passiert in den letzten dreißig Jahren mit diesem herrlichen Fisch. Vergessen wir einmal die Zeit davor, als es nur vereinzelt Importe und Nachzuchten gab. So richtig los ging es doch erst vor 30, ja sogar vor 20 Jahren. Ausgelöst durch den Boom, der aus Südostasien hier herüberschwappte und die Diskuswelt erheblich veränderte. Blicken wir in die Zukunft, dann müssen wir uns vorstellen, dass es eigentlich nicht so rasant

Sehr zarte Farben, sodass man wirklich schon fast durch die Flossensäume durchsehen kann. Sonst sind solche Diskus sicher farblich interessant, und wenn uns die Zukunft dann solche Diskus bringen wird, ist dies wahrscheinlich für viele Liebhaber auch in Ordnung.

Der Diskus in der Zukunft

So skurile Zeichnungen sind nur vereinzelt möglich und sicher nicht erbfest zu bekommen.

weitergehen kann wie in den letzten zwanzig Jahren. Es muss doch einfach ruhiger werden, was die vielen neuen Farbvarianten angeht. Andererseits gibt es immer wieder verblüffende Meldungen und Fotos aus Südostasien.

Einen sicheren Ausblick zu geben, ist deshalb nicht möglich, jedoch lassen sich auf den Fotos einige Farbneuerungen erkennen und ein Stopp ist nicht in Sicht. Mit Sicherheit gibt es noch viele andere Diskusfotos mit Farbanomalien oder Farbmerkmalen, die züchterisch lohnenswert sind. Jedoch soll hier nur ein kleiner Ausschnitt gezeigt und beschrieben werden. Für den Rest sorgt bekanntlich die Natur am besten selbst.

Das „Farbchaos" wird sicher keinen Bestand haben. Diese „Stilblüten" treten immer wieder mal auf, werden aber züchterisch kaum weiterverfolgt. In der Regel sind diese Merkmale nicht vererbbar. Interessanter ist die Farbform aus einen Brillant Türkis mit unregelmäßigen goldfarbenen Flecken auf der Körperfläche. Diese goldenen Flecken haben in der Tat einen goldmetallischen Glanz (kein Gelb oder Orange) und beeindrucken sehr. Der asiatische Züchter, dessen Ziel ein flächig goldmetallicfarbener Diskus ist, verfolgt und arbeitet bereits seit nunmehr zehn Jahren an der Umsetzung. Ein langer Weg bis zum Ziel. Diese Farbform dürfte aber gerade in Asien viele Freunde finden und für Furore sorgen.

White Diamond mit roten Augen, auch Galaxy genannt, verleihen diesem Farbschlag mehr Kontrast und Attraktivität. Jedoch sind bisher nur wenige Tiere im Umlauf. Die Umsetzung zu mehr Quantität wird noch einige Zeit in Anspruch nehmen, wenn es denn überhaupt klappt.

Wir bleiben gespannt, was noch alles auf uns Diskusfreunde zukommen wird in den nächsten Jahren.

Nicht zu vergessen ist auch die Situation mit Diskuswildfängen. Von Seiten der Naturschutzbehörden in Brasilien gab und gibt es immer wieder Bestrebungen, den Export von Wildfischen einzuschränken. Unsere Diskusfische hat dies bis heute noch nicht betroffen, aber Überraschungen sind sicher möglich. Auch ein Grund reine Zuchtstämme aus Diskuswildfängen zu pflegen und nicht mit asiatischen Nachzuchten zu verkreuzen. Sicher eine große Aufgabe, die nur wenige, ernsthafte Züchter vollbringen können.

Oben: Hier gab es am Kopf ein seltsames Zeichnungsmerkmal, das sicher auch nur ein Einzelfall war.

Unten: Zweifelsohne sehr beeindruckend, wenn ein Diskus einmal so gezeichnet in größeren Mengen erhältlich wäre. Warten wir ab, was uns die Diskuszukunft bringen wird.

Der Diskus bei Championaten

Der Diskus bei Championaten

Weltweit gibt es zahlreiche Diskuschampionate. Eigentlich das ganze Jahr über hätte man als Diskusliebhaber oder Diskuszüchter die Gelegenheit, seine Diskusfische bewerten zu lassen. Sollte man das wirklich tun, ist hier die Frage. Was bringt es denn, wenn ich mir und meinen Fischen diesen Stress antue? Ganz einfach lässt sich das so nicht beantworten. Da spielen die persönlichen Ambitionen eine bedeutende Rolle. Da ist der normale Diskusliebhaber, der vielleicht einmal zwei seiner schönsten Diskus zu einem Championat bringt, um dann festzustellen, dass er nur eine Urkunde für seine Mühen bekommen hat. Einen ersten Platz zu gewinnen, ist sehr schwierig, da die internationale Konkurrenz bei größeren Veranstaltungen riesig ist. Oft hat der Normalaquarianer dann auch noch das Problem, dass er Angst hat, dass sich seine Diskusfische irgendwie infizieren. Die ausgestellten Fische wieder mit nach Hause zu nehmen und vielleicht ein Krankheitsproblem mitzubringen, ist sicher ein Argument. Doch das muss man einfach bewerten. Anders sieht es sofort bei Profizüchtern aus. Egal, ob aus Asien oder Europa, ein erster Platz in einer Kategorie bringt immer Reputation, die sich in klingende Münze umwandeln lässt. Der Gewinn des Grandchampions bedeutet dann nochmals eine höhere Auszeichnung, die sich für gewerbliche Züchter ebenfalls dramatisch auswirken kann, was den zukünftigen Verkauf angeht. Die Trophäen, die bei solchen Championaten gewonnen werden, haben in Südostasien noch einen viel höheren Stellenwert als bei uns. Dies erklärt auch, weshalb vor allem die asiatischen Profizüchter die Diskusshow in Duisburg so stark belegen. Wer in Duisburg gewinnt, kann seine Diskus in Asien viel besser vermarkten.

Beim Diskuschampionat in Duisburg ist alle zwei Jahre der absolute Höhepunkt der Veranstaltung die Preisverleihung an die Teilnehmer.

Tipps für ein Diskuschampionat

Egal, ob Sie an einem Championat in Europa oder sogar in Südostasien teilnehmen wollen, eines müssen Sie in jedem Falle tun. Sie müssen selbstkritisch sein. Überlegen Sie, ob Sie eine gute Chance mit Ihren Diskusfischen haben. Denn nur dann hat es Sinn, diese Mühen auf sich zu nehmen. Einfacher ist es sicher, erst im eigenen Land an einem Championat teilzunehmen. Da ist Duisburg keine Ausnahme, auch wenn es sich da um die sogenannte Weltmeisterschaft handelt. Duisburg ist für uns in Europa einfacher zu erreichen. Da kann der Besitzer seine Diskus selbst hinbringen und so ein Championat aus nächster Nähe miterleben. Wenn Sie also diese Absicht haben, dann tun Sie es, denn es ist richtig spannend und aufregend. Es gilt aber schon entsprechende Vorbereitungen zu treffen, um nicht zu arg enttäuscht wieder nach Hause zu fahren.

Der Diskus bei Championaten

Internationale Preisrichter, die selbst unabhängig sein sollen, bewerten die ausgestellten Diskusfische nach vorher genau festgelegten Richtlinien. Die Siegerdiskus werden international zu begehrten Objekten.

In Duisburg trifft sich die Diskuswelt und die Konkurrenz ist riesig groß. Also müssen Sie schon besondere Diskus zeigen, um überhaupt in die Endausscheidung kommen zu können. Wir wollen Ihnen bei der Auswahl Ihrer Diskusfische, helfen.

Wenn Sie nicht teilnehmen, sind diese Seiten aber auch wichtig für Ihre weitere Planung, Zuchtversuche und Neueinkäufe im Diskusbereich. Da die Preisrichter auch nur Menschen sind, lassen sie sich einfach vom ersten Eindruck, den ein Ausstellungsdiskus macht, schon etwas mehr beeinflussen.

Da sind zuerst einmal die beiden Hauptmerkmale Farbe und Körpergröße. Achten Sie bei der Auswahl Ihrer Diskus also auf die Farbe, was bedeutet, je mehr natürliche Farbe, desto besser. Hüten Sie sich vor künstlichen Farbverstärkern oder gar Hormonen, die die Diskus zwar farblich schnell verändern und verstärken, dem Preisrichter aber auch leicht auffallen. Solche farbmanipulierten Diskusfische erhalten erhebliche Punktabzüge. Farbe macht Eindruck. Wichtig ist dabei auch die richtige Einstufung in die entsprechende Farbkategorie. Da sollten Sie sehr aufpassen, dass Ihr Diskus nicht in einer falschen Farbklasse landet und somit keine Chancen mehr hat zu gewinnen.

Die Größe, immer wieder die Größe! Sie spielt natürlich eine sehr wichtige Rolle. Wer ist denn nicht fasziniert von einem zwanzig Zentimeter Diskus? Wenn Größe und Farbe zusammenpassen, ist das fast der halbe Sieg. Also sparen Sie sich die Anmeldung von zu kleinen Diskusfischen, wobei ein nur vierzehn Zentimeter großer Prachtdiskus, der in Farbe, Form, Beflossung und Auge perfekt ist, durchaus gegen einen zwanzig Zentimeter Diskus mit etwas zu blasser Farbe und zu großem Auge locker gewinnen sollte. Augengröße und -farbe sind ebenfalls wichtige Kriterien. Immer wieder passieren Fehler beim Einordnen in die entsprechende Bewertungsklasse. Das müssen Sie wirklich vermeiden. Informieren Sie sich also gut über die Farbklassen und ordnen Sie dann Ihre Diskus richtig ein. Dass Sie Ihre Diskusfische optimal auf eine Show vorbereiten, ist klar. Planen Sie schon lange vorher ein, welche Diskus zur Show gehen sollen. Diese müssen dann entsprechend gut gepflegt werden. Gutes Futter, zahlreiche Wasserwechsel und genügend Zeit sind wichtige Faktoren.

Bedenken Sie, dass ein Ausstellungsdiskus schon mindestens 18 Monate alt sein sollte. Zu junge Fische haben unter Umständen noch nicht den letzten Schliff, was das gesamte Erscheinungsbild angeht. Gut vorbereitet macht es Ihnen sicher viel Spass, einmal eine Diskusshow mit Ihren Fischen zu besuchen und hoffentlich klappt es dann mit einer sehr guten Platzierung.

Der Diskus bei Championaten

Die 15 Standardkategorien der internationalen Diskus-Shows

Jede Diskusshow auf dieser schönen Diskuswelt hat eigene Bestimmungen. Es gibt keine wirklich verbindlichen Standards und wird sie wohl auch noch lange nicht geben. Jeder Veranstalter schreibt also seine von ihm favorisierten Farbkategorien aus. Das kann dann bedeuten, dass eine Show nur sechs, eine andere aber zwölf Gruppen zur Meldung anbietet. Ob Wildfänge eine eigene Gruppe erhalten sollen, ist auch immer umstritten. Bei den meisten Shows werden keine speziellen Wildfangkategorien mehr gebildet. Sollte dann doch ein Wildfang dabei sein, so muss er eben in eine möglichst passende Gruppe gesetzt werden, wo er allerdings oft keine Chance hat. In Duisburg werden nach wie vor reine Wildfanggruppen zugelassen. Dort werden dann auch keine Wildfangnachzuchten, die nicht mehr dem reinen Wildfangcharakter entsprechen, zur Wertung berücksichtigt. Umstritten waren diese Wildfanggruppen immer schon. Es ist aber doch gut, wenn es die Möglichkeit gibt, nochmal irgendwo sehr schöne, echte Diskuswildfänge zu präsentieren. Natürlich hat kein Liebhaber züchterisch an diesen Diskus gearbeitet, aber immerhin gut gepflegt muss er sie schon haben. Es ist ja auch nicht immer so leicht, einen Wildfang in Topkondition zur Show zu bringen. Einen Nachzuchtdiskus irgendwo für viel Geld zu kaufen und dann zum Start zu melden, ist ja auch nicht besonders schwierig. Verhindern kann man das ja auch nicht.

Wir versuchen hier bei diesen 15 Gruppen immer einen möglichst typischen Vertreter dieser jeweiligen Farbkategorie vorzustellen. Abweichungen sind immer möglich und in der Praxis auch vorhanden. Wichtig ist nur, dass Sie bei einer Meldung wissen, welcher Gruppe Ihr Diskus nun wirklich zuzuordnen ist, damit keine Disqualifizierung stattfindet.

1. Heckel Wildfang
Klassiker, der immer an den drei dunkleren Streifen zu erkennen sein wird.

2. Brauner Wildfang
Kann im Braunton stark variieren. Rottöne sind möglich. In Flossen nur wenig Blau.

6. Flächentürkis
Meist werden Blue Diamond Typen ausgestellt. Streifen im Kopfbereich wären möglich.

7. Rottürkis
Je kräftiger die Rot- und Türkistöne in der Linierung sind, desto höher sind die Gewinnchancen.

11. Pigeon Blood
Sehr weitreichende Musterung und Farbgebung. Pigeon Blood muss noch erkennbar sein.

12. Rot gepunktet
Hart umkämpfte Topgruppe. Entscheidend sind rote Punkte, auch auf den Kiemen.

Der Diskus bei Championaten

3. Blauer Wildfang
Ähnelt stark dem Braunen Diskus, zeigt aber mehr blaue Linien. Royal Blue sind durchgestreift.

4. Grüner Wildfang
Meist werden Grüne Diskus aus dem Tefé-Gebiet mit roten Punkten bei Shows ausgestellt.

5. Streifentürkis
Wichtig ist, dass noch eine Streifung erkennbar ist. Kräftige Türkistöne sind erwünscht.

8. Rot
Flächiges Rot wird bevorzugt, aber auch rote Diskus mit weißen oder goldenen Köpfen sind akzeptiert.

9. Offene Klasse flächig
Jeder schwierig einzuordnende Diskus mit überwiegend flächiger Farbgebung. Alles ist möglich.

10. Offene Klasse gestreift, gepunktet
Jeder schwierig einzuordnende Diskus mit Muster, hier Punkte und Ringe. Alles ist möglich.

13. Snake Skin
Klassische Blaue Snakes wurden zurückgedrängt. Heute meist Rote Leopard Snake am Start.

14. Golden
Farblich sehr weite Bandbreite von Hell- bis Dunkelgold. Viele Albinos am Start.

15. Weiß
Reinweiß wird immer seltener. Oft schon Kombination mit anderen Farben. Weiß muss überwiegen.

Sieger beim Diskus-Championat in Duisburg

1996

Beim ersten Welt-Championat in Duisburg gewann Zue-Kang Won aus Taiwan mit einem ausgefallenen Wildfang Diskus. Seit diesem Championat wurde dann der Grand Champion nur noch an Zuchtdiskus vergeben und für Wildfänge ein eigener Hauptpokal ausgelobt.

1998

Hiroshi Irie aus Japan gewann mit diesem Rottürkis die Show. Jetzt begann die große Zeit der gepunkteten Diskus. Von Jahr zu Jahr waren ab hier die Verbesserungen zu sehen. Dieser Champion war sozusagen der Urvater der rotgepunkteten Diskusvarianten.

2000

J.K. Tong aus Malaysia war beim dritten Championat der glückliche Gewinner des Grand Champions. Auch diesmal konnte wieder ein stark rotgepunkteter Diskus gewinnen. Somit setzte sich diese Zuchtvariante weiter an die Weltspitze.

Sieger beim Diskus-Championat in Duisburg

Rechts der Sieger mit dem Grand Champion Pokal Chai Koon Seng aus Singapur, links Conrad Chia und Winnie Neo aus Singapur mit dem Pokal für den besten Wildfang. Wieder gewann ein außerordentlicher rotgepunkteter Leopard Snake Diskus.

2002

Kelvin Cheng und Sophia Pong waren überglücklich als sie den Grand Champion für Taiwan gewinnen konnten. Endlich konnte auch mal wieder ein anderer Diskus, als ein rot gepunkteter, diese begehrte Trophäe gewinnen. Ein wirklich toller Flächentürkis Diskus.

2004

Yi Si-Yang nahm wieder für Taiwan den Grand Champion Pokal entgegen und diesmal war es wieder ein extrem gezeichneter Leopard Diskus, der neben roten Punkten vor allem auch ein auffallendes Ringmuster zeigte. An diesem Superdiskus konnte man nicht vorbeigehen.

2006

333

Der Diskus im Internet

Das allgegenwärtige und allgewaltige Internet verschont auch unser Hobby nicht. Das ist auch gut so, denn im Internet gibt es neben viel Information auch die Möglichkeit, in Foren Kontakte zu pflegen und Meinungen und Erfahrungen auszutauschen. Ohne Internet wäre unsere moderne Welt nicht mehr denkbar. Dennoch muss man auch etwas kritisch an das Medium Internet herangehen, denn hier kann ja jedermann seine Texte hineinstellen. Da kommen dann auch Fehler oder haarsträubende Dinge ins Internet, die unbedarfte Nutzer als bare Münze nehmen und glauben. In Foren kann diskustiert werden und bis auf Teufel komm raus die eigene Meinung verbreitet werden. Manchmal ist es da besser sich nicht zu beteiligen, sondern lieber die Seite schnell wieder zu schließen und alles zu vergessen, was man da gelesen hat. Für Firmen ist das Internet ganz wichtig geworden, denn im Internet wird viel gekauft und verkauft. Deshalb müssen Firmen Verlinkungen buchen, um in ihrer Sparte präsent zu sein. Von diesen Verlinkungen profitieren dann wieder Portale und Foren, die so ihre Kosten abdecken können. Wer bei Google das Wort „discus" eingibt erhält knapp 13 Millionen Seiteneinträge, bei „diskus" gibt es immerhin noch rund vier Millionen Einträge. Das sind doch ganz verblüffende Zahlen. Dass da logischerweise auch das Sportgerät und die Gelenkzwischenscheibe dabei sind, ist klar. Doch hauptsächlich geht es um unseren Diskusfisch. In ein Buch über Diskusfische gehört also auch ein Hinweis zum Thema Internet. Wir könnten Ihnen jetzt Hunderte von Diskusseiten im Netz empfehlen, wollen uns aber auf zwei interessante Homepages beschränken, die wir Ihnen hier kurz vorstellen. Machen Sie sich selbst ein Bild und surfen Sie durch das World Wide Web, aber bleiben Sie kritisch und glauben Sie nicht alles, was Sie da angeboten bekommen. So werden Sie auch viel Neues aus dem Internet zu unserem schönen Hobby kennenlernen und in Zukunft noch mehr Spaß daran haben.

Der Diskus im Internet

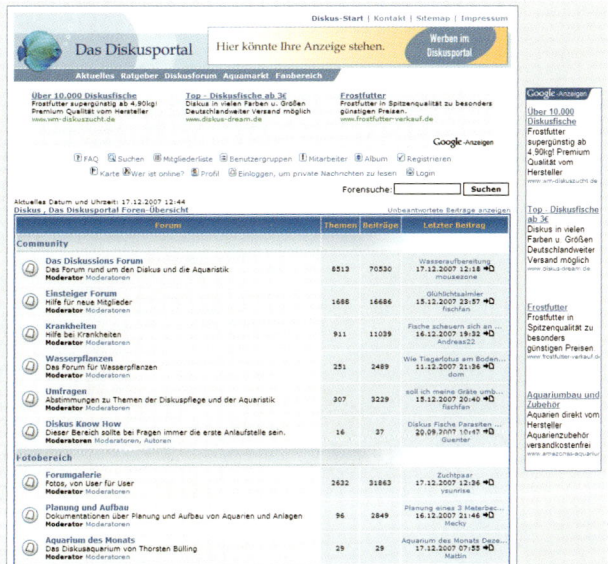
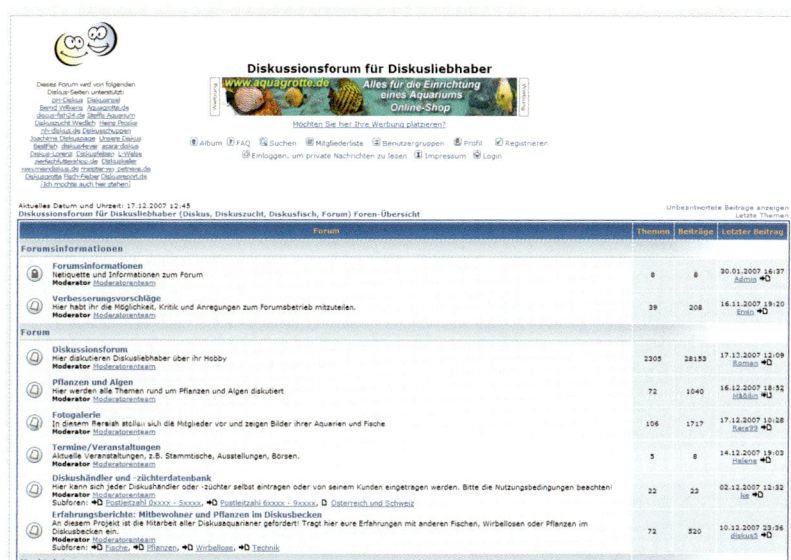

diskusportal.de

Der König der Zierfische hat besondere Ansprüche und daher seine eigene Plattform mehr als verdient. Auf dem Diskusportal treffen sich begeisterte Diskusfreunde mit Diskusexperten und ambitionierten Diskushändlern. Das Portal bietet umfangreiche Informationen und lebt von einer sehr aktiven Nutzergemeinschaft.

Mit über 1 000 000 Seitenaufrufen pro Monat ist das Diskusportal führend in seinem Fachgebiet. Unter den 55.000 Besuchen pro Monat befinden sich 3.000 registrierte Nutzer und Newsletter-Empfänger. Über das ständig wachsende Diskushändlerverzeichnis können Nutzer schnell und übersichtlich den passenden Händler in ihrer Nähe finden. Gut besuchte Chatabende mit Experten vermitteln wertvolles Wissen. Die Diskusfreunde verabreden sich zu Stammtischen in ganz Deutschland, berichten von Reisen zu internationalen Züchtern oder tauschen sich im Forum über Tipps, praktische Fragen und Probleme aus.

Jeden Monat wird unter reger Beteiligung das „Aquarium des Monats" gekürt, der jährliche Kalender stellt die schönsten Bilder vor. Doch nicht nur Schönes, auch Nützliches bieten Nutzer für Nutzer: Der AquaPIC, ein eigens konzipierter Steuercomputer wurde von den Usern selbst entwickelt. AquaPIC steuert das Licht und überwacht automatisch wichtige Aquariumwerte wie Temperatur oder ph-Wert – ein wertvolles Werkzeug für die erfolgreiche Haltung und Züchtung des anspruchsvollen Zierfischs.

Einmal im Jahr gibt es für alle Mitglieder die Möglichkeit, sich beim Portaltreffen persönlich kennenzulernen. Ein umfangreiches Programm mit Vorträgen, praktischen Seminaren z.B. zum Mikroskopieren, Vorstellungen von neuen Produkten für die Diskuszucht oder Besichtigungen von Zuchtanlagen bietet wertvolle Anregungen für die Aquarianer. Die regelmäßige Teilnahme am Internationalen DISKUS-CHAMPIONAT in Duisburg ist ein weiterer ausgesprochen gut besuchter Anlaufpunkt.

Das Diskusportal, gegründet von begeisterten Fans und Experten, hat sich so von einem beliebten Treffpunkt im Netz zu einer festen Instanz im „real life" entwickelt und wächst gemeinsam mit der aktiven Nutzergemeinschaft weiter: www.diskusportal.de.

diskusforum.com

Der Name des Diskussionsforum: Diskussionsforum für Diskusliebhaber
Gründungsdatum: 01.05.2005
Anzahl der Mitglieder:
(Stand: 07.02.2008): 1.120
Beschreibung: gut moderiertes und freundliches Diskussionsforum für Diskusliebhaber

Topthemen:
Diskuspflege, Krankheiten von Diskusfischen und deren Behandlung, Große Datenbank mit Erfahrungsberichten über Beifische im Diskusaquarium, Termin- und Veranstaltungskalender, Diskushändler- und Züchterdatenbank, Große Fotogalerie.